新生代美术教育家书系 主编/尹少淳

# 现象学美术教育学原理

● 谷涛 著

2013年湖南省哲学社会科学基金项目（13YB049）
2014年湖南省教育“十二五”规划课题（XJK014BTW001）
2014年湖南省普通高校教学改革研究项目（2014-380）
2016年湖南省普通高校“十三五”专业综合改革试点项目阶段性研究成果

西南师范大学出版社
国家一级出版社 全国百佳图书出版单位

# 序

## 任子弹落，让子弹飞

● 尹少淳

春夏秋冬，寒暑冷暖，日出日落，昼白夜黑，生物因寒暑而变化，因昼夜而动伏，不觉岁月如水，生命已至尽头。如此代代繁衍，生生不息，演绎着生命的故事，演奏着生命的乐章，给静寂之宇宙增添了无尽的生气和温暖。

独人为智慧之生物，乃发明“时间”以为衡量岁月之尺度，秒、分、时、日、周、月、年、世纪……于是“时间”成为自觉，既往可以扼腕叹息，未来可以引颈期待。以“时间”为参照和想象，可以加速，可以延缓。时间虽然是客观的，也是主观的，时间会因为我们的心情、态度而产生种种变化。时间如一间房子，或空空荡荡，或密密塞塞，或空或塞，端赖人之所为。

“代”是个时间概念，可以是历史划分的时期，譬如时代、世代、古代、近代；也可以是世系的辈分，譬如上一代、下一代。何谓一代，却并不确定。一代可以是数百年、数十年甚至数年、数月，信息时代之代际时间跨度越来越短。相对不同的事物，“代”的涵义并不相同。战机可以分为第一代、第二代、第三代，现在最先进的战机已臻第五代。

介乎于第四代和第五代，甚至出现了四代半战机。无线上网的标准乃根据上网之速率、容量及稳定性来划分，在经历了几代的发展之后，现在已经到了4G，而且5G已是指日可待。虽然每一代的差别难以明确界定，但代际之间都会有台阶性的进步。

人是如何分代呢？就家族而言，以吾辈为参照，父母是一代，其上的祖辈是一代；儿女是一代，其下的孙辈又是一代。过去结婚早，生育早，四代同堂的现象不鲜见；现在虽然人更加长寿，但因为结婚晚，生育迟，四代同堂的现象同样并不鲜见。学人的分代，虽然跟年龄相关，但更体现为师承和集群的意义。一般而言，老师和学生应该属于两代学人的关系，比如季羡林先生与钱文忠先生作为师生应该算作两代学人了。所谓集群，则在一个学术时代，有一群学人在一个学术现象和学术高峰中共同发挥着“加薪添柴”的作用。就如同20世纪50年代至80年代中期的“美学热”时出现的朱光潜、蔡仪、李泽厚、王朝闻、高尔泰等学人，尽管年龄差别很大，而且其中如朱光潜在20年代第一次美学热的时候就已经能呼气为云了，但依然可以从集群的角度归为一代。

取名“新生代美术教育家书系”，自然需要弄清楚什么是“新生代”。

“新生代”首先是一个自然科学的概念，主要在地质学上运用。“新生代”主要指距今6500万年地球历史上最新的一个地质年代。其前期被称为中生代，中生代的结束以恐龙的灭绝为标志。新生代时期形成了被称为新生界的地层，以哺乳动物和被子植物的高度繁盛为特征。生物界逐渐呈现了现代的面貌，所谓新生代，也即现代生物时代。作为社会意义的概念，“新生代”的用法广泛而模糊。“新生代歌手”“新生代农民工”“新生代作家”……都是我们耳熟的说法。概而言之，在社会学的语境中，新生代是一个相对的概念，相对于老一代而言，大致指称最新的一代，朝气蓬勃，富有锐气和创新精神，或许又隐含着些许不成熟的意味。

在美术教育理论研究领域的“新生代”又是何指呢？

不可否认，中国的美术教育研究自近代以来就出现过一些卓有贡献的美术教育理论家，如姜丹书、丰子恺等。但在前期，代与代之间并不存在“泾渭分明”的现象，似乎从1949年之后，代际的轮廓才开始变得略微清晰。尽管如此，我还是主张以一种模糊的态度加以区分，因为这样可以避免一些因认识上的差异而产生的争议。1949年以后的第一代美术教育理论家差不多已经作古，第二代中的一部分人也已谢世，在世的一般都在70岁以上。第三代在60岁左右，抵近或超过退休的年龄，已经或将要陆续离开工作岗位。此后一代的理论家大致就是我意指的“新生代美术教育家”了。

这套书系的作者，也即所谓“新生代的美术教育家”，他们大致有如下特点：其一，年龄跨度较大，最大的在40多岁，最小的也在30岁左右；其二，基本上在高校从事美术教育的教学和研究工作；其三，大多数均有博士或硕士学位；其四，也是最重要的是他们对美术教育怀有深沉的感情并具有深刻的认知和丰富的经验。

清人赵翼《论诗》中有云："李杜诗篇万口传，至今已觉不新鲜。江山代有才人出，各领风骚数百年。"当代社会，知识更新速率加快，折旧速率同样加快，"江山代有才人出"可谓至理，"各领风骚数百年"倒未必真实。关于代际的关系的表述，还有我们所熟悉的一句俏皮话："长江后浪推前浪，前浪拍死沙滩上。"我倒更倾向于一个不俗的比喻："任子弹落，让子弹飞。"一代代学人就像前面的子弹被后面的子弹顶着飞出枪膛，先是加速度，最终上演的是"强弩之末"的悲剧，落在了一个它该落的地方。子弹飞出枪膛是勇猛的，落在一个地方同样是悲壮的。无论是"江山代有才人出""长江后浪推前浪"，还是"让子弹飞"，历史复演同样的悲喜剧，但正是在这种悲喜剧中，人类社会却真真切切地发展了。

世界毕竟是新一代的，对他们应该期待、包容、支持和鼓励，为的是让人类社会的大舞台不断出现新的面孔、奇的景观，保持不绝的生气和永恒的魅力。"新生代美术教育家书系"编辑出版的目的正在于此。

对新一代的美术教育家的理论研究成果是可以期待的。我一直认为，在一个学人的成长中，最值得关注和珍视的是其处女作。因为几乎所有的处女作都具有“厚积薄发”的特征，体现为最高程度的智慧、积累、精力、体力的集中喷射，闪烁着耀眼光芒，弥散着灼人的温度。而以后的著作可能因为功利的目的或受其他力量的支配，在原来的学术积累消耗殆尽而未及补充的情况下，勉强地“挤压”而成，其力度和高度往往远逊于处女作。这当然是一般的现象，不可一概而论，尤其不能绝对化。只要排除干扰，努力积累，认真研究和写作，后面的著作依然可以是出类拔萃的，甚至超越处女作而爬至新的高峰。这两种情况在这套书系中都存在，我们当然希望是正面意义的存在。

这套书系研究的问题涉猎广泛，包括：美术教育学的哲学研究；中国美术教育的历史研究；学校的设计教育研究；美术教师专业发展研究；美术教师教育专业改革研究；校外美术教育研究；非物质文化遗产与美术课程研究；中国传统文化与美术教育研究；美术教育的文化研究；信息化与美术教学设计；基础美术教育中的知识、课程与教学研究；艺术本位与美术教育研究……在这些研究中，“新生代”们各有侧重地运用了哲学思辨法、调查法、观察法、文献研究法、实验法、实证研究法、定量分析法、定性分析法、跨学科研究法、个案研究法等现代研究方法，反映出这些学者都具有良好的理论思维能力和驾驭不同研究方法的能力。当然，方法毕竟是方法，更重要的是研究中闪烁的智慧之光，显示的真知灼见。因为我们见过太多的用“科学的”研究方法来证明一个“平庸且了无新意的思想”的现象。幸好在这套书系中并没有出现这种现象，每位作者都能坚持独立的思考，进行独立的判断，大胆提出一些具有启迪性的思想和新颖有效的方法，值得我们关注和追踪。“文无第一，武无第二”，应该说各位“新生代”的研究成果，并无高下之分，却有特色之别，揆诸全部著作中之思想和方法，我的判断是各自的理论体系是自洽的，依恃的学术品质是优秀的。

人生短暂，故而令人嗟叹，嗟叹之中哲学乃生，宗教乃成，因为哲学、宗教直追人生之终极目标：人为何而生？如何于短暂之生涯中获得永恒的价值？希望这套书系让我们的“新生代”获得些许作为“新生代”的成就感，感悟到生命的价值，在未来的日子里让“子弹”加速度地飞，候俟新的子弹飞起来，让我们落在该落的地方，将终生无憾无悔。“任子弹落，让子弹飞”，世事如斯，人生如此。

稍贡刍见，谨布数语，以声援“新生代”之进步与发展，亦盼中国美术教育理论繁荣昌盛，蔚为大观。

是为序。

# 现象学美术教育学原理

# 前言

艺术原本是清澈的，但当前我们的教育的确存在许多的问题。最大的问题是教育扼杀自由，教育没有按照教育规律办事。在义务教育之中，教育与生活脱节，没有在早期的教育阶段培养良好的品格，从而不能担当公民教育的作用，也不能为未来的高等教育打下良好的品质基础。美术教育的情况大抵差不太多。受应试教育的影响，很普遍的情况就是停留在“完成美术教学”本身，至于教学对儿童以及青少年的影响、如何给他们带来成长、作为公民教育的效果，几乎是不在考察范围之列的。美术教育呈现出了无目的性、无系统性与无方向性的特点，认识论与方法论都陷入混乱。很多美术教师身陷其中，困扰不堪。一些教育工作者，对于教育问题，麻木不仁，失去了改革的勇气。这一切，都构成了当前基础美术教育课程改革的巨大阻力。

本书从现象学的角度，试图将美术教育建立在美术教育哲学的地基之上。以现象学还原的方法，阐释原初本真的艺术教育形态与意义。艺术赋予平凡的生活以生动的色彩，赋予生活以生命。它的教育是每个现代公民所需要的。

现象学美术教育学基于现象学哲学，提出“完整教育论”，认为教育是在交互主体性的各种关系之中发生。在当前的教育之中，我们重视了关系中的一些要素，但更多的要素被遗失了，尤其是潜在教育的内容要素。教学中所有“显现的”或者“潜在的”因素，共同组成了一种“场效应”，构建了“教学情境”，这所有的因素共同发挥作用。同时，美术教育必须奠定与人文之地基之上。

美术教学与研究的基础是感受性。通过对语言、身体、儿童的感受性以及感受性关系的研讨，得出艺术教学首先是感受性教育的结论。在义务教育阶段更是如此。感受性的学习，必须经由体验的道路。体验成为义务教育阶段美术教育的关键词。从体验的理论出发，带来了一场美术教学的体验革命。以内在学习体验的人格教育理论，扭转了以往的美术教学模式，提出美术知识具有动态生成性、感受性、体验性、情境性等特征，提出义务阶段美术教学知识体系的重构需要，以适应儿童发展与教育的规律。儿童美术与身心的发展，是儿童美术教学科学性的基础，也是儿童美术课程设计的基础。

美术的认知与学习是一种基于个人的、在具体情境下动态生成的，个人知识并不是一种对象化、客观化与孤立化的存在。对于每一个美术老师而言，美术教学方法也是一种个人知识，只有在具体的情境的体验之中才能使方法成为活的方法，知识成为活的知识，实现现象学的超越。

秉持“回到事情本身”的精神，“现象学”将美术、教育、师生关系、自我、认知、创造、知识与学习等基础概念还原为本源意义，在此基础上建构现象学美术教育认识论，可以得到更深刻的对美术教育理解，在认知规律、儿童发展规律、艺术规律、教育规律之下构建方法论。它要求美术教育回到原初感性与理性未曾分裂的圆满状态，要求在生存的过程中关照意义感，实现教育者与被教育者有意义的教育生活与主体能动性的解放。

现象学美术教育学旨在将人从现行教育之呆板、僵化、教条、麻木、牢笼式的状况中解放出来，从教育发生学的视角阐释了独立人格与自由意识的美术教育路径，通过原初艺术体验，实现回归自然、回归本真、回归民主、回归人性的生活。

# 目录 CONTENTS

壹 [ 第一章 ]

# 1 现象学美术教育学的主要观念与主要特征

## 第一节 现象学美术教育学的主要观念基础

现象学美术教育学的源出观念主要来自于现象学。所以，解析现象学与美术教育学相关部分的基础观念成了本书的第一章，这是本书的理论基础。就目前而言，这种汉语的现象学美术教育解析在国内外尚不多见。因此，本研究部分属于创新性研究；但鉴于现象学语义之艰涩，不足之处在所难免。希望国内外的美术教育学者同仁能就相关的议题，提出宝贵意见。但笔者相信，只有根基的牢固，才能促进理论的厚实。长期以来，笔者都认为这种探索具有重大的理论意义。

### 一、现象

“现象”是现象学的关键词，因此，理解现象学的关键在于解读“现象”这一概念。在当下汉语一般语义中，“现象”和“本质”是一对相对的概念，但现象学语义中的“现象”并不是这样，现象学的特点在于企图消除二元对立，有关现象的现象学理解构成了现象学的基础，也是现象学美术教育学的理论基础。

现象（Phenomenon）是一个源自于希腊文的拉丁词，它在中古德语与现代德语中的相对词（dependent）是erscheinung。在启蒙运动之前，“现象”首先是一个神学词汇。“现象”一词同时有“显现”的意思，主要是指“奇迹”，是上帝的“显示”。因为“现象”总是神给人的启示，所以，对这些现象的解释就非常的重要。换句话说，“现象”的背后有更重要的东西，我们必须正确理解神的启示。在这里，“现象”是通向神的启示的重要途径，需要信仰的力量作为支撑。

启蒙运动中受到最大影响的是英国的经验主义学派，即洛克、休谟等。他们不认为信仰可以正确解释现象，同时，他们也不认为人类的理性可以正确解释任何东西。休谟对人类的理性——不管它是否有神的帮助，提出了最根本、最彻底的怀疑。在他们的影响下，传统的形而上学陷入了最深刻的危机。

为了拯救形而上学，德国哲学家康德写了著名的《纯粹理性批判》和

《实践理性批判》。康德指出：对我们人类的理性来说，世界无非就是现象世界。[①]我们的理性具有接受、整理、总结、塑造现象世界的能力。而世界只能通过现象让我们所接受、所理解，而事物本身，是人类理性不能探及的。在康德哲学中，“现象”和“物自体”是对分的，这种理解的方式对当下的“现象”语义的理解影响很大。在一般理解的汉语语义中，现象有接近“表象”的意思，即事物的外在显现。那么，显然，这种语义暗含了某种形而上学的意思，即事物还存在本质部分的显现。人与世界成了二元世界，事物成了“现象”与“本质”的二分。

但是，现象学的奠基人德国哲学家埃德蒙德·胡塞尔（Edmund Husserl，1859—1938）（图1–1）显然并不同意这样的设定。他认为“现象”不是事物对人类理性的作用，而是“现象就是事物本身”[②]，“在现象与本质之间不存在一层帷幕”[③]，“现象既是显现场所，又是显现过程，还是显现对象，它们都是在意识中发生的”[④]，从而，“意识的活动与事物的显现不再处于主客观两极”[⑤]。胡塞尔赋予“现象”的特殊含义，是指意识界种种经验类的“本质”，而且这种本质现象是前逻辑的和前因果性的，它是现象学还原法的结果。现象学不是一套内容固定的学说，而是一种通过“直观”描述“事物本身”的研究方法。它所说的现象既不是客观事物的表象，亦非客观存在的经验事实，而是一种不同于任何心理经验

图1–1　胡塞尔

① [德] 康德．纯粹理性批判[M]．李秋零，译．北京：中国人民大学出版社，2004：52.
② 赵敦华．现代西方哲学新编[M]．北京：北京大学出版社，2001：91.
③ 赵敦华．现代西方哲学新编[M]．北京：北京大学出版社，2001：91.
④ 赵敦华．现代西方哲学新编[M]．北京：北京大学出版社，2001：91.
⑤ 赵敦华．现代西方哲学新编[M]．北京：北京大学出版社，2001：91.

的“纯粹意识内的存在”。胡塞尔一生所关心的都是“精神”和“意识”，而现象正是他在研究精神、意识时真正且唯一的对象。此时，现象这个概念被赋予了完全不同于中世纪、不同于启蒙运动、也不同于康德的意义，构成了对形而上学与经验科学的同时超越。

它既不能简单地认为没有本质，也不认为没有表象，而是说“本质”和“表象”是“一起的”，一起构成了“事物本身”。纯粹的本质研究属于形而上学范畴，是无法证实的，其“错误在于在现象之外设定了一个不可直接显现的、自在的领域，但这一领域的存在与性质却要依靠主观思维来设定和推理、论证，因而被赋予哲学家们的意图，带有主观随意性”。[①]相反，纯粹的表象研究属于经验科学。“经验科学的研究对象是现象的一个方面，因此对现象采取了为我所需的实用态度，它按照一定的标准，根据一定的需要，对现象进行割裂……前提的随意性决定了经验科学不可能达到严格的明证性（evidence）……只能研究事物的某一方面、某一性质。”[②]现象学在反对形而上学与经验科学之间开辟出了新的道路，为哲学捍卫了研究领地，以事物本身或者现象为研究对象，抛弃一切前提，达到明证性。现象学的诞生构成了哲学的一个转折点。[③]

这种“现象”的现象学观念对于美术及其教育研究而言，无论是对认识论还是方法论，都产生了重大的意义。它让我们回到美术教育现象的现场，回到事物本身，以体验与感悟的姿态生活。现象学以智慧拓宽了我们的美术教育视野与思路，引领我们走向一条超越的道路。

## 二、主体间性

与“现象”理解直接相关的是“主体间性”，这也是现象学关键性的观念之一。现象理论与主体间性理论其实是一体的。现象指的是“事物本

① 赵敦华．现代西方哲学新编[M]．北京：北京大学出版社，2001：92.

② 赵敦华．现代西方哲学新编[M]．北京：北京大学出版社，2001：92.

③ 赵敦华．现代西方哲学新编[M]．北京：北京大学出版社，2001：92. 从这个意义上说，现象学具有后现代哲学的意味。因为后现代哲学有一定“反本质研究”的倾向性，他们认为纯粹的本质是无法认知的，因此反对或者说回避这种研究，而这一方式的研究只能留给神学。

身”，“主体间性”则构成了“事物本身”的存在方式。

“主体间性”（intersubjectivity），又称为“交互主体性”，是胡塞尔晚年提出的一个理论。它指的是一种主体之间的互识、共识活动和共存、交往的状态。与传统主客二分的理论不同，主体间性将核心关怀移向主体与主体“之间”，移向双方之间的相互认知与共存关系上，认为主体之间是交感相遇、相互依存或者水乳交融的关系，彼此互为表里、双向开放。主体间性理论的应用极为广泛。

首先，在哲学上，人与世界是一种主体间性的存在。这种认识会影响到人们的世界观与人生观，这和东方哲学结论近似。出于对主体间性的认识，世界不再是人类所认识的对象、征服的对象，而是和人类息息相关的生命共同体。这使现象学具有了某种生态哲学的意味。事物本身是一种主体间性的存在，一种完整的存在。事物不仅存在斗争性，同时还存在和谐性。星际之间不仅有相互的斥力，还存在万有引力。对于人类的文明史而言，也是这样。如果只讲斗争性，那么，人类将降低为野兽的层级。这显然不是人文主义的认识。我们在看到人类矛盾斗争的同时，更应该看到人类的合作与相互理解。正是人类的爱与相互之间的协作，才创造出了人类文明。人类文明的进步主要得益于人类之间的互相学习、文明交换，而不是发起毁灭性的战争。文化融合才是推动文明进步的根本动力。关于战争，其只是以一种“上帝之鞭”的方式，惩罚和毁灭腐朽的、严重违背了规律、已经不适应事物发展的文明。有的时候，腐朽经过毁灭可以带来再生，但有的时候也许同样会产生另一种腐朽的文明，形成文明的循环。对于人类而言，正是因为还存在着人与人之间的矛盾与仇恨，才更需要弘扬爱与和解，这样才能彰显出人的伟大性。这种认识也是人文主义认识论的一个基本观点。可见，现象学的确是一种人文主义。主体间性理论大大地超越了人为划定的主客体界限，以主体之间相互投射与相互对话的关联性消解了主客对立模式中主体的绝对霸权，成就了对主体论的修正和超越。

其次，在美学上，审美对象与审美主体也是一种主体间性的关系。法国现象学美学家米·杜夫海纳（Mikel Dufrenne，1910—1995）认为审美过程是主客体共融的过程。“脱离了审美知觉，审美对象就成了一般物；脱离了审美对象，审美主体也就不再是审美主体。”[①]“对于任何一个意识而言，它都包含着意向行为和意向对象两个方面，这两个方面正如一枚硬币的正反两面，是不可分离的。”[②]胡塞尔将其称之为“主体间性”的关系。审美的发生需要审美对象与审美主体的“沟通”。所谓“沟通”，指的是“内在地与世界、身体和他人建立联系，和它们在一起，而不是在它们的旁边。”[③]即建起了巴赫金（M.M. Bakhtin，1895—1975）所说的“沟通的世界”。二者不是二元对立的关系，而是具有“共在性”的。

再次，在艺术学上，艺术创造也是创造者和世界以及自我的主体间性“对话”的活动。艺术创造是审美的创造，在创造的过程中，艺术家将“美的规律”、感悟以及艺术理解渗透到艺术作品之中，最后以某种形式的艺术符号凝定下来。苏珊·朗格（Suzanne Langer，1895—1982）指出：“艺术是一种有组织的象征，把艺术家对其感觉的认识呈现给我们的知觉。”[④]在艺术创作的过程里，“对话”比单纯的写生显得更为丰富。艺术家在创作的时候，时而奋笔挥毫，时而陷入沉思，时而切换观察的角度，时而琢磨塑造的程式。艺术创作需要和艺术形式、生活、美、自我乃至世界“对话”。艺术家将包括人与自我、人与他人、人与自然、人与社会等诸多关系的视界，投注在艺术作品的创作之中。艺术是世界与人的同在，生命与世界的同构。这是一种高度投入的体验状态。艺术创造体验的过程是审美主体受到激发的过程，是审美经验的唤醒、流动和重组的过程。因为这种情感性的共鸣使审美过程更加深入、更加聚精会神，以至于产生了意味无穷却难以言传的精神战栗。[⑤]所以，一般认为欣赏体验更接近审美体验的原发性，但创作体验具有表达性，比有意无意地欣赏体验要深切与丰富得多。莫里斯·梅洛-庞蒂（Maurice Merleau-Ponty，1908—1961）针对这种丰富的体验在《知觉现

---

① 董慧芳．杜夫海纳美学中的主客体统一思想研究[D]．苏州：苏州大学，2010：83.
② 张志国．审美的观念——以胡塞尔现象学为始基[D]．济南：山东大学，2010：93.
③ [法] 莫里斯·梅洛-庞蒂．知觉现象学[M]．姜志辉，译．北京：商务印书馆，2001：134.
④ [美] 艾略特·W. 艾斯纳．儿童的知觉与视觉的发展[M]．张宏，刘海英，张丹，葛凌凌，译．长沙：湖南美术出版社，2002：8.
⑤ 胡经之．文艺美学[M]．北京：北京大学出版社，1989：52.

象学》中这样描述道：现象学和艺术创作非常近似，和普鲁斯特、瓦莱里、巴尔扎克或者塞尚等创作的时候一样，都需要辛勤的耕耘：靠着同样的惊讶和同样的关注，靠着同样的思想。[①] 艺术创作正是在这样的“对话”中发生与进行的。主体间性对于艺术创作的意义就在于：“使人较充分地发挥其主体性和主体间性的作用，从而进入一种具有高度统一的意象性世界中。”[②]这种关系正如梅洛-庞蒂的描述：“我不是按照空间的外部形状来看空间的，我在它里面经验到它，我被包围在空间中。总之，世界环绕着我，而不是面对着我。”[③]这无疑告诉我们：我是世界的一部分，我们应该时刻体会到世界与我同在，体会生命的气息，以体验的状态，追求本真的生存，唤起生活的意义。

最后，艺术教育其实也存在主体间性的关系。艺术教师与学生在课堂上是双主体，他们之间的关系是主体间性。这就解决了长期以来关于课程主体的争论。其实，问题很简单，教学是“教”与“学”的合成。没有教师的教学，只能成为“自学”；同样，没有学生的教学，只能是教师上课的自我演练。显然，在教学中，学生与教师同样重要。既要发挥教师的主体性作用，也要根据学生的需要制定课程。以前，要么只强调教师的主体作用，成了纯粹的“唯识论”，难免会出现“填鸭式”的教学；要么，只强调学生的主体作用，使教师成为被忽略的对象，教师的主动性与积极性无法发挥。还有，笔者记得在湖南师范大学本科学习的时候，教育学老师有一种关于“教师是主导，学生是主体”的阐述。这种阐述的优点在于，同时关注了教师与学生。但问题是，这种解释在哲学上是站不住脚的。换句话说，这种观点，还是承认学生是主体，而教师不是主体。因为在传统哲学的二元对分的意识沿袭中，主体只能是一个，既然承认了学生为主体，那么教师就无法再作为主体。同时，又为了修补该理论的明显错误，加上了教师的主导性（这本身也存在争议）。但如果有了现象学观念，这种矛盾其实很容易被调和。即我们

① [法] 莫里斯·梅洛-庞蒂．知觉现象学[M]．姜志辉，译．北京：商务印书馆，2001：18~19.
② 朱寿兴．文艺心理发生论[M]．长春：吉林大学出版社，2009．171.
③ [法] 莫里斯·梅洛-庞蒂．眼与心[M]．杨大春，译．北京：商务印书馆，2007：67.

不认为事物必须是二元对立的，而是共生共存的。在现象学观念下，教师与学生同时作为主体，消除了关于课程主体二元对立思维的矛盾。同时，艺术教育还是我们学习以艺术的方式进行自然和自我主体间的对话。我们需要融入当下的情境中，体察身体的呼唤，自觉向世界敞开，“认识你自己”，从自我体验开始去探究艺术与教育真理，去揭示人与人之间教育关系的复杂性与丰富性。“我的体验是我对我的世界的体验，这种体验只有在主体间性的交互渗透中‘自识’‘他识’与‘共识’交互生成。”[①]这样才能使艺术教育更贴近教育原初的意义。

## 三、意向性

“意向性”（intentionality）是一个与“现象”有关的现象学概念。胡塞尔不仅认为现象是事物本身，同时，他还认为现象的显现是在意识之中发生的。在胡塞尔看来，“‘意识’不是精神实体或主观的活动，而是一个揭示真理的过程。”[②]所以，现象学研究既是现象研究，也是意识研究。

“意向性”是意识活动与意识对象之间必然的、结构性关系的概念（表1–1）。这一概念最早出现于中世纪哲学典籍之中。后来，德国哲学家弗朗兹·布伦塔诺（Franz Brentano，1838—1917）使用这一概念来说明心理学研究对象和物理学研究对象的区别。布伦塔诺认为心理对象的特征是被心灵所意向，它们不必像物理对象那样，不依赖心灵而存在。但胡塞尔则认为“意向性”可以建立包括物理和心理的、外在和内在的对象在内的一切现象。[③]胡塞尔通过对意向活动的分析来确定意识对象，即通过意识的显现过程来说明现象。意向性分析法成了现象学研究的基本方法之一。

---

① 蒋开君. 范梅南现象学教育学思想研究[D]. 北京：首都师范大学，2010：18.
② 赵敦华. 现代西方哲学新编[M]. 北京：北京大学出版社，2001：91.
③ 赵敦华. 现代西方哲学新编[M]. 北京：北京大学出版社，2001：96.

**表1-1 胡塞尔意向性理论**①

| 意向性<br>类别 | 意向活动 | | 意向对象 |
|---|---|---|---|
| | 性质 | 材料 | |
| 理想的 | 意义 | 概念 | 单一本质 |
| 实在的 | 想象 | 影像、幻觉 | 想象物 |
| 实在的 | 知觉 | 真观念 | 事物 |
| 理想的 | 范畴直观 | 系词、逻辑连词 | 本质联系 |
| 实在的 | 判断 | 知识 | 事物整体 |

关于意识活动，胡塞尔做了两个重要的区分。第一，任何意识活动都有“性质”与“材料”两个方面。性质是区别活动种类的内在规定性，材料是活动所具有的确定内容。意识活动的性质与材料有着对应的关系，有什么样性质的活动，就有什么样的意识材料或内容。第二，在意向的结构中，任何意识活动都有“理想的”（ideal）和“实在的”（real）区别。②

在具体的意识活动中，意识内容与实在的东西相关，并且实在的内容随活动种类的变化而变化。然而，在变化中，还包含着统一的习惯，否则，我们就不能指向同一事物，也不能谈论同一事物。意识的实在内容的统一性在于它们有共同的意义，意义是各种心理活动共同指向的对象，是理想的内容，对共同的、一般的对象的指向的意识活动，称为意义活动。例如，当我们在画纸上画出一个点的图像的时候，中学生会理解为这是一个没有体积大小的几何点，但小学生只知道那是一个点，更小的儿童则会说那是星星、糖果等。这就是不同的人对点的图像进行了不同种类的意识活动的结果。有心理学家认为：儿童的意向活动的特征主要是想象，小学生是知觉，中学生则为意义活动。意义活动的理想性和具体意识活动的实在性，还可以从它们各自的对象上加以区别。意义是理想的活动，它的对象是理想的对象。在上面的例子中，点的图像是实在的对象，它可以是外

① 赵敦华．现代西方哲学新编[M]．北京：北京大学出版社，2001：99.
② 赵敦华．现代西方哲学新编[M]．北京：北京大学出版社，2001：96~97.

在的物理对象，也可以是想象的对象。几何点被认为是理想的对象，是因为关系到了柏拉图式的客观本质，而糖果、星星等是点的图像的想象，只存在于人的大脑中。所以，在胡塞尔的术语中，“理想的”不等于“观念的”，“实在的”也不等于“存在的”；相反，理想的东西必然是存在的，是客观存在的本质，“实在的”东西可以只是一种纯粹心理的实在。而对于意识的实在对象，胡塞尔指出：“被给予意识的东西本质上是相同的，不管所显现的东西是否存在。”[①]胡塞尔认为我们之所以可以联想，是因为事物有着共同的本质或意义。比如，以上示例中的儿童之所以会想象到糖果和星星，是因为糖果和星星在他们看来是以点的形式呈现的。理想的意向活动则表现为意义活动，与之相应的意识材料是概念，概念是意义活动所建立的。胡塞尔关于概念理论的独创性阐述在于扭转了传统的关于知觉和概念的关系。他指出概念不是从个别的具体事物中抽象出来的，而是意向活动的产物。正因为这样，概念所指示的本质和知觉到的事物无关。认识的过程不是先知觉到具体的事物，然后再从众多事物中抽象出事物的本质。相反，对事物的认识开始于指向本质的意义活动，而不是指向个别事物的知觉。没有概念表示的本质规定性，也就没有知觉对象作为“某物”的规定性。[②]例如，没有雕塑的概念，我们看到的一件大理石作品可以是任何东西，但绝不是雕塑；没有素描的概念，我们看到一幅大卫的素描写生的时候，只能叫它图画或者其他的某些名词。而概念还不是知识，意义活动也不是认知的全部过程。

胡塞尔特别区分了“意义的给予”（meaning-giving）与“意义的充实”（meaning-fulfillment）这两种意向活动。在意向活动的过程里，意义活动给予的意义仍处在概念的阶段，还需要具体的感觉材料的“复合”。感觉材料不是作为个人的心理状态，而是作为意义的相关项被吸收进意向活动。感觉材料是意识的不纯粹部分，“本身不具有意向性”“本身不是对某物

---

① [德]胡塞尔．逻辑研究（第二卷）[M]．倪梁康，译．上海：上海译文出版社，2006：374.

② 赵敦华．现代西方哲学新编[M]．北京：北京大学出版社，2001：97~98.

的意识”[①]。意向活动和感觉材料是形式和内容的关系，给予感觉材料以形式的意向活动是知觉活动。在知觉活动中，意义被具体化了，感觉材料被客观化了，两者结合起来成为对某一事物的完整的意识内容。也就是说，事物显现于意识。这样，我们才达到了对个别现象的把握，才获得了关于某一事物的真观念。[②]

观念之真就是被充实了的意义。事实上，知识总是被表达为判断的形式。在胡塞尔看来，判断也是一种意向活动。胡塞尔认为判断的结构也反映了意向性的两个方面：意识对象和意识内容。判断所意向的对象被胡塞尔表达为判断的主语词，它来自知觉到的“某物”；判断的意识内容被胡塞尔形容为谓语词，来自于知觉活动的内容，如颜色、形状、质感等。这两个部分在判断过程中是不能分割的。“某物”是中心统一点，它是谓语词的承担者，而主语词和谓语词需要系动词来联结。胡塞尔认为主语词和谓语词所对应的还只是实在的活动，而系动词和其他逻辑连词对应的才是理想的活动。胡塞尔把这个比意义活动更高级的理想活动称为范畴直观（categorical intuition），或曰本质直观，范畴直观是知识的核心。本质直观的对象不同于意义意向活动的对象，后者是单一的本质，前者是本质间的关系。范畴直观把握到了主语词和谓语词之间的本质性联系。如果没有了范畴直观，我们不会形成一个完整的知觉，甚至不能判断一个事物的性质。“理想的”与“实在的”区分构成了胡塞尔意向性理论的基本点。胡塞尔认为“理想的”比“实在的”具有先在性，“理想的”是“实在的”的先决条件。他认为意义不必依赖于知觉，反之则不能成立。所以，判断活动不可能离开范畴直观。[③]

胡塞尔建立了一套崭新的知识论。他通过对意向活动的分析，得出结论：真理在于意识与事物的统一，通过意识的意向性结构而获得了统一。胡塞尔在《纯粹现象学通论》里得出了这样的结论，“因为一切体验在某种方式上均参与它……意向性是在严格意义上说明意识特性的东西，而且同时也

① [德]胡塞尔．逻辑研究（第二卷）[M]．倪梁康，译．上海：上海译文出版社，2006：309.
② 赵敦华．现代西方哲学新编[M]．北京：北京大学出版社，2001：98.
③ 赵敦华．现代西方哲学新编[M]．北京：北京大学出版社，2001：98~99.

有理由把整个体验流称作意识流和一个意识统一体。”[①]这是意义、知觉、判断与本质直观的统一。“世界和人生是一回事。”[②]

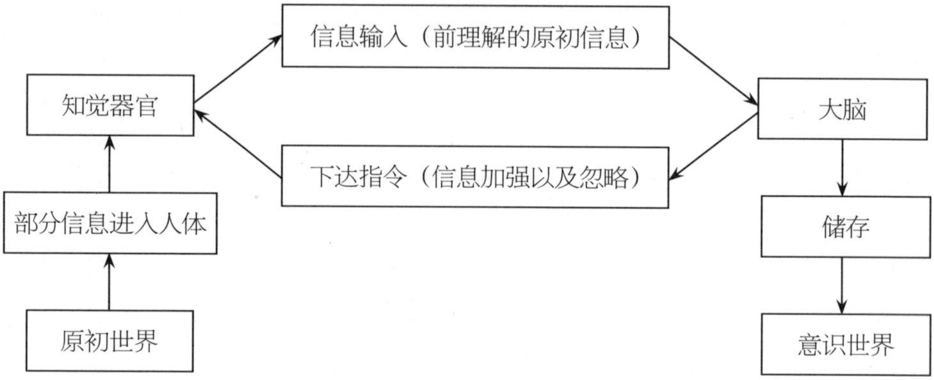


图1-2 知觉器官和大脑的交互作用

笔者对胡塞尔的意向结构做了一些补充说明。笔者认为在人的大脑之中，存在部分大脑参与知觉器官的运作，这个部分接收知觉器官发送来的原信息并对知觉器官下达指令。也就是说知觉器官和大脑是联动的，处于不断的交互作用之中。原初世界的信息是无穷的[③]，知觉器官摄取了部分的信息进入人体，这些信息通过神经传送到大脑（或者其他意识器官），在大脑尚未处理之前，这些信息处于胡塞尔所说的前理解状态（图1–2），这个状态近似于中国道家思想所形容的“混沌”状态。这种混沌感，人是可以察觉的。例如，人不经意地看风景的时候，影像仿佛是空白的，我们把这种状况称之为“走神”。其实，走神的时候，信息也摄入了，只是未获得大脑的充分处理，未形成清晰的“认知”。走神，是一种自然地去理解的状况。信息一旦摄入，大脑就会同步下达指令，要求各种程度与各种各样的信息集中化。这

① [德] 胡塞尔．纯粹现象学通论 [M]．李幼燕，译．北京：商务印书馆，1992：210.

② [奥] 维特根斯坦．逻辑哲学论 [M]．贺绍甲，译．北京：商务印书馆，1996，5.621.

③ 宇宙是无穷大无穷小的，至少从目前的人类认知来看是这样的，人是有限的，宇宙则是无限的。自然所附带的信息，可以说是无穷的。例如，光谱中的可视光，仅仅是光谱中的一小段。在可视光之外，还存在红外线、紫外线等各种波段的光线。人类所掌握的信息只是原初世界中很小的一部分。

个时候，我们就好像从走神中回过了神，视线清晰了。明度、色彩等对比越强烈的，就越容易被“发现”。知觉器官根据大脑的指令，进一步摄取信息。在进一步集中化摄入信息的同时，大量的信息也被同步忽略了。较少意识处理的前理解信息，有相对信息完整性的特征，更接近于原初世界的内涵。这种混沌式的观察，在美术中常常被使用。我们常常需要审视对象与作品的整体效果，有时候我们会“眯起眼”或者退远点去观察。这个时候，我们就开启了前理解的信息摄入模式，我们会对摄入的信息进行较少地处理，用直观的模式把握整体。

直观的方式和走神的情况不同。直观是有意识地去“看”的状况。在这种情况下，我们有意识地让概念等意识不干扰原初信息，还尽可能让知觉器官放开。这里留下的是胡塞尔所说的“纯粹意识”，这个概念和康德的“先验自我”近似。直观的方式不是局部地看，而是整体地感受。以直观的方式整体把握获得的前理解信息，包含了大量能“理解”与不能“理解”的信息，处于鲜活与完整的状态。信息整体会产生印象与感受。只有体验的直观才能尽可能地获取这些鲜活的原初信息的意义。这种神奇能力的价值应该不在理性之下。信息的储存也可能不是我们原先想象的那样——分类储存。信息可能是整体地储存的，整体叠加成了“经验”或者“缄默知识”。在我们的储存信息中同样有可理解的和不可理解的信息。信息不是完全孤立化的东西，每一个信息都是在我们和世界交互中形成的，带有我们身体的感受，这些感受也和事情的信息交合在了一起。换句话说，感受也是意识的一部分，而我们将可理解的部分称为“概念”。电脑是以数字储存信息的，无论以多高的分辨率储存，总是会丢失部分信息。同样的，我们的意识世界也是个符号的世界，在储存的过程中也会丢失很多信息。这也说明了体验的意义，它可以让我们回到事物原初的信息现场，感受这个生动而丰富的原初世界。而这点，对艺术及其教育来说都充满了意义。

## 四、现象学还原与现象学构造

“现象学还原”（reduction）是对意向性研究进一步的延伸。胡塞尔认为“无前提”的“明证性”是哲学的最高目标。意向性理论是胡塞尔对意识结构做出的分析，但结构分析还是以具体心理存在为前提的，还没有达到摆脱一切前提的要求。在意向性结构中，“理想的”因素是“实在的”因素的前提，总是在实在的比较和对照下阐明理想。于是，胡塞尔对意向性做了发生学的研究，力图从意识的本初状态去寻找意识结构的根据。原初问题被拓展为两个方面：第一，如何达到无前提的意识的本初状态？第二，没有内容的意识如何构造出自己的内容？胡塞尔解决第一个问题所采取的方法是现象学还原，解决第二个问题的方法则是现象学构造。

“现象学还原”就是指将事物还原为原初的状况以得出自明的意义。胡塞尔从两种意义上讨论还原：其一，把具体事实还原为一般本质，即把现实中存在的事物还原为意向的本质，这称之为“本质还原”（eidetic reduction）。其二，把现象学还原作为“悬搁”（epoche）一切存在事实的途径，以达到纯粹的、绝对的、自明的意识领域。①

“现象学构造”指从不确定的、有前提的事实到确定的、无前提的“现象”的显现过程。现象学构造与现象学还原有着密切的关系，二者都是为探求自明的真理而采取的方法。

现象学还原与构造对于美术教育理论基础而言，有着特别的意义。如果要阐发某种美术教育的创见，首先肯定会涉及对于美术教育概念的理解。但对于一些基本的概念，比如艺术、美术、教育等观念，又存在着巨大的解释分歧。而我们可以将现象学还原作为工具，将美术教育观念的阐释导入更深层次。以原初的状况，结合人类文化学的方法，来考察我们的美术教育生活，往往会得出很多富有建设意味的观念。所以，在观念解析方面，本书会大量地运用现象学还原的方法。在现实的美术教育研究过程中，存在着大多都是“不确定的、有前提的事实”，如果没有经过“确定的、无前提的”提炼过程，研究成果往往会比较局限，从而容易产生偏见。所以，现象学还原与构造在现象学美术教育学研究中被广泛地采用着。“回到事物本身—还原——构造”是现象学研究的基本方法。

---

① 赵敦华．现代西方哲学新编[M]．北京：北京大学出版社，2001：98~100.

## 五、生活世界

为了追求“无前提的”哲学标准，胡塞尔于76岁时提出了著名的“生活世界”（Lebenswelt）概念。在现象学还原的研究过程中，胡塞尔的研究逐渐从“纯粹自我”转向了“生活世界”。因为要真正做到无前提，需要悬搁的不仅仅是自然态度所认可的客观存在，而且应该包括在历史中形成的理论、概念。在这里，胡塞尔用到了“前科学”这一词汇。他提出回到一个前科学时期，不受任何理论、传统、习惯的影响，直接面对“生活经验”。这样，我们最终会达到一个“生活世界”。这是一个不能再被还原的最后“剩余”，是不可超越的前提。①

“生活世界”（图1–3），在胡塞尔看来，它是直观的、前科学的，是可经验的人的存在领域，是一个有人参与其中，并不断呈现出自身意义与价值的世界。他认为：“生活世界是永远事先给予的，永远事先存在的世界。人们确定它的存在，并不因为这某种意图、某个主题，也并不因为某种普遍的目标。一切目标以它为前提，即使那在科学的真理中被认知的普遍目标也以它为前提。”②

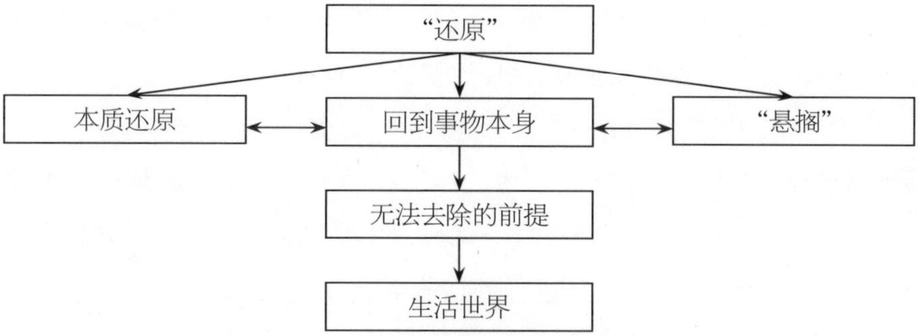


图1–3 无法去除的前提——生活世界

就其具体特征来说，倪梁康先生将其归纳为四个方面：第一，生活世界是一个非课题性的世界：它是一个自明的前提，不将它看作问题，不把它当

① 赵敦华. 现代西方哲学新编[M]. 北京：北京大学出版社，2001：102.

② [德] 胡塞尔. 胡塞尔选集（下册）[M]. 倪梁康，选编. 上海：上海三联书店，1997：1087.

作课题来探讨，人生的任何目的和实践生活的形式都必须以先被给予的生活世界为前提；第二，它是一个奠基性的世界：在这点上，“生活世界的自然态度”与“客观科学的态度”和“哲学的反思态度”得到区分，前者要先于其他态度并构成其他态度的基础；第三，它是一个主观的、相对的世界：生活世界随个体主观视域的运动而发生变化，每个人的生活世界皆各自不同；第四，它是一个直观的世界：生活世界是一个直观地被经验之物的世界，它是日常的、非抽象的、伸手可及的。①

胡塞尔现象学开始于“严格科学”，终结于“生活世界”。这不仅是他个人的经历，也反映出了整个现象学运动的走向。生活世界是人生活于其中的存在，是我们与自然交互的整体结构，是世界普遍的给予方式的原初的、最直观的显现，是一切意义的来源。而与之相对的“科学世界”则是“理念的世界”，它将世界客观化、对象化、知识化和理论化，胡塞尔认为那是“原则上无法直观到的逻辑的亚建筑”。尽管科学对人类文明的进程起到过强有力的推动作用，但科学世界的实质却是远离人的，它是遗忘了生活的世界，剔除了生活世界中具有生命气息的七色彩虹。

“生活世界”哲学在当下的新课程改革中受到了重视。在钟启泉先生的著作《课程的逻辑》中，他提出课程改革的目标之一就是构建生活世界的课程。钟启泉认为：“教育是发生在师生之间的真实生活世界中的社会活动，生活世界是教育发生的场所，学生的体验和经验构成了学校教育的重要内容。”②显然，在我们当下的课程中，尤其是小学的语文、数学等课程，基本仍属于“科学世界”的课程，它们严重脱离了儿童的生活经验，在一定程度上降低了儿童学习的兴趣，影响了其学习效果。在美术教学中，这一现象虽然不及“主干课程”严重，但这种影响也是广泛存在的。即我们的美术课程其实也没能和儿童的生活及儿童的需要做到高度的结合，课程过程更是如此。这都是值得我们反思的地方。

---

① 倪梁康．现象学及其效应——胡塞尔与当代德国哲学[M]．北京：生活·读书·新知三联书店，1994：131~132.

② 钟启泉．课程的逻辑[M]．上海：华东师范大学出版社，2008：7.

我们的小学和初中教育属于“义务教育”，也许将来高中也会被纳入义务教育的范畴。何为“义务教育”？义务教育是一种公民教育，是每一个公民都需要接受的教育。它旨在提高全体公民的基本素质与素养，是提高一个民族整体文明程度的重要方式。义务教育不是高等教育，它的教育内容与目标都不是专家式的，而是能够使学习者在未来的生活中受益终身的。因为是义务教育，所以它要面向全体公民，正如美国义务教育中的一句口号“一个也不能掉队”一样。所以，义务教育的内容应该和生活高度联系，并能够应用于生活，美术教育也应同样如此。但现实中，在我们广大的教师队伍中间，存在相当多的“唯识论”的偏执者。可以说，这已经形成了一种文化传统，成为一个我们很多教师都看不见的“文化盲点”。即我们总是认为，要教给学生什么知识，而且这种知识是以一种高度逻辑性的、高度概括性的方式出现的，从而忽视了这种教育方式的效果。其实，我们发现这种教育方式并不是使儿童能够很好认知世界的方式。这些知识大多脱离了学生的生活世界。很多教师缺乏这样一种观念，即如果学生能够自己发现知识，并将它们和生活经验相联系，那么这些知识往往可以记忆终身。美术教育很适合利用这种方式进行学习与教学，因为美术教育中的知识性内容并不多，如果能够很好地创设恰当的教学情境，在行动中、活动中，让每一个学生能自己得出这些知识性的结论，虽然知识不是全面完整的，但效益性却高很多。更关键的是，这种方式的教学，有互动性、有感受性，更能发挥出艺术教育的优势。因为，艺术和科学不同，它本身就是一种感受性很强的事物。

## 六、存在论

胡塞尔曾经说过：“现象学就是海德格尔与我。”海德格尔曾被胡塞尔视为最合适的接班人。海德格尔的哲学常常被归进“存在主义”。但海德格尔本人则始终认为现象学的方法是唯一的科学的哲学方法，他甚至不承认自己的学说是“存在主义”。

海德格尔最常使用的一个概念是“存在”（being）[①]。其动词的性质，来自于胡塞尔的现象学观念，现象学认为人的存在是个动态的过程。这和胡塞尔“还原”与“直观”的方法显著不同。他将胡塞尔现象学的认识论，转向了人的存在论。

海德格尔界定了“存在物”（beings）与“存在”的关系，他认为“存在物”的意思是实体，是名称的含义；“存在”的意思是存在的过程（to be）。存在状态指的是在自我之中显示的过程。其实这和胡塞尔的意向性理论似乎没什么区别。海德格尔以“此在”表示人，以“生存”（existence）表示人的存在。海德格尔在《存在与时间》里，对此在的存在状态，以时间作为参照系做了很多的界定，引出了很多的术语，如“烦”（care）、“畏”（fear）、“焦虑”（anxiety），等等。笔者对此倾向于胡塞尔的观感。[②]海德格尔则将胡塞尔的“意义与本质的洞见”换成了“本真的显现”。

后期，海德格尔从真理、艺术、语言与技术等领域探讨了存在的意义。他以“林中空地”（Lichtung）象征真理的“廓清”。他认为：“当人思索存在时，存在也就进入了语言。语言是存在之家，人栖居于语言之家。”[③]在艺术领域，他提出了“天”“地”“神”“人”的概念，天象征敞开，地象征隐匿，神是神秘之域，人是生存之域，而人更应该是自然的守护者。但近代以来，“技术以人的理论思维为创造的源泉……人自以为是技术的主人，实际上，技术无限制的扩张已成为非人的力量，人已经被技术所吞噬”[④]。对此，他提出了“思”与“诗”的概念。

存在论的人道性将教育存在的意义确定为人的关怀。海德格尔所有的存在之思全是基于对人的存在的思考。那么同样的，美术存在的意义也只能建

---

① 存在being是大写还是小写存在争议。大写的Being往往被认为是上帝，所以这里暂用了小写。

② 胡塞尔看了《存在与时间》，感到大失所望，认为海德格尔对生存状态的区分不见得有多少合理性，就温和、含蓄地批评海德格尔的研究走向了人类学的研究。海德格尔也认为现象学的方法是唯一的科学的哲学方法，因此他不承认自己的学说是“存在主义”。

③ Heidegger. Basic Writtings [M]. D. Krell, Routledge, 1977: 193.

④ 赵敦华. 现代西方哲学新编 [M]. 北京：北京大学出版社，2001: 113.

构于对人之存在的思索之上。美术教师的存在，必须首先基于对教师的关怀，而不是对教师的要求。在人性化的氛围中，教师以职业道德自显教师的存在意义。那么，教师职业倦怠（burnout）问题，除了教师必须反省自身原因之外，也必须考察教师存在的状况，考察教师是否处在一种人性化的生存之中，如此才能召唤其教育原初的使命感。教师感受到生活的尊严与幸福，教育也必然会变得神圣，充满阳光。

“存在物”与“存在”的区分具有深刻的教育意义。知识、学习、儿童、教育、生活、人等都是存在的过程、生成的过程和成长的过程。它们的意义居于过程之中，而不在于过程之外。美术教育过于关注艺术品的成品、教育成果、学生成长的结果等，就扭曲了有过程才有结果的事实。并且过于关注结果，而忽视过程的意义，本身就不符合存在是to be的性质，属于一种人类异化的表现。人类具有理性，拥有分割、区分、分类的能力，这是我们做科学研究所必需的，人类也因此获得了许多的科学成果。这种思维可以运用于生活，运用于教育，也可以运用于意识分析。但如果我们以为事实的存在就如同我们分类分析中撕裂式的存在，那就大错特错了。只划分，而不统整；只求结果，而不管过程；只重视智性，而忽视整体；重理论体系，而不重感受。这样，我们的生存就异化成了碎片，失去了感受、关系和自我，也就失去了教育的意义感，乃至失去了生活的意义感。美育不同于德育、智育及体育，它是情感的教育，其教育的方式是陶养。教育家蔡元培先生说：“陶养的工具，为美的对象，陶养的作用，叫作美育……人是感情的动物，感情要好好涵养之，使活泼而得生趣。”[①]美术教育唤醒的正是我们人性的情感，“美育者，应用美学之理论于教育，以陶养感情为目的者也”[②]。可见，艺术本来是集人的整体感受性、意义性和审美性于一体的教育，艺术本来是唤醒人格，对抗异化最好的教育。在人的生存异化普遍存在的情况下，美术教育有义务与责任恢复美术原初的生动感受性，在这种特定的情境下，矫枉

① 蔡元培．蔡元培全集（第七卷）[M]．杭州：浙江教育出版社，1997：290~291.
② 蔡元培．蔡元培全集（第六卷）[M]．杭州：浙江教育出版社，1997：599.

过正也是必要的。我们应该尽可能地排除科技理性的干扰，将美术学科建设成为一种感受型的新教育，一种直观意义感的新教育。

海德格尔认为语言是存在之家，语言的存在是既敞开又隐匿的。这就说明语言在以复杂性、多样性、开放性和流动性表达着我们意识的同时，也制造着歧义、含混、误解和谬误。而更多意识存在的感受性，语言是难以表达的，或者说是以很吃力的方式做着描绘式的表达。在范畴观念表达中的语言，既有理性的推导，也有感受性的描绘。总之，语言作为传递意识的存在，既有其重要的价值，也存在其无法避免的缺陷。但是，我们往往意识不到语言的缺陷性，在语言表达的流畅性中，我们误以为语言可以传达一切意识。这就为科技理性教育的盛行煽风点火了。

海德格尔在“此在”与“诗与思的事情”的命题中深切地探讨了人类的命运。海德格尔提出了“诗意的栖居”和“面向思的事情”。美术教育的终极意义也在于改善人们的生存，获得诗意的栖居。美术的艺术体验和“思与诗”的状态很接近。“视觉艺术为我们的感官提供了让生活充满活力的东西，而且时常对生活予以评价。”①艺术无处不在地介入我们的生活，我们以艺术的方式生存，正是海德格尔建议的生存的本真方式。

## 第二节 现象学美术教育学的主要特征

### 一、教育整体论与情境主义

#### （一）教育整体论

基于现象学有关“现象”的观念及“交互主体性”，笔者认为艺术教学实际上是一个各种因素相互影响的“场效应”的结果，也就是笔者主张的“教育整体论”。在这个整体中，不仅有我们颇为强调的知识性内容、技能性内容和教学方法，还存在很多我们以前忽略的因素，如教学环境、教学氛围、班级氛围、人与人之间的关系、教学地点、人格力量、学习态度、教学

---

① [美] 艾略特 · W. 艾斯纳. 儿童的知觉与视觉的发展 [M]. 张宏，刘海英，张丹，葛凌凌，译. 长沙：湖南美术出版社，2002：11.

态度、信仰、文化，乃至教师与学生的生活状态，等等。所有这些“显现的”或“潜在的”因素，共同组成了一种“场效应”，构建了一种称之为“教学情境”的东西，所有的因素在艺术教育中共同发挥着作用。可以说，现象学美术教育学开辟了很多以前我们未知的领域，这种创新性的发现构成了现象学美术教育学最主要的特色。

“场效应”（field effect）本是个物理学名词，在物理学上，“场”是一个以时空为变量的物理量。宇宙中存在着各种各样的“场”（field），如电场、磁场、重力场等。也许我们察觉不到，但是我们却无时无刻不受到“场”的影响。在“场效应”之中，事物的各种因素相互影响、相互转换，新的表象在内在规律的作用下不断演进与生成。将“场效应”概念引入教育学领域，具有深刻之意义。一般而言，教育者较易重视与教育效果显性相关的因素，如教学方法等，但对于整体因素“场”的科学态度，则较为缺乏。教育是人类复杂、艰难而任务重大的系统活动，它的行为其实是一种“场效应”。它为了实现既定的教育目的，会利用各种教育因素、教育资源。在这里，教学环境、教学手段、空间、绿化、声场、嗅觉场、教师的态度与情绪及个人魅力等，课堂的一切对教学效果产生影响的事物，组成了教学的“场”。“场效应”原理让我们在关注教学显性因素的同时，也关注了隐性因素，并将各种显性、隐性因素合理化地组织起来加以运用，使之成为教师教育理论准备的一部分。

“场”的特点在于运行于其中的物质具有整体性、运动性和规律性。从宏观角度来说，教育正是这样一种具有整体性、运动性和规律性的事业。第一，教育具有整体性。教育属于大文化范畴的一部分，因为教育事业的成果体现为人，进一步说，即人的素质的提高。而人则是社会发展中最具有动能的事物，一切社会的进步都离不开人。所以，可以说教育是社会进步最重要的推动力。但教育发展本身也受其他各种因素的影响或制约，如经济、政治、信仰等，其中，人们的素质与意识水平反过来也会制约教育的进步。也就是说，教育促进人类素质的提高，但人类的素质也对教育的状况产生重要的影响。所以，教育是整体文化中呈现出的一环，它的进步与文化的进步同步。第二，教育具有运动性。教育、政治、经济、人们的意识与素质等，相互影响、相互运动。人本身就是个不断运动的事物，人的进步、人的求知、人的生活都是一个动态的过程。所以，我们不能将知识视为一个静态的事物、一个僵死的事物。事实上，掌握知识是一个动态的过程。教学本身也是在运动中完成的，是师生互动的结果，是教育生活的一部分。第三，教育具有规律性。教育事业的发展必须遵循教育规律。效率是一个关键词。一个好的社会学事物，会提高社会的效率。无论是从稳定性考量还是从竞争性考量，其最终都是为了发挥效率。在经济学中，我们知道市场经济中存在着一只“无形的手”，在自由竞争中，优胜劣汰，自动调节社会的生产与需求。这只“无形的手”恰似经济中的“道”与“无为而治”。人为的经济干涉是“有形的手”，也是有需要的，通过福利制度、反垄断制度等的建设，有利于促进正常的经济竞争与效率的发挥。换句话说，就是经济干涉的目的是为了更好地发挥“无形的手”的作用，而不是取而代之。这其实就是遵循经济规律。教育也必须尊重这样的规律。教育中同样存在“无形的手”与“有形的手”。教育需要竞争，办学需要竞争，办学理念需要竞争，学校管理需要竞争，课程建设需要竞争，学术需要竞争，充分的教育竞争，这些无形的手可以自动改善教育中的诸多环节的不足。那么，我们就需要大力鼓励民办教育事业的发展。现实情况下，我们在这方面做得可能还很不够。教育中存在腐败问题，公办教育与民办教育可能在很大程度上也存在竞争的不平等问题。我们需要发展健康的民办教育，促进教育公平，保护竞争。这些大的教育环境的建设，是非常重要的。当然，我们也需要“有形的手”。除了制定教育法律法规等外，公办教育应该在降低学费，开设民办教育不愿意开设的专业（缺乏经济效益，但它是国家的长远发展需要的，如基础科学等）等方面着力。正如经济应该藏富于民，让利于民，教育大抵也应该如此。总之，必须鼓励教育竞争，保证教育效率的发挥。教学中其实也存在“有形的手”与“无形的手”。教学中“无形的手”指的是促进自然竞争的机制，这种机制可能是老师之间的，也可能是学生之间的。例如，大学教育实施真正的学分制改革，因为选修课数量增加的缘故，教师的课程是否被学生所选择，就成为老师之间课程教学比较的一个有效因素。同时，赋予教师按照课业真实标准鉴定学生是否合格的权力。四年的学分，根据学生的努力情况，可以一年学完，也可以四年甚至更长的时间修完。这样，学生认真上课成为学生自身的需要，而每天早晨颇为常见的学生出勤点名就会变得多余。其实，也就是按照“事物本身”的样子做事情。教学中“有形的手”必须为“无形的手”服务，换句话说，教务管理是为了促进教学，而不是捆绑教学。让事物自身发挥作用，才能使教学拥有更高的效率。新课改中，课程向教师“松绑”是一个很好的取向。钟启泉先生在他的著作《课程的逻辑》中，颇具见地地指出“教师即课程”[①]，这是一个非常正确的观点。只有发挥了教师的能动性、发挥了学生的能动性，我们的教学才能办得更加出色。因为在所有的因素之中，人的因素是最重要的。

艺术教育显然是教育的一个种类，它的规律也大致与教育总规律一致。只是艺术教育自身具有鲜明的特色，它以一种感性的方式，唤醒学生，促进学生能力的增长。我们将艺术教育视为一个整体的运动，在教育与教学中需要充分发挥“有形的手”与“无形的手”、“显性教育”与“潜在教育”的综合作用，从而提高教育效率。

**（二）情境主义**

“情境”，英语是context，意义是：surroundings，circumstances，environment，background，or settings which determine，specify，or clarify the meaning of an event。“情境”可以被视为艺术教育时的各种环境与心境，其中环境可能包括了历史、社会、文化及教学的具体环境。

西方艺术教育专家把传统教育、现代教育、后现代教育，概括为内容（content）、形式（form）、情境（context）（图1–4）。他们认为传统艺术与教育主要关注的是内容；现代艺术与教育则主要关注的是形式，被称为“形式主义”（Formalism）；后现代以来的当代艺术教育学关注点主要在情

① 钟启泉．课程的逻辑[M]．上海：华东师范大学出版社，2008：28.

境，被称为“情境主义”（Contextualism）。[①]事实上，这是三种完全不同的教育观与教育主张。

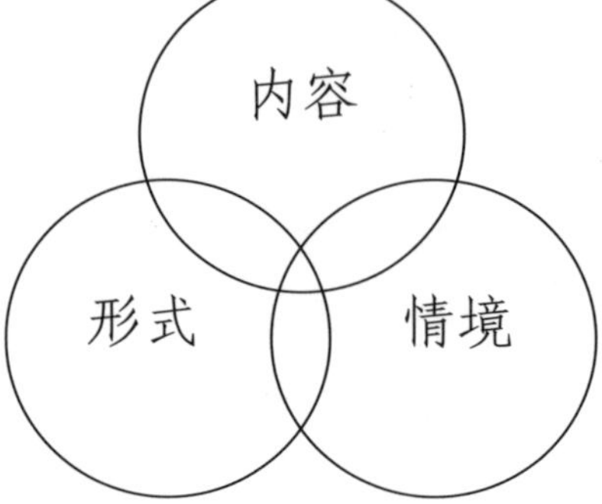


图1-4 艺术教育的内容(content)、形式(form)、情境(context)

传统教育学关注的焦点在于内容，即知识与知识结构。这种以内容为主要关注点的教育观念，即使到了今天，仍对我们当下的艺术教育界有极其深刻的影响。这种教育观，大致源自西方文艺复兴后开始的理性与科学革命。我们知道，西方文化有一个有别于东方文化的特质，即理性与科学精神。其实，这种精神很难说是自古有之，其思想的奠定也主要得益于理性与科学的革命。英国文艺复兴时期最重要的哲学家弗朗西斯·培根（Francis Bacon，1561—1626）的名言：“知识就是力量”，正是这种理性与科学革命的象征。它标志着人类不断追求真理，探求未知。毫无疑问，这种理性的革命带来了巨大的能量，直接推动了近现代文明的进步。在这种思想的影响下，在教育领域，人们很自然地觉得严密的理性知识体系是教育的根本所在。这就成了“唯识论”，即教学唯知识至上。虽然，我们在听到这个“唯”字时，在直觉上难以表示赞同。但问题是，我们大多数的教师都深受这种文化的影响。在具体的教学领域，我们会以知识结构思考构建课程。在教学中，我们灌输着我们苦心总结的知识与逻辑。这种观念在高等教育中也许尚且可

① Anderson, Tom. Art for Life: Authentic Instruction in Art[M]. Boston : McGraw-Hill, 2005: 85-87.

行，因为高等教育的对象是成年人，他们已经拥有完备的理性。他们进入大学的殿堂，本应该以追求真理为己任。但我们过于想当然地认为，教育就是教些知识给学生，我们甚至认为这些就是教学的精华。双基教育，即基础知识、基础技能教育，不正是我们极端重视的教育关注点吗？艺术教育也同样被这种强大的教育思想“带着走”，仿佛艺术的教育可以和科学的教育一样，儿童的教育可以和成人的教育一样。

现代教育学关注的焦点在于“形式”，即教学方法，怎么教、如何教。随着近现代心理学的发展，教育学者们逐渐发现儿童的教育必须遵循儿童教育的规律，而这种规律应该有别于成人的教育。较早发现这个问题的是法国著名的启蒙思想家、教育家让-雅克·卢梭（Jean-Jacques Rousseau，1712 —1778）。他在其著名的作品《爱弥儿》中，比较系统地阐述了“顺应天性施加教育”[①]的教育学思想。我们可从这句教育学名言中挖掘出两层含义：第一，儿童的教育有别于成人的教育，在教育中，我们不能以成人的方式向儿童灌输成人的知识；第二，我们要找到“顺应天性”的教育方法。可以说，卢梭的这一主张奠定了现代教育学的思想基础。卢梭的教育学思想影响十分深远，对后来的教育学大家杜威等，都有或多或少的影响。我们当下的教育界，都很强调“启发式”“互动式”教学，在新课改中还提出了“探究式”等新的教学方式方法。可以说，这些可以归结为一种教学“形式”的追求。在现实的教育中，我们的传统教育观念和现代教育观念经常在许多教师的大脑中拧起了麻花。很多时候，我们遵循的是传统的教育观念，但大多数教师也知道现代教育观念的先进性。问题是，我们的大多数教师缺乏对教育学认知的透达度，从而不能形成自己完整的教育观念。也就是说，我们的教师缺乏“教育自觉”，不习惯于独立地思考问题。正因如此，我们的教师也不习惯于独立思考，因为我们所有的人都生活在文化之中，而目前的主流文化还不是一种倡导独立个性的文化。正如杜威的名言“生活即教育”，有怎样的生活，就有怎样的教育。没有独立思维能力、缺乏创造意识的教师显

---

① [法]卢梭. 爱弥儿——论教育[M]. 李平沤，译. 北京：商务印书馆，1978：3.

然也不能培养具有独立思维能力、拥有创新能力的学生。这正是当前教育改革最大的阻力和难点之一。可见，教育改革是长期性的，是艰巨的，是不能以一蹴而就的方式完成的。最终，教育改革的成功必须仰仗于教师的唤醒与观念的转变。教师才是教育改革的主力军。

后现代教育观念关注“情境”，即构成教学的所有因素，这是一种“整体的教育论”，现象学美术教育学便持有这样一种的主张。笔者认为教学并不是教学内容研究与教学方法研究的二合一，事实上，教学要比这复杂得多。在内容与形式之外，还存在更为广大的“情境”。许多教师会在长期的教学实践中发现，在不同的班级上一门相同的课，也许会产生完全不同的效果。比较极端的情况是，一个班级的效果很好，而另一个班级的效果却很令人失望。这是为什么呢？很有可能的一个原因就是，两个班级的教学情境是不一样的。学生的状况、教学的环境、班级的氛围，都会影响到一门课程的教学效果。这是一个重要的科学问题，可以通过有效的创设加以改变。“情境”即情景、境地，含有环境、背景、语境的意思。广义的教育情境，包括了教育的自然环境、社会文化环境、家庭环境、学校文化环境、课堂氛围、心理状况、教室空间乃至教学道具的使用等。“所谓人的成长，就是在与环境相互作用过程中更新自己……所谓教育，就是为了人的成长，选择最佳环境的行为。”①情境对人产生“潜移默化”的教育影响，它营造了一种氛围，形成着一种风格，蕴含着一种情调。如果希望获得“润物细无声”的教育效果，就得注意对教育情境的把握。“情境”随时随地地对学生发生着细微的教育影响，而这些直接关系到教学的成败。

但“情境主义”实际上是一个比较复杂的教育问题。如果要从根本阐述，需要从潜意识心理学与意识结构分析入手，讨论人格与感受性的问题。为了使阅读产生更加流畅的效果，笔者会在下面的章节中层层分解，娓娓道来。

总之，现象学美术教育学理论属于一种“整体的教育论”，基本可以归

① [日] 岸根卓朗. 我的教育论：真善美的三位一体化教育[M]. 何鉴，译. 南京：南京大学出版社，1999：142.

属于后现代的教育理论，并高度关注教学情境的创设。它从现象学观念出发，将各种教育因素视为一个有机的整体，而不是一种简单的二分法的对立。

## 二、潜在教育

与“整体教育论”“情境主义”直接相关的是“潜在教育”。现象学美术教育学高度重视潜在教育的效果，认为教育结果不仅仅是显教育的结果，更是潜在教育的结果，是二者的同构。与以往的教育理论相比，笔者认为这是一个拥有巨大财富的宝藏，需要我们以科学的态度来开垦、挖掘。

奥地利著名的潜意识心理学家西格蒙德·弗洛伊德（Sigmund Freud，1856—1939）发现了人类的潜意识。这一重大的发现，可以说改变了现代教育学的轨迹。他在其著作《梦的解析》中提出人的心理包括意识（Conscious）和无意识现象，无意识现象又可以划分为前意识（Preconscious）和潜意识（Unconscious）。[①]弗洛伊德认为，潜意识的心理虽然不为人们所觉察，但却支配着人的一生。弗洛伊德在潜意识理论的基础上，进一步提出了本我（Id）、自我（Ego）、超我（Super-Ego）学说。他认为人格结构由本我、自我、超我三部分组成。其中，本我以潜意识影响人的行为。

在弗洛伊德潜意识心理学的影响下，英国哲学家迈克尔·波兰尼（Michael Polanyi，1891—1976）认为知识可以分为“显性知识”和“隐性知识”。他说：“人类所认识的远远高于所能告诉的。”[②]波兰尼在《人的研究》一书中指出：人类有两种知识。通常所说的知识是用地图或数学公式、书面文字来表述的，这只是知识的一种形式，还有一种知识是不能彻底表达的，比如有关我们自己行为的某种知识。波兰尼认为：如果我们将前者称为显性知识的话，那么就可以将后者称为“缄默知识”。隐性知识的特点：第一，不能通过语言、文字或符号进行逻辑的说明；第二，不能以正规的形式加以传递；第三，不能加以批判性反思。我们的传统智能理论局限在概念、判断

① [奥]弗洛伊德. 梦的解析[M]. 孙名之，等译. 北京：国际文化出版公司，2013：12.

② Polanyi, M. The Study of Man [M]. London: Routledge&Kegan Paul, 1957: 12.

和推理，认为只有能被清晰表达的才是知识，不能言说的就不是知识。这样就把丰富性的智能限定于理性的认知中，也就导致了一种观念：只有科学知识才算是真正的知识，“智商”的高低也常常是指逻辑思维能力的高低与理性思维能力的高低。这种重理性的教育观念对美术教育也有很大影响。美术教育的知识往往也被认定为可言明的客观知识，这种知识论不符合美术的真实存在，是“去世界化”的知识论。仅靠这样的知识论，人可以成为有美术知识的人，却不能成为真正懂得美术的人。这个世界是复杂的、多样的和整体的。美术知识除了理性知识外，还存在大量的情感、感受、意志、知觉、直觉的知识。这些知识，只有通过亲身的美术体验，才能获得其意义。

潜意识理论可以解答长期以来困扰着我们的很多教育问题。但更为重要的是，潜意识心理学的诞生，使我们发现在“显教育”之下，还存在“潜教育”，即无形的教育，沉默的教育，一种在我们教育内容之外产生的教育。这也非常近似于杜威的名言“生活即教育”。杜威比较早地发现了教育绝对不是我们施加教育内容这么简单，而是在教育生活之中，产生了更多的生活影响。如果用通俗的语言来阐述，我们可以看到腐败的文化与生活方式在无形之中也产生了腐败的教育，同样，积极的、人性的文化与生活，所带来的是积极与人性化的教育。可见，教育绝不是那么简单的一回事。它需要我们每位教师都拥有健康的信仰与生活。从“潜教育”出发，我们必须进一步思考我们的教学，思考是否给学生提供了最恰当的教学环境、教学地点；教师需要反省自己的教学态度和人生态度，思考自己是否在班级之中营造了一种健康而有效率的教学氛围。从而使我们把以前忽视的许多因素转换为教育研究的主题，如氛围研究、榜样研究、沉默研究、语言表达研究、教学环境研究、教学地点研究等。这也提醒我们，教育文化不能是一种官僚主义、形式主义的，只重视管理，便会缺失人性的文化，因而它应该是一种人性化的、让人能感受温暖的、培育新生事物的文化。

尤其要指出的一点是，义务教育是公民的教育，其教育对象主要是儿童和青少年。义务教育不是高等教育，不是那种以探究真理、培养专家为己任的教育。它主要指向为人格素质，一种将来从事任何职业都可以发挥作用的素质。那么，这样一来，“潜教育”就显得非常有意义了。因为，“潜教育”最主要的目标指向就是生活的素养。

总之，我们应该懂得把“显教育”与“潜教育”熔为一炉，懂得哪些“显教育”是必需的，应以怎样一种方式让学生获得。同时，我们在教育的同时，要时刻重视“潜教育”的影响。知识不是生活的全部，在未来的人生中，学生的品质才是决定性的力量。

## 三、人文本体论

现象学美术教育学同时也奠定于人文主义之基。人文主义的追求性，是现象学美术教育学最主要的特征之一，这是一个非常重要的基石。如果失去了这个基石，这一学说就失去了对人类文明的促进性。

### （一）现代文明的危机与现象学的发轫

随着航海大发现、宗教改革与启蒙运动的出现，世界史逐渐进入了现代文明阶段。[①]这显然是一种新文明。以理性为基础，以科学为手段，以工业革命为方式，而且这些方式与以往的方式大大不同，因为它推动了人类获得巨大的文明进步。于是，培根说出了他那句著名的格言“知识就是力量”。这从语言上说并无错误，但问题是他之所以这样主张的目的在于“征服自然”，从而有了“唯知识论”的嫌疑。而“完整的人”认知“完整的世界”的方式，被逐渐割裂。认知被割裂为二元的“感性”与“理性”，并且感性被普遍认为是低于理性的认知方式。人们普遍相信理性是通往真理世界的钥匙。后来康德提出“人为自然界立法”，使这种二元对立显著化了。经过17至19世纪上半叶，科学极大地发展，重大发现与发明以及工业产品层出不穷，人们信心百倍地实践着“征服”。但到了19世纪下半叶，尤其进入20世纪上半叶，这种“大发展”仿佛带来反噬，出现了许多奇怪的问题。如同现代艺术充满矛盾一样，现代文明也充满了矛盾。其实，现代艺术的矛盾正根植于现代文明的矛盾。两次世界大战的爆发正是这种矛盾集中爆发的体现，

---

① [美] 斯塔夫里阿诺斯. 全球通史：从史前史到21世纪 [M]. 吴象婴，等译. 北京：北京大学出版社，2006：485.

人类愚蠢地互相残杀，几乎毁灭了人们对文明的信心。而这个时期也是西方工业化的“全盛时期”，越来越多的机器被运用于生活与生产。工业的污染造就了著名的雾都伦敦。森林在消失，河流被污染，生态被破坏，人们在如此这般地“征服着”自然。工业化的生活方式也逐渐成了人们生活的主流，人们在固定时间去固定的场所，从事着固定的工作，人们仿佛成了机器。人们发现自己被“异化”了，发现科学与物质产品在极大繁荣的同时，很多人的生活并不幸福，发现生活中的不平等与对立是如此的普遍。人与人、人与自然完整的和谐关系被破坏了。因为生活的鲜活性与完整性的丧失，人类的生存坠入失去意义的深渊。①这是一种人文精神的背离的表现。

现代文明出现了明显的弊病，在这种时代背景之下，现象学应运而生。现象学的口号是“回到事物本身”（go back to things themselves）。现象学观念下的“事物本身”是“前科学的”，是一个整体，不存在外相与本质的对立。“企图消除传统哲学中内在与外在、本质与表象、主观与客观、精神与物质、心灵与身体、人与物的对立”②。正如梅洛-庞蒂所说：“现象学最重要的收获，莫过于把极端的主观主义和极端的客观主义在关于世界和合理性的概念中结合起来。”③从某种意义上说，现象学具有一定的“后现代”意味，它试图摆脱过度理性主义的偏执，旨在消除割裂，以“交互主体性”强调互生与共生的关系。可见，“现象学的诞生是哲学的一个转折点”④。人与世界是互生共存的，世界不是我们征服的对象，而是人类世界的一部分，我们和世界共同组成了人类世界。人们在理性探索科学的同时，不应该丧失体验的生活状态，应该以人性化的建设，赋予生活以意义。

### （二）人文

遗憾的是，“人文”（拉丁文humanitas）这一如此重要的词汇，在我们

① 从某种意义上说，这种现代文明的问题在二战之后，被某种程度地解决。人性化制度与措施被广泛地采用。这个时期，有时候也被称为“后现代”时期。正如后现代艺术一样，后现代文明再次努力回归和谐与合作。当然，后现代是现代的延续，后现代中仍广泛存在现代的影子。

② 赵敦华．现代西方哲学新编[M]．北京：北京大学出版社，2001：91.

③ Merleau-Ponty. The Phenomenology of Perception[M].London：Routledge，1962：xix.

④ 赵敦华．现代西方哲学新编[M]．北京：北京大学出版社，2001：92.

的文化中并没有被大多数人所认知。所以，无论如何在这里必须加以“注释”。

在我们平常的文化语义中，“人文”和“文化”经常被混淆，很多人都以为“人文”指的就是“人类的文化”。比如，我们有时候也会把某一个文化大国说成“人文大国”。其实，人文和文化是两个不同的词汇，含义并不一致。

“文化”的含义有广义和狭义之分。广义的文化是人的各种社会生活因素的总和，它的发展是社会全方位的建设。从这个语义上说，人类的一切成就皆可以用文化去概括，文化是人类生存的第二自然——人造的自然。她标识着人的尺度、行为、风俗及人的意义。狭义的文化主要指精神文明。1998年，联合国教科文组织在《文化政策促进发展行动计划》中指出：“发展可以最终以文化概念来定义，文化的繁荣是发展的最高目标。”

“人文”概念与“人文主义”有关，而不是人类文化的缩写。因为翻译的原因，人文主义（Humanism）在中国又称作人道主义、人本主义。而在平常的语义中，很多人会认为人文主义、人道主义和人本主义是不同的词汇。在汉语中，因为字面的差异，仿佛这些词汇各有侧重。比如人文主义，是弘扬人的一种价值观；人道主义，大致是一个与“博爱”有关的精神；人本主义最好理解，人本即以人为本。其实，在英语的词源上都称之为Humanism。人文主义，是一种尊重人、关怀人、宽容人，以理性与爱为基础的世界观和方法论。这种看待人的态度包含着两层含义，人的伟大性与人的缺陷性，二者缺一不可。如果缺失了其中一种，都不能称之为人文精神。德国艺术史家潘诺夫斯基在《作为人文学科的艺术史》一文里有这样的界定：“人文一词有两层判断可分的意义：一层源于人与低于人者之间的差异；另一层源于人与高于人者之间的差异。人文在前者意味着人的价值，在后者意味着人的界限……人文主义便是孕生于这种对立并存的人文概念中，与其说它是一种运动，不如说是一种态度，这种态度可以说是对人类尊严的信念，其基础是坚持人性的价值（理性与自由）和承认人性的界限（犯错与软弱)。”[①]这就是近现代意义上人文的概念，它构成了现代文明社会的价值体系核心。

事实上，我们经常会忽视人文两方面中的一面。比较普遍的例子是我们只强调人的伟大性，而不关注人的缺陷性。比如，我们都熟悉“人定胜天”这句豪言壮语。有人认为这是一种人文精神，因为它体现了人类的伟大性，弘扬了人。但问题是，这恰恰违背了人文精神，因为它忽视了人文的另一面——人的缺陷性。它把人上升到了一个和自然规律、真理等同的高度，其实人类是不能超越规律与真理的，人类受到规律的左右，必须顺应规律，而不是改变规律。意图改变规律可能会产生很可怕的后果。在历史翻过了那一页之后，在“人定胜天”鼓舞下的作为与后果，我们已经看到了。我们围湖造田，向沙漠进军，结果导致水资源的丧失与沙漠的进一步扩张，因为我们违背了规律。按照现在的话说，我们破坏了生态。当然，我们也有很多不讲究人的尊严性的文化，如“好死不如赖活”。不过，大概没有人会认为这是一种人文精神的体现吧。

人文两方面的含义缺一不可。因为人是目前所知的唯一的智慧生命，所以，人是伟大的，人是有尊严的。同样，因为人类的认知是有局限性的，是有缺陷的，人是脆弱的，人是会犯错的，所以应该关怀人、宽容人。在这里，笔者注意到宽容（mercy）这个词，是存在文化差异的。在英语中，mercy是一种美德。我们在电影《勇敢的心》中，看到主人公在片尾遭受酷刑的时候，所有的人呼喊着mercy。但在汉语语义中，宽容没有这样的道德高度，相反，我们有“农夫和蛇”的寓言故事。换句话说，我们没有宽恕人，尤其是宽容敌人这样的道德准则。在汉语中，和mercy最接近的一个词，是仁慈，但仁慈和宽容是有一定差异的。宽容是认识到了每个人都是有缺陷的，作为同理心而宽恕；而仁慈，则没有人的缺陷性的意义涵盖。

事实上，文明这个词和人文有一定的关系。人文的追求是没有止境的，人性化的建设也是没有止境的。文明的进程必须符合人文的尺度。尹少淳先

---

① 曹意强，波德罗，等. 艺术史的视野——图像研究的理论、方法与意义 [M]. 杭州：中国美术学院出版社，2007：4.

生在他的著作《走进文化的美术课程》中写道："任何先进文化实际上是符合人性的文化，因此，改变一种文化中不符合人性的文化因素，吸纳符合人性的文化因素，是改善我们生存方式、提高我们文化品位的必要途径。"其实，这种先进的文化，指的就是文明。当文明背离了人性尊严与人性关爱，就不再属于人文范畴。那么，文明的演进，可以理解为人文的进程——不断追求人性化的进程。

美术教育必须依靠人文之基。教育是传播人文精神的一种最有效的方式，而属于视觉文化的美术教育在传播人文精神上则显得更得心应手，更显示出了人类情感的微妙与尊严。《全日制义务教育美术课程标准》（实验稿）明文指出："美术课程的性质是人文性质。"[①]这是一种义务、一种责任、一种作为人类应负的责任，美术教育绝不能偏离这一尺度。我国台湾地区的教育改革也相当重视美术教育的人文性，他们甚至将"美术"这门课程的名称改为了"艺术与人文"。

**（三）人文本体论**

现象学美术教育的本体论维度是人文本体论[②]。它聚焦于如何使人超越异化世界，使人的生存获得意义。它的目的不在于以科学理性的方式去创建一大堆美术与教育的概念，并以此去构建美术教育的方法理论体系，它的立足点是人的生活世界，要求美术教育返回到老师与学生的生活体验本身，恢复因功利化而麻木的感性敏感度，对"当下的"体验做出"当下的"的察觉和事后的不断反思，形成有教育意义的经验。现象学认为体验的过程是无法取代的，体验获得的知识是波兰尼所说的"个人知识"[③]，这里面不仅有理性的"客观知识"，还包含大量的"缄默知识"，或曰"隐性知识"。基于这种"个人知识"，人的生活与艺术创造才真正成为可能。有意义的经验在杜威所说的"不断改组与改造"的生活积淀中，促使人获得成长，也在人与世界的

① 中华人民共和国教育部．全日制义务教育美术课程标准（实验稿）[S]．北京：北京师范大学出版社，2001：1.

② 尤西林．人文学科及其现代意义[M]．西安：陕西人民教育出版社，1996：35.

③ [英]波兰尼．个人知识——迈向后批判哲学[M]．许泽民，译．贵阳：贵州人民出版社，2000：54.

对话体验之中显现其意义，使得意义与成长同在。而在客观对象的现代生活中，人们遭到“客观知识”和各种功利性目的的绑架，人类生存的意义物化为功利性的目的，内在的本我痛苦不堪，人被世界撕裂，人的意义悄然滑落。

胡塞尔特别重视“直观”的方式。胡塞尔在对“意识”的探索中采用“悬搁”来去除已有理论成见的干扰，以恢复人的自然状态，关注人类体验的纯粹意义，还原“纯粹意识”，对经验世界保持一种超越的态度和本质直观，目的是让存在的意义自明式地获得显现。“本质直观”就是“洞见”，它的意思类似于我国禅宗中的“开悟”，“体验”类似于“体悟”。这告诉我们，在艺术创作和教育实践之中，“感觉”是不应该被排除于现场之外的，人不应该成为技法和理论的奴隶，而应该成为驾驭技能和理论的主人，体会“法无定法”，让身体的感觉复苏，而感觉的敏感度正是我们现代人所缺乏的。

现象学追求的是人本真的存在。现象学美术教育的本体论归属于人文本体论，它有超越的追求，不仅仅是自然世界物质的存在者，而旨在成为海德格尔所说的“有根的存在论”。现象学认为“艺术意识”的养成对“生活世界”有更多意义的关怀、审美的期待，而不是庸俗世界里常人无目的的、散漫的生活。现象学关注美术教育此在的“能存在”和“去存在”，关注“人之所以为人”的本真存在是如何显现的。艺术本来具有超越的意义，艺术教育养成（或许是唤醒）生命的灵性，去除生活中的庸俗，使生活产生崇高的意义。这与蔡元培先生主张的“美育代宗教”其实并无二致。如此看来，美术教育不仅仅是美术技能与知识的传承，不仅仅具有伦理的德育目的性，美术教育此在的意义更在于美与心灵相通，在源头处可以和世界的本体一起涌动。

美术教育归属人文性，新课程改革对此也给予肯定。教育部颁布的《全日制义务教育美术课程标准》（实验稿）的开篇里明确地写道：“美术课程的性质为人文性质”。尹少淳在《美术教育：理想与现实中的徜徉》里写道：“在美术的意义系统中，最本质和普遍的应该是人文精神。正是人文精神使得形式化的美术知识和技能变得具有生命力，并与社会发生最大程度和最广泛的关联，赋予美术本体最大的价值。”[①]向人文回归，使我国美术教育的目的与内容发生了改变。

现象学美术教育思想含有人文育化的意义。汉语“体验”二字可以拆分为“体”和“验”，说明体验需要通过“体”才能去“验”。这就无疑要求从自我出发，首先需要“认识你自己”，从自己的体验开始探究艺术的真谛，去揭示人与人之间教育关系的复杂性和丰富性，最终，让我们懂得苏格拉底主张的“做你自己”的意义。只有“你自己的”，才是有效的和可以持久的。其实，教育和艺术是相通的。在艺术世界里，艺术家为了追求艺术的独特性，时刻提醒自己保持个性与自我的存在。在教育与学习实践中，也有类似的道理。老师或学生最终会发现，其所寻找的不是别人的方法和理论，其所需要的教或学的方式必须是适合自己的，是经过自己体验所接受的。人在这个世界上活着，最终确认的是自我的存在方式和自我存在的意义。这就需要在教育中体现出追求个性与多元包容的人文精神。所以，知识与技能的传授仅仅是教育的一部分，艺术教育必须着眼于教育生活的人文性和丰富性。而“教育生活首先是一种人与人之间的交往关系，情谊和爱使我们合在一起”[②]。现象学认为教育是一种生活，一种人在共同体或联合体中的生活。教育的环境构成了教育的因素，美术教育在人与人、人与社会的关系中发生。这就使现象学教育学研究者普遍关注社会的教育意义，普遍关心社会改革、社会的公平正义性，他们普遍呼唤来自社会深层的人情温暖。“现象学教育学研究就不仅是我个人的教育生活，而有着更多他者的生活体验参与其中，形成一个完整的、‘在世界之中存在’的我。”[③]而事实上，教育正是在人文的育化之下发生的。从总体的维度看一个国家的教育，教育无法“急就章”，教育繁荣必须根植于繁荣的人文文化，并在文化中发挥教育的作用。从一个学校的维度上看，学校文化在师生的生活中具有潜在的教育意义。人与人之间只有在人文化的氛围中才能达到对体验的真正理解与表达，离开了这个意义之源，我们也就远离了人本真的生活。

① 尹少淳．美术教育：理想与现实中的徜徉[M]．北京：高等教育出版社，2005：66.
② 蒋开君．范梅南现象学教育学思想研究[D]．北京：首都师范大学，2010：18~19.
③ 蒋开君．范梅南现象学教育学思想研究[D]．北京：首都师范大学，2010：19.

# 贰 [第二章]

## 37 美术教育范畴观念的还原

“美术教育”是个名词，它由两个词汇组合而成，即“美术”和“教育”。先拿“美术”这个词来说，它不是像《蒙娜丽莎》一样可以指代一件具体事物的词汇，而是代表了一个范畴、一个观念，即表示人们理解中的“美术”这个范畴的观念。它在文化中形成，在历史中变迁。显然，在远古时代，“美术”这个词是不存在的。而在漫长的历史中，它的涵义也是不断发生变化的。对美术这个词本身的理解，关系到了对美术教育理解的根本。正如尹少淳先生在《美术及其教育》中这样说道：“有什么样的美术观，就会有什么样的美术教育观。”[①]尹少淳先生断言：“美术不论作为教育的内容还是手段，都是美术教育的关键因素。对它的理解将影响到对美术教育的理解，它本身所发生的变化也会对美术教育造成影响。”[②]同样，对“教育”的理解也至关重要，不同的教育理解会带来不同的教育观，形成不同的教育行为与教育结果。所以，我们很有必要厘清“美术教育”这一范畴观念的含义。

一般学术总是从定义开始的，以形而上学的方法去概括、归纳及总结现象，来获得观念的定位。现象学方法，则在很大程度上反对定义。因为任何定义，事实上都是从事物的一个方面对事物加以说明，都无法获得其真正的完整性。本书则采用了另一种方式——现象学的方式，采取了“还原”的方法。为什么要运用现象学还原的方法呢？因为范畴观念往往受到文化的强烈干扰，在各种文化的交杂之下，形成了观念混淆，难以明确观念的真正所指。所以，我们首先需要“悬搁”这些干扰性的文化观念，暂且将其放在一边，不给予肯定或否定的结论。回到人类原初的状况，采取以往科学的方式，去把握美术原初的意义，从本源处探究真理，以获得“美术教育”这一范畴观念的澄明。“回到事物本身”，返回现象，返回艺术的生活世界，返回艺术的发源之处，恢复我们的感受性，用身心去体验艺术现象。先经过“现象学还原”（Phenomenological reduction）与“解构”（deconstruction），从直观（intuitive）中再“建构”（construction），这是现象学的方法。

---

① 尹少淳. 美术及其教育[M]. 长沙：湖南美术出版社，1995：92.

② 尹少淳. 美术及其教育[M]. 长沙：湖南美术出版社，1995：92.

## 第一节 艺术的还原

一般认为美术是艺术的子门类，它带有艺术的一般性特征，而“我们只要正确理解艺术，就有裨于正确理解和把握美术教育”[①]。从不同角度解读，艺术呈现出不同的定义。《辞海》（1989）中关于“艺术”的定义是：人类以情感和想象为特征的把握和反映世界的一种特殊的方式。英国美学家、艺术批评家克莱夫·贝尔（Clive Bell,1881—1964）认为，艺术是有“意味的形式”。英国艺术教育家赫伯·里德（Herbert Read,1893—1968）认为，“艺术代表着我们做来愉悦感官的每一样东西”[②]。俄国文学家列夫·托尔斯泰（Leo Tolstoy,1828—1910）认为，“艺术是个人或社会群体之间情感的交流”[③]。美国哈佛大学心理学家艾伦·温诺（Ellen Winner）认为，给艺术下定义有两种主要的两点：一个是形式；另一个是情感。人类文化学对艺术的定义则是：“为解释、表现和享受生活而对人类想象力的创造性运用。”[④]伊曼努尔·康德（Immanuel Kant,1724—1804）在《判断力批判》一书中将艺术视为美的经验。图像证史学者则认为艺术是“往昔人类精神发展诸阶段的见证”[⑤]。黑格尔（Hegel,1770—1831）认为，“艺术是时代精神或民族精神的表现”[⑥]。马丁·海德格尔（Martin Heidegger,1889—1976）认为，“艺术是物之本真和纯然状态的呈现”[⑦]。面对上述众多的艺术定义或表述，我们会赞同赫伯·里德的感叹——“艺术是人类思想史上最难

---

① 尹少淳. 美术及其教育[M]. 长沙：湖南美术出版社，1995：92.

② [英] 赫伯·里德. 通过艺术的教育[M]. 吕廷和，译. 长沙：湖南美术出版社，1993：21.

③ [美] 艾略特·W. 艾斯纳. 儿童的知觉与视觉的发展[M]. 张宏，刘海英，张丹，葛凌凌，译. 长沙：湖南美术出版社，2002：8.

④ [美] 威廉·A. 哈维兰. 人类文化学[M]. 瞿铁鹏，张钰，译. 上海：上海社会科学院出版社，2006：421.

⑤ 曹意强，麦克尔·波德罗，等. 艺术史的视野——图像研究的理论、方法与意义[M]. 杭州：中国美术学院出版社，2007：6.

⑥ [英] E.H. 贡布里希. 艺术发展史[M]. 范景中，译. 天津：天津人民美术出版社，2006：372.

⑦ 王昌树. 海德格尔生存论美学思想研究[D]. 苏州：苏州大学，2007：126.

以捉摸的观念之一”[①]。

## 一、词源与变迁

美术，一般认为是指占据一定平面或空间、具有可视形象以供欣赏的艺术，也叫造型艺术、视觉艺术。在现代汉语中，美术这个词汇的层级大致是比较清楚的，是和音乐、戏剧等同等级的一个艺术子门类。美术一般专指视觉艺术或造型艺术。而艺术则是比美术更居于上位的概念，往往与科学相提并论，称为科学与艺术。一般认为艺术包括美术、音乐、舞蹈、戏剧、电影，甚至文学。

古代并无我们现在所说的“艺术”一词。我国古代没有，西方古代也没有。古希腊艺术守护神缪斯（Muses）共有九个，分别分管史诗、音乐、舞蹈、悲剧、喜剧、抒情诗、史诗、圣歌和天文。其中，没有美术。在中国古代也是这样，礼、乐、射、御、书、数被称为“六艺”。其中，也没有美术。

现代的“美术”这一词汇，是从英文art翻译过来的，其来源于拉丁语中的ars，拉丁语ars又源于希腊语thchne。在学术著作中，art既可以翻译成美术，也可以翻译成艺术，常常存在混用现象。“美的艺术”这一概念始见于17世纪的欧洲，也有人认为正式出现于18世纪中叶，泛指具有美学意义的活动及其产物，如绘画、雕塑、建筑、文学、音乐、舞蹈等。“美术”这个汉语词最早由近代日本以汉字意译，代表“泛美艺术”。这个词于五四运动前后传入中国，开始被普遍应用。事实上，这种美术的含义和我们现在所说的艺术更接近。如鲁迅发表于1913年的文章《拟播布美术意见书》、蔡元培发表于1924年的文章《美术的进化》，所提及的“美术”事实上就基本是“艺术”的意思。后来，美术逐渐开始专指视觉方面的艺术，形成了“美术”在汉语语义中的一般意义。有趣的是，很多的译著，如贡布里希的《艺术的故事》与《艺术与幻觉》、阿恩海姆的《艺术与视知觉》、里德的《通过艺术的教育》等，行文用的是艺术，但意思却接近一般理解中的美术。

从词源上进一步分析，“艺术”一词与“技艺”有关。最先，拉丁语ars

① [英] 赫伯·里德．通过艺术的教育[M]．吕廷和，译．长沙：湖南美术出版社，1993：20.

的基本意思是“技艺”，表示一种可学的而非本能的技巧和特殊才能。美国的美学家托马斯·门罗（Thamas Munro,1897—1974）就认为，在古代，不仅绘画、音乐、戏剧、文学是艺术形式，而且美容、整形外科、美食、服装、设计、理发、刺绣、酿酒、烹饪术、香料制造、畜牧业等都属于艺术形式。据他估计，艺术的全部形式大约有400余种之多。[①]

即使到了今天，艺术与技术还是存在语义联系性。我们习惯于赞美富有“高超技艺性”的活动为“艺术”。例如，称赞某人富有技巧性的谈话，我们可以说他很有“谈话艺术”；称赞某人的领导工作有水平，我们可以称他有“领导艺术”；我们将复杂的喝茶程序称为“茶艺”；等等。在很长一段时间里，人们对待杰出的艺术品，只是将其视为一种高超技巧的结果，就像我们今天看待高超的外科手术和高超的烹饪技巧一样。[②]今天，艺术与技术性在语义上已经分离。在我们单纯讨论艺术这个概念的时候，我们一般不会将艺术与技术联想到一起。但实际上在我们的潜意识中，艺术与技术的关系性仍潜在地影响着我们对艺术的认知。事实上，部分艺术门类，的确很需要技巧，如古典油画、具象雕塑等。所以，笔者认为技巧性是部分艺术门类的基本特征之一。

近代西方越来越强调艺术与美的关系，形成了美的艺术（Fine Arts，美术）。在文艺复兴时期以前，艺术家与手工艺者几乎没有区别。到了17世纪，一般性的技术活动逐渐被剔除出艺术领域，只有体现了“美”的技术活动及其结果才称得上艺术。这一变化是从17世纪开始的，并逐渐从其原先的含义中分离出来。也就是到了这个时候，艺术这一术语才有了近现代以来我们所理解的含义，产生了美学上的意义，逐渐与一般的技术活动区别开来。这种观念认为只有体现了“美”的技术活动及其结果才称得上“艺术”。18世纪中期，在法国启蒙思想家狄德罗主编的《百科全书》中，艺术就只包括绘画、雕塑、建筑、诗歌和音乐，而不再包括酿酒、香料制造和畜牧术

① 尹少淳. 美术教育学新编[M]. 北京：高等教育出版社，2009：46.
② 尹少淳. 美术教育学新编[M]. 北京：高等教育出版社，2009：46.

了。[①]据那时的理解，艺术被认为与美有关，所以艺术也就产生了另外一个称号“美术”。“美术”（les beaux arts，法语）这一术语终于在18世纪中叶出现了。按照美术“美的艺术”的理解，美术和艺术在语义上的确存在极大的近似性。所以，art可以翻译成“美术”，常常与“艺术”混用。

18世纪后期，因为美学概念的产生，为了鉴别“纯美”意义与“实用”意义，根据“美的作用”的主次大小，我们逐渐将美术分为“精致艺术”（Fine Arts）和“实用艺术”（Applied Arts）。据《大不列颠百科全书》对美术的解释，美术是指非功利性的视觉艺术，或者是主要与美的创造有关的艺术，一般包括绘画、雕刻和建筑，有时也包括诗歌、音乐和舞蹈。[②]这种“非功利性”就表明了“纯美性”与“非实用性”的界定。所谓“精致艺术”不以单纯的技巧为其特色，也不以实用功能为目的，而是一种追求纯精神意义的“美”的艺术，也被称作“纯艺术”，主要指绘画和雕刻。而与“纯艺术”相对照的是“实用艺术”，虽然实用艺术也包含较强的审美性，但这种审美性必须受制于实用性，必须与实用性相结合才能获得价值，实用性成为其最基本的特征。实用艺术的领域比较宽泛，比如陶瓷艺术、染织艺术、金属工艺、包装、家具制造，等等。美术与实用艺术于19世纪开始明确分离。[③]

“美的艺术”这一概念的出现对西方产生了重要的影响。在古代和中世纪，艺术不包括现在所谓的“美的艺术”。绘画、雕塑和建筑不包括在自由学科（Liberal Arts）当中，并且在古希腊神话中没有一个缪斯分管它们。在古希腊古典时代，老菲洛斯特拉特（Philostratus）把诗、音乐、绘画、雕塑的艺术从工艺当中区分出来，归入作为智慧表现形式的“科学”，但这种划分在中世纪失传了。例如，乔托把雕塑、绘画与文法、算术、音乐、逻辑和声学结成一组，把建筑、农艺与手工艺结成“艺术”的另外一组。直到

① 尹少淳．美术教育学新编[M]．北京：高等教育出版社，2009：46.

② 大不列颠百科全书委员会．大不列颠百科全书（国际中文版）：第六卷[M]．北京：中国大百科全书出版社，2001：299.

③ 尹少淳．美术教育学新编[M]．北京：高等教育出版社，2009：45~46.

莱奥纳尔多时期，造型艺术才又从手工技艺中分离出来，归为自由的或理论的学科。启蒙时代到来后，艺术与科学分离，艺术再也没有降到工匠的水平。①

这种“美”的艺术“传统”，在19世纪末至20世纪初的现代艺术大潮中受到了强烈的冲击，完全改变了艺术的“模样”。有学者认为现代艺术的总特征在于“形式”，它从各种角度突破了美术以往的疆界。还有学者认为现代艺术具有批判性或是颠覆性。现代艺术发端之前的印象派可以说已经在某种程度上开启了这种“颠覆运动”。印象派虽然在色彩上发展出了比之前美术样式更科学的体系，但在绘画手法上，却采取了色彩并置的画法。这种画法和以前的画法相比较，就呈现出了“粗糙”这一特点，换句话说，部分印象派画家已经不再追求类似于古典的写实性与细腻性。在大众眼里，那种细腻是“美”的，所以可以说，印象派已经开始颠覆了。出现这一现象的原因，与1839年摄影术的发明有着一定的关系，即摄影术的广泛应用导致了古典绘画写实优势的丧失。到了保罗·塞尚（Paul Cézanne，1839—1906）、保罗·高更（Paul Gauguin，1848—1903）和文森特·威廉·梵高（Vincent Willem van Gogh，1853—1890）那里，突破已经显而易见了。现代艺术运动开始了。面对复杂的现代美术流派，我们大致可以找到三条线索。第一条线索，塞尚—巴勃罗·毕加索（Pablo Picasso，1881—1973）—彼埃·蒙德里安（Piet Cornelies Mondrian，1872—1944）；第二条线索，梵高—亨利·马蒂斯（Henri Matisse，1869—1954）—蒙克（Edvard Munch，1863—1944）—瓦西里·康定斯基（Wassily Kandinsky，1866—1944）；第三条线索，高更—达利（Salvador Dali，1904—1989）—杜尚（Marcel Duchamp，1887—1968）。第一条线索是理性的线，他们都以理性的方法，从画面构成、结构等角度一步步解构了传统写实艺术；第二条线索是感性的线，他们都以直觉与热情为驱动力，也同样一步步解构了写实艺术；第三条线索是象征与观念的线，他们以意识流观念的方式解构了传统艺术的内容。塞尚一路向构成上发展，到毕加索出现了立体主义，到蒙德

① [英] E. H. 贡布里希. 艺术发展史[M]. 范景中，译. 天津：天津人民美术出版社，2006：373-374.

里安则发展出冷抽象；梵高一路向表现发展，马蒂斯的流派成为野兽派，蒙克被称为表现主义，康定斯基的流派则被称为热抽象；高更一路则是向象征与观念表达发展，到了达利则成为超现实主义。杜尚的达达艺术，虽然比达利的超现实主义要早些，但杜尚在艺术方式上达到了极端，可以说在手法上和后期的后现代艺术已无二致，“破坏”与“颠覆”在他的作品中显得尤为剧烈。他甚至直接在印刷品的蒙娜丽莎上加几笔小胡子，起名叫*L.H.O.O.Q.*；他拿现成品——小便池去展览，起了个雅致的名字叫《泉》。他在1961年对此做出了解释：“我极力想确立的一个论点就是，对这些‘现成品’的选择绝不能受到美学声明的制约。”[①]现代主义极大地发现了视觉艺术的形式规律，突破了传统意义上对美术的认知。美的标准已经不复存在，形式的探索成为艺术家们的一种主观行为。关于“形式”的主动追求，意味着艺术家对视觉规律与视觉因素的探索。为了概括现代艺术的性质，克莱夫·贝尔在《艺术》（1913年）一书中提出“艺术是有意味的形式”。这可能是对现代艺术最好的描述。

现代主义艺术告诉我们，绘画作为一种象征性的表现形式，可以是具象的，严格模仿自然的形式；也可以是抽象的，从自然形式中汲取一些元素，只表现其基本的模式或格局。实际上，“两种风格并不互相排斥，因为即使是最自然主义的肖像画，就其对自然的概括，以及从中抽取理想的美、丑，或者最典型情感表现的程度，在某种程度上而言也是抽象的”[②]。在最自然主义的艺术（图2–1）和最图式化、象征化或抽象化的艺术（图2–2）之间，存在着各种具象或抽象程度的艺术。

在实用艺术领域，20世纪上半叶的包豪斯学校掀起了风暴。虽然其只存在了14年，却极大地提升了人们对实用美术的价值认识。包豪斯认为艺术不应该关闭在高雅的象牙塔内，不能仅仅为少部分人服务。人类社会处处存在

① [美] 阿瑟·C. 丹托. 美的滥用：美学与艺术的概念[M]. 王春晨，译. 南京：江苏人民出版社，2007：9.

② [美] 威廉·A. 哈维兰. 人类文化学[M]. 瞿铁鹏，张钰，译. 上海：上海社会科学院出版社，2006：440.

图2-1 具象的美术作品(拉斐尔《西斯廷圣母》)

图2-2 抽象的美术作品(赵无极作品)

美，而对美的爱好是人的天性。所以，包豪斯提出了一个宏大而具有深远意义的提议：用美去装点我们的一切生活——美和生活紧密地联系在一起。在他的信仰中，美术的领域几乎涵盖了我们生活的全部：工业设计、家具设计、包装设计、染织设计、室内环境设计、建筑设计一直到城市设计等。包豪斯还探索了大量形式美的视知觉法则，极大地丰富了美术的内涵与外延。包豪斯带来的艺术理念，代表着一个方向——向人的生活的回归。第二次世界大战后，尤其是20世纪60年代后被称为“后现代”的艺术延续了这种突破性与颠覆性。艺术继续演进，乃至于今天的一些艺术活动，你几乎无法识别其是生活还是艺术了。这个时期，新艺术继续不断涌现。如集合艺术（Assemblage Art）、行为艺术（Performance Art）、波普艺术（Pop Art）、观念艺术（Concept Art）、偶发艺术（Happening Art）等，甚至很多后现代艺术活动，你根本无法给它命名。后现代艺术发展到今天，越来越呈现出一种综合性（图2–3），即它不拘泥于表达手法，综合一切可以使用的方式，如行为、摄影摄像、装置、象征、声光电、新科技、媒体等，来表达观念。观念性成了后现代艺术的总特征。后现代艺术追求社会效应，将艺术与社会生活结合到了一起。“艺术与生活之间的鸿沟被填平，艺术经验由纯粹的状态过渡为艺术经验和生活经验的混合性状态，艺术第一次争取到了和生活同一水平的话语权。”①

后现代艺术告诉我们：在艺术的世界中，艺术手法与艺术材料是不受限制的。艺术的舞台是生活世界，艺术在艺术的情境之中发生。笔者认为后现代艺术的发轫，意味着重大的变革，体现了社会需求的改变与视觉文化的繁荣。艺术家以一种更为适应当代生活的方式从事着新艺术创作，笔者认为这具有深远的艺术学意义。笔者主张艺术教育应该因应艺术的这种变革，而不能总是停留在传统写实艺术的“巢穴”之中。因为人们生活的方式改变了，许许多多重大的科技创新出现了，这些都为新艺术的产生奠定了坚实的基础。当代生活需要大量的新艺术人才，我们应该因应这个趋势。

① 张晓凌．观念艺术——解构与重建的诗学[M]．长春：吉林美术出版社，1999：5.

图2-3 后现代艺术(徐冰作品《天书》)

欧美学者将当下的艺术时代称为视觉文化（Visual Culture）的时代。视觉文化研究成为欧美当下艺术学的学术热点。的确，在当下的时代，随着网络与计算机革命，视觉影像愈加影响着人们的生活，成为人们生活方式中不可或缺的方式（图2-4）。尼古拉斯·米尔佐夫（Nicholas Mirzoeff）于2001年将视觉文化概念描述为："视觉文化即每天的日常生活（everyday life is visual culture）。"他指出，在目前视觉影像如此繁荣的时代，强势消费文化以各种视觉影像为媒介，以获取经济利益。社会上的每一分子每天也在与各式视觉影像的互动中，实践着作为后现代一分子的权利与义务。因此，充斥于我们日常生活中的各式影像即是视觉文化的内容。而保罗·邓肯姆（Paul Duncum）则认为作为艺术的视觉文化应该是"在每天的日常生活中，能构建并传达我们态度、信念，以及价值观之视觉影像"。Walker和Chaplin于1977年将视觉文化的研究领域区分为四大支，分别是精致艺术（fine arts）、工艺与设计（crafts and design）、表演艺术及艺术景观（performing arts and arts of spectacle）、大众与电子传媒（mass and electronic media）。视觉文化这个术语，对于理论研究而言，可谓是再恰当

图2-4 视觉文化艺术(上海世博会美国馆《花园》)

不过了。因为，如果仅仅从事艺术研究或美术研究，就会割舍大量有价值的视觉信息，使研究的完整性遭受破坏。所以，笔者主张艺术理论研究属于视觉文化研究的一个分支，视觉文化研究才是整体。对这方面的建设，我们还有待加强研究。视觉文化观念对美术教育的启示则在于：我们身处一个“文化的社会”（culture society），艺术作为文化的一部分，应纳入文化的情境中去分析，也应该回归生活世界的整体性。

有一点是明确的，美术绝对不仅仅是纯艺术。当下，在我国民间认为美术就是纯艺术的人很多。当然，绝大多数人并不知道“纯艺术”这个名词。他们一般会认为美术就是以绘画为主的活动。民间很多人把美术称为画画，把教美术称为教画画，从而导致《现代汉语词典》出现了两个解释：（1）造型艺术；（2）专指绘画。前者是学术词汇，后者是民间认识。美术面向的是生活与人性，其价值取向是面向生活，关注人之所以存在的意义。柏拉图（Plato）在“心性三分说”中用理性来标注人的伟大，美术也同样如此。艺术的一切在“人”之下，为人生而服务。它的源泉毫无疑问来自我们丰富多彩的生活，也在人世的生活中生成其意义。所以，美术应该是丰富多彩的。

综上所述，我们会发现“艺术”的内涵与意义在随着历史不断发生着改变。一次重大的科技进步足以改变艺术的面貌。事实上，艺术含义的历史变迁，正反映了人类文明的进程。如今，一些学者担心艺术是否会消亡，一些极端学者甚至断言艺术已经终结。其实，这是一个完全不存在的命题。因为艺术的某种方式，甚至艺术本身这个名词，也许有一天，的确很可能会在人类历史中消失，但人类的情感与爱却是永恒的，人类的生活也是永恒的，那么，艺术这件事情就会继续存在。也许它会以不同的表达方式呈现，也许已经不再叫作艺术。按照现象学观念，任何现象的研究必须设置具体的情境。因为在具体的情境下，才能获得事情的真相。“艺术”也是这样的现象，失去了历史的情境，艺术就变成了一个非常古怪的东西，变幻莫测、无法把握。英国艺术史学家E.H.贡布里希（E.H.Gombrich，1909—2001）认为：“用于不同的时期、不同的地方，艺术这个名称所指的事物会大不相同。”[①] 但美术–视觉艺术之存在，是为了承载深邃而博大之人性，是为了人性在艺术中、艺术在社会生活中获得更大的自由与解放，即艺术的生活化或生活的艺术化，还原艺术为生活中不可或缺、充满活力的一部分。

“艺术”可以被理解为一个历史范畴。生活万古不绝，构成了人类的历史。艺术是个开放性的概念，它的外延与内涵可能会随时代变化而变化。但艺术的根，永远根植于人类的灵魂深处，让我们超越碌碌无为、麻木不仁的庸常人生，指向一个有所觉悟的生活世界，其实人类从古到今都是如此。

## 二、艺术的发生

无论面对的是春天的秀丽风景，还是博物馆里的艺术品；无论面对的是美丽的自然造化物，还是人造的绘画，如果我们感到了美好或愉悦，那么这个时候审美体验就发生了。这种感觉的产生，是直观的，是不必经过思考的。审美之所以能够发生，是因为审美对象和我们发生了关系，无论是自觉的或不自觉的。也可以说，我们和审美对象、和“美”有了“沟通”。有了

① [英] E. H. 贡布里希. 艺术发展史[M]. 范景中，译. 天津：天津人民美术出版社，2006：4.

“沟通”，艺术体验才会给我们带来惊奇、有趣、愉悦、快乐、悲伤、同情、震惊、舒适、焦虑、喜爱、憎恶、痛苦等众多的情感。如果失去了这种“沟通”，无论审美对象有多“美”，审美体验也不会发生。

按照胡塞尔意识现象学的说法，意向性由意向作用和意向对象构成。胡塞尔把这种相互作用的关系称作“交互性主体”，或曰“主体间性”。“沟通”的“艺术状态”，有时候会被阻断，“美”有时候会被遮蔽。体验需要身体知觉器官的放开，但我们并不总是这样。因为生活中有太多功利化目标的牵引，让我们在生存的洪流中狂奔不止。我们眼中只盯着目标，生活处于一种过度紧张的状态。即便是松闲的时刻，我们的心仍不得安逸。我们的知觉已经不能恢复童年时的敏感性，体验能力丧失，人生已经异化。这里有个《山谷之音》禅说的故事：

有一位修行者，到山中拜访禅师，求教禅的入门。

禅师：“你来这里时，经过山谷吧？”

修行者：“是的。”

禅师：“你可听见山谷的声音？”

修行者：“听到。”

禅师：“那么，从听到山谷声音的地方进去，就是通往禅门之径了。”

禅语小结：“花开有花开的好，花谢有花谢的美。能体会到周边东西情况的美好，于是你将进入禅的大门了。”①

体验到生活的美将进入禅的大门。体验，需要用眼睛“看”，用耳朵“听”，用鼻子“闻”，用手指“触摸”……你会发现世界是这么的美好，一草一木仿佛都具有了灵性。法国存在主义哲学家梅洛–庞蒂在《心与眼》中这样讨论：“我的身体同时是能看的和可见的。身体注视一切事物，它也能够注视它自己，并因此在它看到的东西当中认出它的能看能力的‘另一

① 蔡志忠．禅说——尊者的棒喝[M]．北京：生活·读书·新知三联书店，1989：47.

面’。它能够看到自己在看，能够摸到自己在摸，它是对于它自身而言的可见者和可感者。这是一种自我，但不是像思维那样透明般的自我，而是从看者到它之所看，从触者到它之触，从感觉者到被感觉者的想混、自恋、内在意义上的自我——因此，是一个被容纳到万物之中的，有一个正面和一个背面、一个过去和一个将来的自我……”[①]梅洛-庞蒂的“身体图式”向我们诠释了——人通过身体向自我与世界开放，世界同时向“我”开放。在开放的体验养成中，我们可能会恢复对世界的好奇心，懂得造物自然的神奇，从而更加珍爱生命，使生活得到改善。所以，笔者认为我们的教育非常需要“体验养成”的教育（准确地说是体验的唤醒教育），而这种教育用于给艺术是最合适不过的了。“体验养成”是艺术教育的重要内容，而艺术教育本来就应该是生命教育。

我想大多数美术学习者都有过风景写生、人物写生或静物写生的体验。在写生的过程中，如果够沉心的话，你会发现在这种“静态的”时空里，你在与风景、模特、静物“对话”，也在与自我对话，同时还在与“虚空”中的“美”对话，默默地交流，细细地体会。因为艺术实践是一种主动性的行为，一般也会有一个比较持久的时间，并且有可能以不同角度、不同时空反复体验。在体验过程中，随着情感、理解与想象等多种心理因素的交融、激荡、回流与重迭，人们出现了不同的情感及情绪。这需要以身体之，以心验之。

艺术创作是主体性和主体间性的统一。梅洛-庞蒂这样分析创作体验的主体间性：“现象学的世界不属于纯粹的存在，而是通过我的体验的相互作用显现的意义。因此，主体性和主体间性是不可分离的，它们通过我过去的体验在我现在的体验中的再现，他人的体验在我的体验中的再现形成它们的统一性。”[②]因此我们可以说，艺术创作者是站在生活世界和艺术世界的临界点上巧妙地将“生活世界”和“艺术世界”联系起来了。“艺术创作中‘我’，与其说是在世界之中，不如说世界由我伸展开去，从看者到‘我’之

---

① [法] 莫里斯·梅洛-庞蒂. 眼与心[M]. 杨大春，译. 北京：商务印书馆，2007：37.
② [法] 莫里斯·梅洛-庞蒂. 知觉现象学[M]. 姜志辉，译. 北京：商务印书馆，2001：17.

所看，从触者到‘我’之触，从感觉者到被感觉者……如此种种，都是在‘我’‘入乎其内’又‘出乎其外’的体验中完成的，只是这里的‘其’既是‘我’，又是我之身体可感与不可感，可触与不可触的一切。而艺术活动就应该是在这种‘我’‘你’‘他’的互融体验中完成的。”①

艺术体验“沟通”与“对话”的意义告诉我们：我是世界的一部分，我们应该时刻体察到世界与我的同在，体会生命的气息。以体验的状态，追求本真的生存，唤起生活的意义。艺术教育是我们学习以艺术的方式与自然、自我对话。我们需要融入当下的情境，体察身体的呼唤，自觉向世界敞开，“认识你自己”，从“我”体验开始去探究艺术与教育真理，去揭示人与人之间教育关系的复杂性与丰富性。“我的体验是我对我的世界的体验，这种体验只有在交互主体性的交互渗透中‘自识’‘他识’与‘共识’交互生成。”②这样才能使艺术教育更贴近教育原初的意义。

## 三、艺术的直观

当我们深入艺术体验的细节之中，感受体验的过程、体会艺术语言的时候，我们会发现艺术语言是确定又不确定的。美术作品无论是具象的还是抽象的，其实，都具有确定性（Determinacy）与不确定性（Indeterminacy）。再具象的美术作品，也需要概括整理；再抽象的作品，也有可知觉的形式。这正如美国艺术教育家艾略特・W. 艾斯纳（Elliot W.Eisner）在《儿童的知觉与视觉的发展》里的描述：“艺术品也会带我们进入梦幻世界。它们使古老的形象复活，带我们乘着视觉形象的翅膀来到神奇的梦境。”③视觉形象部分存在确定性，而梦境部分却是不确定性的。“Indeterminacy”是美国文学批评家伊哈布・哈桑（Ihab Hassan,1925—　）对艺术的基本特征的概括性描述之一。不确定性所指为艺术语言的含混（Ambiguity）、多元（Pluralism）与变形（Deformation）。而这些表达方式在美术中是经常被采

---

① 张敏．艺术世界中的体验与艺术体验中的世界[J]．美与时代（下），2011（04）：31-33.

② 蒋开君．范梅南现象学教育学思想研究[D]．北京：首都师范大学，2010：18.

③ [美] 艾略特・W. 艾斯纳．儿童的知觉与视觉的发展[M]．张宏，刘海英，张丹，葛凌凌，译．长沙：湖南美术出版社，2002：14.

用的。“模糊观念要比明晰观念更富有表现力……美应当是不可言传的东西。我们并不总是能够用语言表达我们所想的东西。”[①]艺术作品正是在这样确定性与不确定性、可言传与不可言传的艺术语言中呈现，“形”“象”“境”是现场同步相激而生的。

艺术家运用“直观”创造艺术意象。艺术手法和科学手法有着本质的不同。艺术创造艺术意象，在艺术意象中，美感本真（这种表达本身具有模糊性，海德格尔不断变化术语表达这一概念，如“无遮蔽之域”“澄明之境”“本真存在”“生命本真”等）得以呈现。海德格尔认为艺术是真理自行置入艺术作品，“深层的感应契合才是艺术之本源所在”，艺术是“存在者存在的敞开”[②]。艺术家运用超理性的方式，以本质直观的方式，通过艺术意象，显现“美”，显现“真理”。他不知道“美”“真理”或“澄明之境”究竟具体为何物，但他感受到了“生命本真”发出的召唤。在图像与光色之中，他仿佛捕捉到了什么。当代美学家R.G.科林伍德（R.G.Collingwood，1889—1943）这样描述该心理过程：“首先，他意识到有一种情绪，但对这种情绪是什么，他并没有意识到。他们意识到的一切就是某种心理不定，或是兴奋，他所感受的东西在他身上继续发展，但对它的性质，他却一无所知。”[③]艺术家以他们“艺术的眼睛在我们极为微妙的回忆和存在空间中发现欢乐和意义”[④]。这需要敏锐的洞察力，或者说是艺术直觉。“艺术品反应了这种洞察力，使它们变得生动，唤醒我们对那些故意回避不见的事物的知觉。”[⑤]这种洞察力，就是直观能力。按照中国的说法，这就是“悟性”。

当然，艺术并非和理性与逻辑没有关系。一幅作品能够完成，本身就具有很明确的目的理性。在艺术语言与形式的选择之中，在塑造与构图的

---

① 胡经之. 文艺美学[M]. 北京：北京大学出版社，1999：189.

② [德] 海德格尔. 形而上学导论[M]. 熊伟，王庆节，译. 北京：商务印书馆，1996：135.

③ 毛正天. 中国古代心理诗学探索[M]. 北京：民族出版社，1995：168.

④ [美] 艾略特·W. 艾斯纳. 儿童的知觉与视觉的发展[M]. 张宏，刘海英，张丹，葛凌凌，译. 长沙：湖南美术出版社，2002：14.

⑤ [美] 艾略特·W. 艾斯纳. 儿童的知觉与视觉的发展[M]. 张宏，刘海英，张丹，葛凌凌，译. 长沙：湖南美术出版社，2002：14.

把握之中，理性与感性混合使用。理性约束住“信马由缰”的想象力，使艺术家能够完成作品，使一幅画能够成为一幅画。知的特点在于清晰性、确定性、理性化；悟的特点在于模糊性、不确定性、抽象化。知与悟的同一，显然就是清晰性与模糊性的同一、确定性与不确定性的同一、感性与理性的同一。艺术体验是以“悟”和“知”交互的方式去把握的。在艺术体验的欣赏过程与创作过程中都是如此。现象学审美研究发现：在审美直观活动中可以容纳理性的因素。艺术体验过程中理性思维处于一种放松的状态，很多人往往意识不到它的活动。实际上审美体验不同于一般的感性活动，“它不仅要形成关于对象的感性形象，而且要超越性地把握对象的意义，并在此基础上做出具有普遍性的审美判断和评价”[①]。美国视觉艺术教育家鲁道夫·阿恩海姆（Rudolf Arnheim，1904—1994）认为知觉活动中包含着理解。他在《艺术与视知觉——视觉艺术心理学》中有这样的讨论：“知觉活动在感觉的水平上，也能够取得理性思维领域中称为‘理解’的东西。”[②]从“个别”到“一般”等的知觉过程中，的确带有概括和理解的因素。审美对象还要求我们思考。杜夫海纳把这种审美中的思考称之为“交感思考”。他在《审美经验现象学》中分析道：对审美对象的感觉与依附性思考和谐无间地缠绕在一起，“使感觉和思考的这种交替成为可能，那就是审美对象本身的召唤，它既需要思考，因为它显得相当严密和自律，足以要求客观的认识；又需要感觉，因为它不让自己被这种认识去穷尽，又挑起一种更为密切的关系”[③]。正是这种交感思考的方式，加深了我们对作品的理解。杜夫海纳说：“从批判态度过渡到感觉态度不单是一种摆动：思考首先培养了感觉，然后阐明感觉；反过来，感觉首先诉诸思考，然后指导思考。思考与感觉的交替构成了对审美对象愈益充分理解的、辩证的

① 朱立元．美学[M]．北京：高等教育出版社，2001：259.

② [美] 鲁道夫·阿恩海姆．艺术与视知觉——视觉艺术心理学[M]．滕守尧，朱疆源，译．北京：中国社会科学出版社，1984：55.

③ [法] 米·杜夫海纳．审美经验现象学（下）[M]．韩树站，译．北京：文化艺术出版社，1996：464.

前进运动。”[①]赞同审美直觉中带有理性因素的还有苏珊·朗格。朗格认为直觉本来就和逻辑是一体的，是人类将它们拆开。她认为直觉是一个过程，而不是方法。如果没有直觉，一切理性都会遭受挫折。直觉是逻辑的开端与结尾，它既是逻辑的前提，也是逻辑的过程。

在艺术创作中，同样也是一种交感思维状态。中国台湾学者陈朝平认为：“艺术创作是生产艺术品的活动。包括媒材的体验、工具技法的使用，以及在知觉、思考、想象、设计与表现等创造性解决问题的过程中，对于有关事物的现象与意义的体认、了解、欣赏与判断等身体和心理的经验。”[②]现象学美学理论认为艺术创作想象是奠基性的要素。想象引导理解，理性规范想象。杜夫海纳说：“想象活动是理解活动的第一阶段。”[③]没有了想象力，理解无法展开；而理性则是一种想象力的约束，在交感思维之下，为创造的艺术形象制定规则，做出再现物是否合乎作品要求的判断。而这种判断，属于一种直观的判断，是理性与感性的会合。创作中的灵感乍现，是艺术形式语言与艺术主题的契合。苏珊·朗格认为这种在艺术家大脑中迸发的艺术的“形式和我们的感性、精神和情感生活的有力节奏是一致的”[④]。艺术家以艺术秉性发现美，化腐朽为神奇。而艺术灵感只能在艺术创作体验中生成。艺术家可以深入生活的各种情境，但艺术家的本职所在是艺术的工作，所以艺术家的生活体验是为了捕获灵感。这种灵感的捕获，需要艺术实践体验的前提准备。但过度的职业化，伤害了艺术的自然呈现；现实的功利化，则限制了艺术家的创作自由。可见，艺术工作也会出现异化。所以，对艺术家而言，也需要回归本真的生活。艺术是为了使人生更美好，而不是相反。

传统的美学理论认为审美属于感性活动。康德以他著名的三大批判，将

① [法] 米·杜夫海纳．审美经验现象学（下）[M]．韩树站，译．北京：文化艺术出版社，1996：463.

② 黄壬来．艺术与人文教育[M]．台湾：桂冠图书股份有限公司，2002：105.

③ [法] 米·杜夫海纳．审美经验现象学（下）[M]．韩树站，译．北京：文化艺术出版社，1996：299.

④ [美] 艾略特·W. 艾斯纳．儿童的知觉与视觉的发展[M]．张宏，刘海英，张丹，葛凌凌，译．长沙：湖南美术出版社，2002：7.

科学、审美、道德分别归属于知、情、意三种不同的心理功能，否认了它们之间的联系，把审美体验与理性认知对立了起来。叔本华、尼采、柏格森等人用直觉主义解释审美和艺术，但他们认为艺术是非理性的。现象学的观点和他们不同。现象学认为艺术直观体验是一种原初状态的思维，在这种思维状态中，主客体消除了对立，感性与理性获得了高度的协调。可见，艺术的状态更接近于“完整的人”的状态，是意义、知觉、判断和本质直观的统整。

艺术体验的直观告诉我们：人类本来就是感性与理性、悟与知的完整体，灵与肉俱在的生灵。在理性之外，我们还需要“悟性”。在繁杂的世界里，人生需要冥想，人需要艺术。“艺术是平庸和单调的大敌。它的作用是帮助我们发现视觉世界的涵义，发展感知的活力。它描绘生活的可能性。”① 因为发现了意义，人的生存不再是物的存在；因为感受到了活力，人才能获得生活的热情；因为有可能性，人才能产生奋斗的勇气。世界是微妙的，每一天朝阳的升起都带来了新的意义。世界上不是缺少美，缺少的是发现，缺少的是直观的艺术心灵。艺术之中自有真谛，教育之中自有真谛，人生之中自有真谛。

## 四、艺术的源出

美的本源是造物自然。在自然世界中也有“艺术”，虽然我们一般不会把它们称之为艺术。大到天体运行的宇宙空间，小到细胞与物质的原子，都存在有秩序的排列。早在古希腊，柏拉图和毕达哥拉斯（Pythagoras）就发现了“数的和谐”中有宇宙的本质和美的秘密。世界的组合是由数学和定律决定的。结晶、雪花、蜂房、水甲虫的球眼、树枝、叶脉、花序、水珠的形状、海螺的螺纹、人体等都有规律。在自然界中，没有一种形式不是由于定律在生长的作用下形成的。美也是在自然的定律中存在的。虽然，对于美的

① [美] 艾略特·W. 艾斯纳. 儿童的知觉与视觉的发展[M]. 张宏，刘海英，张丹，葛凌凌，译. 长沙：湖南美术出版社，2002：14.

定律与它的数学组合密码，我们知道的非常有限，[①]但美与规律有关是可以肯定的，美原初是自然造化的结果。

“美”这个名词是人类的创造。如果没有人类，自然世界的美与不美，都没有了意义。美，因为人，才有了意义。[②]同样，美因为世界，才有了意义。在现象学中，美与人的世界是不可分的。面对美的事物，我们心旷神怡。这是本能，是一种先验的能力。

美是如何获得心灵的共振的？春天到来的时候，各种花朵开始绽放，空气中也弥漫着芬芳。绿叶抽芽，蜜蜂繁忙，万物笼罩在勃勃的生机之中，这就是美。人们都不会对漫山遍野盛开的鲜花毫无感觉，都会赞美这春天里万物生长的盎然生机。如果要追问其原因，单纯靠理性是无法获得答案的，只能依靠直觉。如果依靠本能直觉，将我们的社会观念悬搁，设问春天和冬天，青年和老人，哪一个更美的时候，我们会得到判断，毫无疑问春天与青年人更美。[③]因为春天与青年人饱含着生命的生机。我们发现“美”与“生命力”有关。生命本来就是造物自然的一部分。自然的造化是无穷的。自然，即宇宙中继续不断的生命与运动的整个有机历程。这个历程显然包括了人类。[④]自然造物的生机与我们身体里面的生机，在“数的和谐”上获得了共鸣，这是美的共振。

艺术的源出不仅与抽象的“美”有关，更与生活有关。每一个人都在生活的海洋之中，每一个人都需要解释生活、表现生活、享受生活。而自然赋予了人类一种很特殊的能力：用符号赋予物理世界以超功利目的的形态和意义。当人类运用想象力和创造力使用这种能力的时候，艺术产生

---

① 如黄金分割率的数学公式我们已经知道。黄金分割率（Golden Section），2∶3，3∶5，5∶8，8∶13，13∶21等。平衡、对称、均衡等形式美，也可以在数学中找到依据。但美的组合很复杂，目前的科学对此的了解还是十分有限的。

② 世界所有的意义，对于人类而言，是因为人类的存在，才具有了意义。如果有一天，人类灭亡了，世界对人的意义，也随之而灭亡。人的世界的意义，因人而存在。

③ 这是直观的判断。这并不是表示说冬天与老人不美。万物萧瑟的冬天与饱经沧桑的老人也给人以美感。但这种美和春天的美是不同的。论起美的纯度与原初性，应该说冬天不如春天。

④ [英] 赫伯·里德．通过艺术的教育[M]．吕廷和，译．长沙：湖南美术出版社，1993：22~23.

了。[①] 美国人类学家威廉·A.哈维兰（William A.Havdand）在《文化人类学》中这样说道：“艺术是人类生活的一个基本要素。正如言语是被用来传递感情和发表意见的一样，艺术表现也具有同样的功能。”[②]这和我们一般认为只有“艺术家”才能从事艺术活动的观念很不一样。哈维兰认为：“所有人类都用某种方式来装饰他们的身体，并以此标明自己的身份——既作为个体的身份，也作为各种社会群体成员的身份。”在艺术表达中，“他们揭示关于他们自身以及关于他们眼中的世界性质的各个方面”[③]。这样看来，所有的民族都在进行艺术表现，即创造性地使用他们的想象力来解释、理解、庆祝以及享受生活。人类从事进行艺术表现的活动至少已经4万年了。所以，艺术绝不是一小部分唯美主义者或所谓的高雅者的专利，艺术也绝不是只有“懂得欣赏”才可拥有的奢侈品，它是每一个正常的人都必须参与的活动。[④]艺术的源出处正是我们的生活世界，这也是“现象学还原”产生的美术教育启示之一吧。

艺术是有用的，它具有实际的效用。如果我们将艺术还原到它的源出处，就可以很清楚地看到这点。例如，非洲南部布须曼人的岩石艺术，一般人会以审美的视角去赞赏这些漂亮的画，它们是赏心悦目的。然而，实际上这些图像是其为了满足萨满教信仰的实际需要而画的。萨满从脱离出神状态之后，便回忆他们的幻觉，将幻觉中的图像刻画到岩石上。这些艺术的实际用途，在于借助这些暗示超自然力量的图形，使萨满进入下一次的出神状态。埃及图坦卡蒙墓中的物品也是一样的。它们被造出来并不是为了让人们观赏，它们的使命是要保障法老的永生，并保护他远离邪恶的力量，防止邪恶力量侵入其身体控制他。约翰·杜威（John Dewey，

① [美] 威廉·A. 哈维兰. 文化人类学 [M]. 瞿铁鹏，张钰，译. 上海：上海社会科学院出版社，2006：449.

② [美] 威廉·A. 哈维兰. 文化人类学 [M]. 瞿铁鹏，张钰，译. 上海：上海社会科学院出版社，2006：422.

③ [美] 威廉·A. 哈维兰. 文化人类学 [M]. 瞿铁鹏，张钰，译. 上海：上海社会科学院出版社，2006：422.

④ [美] 威廉·A. 哈维兰. 文化人类学 [M]. 瞿铁鹏，张钰，译. 上海：上海社会科学院出版社，2006：422.

1859—1952）在《艺术即经验》一书中指出，艺术作品美感形式的背后，是日常生活的经验，它服务于普通人的生活世界，而不是一开始就被供奉为经典，搁置于美术馆和博物馆之内。也许“一般人都会同意，帕特农神庙是一件伟大的艺术品。然而，它仅仅在成为一个人的一次经验时，才在美学上具有地位”。而对于处于雅典时代的公民来说，帕特农神庙具有实际的意义，“他们并非将帕特农神庙当作一件艺术作品，而是当作城市纪念物来建筑的神庙”。[①]然而，现在美术被认为是一种独特的、纯粹为审美而存在的艺术门类，这使得美术离大多数社会成员都很遥远。艺术并不是那种富有的收藏家为了在某私人住宅里满足个人的享受而制作的东西，它本是和生活紧紧相连的。其实，审美只能被视为艺术用处的一种，因为即便是审美，也应该是与意义同在的。美术教育要取得社会充分的重视，显然就得纠正那种将美术视为“象牙塔里的珍品”的认识，恢复美术与生活紧密相连的本来面目。

艺术体验是人类情感生活的一部分。艺术是形式的符号表现与情感表达的结合。当有人问俄国文学家列夫·托尔斯泰什么是艺术活动的时候，他这样回答道：“在自己心里唤起曾经一度体验过的感情，在唤醒这种感情之后，用动作、线条、色彩、声音以及言词所表达的形象来传达出这种感情，使别人也能体验到这同样的感情……这就是艺术活动。”[②]艺术，通过制造艺术意象，从而产生奇幻的情感表达效果。人们借助艺术的力量，为生活增添色彩。美国艺术教育家艾斯纳认为：“艺术借助打动情感的力量，在人与人之间传播亲情，制造凝聚力。”[③]借此，艺术赋予了生活以形式和意义，促使了人类幸福。艺术这种“煽动人心”的力量被广泛地运用于社会生活，被用来操纵似乎永不枯竭的人类激情：欲望、恐惧、惊奇、贪婪、幻想和虚荣。[④]

---

① [美] 约翰·杜威. 艺术即经验 [M]. 高建平，译. 北京：商务印书馆，2007：2.

② 王宏建. 略论蔡仪的艺术思想 [J]. 美术研究，1986（2）：56.

③ [美] 艾略特·W. 艾斯纳. 儿童的知觉与视觉的发展 [M]. 张宏，刘海英，张丹，葛凌凌，译. 长沙：湖南美术出版社，2002：14.

④ [美] 威廉·A. 哈维兰. 文化人类学 [M]. 瞿铁鹏，张钰，译. 上海：上海社会科学院出版社，2006：423.

市场营销专家很清楚这一点，所以他们总是在其广告中运用某些音乐和视觉形象。事实上，我们可以说，在现代的任何宣传活动中都少不了艺术的介入。艺术已成为凝聚人类生活的纽带。

总而言之，艺术来自于我们的生活，为我们的生活服务。[①]艺术“回到事物本身”，就是回到我们的生活世界。一切人的创造和理想都是从生活世界开始，并最终积淀于生活世界，它是我们一切意义的来源之处。

## 五、艺术与生命

艺术在发出召唤，在发出生命本真的召唤。在后工业文明的今天，人们的生活节奏越来越快，信息传播的速度也越来越快，社会分工越来越细致，完整的自然生活被瓦解。诸多方面的压力与困惑，使现代人的精神日趋零散化、破碎化，使人们要么丧失艺术体验能力，要么审美体验表象化、平面化。人们从内心深处渴望着一个充满生命本真与诗意的世界，灵性、静谧、澄明、逍遥……笔者想，这应该是艺术体验的价值之所在，也正是艺术的旨归之所趋。

寻求美的事物，是人类的本能。人们热爱春天，是因为自然母亲发出了生命力的召唤。美就是生命，美就是自然。“艺术是一种赋予生命以活力的体验。艺术是一个生动而且实在的例子证明人能有意识、有意义地再现感觉、需求和冲动的统一以及生命活动的特征。”[②]艺术是因“真理的自行置入”艺术品，而向我们敞开世界性意义的“自为之物”，是“存在者存在的敞开”。[③]为了探讨艺术本源的问题，海德格尔专门针对梵高的油画《农鞋》（图2–5）写了下面这一段著名的哲学小散文：

---

① 这并不是说艺术是用来反映生活的，这是不同的表述。

② [美] 艾略特 · W. 艾斯纳. 儿童的知觉与视觉的发展 [M]. 张宏，刘海英，张丹，葛凌凌，译. 长沙：湖南美术出版社，2002：6.

③ [德] 海德格尔. 形而上学导论 [M]. 熊伟，王庆节，译. 北京：商务印书馆，1996：135.

图2-5 梵高作品《农鞋》(*A Pair of Shoes*)

从鞋具磨损的内部那黑洞洞的敞口中，凝聚着劳动步履的艰辛。这硬邦邦、沉甸甸的破旧农鞋里，聚积着那寒风料峭中迈动在一望无际的永远单调的田垄上的步履的坚韧和滞缓。鞋皮上粘着湿润而肥沃的泥土。暮色降临，这双鞋在田野里小径上踽踽而行。在这鞋具里，回响着大地无声的召唤，显示着大地对成熟谷物的宁静的馈赠，表征着大地在冬闲的荒芜田野里朦胧的冬眠。这器具浸透着对面包的稳靠性的无怨无艾的焦虑，以及那战胜了贫困的无言的喜悦，隐含着分娩阵痛时的哆嗦，死亡逼近时的战栗。这器具属于大地，它在农妇的世界里得到保存。[①]

① [德] 海德格尔．林中路[M]．孙周兴，译．上海：上海译文出版社，2004：18~19.

海德格尔的这段文字，不单纯是对梵高这幅画的评论。事实上，海德格尔是借助梵高的这幅画展开了艺术本源之思。在海德格尔的描绘中，《农鞋》世界获得展开。我们真切地看到了农鞋之为农鞋的丰富性，农鞋以它的可靠性，将农鞋的本真世界呈报给了农鞋本身。农鞋在自身之中存在。海德格尔感受到了农鞋本真的存在，于是他写出了他洞见了的意义。[①]他继续说道：

艺术让真理脱颖而出。作为创建着的保存，艺术是使存在者之真理在作品中一跃而出的源泉。使某物凭一跃而源出，在出自本质渊源的创建着的跳跃中把某物带入存在之中，这就是本源一词的意思。[②]

海德格尔这些表达清楚化了。生命的本真，真理的置入，存在的澄明，乃艺术的本源。美在那一瞬间获得了无遮蔽的呈现，天、地、神、人在此汇合，进入了澄明之境，无蔽之域。

艺术创作者和欣赏者体验到的整体性生命，是“某个无限整体的经验”。汉斯–格奥尔格·伽达默尔（Hans–Georg Gadamer，1900—2002）道：“通过艺术作品的效力使感受者一下子摆脱了其生命关联并且同时使感受者顾及到了此在的整体。在艺术的体验中，就存在着一种意义的充满，这种意义的充满不单单地是属于这种特殊的内容和对象，而且，更多的是代表了生命的意义整体。某个审美的体验，总是含有着对某个无限整体的经验，正由于这种体验没有与其他达到某个公开的经验进程之统一体的体验相关联，而是直接再现了整体，这种体验的意义就成了一种无限的意义。”[③]伽达默尔继续说道：“如果某个东西不仅被经历过，而且它的经

① 海德格尔不是在分析梵高作画时候的心理。在视觉艺术的表现中，意义与形式同在。在绘画状态时，意义处于一种意象之中，很多时候画家自己也不能明确地表达。艺术以直观的方式表现感受。海德格尔道出了他的感受，并形成了明确化的文字。而文字表现和绘画表现的方式是不同的。

② [德] 海德格尔. 林中路[M]. 孙周兴，译. 上海：上海译文出版社，2004：65~66.

③ [德] 汉斯–格奥尔格·伽达默尔. 真理与方法[M]. 洪汉鼎，译. 上海：上海译文出版社，1987：100.

历存在还获得一种使自身具有继续存在意义的特征，那么这东西就属于体验，以这种方式成为体验的东西，在艺术表现里就完全获得一种新的存在状态。”[①]“所谓体验是经验中见出意义、思想、诗意的部分。”[②]因为诗意与意义的召唤，才有了在艺术世界中可感的“意义生命整体”。而唯一的区别是，创作者将生命纳入艺术，而欣赏者则是将艺术纳入生命。

艺术是天地万物的展开之境，它从最本源的意义上去聆听造物自然，让人走向诗意之栖居。艺术，“它言明难以言传的东西，扩展我们的意识。”[③]艺术道出了万物的呼声，它作为一种纯然物，与物、与器具不同，因为它最完整地保护了艺术之存在，守护了生命之意义。

意义的存在，使得生命纯洁。因为纯洁，各种神妙的灵感契合，就会如同神授一般地出现在创作者的大脑；因为纯洁而不生一丝杂念；因为纯洁而锲而不舍，在艺术创作中呈现出生命意志的顽强。这种体验的纯洁性，同样具有教育的启示意义，这也是艺术育人者应该有的。因为虔诚般的执着，神圣般的追求，教育才会成为“最清白无邪的事情”[④]。

## 六、小结

经过对词源与历史性的探究，我们发现艺术是一个处于变迁中的名词，它的涵义随时代变化而发生着改变。艺术之所以能够发生，是因为艺术品与我们交感相遇，产生了情感或思想的震颤。艺术体验的方式是直观的，艺术体验的状态接近于“完整的人”的状态，是意义、知觉、判断和本质直观的统一。艺术的源出处是生活世界，从生活世界开始，并最终积淀于生活世界。生活是我们一切意义的来源。艺术是生命本真的涌动，赋予我们平凡的生活以生命的色彩与气息。而这一切还原式的探究目的只有一个，即让我们更加清晰地看到“艺术”的本来面目，更加深刻而准确地理解艺术、把握艺

---

① [德] 汉斯-格奥尔格·伽达默尔. 真理与方法 [M]. 洪汉鼎，译. 上海：上海译文出版社，1987：78.

② 童庆炳，程正民. 文艺心理学教程 [M]. 北京：高等教育出版社，2001.75.

③ [美] 艾略特·W. 艾斯纳. 儿童的知觉与视觉的发展 [M]. 张宏，刘海英，张丹，葛凌凌，译. 长沙：湖南美术出版社，2002：14.

④ [德] 海德格尔. 海德格尔存在哲学 [M]. 孙周兴，等译. 北京：九州出版社，2004：226.

术。在艺术教育之中，对艺术的理解，何其重要，可以说，它是任何艺术教育理论的基石。

## 第二节　美术的存在

### 一、美

美术这个词本身就决定了美术与“美”之间的密切关系。“美”是可以直观的，但它是非常难以解释的。美是一个哲学概念，一般指“某一事物引起人们愉悦情感的一种属性”。汉字“美”是由“羊”和“大”组成（图2-6），由此而延伸出其他美的含义。在甲骨文中，“美”写作戴羽毛头饰的妇女，与“每”同源，都表示漂亮、好看的意思。《庄子·齐物论》：“毛嫱、丽姬，人之所美也；鱼见之深入，鸟见之高飞。”维基百科中关于美的词条是如此描述的：美是具体事物的组成部分，是具体环境、现象、事情、行为、物体对人类的生存发展具有的特殊性能、正面意义和正价值，是人们在密切接触具体事物，受其刺激和影响产生愉悦和满足的美好感觉后，从具体事物中分解和抽取出来的有别于丑的相对抽象事物或元实体。这些都是直观愉悦的意思。

图2-6　美的汉字写法

但要回答美为什么会使人产生愉悦，就变得非常困难了。“美是难的”，在人类历史上第一篇系统研究美学的文章《大希庇阿斯篇》中，柏拉图借苏格拉底的口如是总结道：美不是美的具体事物。美是一种理念，是美的具体事物所以美的原因。柏拉图所谓的理念，是指具体事物具有的规定、性能和组成部分，是指人通过认识实践活动，从个别具体事物中区分、界定、彰显和抽象出来的，包含两个或多个对立组成部分和冠名的抽象事物。美不是美的具体事物，美是美的具体事物包含的抽象事物。美虽然是千差万别的，但美的具体事物具有普遍性能、普遍本质和组成部分。美不是美的具体事物的全部，它仅仅是美的具体事物具有的一个组成部分。美是具体事物的组成部分或组成元素，是人们通过认识实践活动，从美的具体事物中抽取出来的包含两个或多个对立部分的抽象事物。美相对于美的具体事物来说包含的内容规定更少，其抽象程度更高。苏格拉底或柏拉图都是西方美学的源头。西方美学的另一个源头是比他们早一个世纪的古希腊哲学家毕达哥拉斯。毕达哥拉斯学派的宇宙美学理论以对数学、音乐和天文学的研究为基础，其主要内容是：数是宇宙的本源，宇宙内的各个天体都处在数的和谐中；距离越大的天体运动越快，并发出高昂的音调；距离越小的天体运动越慢，并发出浑厚的音调；和距离成比例的音调组成和谐的声音，这就是宇宙谐音；具体可感的宇宙是最高的美。毕达哥拉斯对数、和谐与物理现象相互联系的感悟和研究是从声音开始的。据说毕达哥拉斯在路过一家铁匠铺时，听到铁锤打击铁砧的声音，辨认出了四度、五度和八度三种和谐音。他猜想是由于铁锤重量的不同导致了声音的不同，并通过称量不同铁锤的重量确认了其间的关系。随后，他又用不同长度的弦的振动实验发现了弦长与和谐音的关系。可以说，毕达哥拉斯是第一个发现声音与数字比例相对应的人，从而率先建立了日后成为西方音乐基础的数学学说。毕达哥拉斯堪称西方美学的开山鼻祖，他提出了美是数的和谐的理论观点，为美学的发展奠定了牢固的基石。勒内·笛卡尔（Rene Descartes,1596—1650）在《第一哲学沉思录》中提出“我思故我在”的著名命题，认为“美和愉快的都不过是我们的判断和对象之间的一种关系”。大卫·休谟（David Hume,1711—1776）认为对于美的决定性事物还在于“人性本来的构造”、习俗或偶然的心情。康德在《判断力批判》一书中认为：审美判断是“凭借完全无利害观念的快感和不快感对某一对象或其表现方法的一种判断”，是“唯一的独特的一种不计较利害的自由的快感”。黑格尔在《美学》中指出“美是理念的感性显现”，“正是概念在它的客观存在里与它本身的这种协调一致才形成美的本质”。并非人为美而存在，乃是美为人而存在的。人是万物的尺度，美的事物是万物之一，所以人是美的尺度。

美，是一种感受性的抽象，人们把心旷神怡、心灵受到召唤、超越升华的感觉叫作“美”。有宗教学者认为美是神赐予人的一件特别的礼物。古希腊神话就认为美如同智慧、健美的身体一样来自于神的给予。美的女人往往被怀疑是神的后代，如有天下最美女子之称的海伦就被人们认定为是主神宙斯的女儿。海德格尔也说过，美的显现，就是真理的显现，就是存在的显现，就是神的显现。按照海德格尔的说法，美显然带有神性的因子。显然，人类虽然具有理性，可是一旦遇上了美，理性也无从解释。康德就在他著名的三大批判里讨论了知、情、意的界限，认为美不是理性所能界定的范围。于是，美的定义与美的成因就成了千古争论的话题。

笔者赞同毕达哥拉斯关于美与和谐关系的论断。这种和谐具体到生命界，可以归结为一个词：生命力。我们可以发现美与生命力有直接而密切的关系。试问“美丽”的人有些什么特征？我们大致会联想到标致的五官，这个五官基本是没有病残和缺陷的，是对称的；皮肤是光洁的；牙齿是完整的，所谓“皓齿朱唇”；身体是健康的。进一步思考，我们会发现这一切标准都指向了生命力。生命需要繁衍，需要生命力旺盛之配偶成了一种本能的驱使，这是异性之间的审美关系。儿童为什么让我们感受到美好？因为儿童饱藏着生命力，儿童像一颗种子，虽然还很弱小，但富有极其巨大的生机，散发着生命的气息。甚至，对于动物世界中和我们近似的物种，如小猫、小狗、小鸟，我们往往也认为很好看，很有趣。春天来了，万物恢复了生机，生命在悄然地苏醒，这时候，我们觉察到了“美”。可以肯定，在纯粹的美的角度，年轻姑娘比老妇人要“美”，春天比冬天要“美”。因为，青春和春天都富有生命力。总之，我们将这些富有生命力的外相，称之为“美”。

甚至，我们会将对我们生命体有益的因素也称之为“美”，如清新的空气、适宜的温度、舒适的空间、生态的环境，等等。在语言学上，我们就可以找到证明。一顿可口的菜肴，我们吃完会说吃得“美”滋滋的。这种味觉、触觉、听觉、嗅觉等舒适的感受，我们常常也会用“美”这个语言来表示。

面对怒涛翻滚的大海、飞沙走石的沙漠，甚至电闪雷鸣、狂风暴雨，我们也会产生一种美感体验。这种体验用一个美学术语来概括叫“崇高”(sublime)。它以其粗犷、博大的感性姿态，劲健的物质力量和精神力量，雄伟的气势，给人以心灵的震撼，进而使人受到强烈的鼓舞和激越，使人们产生敬仰和赞叹之情，从而提升和扩大人的精神境界。公元1世纪朗吉诺斯（Long gino）在《论崇高》中最早提到“崇高”一词，作者认为崇高是“伟大心灵的回声”。在美学史上第一个把崇高与美严格区别开来的人，是英国的E.博克。丹纳（Taine,1828—1893）在《艺术哲学》中认为崇高是比一般意义上的优美更高一级的美。埃贡·席勒（Egon Schiele,1890—1918）的《论崇高》也有类似的讨论。孟子所强调的人格的“浩然之气”也是一种崇高美。崇高美和前面叙述那种愉悦性的美有所不同。它给人的感受不是舒适与愉悦，它体现出来的内容不是和谐的，而是冲突的、震撼的、神圣的，比一般的美在程度上更鲜明强烈，在范围上更广阔宏伟，是一种辉煌壮观的美。“崇高美”往往和宏大、未知、命运、悲剧相联系。在很多艺术作品中，都是高潮部分或者是升华的部分，也往往是这个作品最精彩、最打动人心的部分。就审美对象而言，崇高具有强大的威力，表现在人格与道德行为中、自然界事物的样貌状态中、艺术作品的形态与格调中；就审美经验而言，它使主体受到震撼，带有庄严感或敬畏感，甚至伴有某种程度的恐惧或痛苦。同其他审美范畴相比较，崇高与悲剧性相近，都伴有巨大的情感跌宕。这种体验是如何产生的呢？笔者认为：人的存在是有限的存在，当人这个有限体遇到了远远超越于自己的事物，遇到了无法认知的事物，一个接近无限体的事物，而这个事物又真切地呈现在我们面前的时候，如浩瀚的宇宙、未知的命运等，我们下意识会产生畏惧、崇敬与敬畏之情，它类似于宗教学者所说的那种面对神的感觉。我们会感慨我们的渺小，命运的悲催，从而产生跌宕的情绪。其实，有限的人类的存在，无时无刻不在相对永恒的世界上生存，而有限在无限的世界中的意义，正是人生意义之所在，是每一个人都渴望探求的秘密。我们虽然不能认识之，但我们渴望了解之。于是，在一件件的艺术作品、一幕幕的悲剧史诗中，我们不断感受着。事实上，这是对我们自身生存的拷问。因为未知、因为过于庞大、因为超越了我们，所以，我们认为其神圣，这正是人类生存价值主题的再现。我们一次次，汗毛竖起、略微悚然地感受着这种伟大的力。不是说我们喜欢这种感受，这已经超越了喜欢或不喜欢，而是一种近似本能的驱使。

进一步思考，我们会发现，优美其实也和崇高本源的那种“宇宙雄力”有关。不同的是，优美是这种力和谐状态的呈现，而崇高是一种冲突状态的呈现。

美虽然是生活中普遍存在的，但很多时候也是隐藏的，其显现往往是瞬间的、短暂的或是个别的。正如罗丹所说：“生活中不是缺少美，而是缺少发现美的眼睛。”感受美需要身心的放松，体验的心态。美是人渴望的，对人有益的。美是一种精神食粮，满足人们的审美情感需要。没有审美经验的人是不完整的，他的发展会因为这种不完整而受到限制。美的教育是现代公民教育的需要。

## 二、美术的存在

存在是在各种关系中的存在。那么，美术的存在显然也是在各种关系中的存在，它绝不是某种孤立的事物。从不同关系的角度来解读美术，就会呈现出不同美术的定义与理解。这些定义往往解释了或部分解释了一种或几种美术与其他事情的关系。所以，任何关于美术的定义，可能都是对的，但也都是不全面的，几乎也不可能是全面的。

例如，美术是对生活的表达，这解释了美术与生活的关系；美术是视觉艺术，这解释了美术与视觉的关系；美术是造型艺术，这解释了美术与形式的一些关系；美术是与美的创造有关的艺术，这解释了美术与抽象概念“美”、创造，以及艺术的部分关系。当然，与美术的关系还有很多。例如，从基督教的角度讲，美术是神赋予人的礼物或能力；从人的角度讲，美术是人的创造；从中微子、原子等角度解读，可能又是另外一番世界。

路德维希·维特根斯坦（Ludwig Wittgenstein，1889—1951）与莫里斯·韦兹（Morris Weitz）都主张以一种“开放性概念”（Open Concept）去理解美术，反对为美术下统一而封闭的定义。他们批判艺术中关于

"共同本质"的做法，并运用哲学中"家族的相似性"（Family Resemblance）取消了美术定义的可能性，认为这既无需要，也不必要。根据现象学理论，美术的存在是不证自明的，因为我们都能感受到"美术"这个事物的存在。与其去下包罗万象的笼统的定义，不如去体验它、感受它，或者讨论美术与人的存在之间的部分关系也好。笔者建议在定义美术概念的时候，最好先注明是关于哪种关系的讨论，免得被后来人误解，陷入不必要的纷争。

"美术"本来就是一个抽象的范畴名词，它不是指一两件具体的事物，而是事物的范畴。那么，鉴定所有的事物，将其归入或剔除出这个范畴，显然是不现实的，也是不必要的。如果直接讨论"美术"这一概念给我们带来的是怎样的感受性时，就会发现概念本身是没有直观性的，同时也是没有感受性的。概念的感受性来自概念与我们经验中感受性事物的关联。可见，"范畴"这个概念本身就是我们感受性中的存在，带有一定的模糊性。那么，"美术"这个范畴的观念，也是这样一种模糊的感受性的存在。

范畴的推演称为"思辨"。的确，即便模糊，我们也是对"美术"这个范畴有所感的，也的确模糊地建立起了一个范畴。如果按照形而上的方式进行推演，我们很可能会以更多抽象概念，来描绘美术这个抽象概念。比如美术，是"美""术"的组合。美术这一个抽象概念就分成了"美"和"术"两个抽象概念。那就必须进一步解释"美"和"术"这两个概念，这又会产生新的抽象概念。美很好理解，美是一种感受，是可以直观的。"美"这个部分就先暂时停止讨论。"术"就复杂了，是指"艺术"还是"技术"，或者既是艺术也是技术，干脆称之为"技艺"？这一下，"术"这个概念，就分出了"艺""技"和"技艺"三个概念。我们知道艺术开始的确带有技术这样的意涵，至今的部分美术仍带有技术的成分。技术性，是一种可直观的感受，相对容易理解。那么，技术这个部分我们也可以先暂时停止讨论了。正如前文的讨论，"艺术"这个概念给我们的感受明显和"技术"不同。艺术能带来愉悦感等情感运动，而技术则不能。那么，问题就回到了艺术的感受性上。也就是说，无论艺术采取了怎样的形式，要达到这些形式的技术性的高低，都必须符合我们观念中艺术范畴的感受性，才能称之为“艺术”。

我们分析艺术感受性的时候，发现艺术不仅给我们带来正面的情感，很多时候，也带给我们悲伤、痛苦等负面的情感。但我们发现艺术采取了很“巧妙”的办法，让我们在感受这些负面情感的时候，不会产生负面的效应，反而转化成了一种正面的享受。也就是说，艺术带给我们的负面感受性，是我们可以接受的，绝对不是那些我们无法接受的负面感受，比如“彻底的恶心”这种我们会直观排斥的感受。艺术中经常出现的悲伤、哀愁、痛苦等负面情感，而我们产生审美享受的原因主要有两个：第一，艺术通常采取充满美感的形式，无论是绘画，还是音乐，又或者电影，在表现这些悲伤题材的时候，其画面、音乐等符合美感形式法则，这本身便使我们产生了很强烈的审美体验。第二，这些悲伤等的负面情感往往与“真美”形成了联系。悲伤、难过、哀愁等情绪往往是因为“爱”与“美”等正面事物的失去，这些情绪的具体情境又很容易让我们联想到自己过去的情感经验，同时，这些负面情绪还和艺术作品中的主人公有重大关系的正面的情感经验直接相关，其悲痛便转化为美丽的哀伤。所以，艺术的感受性是让我们觉得我们可以和世界建立起有意义关系的感受性。

这种“意义的感受性”和个体的生命感受有直接的关系。它是一种让个体感觉到生存更圆满的感受性。感受性本身是不可解释的，它超过了语言的范畴。语言本身也是抽象的符号体系，它的作用只是象征，唤起我们的经验。这种渴望更圆满的感受性是由多方面组成的，它关系着我们的存在以及与外界各种关系中的感受。但在感受性的分析中，我们会发现，艺术的感受性其实和我们生存中的很多感受性很近似，如吃了一顿美食的感觉、性欲满足的感觉等。这些让我们感觉生存圆满的感受性，我们并不把它们称之为“艺术”。我们只把那种不是直接获得满足，而是通过意识获得满足的事物称为“艺术”。这就是我们所谓的“非功利性”。就这个范畴而言，我们也较易理解。问题在于像工艺与设计类的艺术，是处于非功利性与功利性之间的。例如，一把椅子，我们把它设计得很“美”，坐起来也很舒服。此处的“美”显然属于非功利性，但舒服则明显有直接的享受参与性。在这里就暴露了我们所谓的“范畴”本身就是不严谨的，因为不同范畴之间是互相联系的，范畴绝对不是一个孤立的东西。设计与工艺明显打破了艺术非功利性的纯粹原则，因为它们既有非功利性也有功利性，恰好是非功利性与功利性之间的联系。而设计与工艺的功利性与非功利性的感受性，都符合“让我们感觉到生存更圆满”的这种感受性。所以，我们有关艺术范畴的感受，大致是只要有“非功利性”的“让我们感觉到生存更圆满”的感受性的事物，我们都可以把它们称之为“艺术”。其实，这也是模糊的。很多感受，我们也许不把它们称之为“艺术”，但其实它和艺术体验并无二致。例如，我们仅仅“观赏”一顿美味佳肴、一位美女或帅哥，这完全不存在功利性的参与性，也给我们带来了身心的愉快，完全可以把它们称之为“艺术体验”。至少这些都是可以感受的，也是可以直观的。这样，我们关于美术的问题也基本可以直观和清晰起来了。

艺术是 “让我们感觉到生存更圆满”的一种感受性存在，但这种现象学的还原追问显然不是定义，因为它不考虑从属的关系，也不企图做包罗万象的概括。它是一种有关我们生存的描述而已。美术则是更强调与美的关系的一种感受性存在。现象学所说的存在是意识中的存在，它不是一种客观的存在，而是一种感受到的存在。所以，每个人对美术的理解可能都是不同的。如果发现我们对美术的理解不同，这往往是由于我们所考察的美术关系的角度不同，以及我们的感受不同所造成的。

现象学考察的是人能感受的存在的各种关系，尤其是那些能使人的存在获得圆满的关系。从这个意义上说，美术与人的存在的关系中有几种是较为显著的，比如，美术与人的感受、美术与人的生活，以及美术与人的生命体认。现象学认为，无论怎样在思辨上认识美术，我们都不可能直观获得生动感与感受性。正如前文所讨论的，感受性是不可言的。现象学的分析帮助我们认识到定义的陷阱及片面理性主义崇拜的危害。在现象学的还原之下，我们发现形而上学与逻辑推论是一体两面的东西。这些方式一方面给我们的美术教育认识与研究带来了帮助；但另一方面，思辨带来的“美术”概念仅仅是一种范畴观念的存在，它绝对不是美术作为现象在生活世界中的存在。范畴观念本身不是直观的，不具备感受性，只有“回到事物本身”在美术存在的现象中，去体验它、感受它，才可能获得直观性与感受性。我们必须对这个问题有清醒的认识。只有这样，在现象的体验中，我们才有可能感受到美术的确与我们的生命有着紧密的联系，它的存在对于我们的存在而言何其重要。笔者由衷地赞美造物自然、赞美美术，以及赞美我们的存在。

## 第三节 教育的还原

教育一词源于拉丁文educare，前缀“e”是elicit的缩写，有“出”的意思，意思就是通过一定的手段，把某种本来潜在于身体和心灵内部的东西引发出来。从词源上说，西方“教育”一词是内发之意，强调教育是一种顺其自然的活动，旨在把自然人所固有的或潜在的素质，自内而外地引发出来，使之成为现实的发展状态。在汉语中，“教育”一词，由“教”和“育”两个字构成。许慎在《说文解字》中解释：“教，上所施，下所效也，育，养子使作善也”。“教”和“育”一起使用就成了“教育”。始见于《孟子·尽心上》：“君子有三乐，而王天下不与存焉。父母俱存，兄弟无故，一乐也；仰不愧于天，俯不怍于人，二乐也；得天下英才而教育之，三乐也。”而 “教育”成为常用词，则是在19世纪末20世纪初。

### 一、牵手与引路

在人类的历史中，在有“教”之前，显然已经有了“育”。育在教之前，教源出于育。“养育”正是教育的源出意义，这种本源的奠基性才引出了有意义的教育生活。父母不仅仅给孩子带来了生命，也是孩子最早的老师。加拿大现象学教育家马克斯·范梅南（Max Van Maner）将教育描述为：“父母和孩子、教师与学生、祖母和孙子女在一起的某种际遇。”[①]范梅南认为：“教育学的意向也是我们面对孩子的最基本的体验，我们将孩子看作是走进我们生活的另一个人，他向我们提出要求，他改变了我们的生

---

① 蒋开君．范梅南现象学教育学思想研究[D]．北京：首都师范大学，2011：108.

活。”[①]他指出：“在与孩子的实际生活中，在许许多多微小的经历当中，人作为父母或老师的意识就产生了。”[②]父母对子女的爱是无私的，而爱则是教育关系发展的先决条件。范梅南先生将这种爱称之为“替代父母关系”。他强调有“育”的精神，才能获得“教”的效果。

教育就像父母对我们无私的爱一样，具有崇高的意义。如果我们听见了生命发出的无声的召唤（calling），看到了美散发着真理般的光辉，我们就觉悟了美术教育的使命（mission），形成了一种人类情感的坚定信仰。谁能听见教育的神圣的呼唤，谁就能够与学生们处在真正的美术教育关系中——一个灵魂就能与另一个灵魂相遇（encounter）。当我们感受到这种崇高的神圣感的时候，我们的美术教育行为也随之变得神圣，我们与孩子的生活才会显现出教育的意义。

对儿童的爱是人类伟大的本能。因为这种爱，人类才可以延续与生存。每一个儿童都是在父母的爱与祝福之中长大的。孩子的柔弱性，孩子的无限可能性，孩子的未成熟性，都像神的意旨那样呼唤着成年人为之无私地做出奉献，并在这种奉献中获得安慰，去保护孩子，并祝福其健康地成长，这是人类的一种神圣情感。因为这种神圣的爱，人类才得以延续并结成了一体。

儿童伸出小手，要父母牵着走。这是一幅很熟悉的图景。每一位父亲或母亲可能都有过这样的经历。教师和学生，以及他们在一起的教育生活正是这样一种“牵手”。教育意义的发生不是依靠书本知识的指引，“而是像爱和友谊一样，存在于这种感情的亲身体验中——也就是说，在极其具体的、真实的生活情境中”[③]。在教育现场的实践过程中，我们发展着这种关系。瑞士教育家裴斯塔洛齐（Johann Heinrich Pestalozzi，1746–1827）认为，“教育爱”是教育的根本。“教育工作者认为爱心与耐性的教育功能，才是驶

① [加] 马克斯·范梅南．教学机智——教育智慧的意蕴 [M]．李树英，译．北京：教育科学出版社，2001：28.

② [加] 马克斯·范梅南．教学机智——教育智慧的意蕴 [M]．李树英，译．北京：教育科学出版社，2001：33.

③ [加] 马克斯·范梅南．教学机智——教育智慧的意蕴 [M]．李树英，译．北京：教育科学出版社，2001：43.

向教育大海的正确途径；爱正是人性的舵，也是人性的光辉。”①

爱的体现，在教育中无处不在。马丁·布伯（Martin Buber,1878—1965）描述了一位老师走进课堂的情形：“他看到他们都在那儿，随意地，一组一组地坐在课桌间：他看到身材高大的和个子矮小的，面目粗糙的和眉清目秀的；他看到表情阴沉的和气宇轩昂的，身材匀称的和身体畸形的——好像他们是创造的代表，教育者的眼神拥抱了他们所有的人，并把他们看到眼里。”②这眼神显示了一名教育工作者的伟大之处。这眼神的拥抱就好比母亲第一次凝视新生的婴儿，父亲以强壮的臂膀拥抱他的孩子。美术教育学者尹少淳认为：“一个美术教师具有爱心、同情心和宽容心，就会使学生产生一种亲近感，就会对学生产生较强的吸引力。”③没错，“人身上包含着创造爱的力量，人是自由的，当人创造出了爱，使爱成为可见的，人也就随之而不朽。”④

对爱的尺度的把握也许并不容易。笔者接触过很多学习儿童美术的家长，发现家庭教育容易走向两个极端：一种是溺爱，一种是放任自流。人都有一个天生的优点或者说是缺点，就是选择事情最容易解决的方式。孩子也不例外，有容易满足需求的办法的话，孩子就不会去选择尝试其他的方法，并且会一再要求这种待遇。部分家长一方面是因为爱孩子，于情难以拒绝儿童的一再要求；另一方面可能也是想摆脱儿童胡闹式的纠缠，求一时妥协后的安静。他们满足儿童的要求有一些“不加分别”，孩子就产生了依赖性，也养成了“小皇帝”性格。这种过度的爱，叫作溺爱，一般我们称之为“娇生惯养”。事实上，儿童一旦被溺爱惯了，他就会变得依赖于它，以至于不愿意再享受自由。另一种家庭教育的极端是放任孩子自流。这可能有几种情况，有的是因为家长自然教育的态度，有的是对孩子失望后放任。其实，自然主义教育并不是完全让孩子“自发”地成长，而是要

---

① 林玉体. 西方教育思想史[M]. 北京：九州出版社，2006：396.
② Martin Buber. Voordrachten over de opvoeding[M]. Utrecht：Aula，1970：29.
③ 尹少淳. 美术教育学新编[M]. 北京：高等教育出版社，2009：368.
④ 刘小枫. 诗化哲学[M]. 上海：华东师范大学出版社，2007：80.

为孩子提供教育的环境，否则教育很难取得成效。而那些对孩子失望的表现，会对孩子形成潜在的负面影响，会扭曲孩子的人格，以至于影响其将来的发展。总之，正如陶行知先生说的：“有怎样的生活，就有怎样的教育。”家长的生活方式和生活态度是潜移默化的教育的组成部分。

爱也会发生异化。不少家长为了“爱”孩子，为了孩子的将来着想，让孩子接受各种各样的补习，使之占据了儿童的生活。无论儿童最终是否适应了这种“高强度”的生活，都会造成儿童成长的异化，儿童的人格成长空间被压缩，被迫接受了重视结果的教育。生活的体察、学习的快乐让步于结果的检验。这种功利化的教育会直接影响儿童的人格发展，从而造就一批在生活之中找不到生活意义的人。仔细想来，我们的传统美术教育何尝不是这样一种爱的异化呢？传统美术教育有整齐划一的教学目的，并为此制定出了统一的教学大纲，在教学的进程中时时检查美术的教育成果。问题是过程在哪里？生活在哪里？自我在哪里？儿童在哪里？这难道不是一种因为教育的爱，希冀最终教育结果而导致的教育异化吗？在这种异化的教育中，教师成为教学的机器，儿童成为学习的机器，而人性却遭到了扼杀。

教育既是“牵手”，也是“引路”。在教育生活中，孩子们一天天成长。这种牵引既来自教师、家长等外界对学生的引导，也来自孩子自身体验确认的指引。它的源发动力是我们的人性。不同的价值确认造成牵引方向的不同。生活态度的选择虽然存在差异，但每个人都渴望生存得更圆满。在“存在”上获得了普世价值观，无论你怎么去理解存在，你都必须“去存在”，都无法回避存在——生活。美术教育正是为了让生活更美好，在我们心情灰暗的时刻、在人性之恶浮现的时刻、在虚假盛行的时刻，引领我们认识真、善、美，引领我们唤起对生活的意义感，让生活中的光明与希望得到显现。

总之，教育在生活之中，教育就是生活。离开了生活的教育，就会成为扭曲的教育。是生活赐予我们智慧，是造物主赐予我们灵感，教育者必须以智慧和灵感，引领孩子走向生活光明的一面，驱逐黑暗的一面；走向友爱的一面，去除邪恶的一面；走向人生的超越与升华，而不是堕落与庸常。这是每一位美术教师的责任，即以艺术的方式引领孩子洞见生活的真谛。这种方式将美术教育生活与非美术教育生活区分开来。

## 二、唤醒与引出

教育education中的前缀e-，有“引出”“让”的意思。古希腊著名哲学家苏格拉底有一个著名的“产婆术”教育观点。他认为“教师之教学，类似产婆将胎儿‘引出’（elicit）而已，产婆绝对无法‘由外往内’地赐给产妇婴儿，却只能‘由内往外’将婴儿接生下来”[①]。他认为教师的职责只能帮助学生“自己”发现“自己”。由此，他就说出了他那著名的教育学名言“做你自己”。它有重大的意义，即学生的学习主体性是任何人也无法替代的。在获得知识、获得成长的“生产”过程中，痛苦与幸福，只有经由学生自我体验，才能最终达到彼岸。教师与学校等只是提供了一个环境、一个条件，帮助这个“生产”而已。教学必须为学生留出这种自我体认的空间与时间，不能以一种填鸭式的方式拔苗助长地完成教学。

德国哲学家海德格尔在《什么召唤思》里谈及了“教”与“学”的问题，深入探讨了教育的真谛。他认为“教”的核心内涵是“让—学习”（let-learn）。“让”在海德格尔看来，就是允诺与祝福，是一种让予敞开的姿态，一种开放自由的姿态。加拿大现象学教育家范梅南非常赞同海德格尔的观点，他认为“‘教’比‘学’更难，‘教’乃‘让—学习’”[②]。海德格尔认为“此在”的意义在于“去存在”并且“能在”，他指出教育让学生“成事”与“成人”的同时，最重要的成就在于“成己”（ereignis）。根据现象学理论，“成己”就是在获得自我与环境健康关系的过程中的自我体认，就是让孩子们的本质显现出来、澄明起来、敞亮起来。“让—学习”的根本是“让—生长”（let-live），就是开辟出思想的道路和空间，让孩子上路，踏上学习“去存在”之路，并让孩子在其中逗留与安居，逐渐走向成熟。所以，

① 林玉体. 西方教育思想史[M]. 北京：九州出版社，2006：30.
② 转引自蒋开君. 范梅南现象学教育学思想研究[D]. 北京：首都师范大学，2011：103.

教育首先是唤醒，唤醒沉睡中的自我，由此，一个自我觉悟的人才会自己去思想（thinking）、去体验、去觉悟存在的意义。

真正的教育绝对不是“强迫—学习”（make-learn）。觉悟知识比灌输知识有意义得多，知识与技能的事情不是“思的事情”，物质世界的贪欲并不能实现人的本质。一个没有文化，但拥有健康人格的人与一个有文化而人格不健康的人比较起来，无论是对于自身还是对于社会而言，前者往往比后者更有意义。知识必须内化于人格，失去了人格的力量，知识只会剩下干瘪的躯壳。

美术的学习也是这样一种动态过程。“学习”，在我们一般的语义中往往指的是学业学习。要想获得有效的学业学习绝对少不了“我”与“学习”之间的“关系确认”，以及学习过程中发生的“自我体认”。这种关系的确认，可能是兴趣促发的主动式关系，也可能是重大利益或其他特殊原因驱使下建立起来的被动式关系。总之，学习过程中“我”与“学习”一定存在密切的关系。无论是主动的关系还是被动的关系，效率产生的关键在于在学习的过程中获得的“自我体认”。也就是说，学生在美术学习的过程中发现了“学习的快乐”，并通过学习这种方式找到某种生存的意义感。被动式的学习显然是不容易快乐的，所以在被动式的关系中学习不容易产生效率。

其实我们每天都在学习，这种学习也就是我们日常的生活体验。对每一个新环境的适应、每一种行为的开始、对每一个新事物的了解，其实都是学习。学习在生活之中无处不在，只是我们不把它们称之为“学习”而已。但在现象学还原之下，我们会发现源出状态的学习是生活不可分割的组成部分。这种自然状态下的学习对于人而言，就和呼吸、吃饭一样重要。美术的学习也是这样，生活是美术学习的源发之地，也是美术学习的归宿之域。无论什么样的美术学习，包括学业学习在内，都应该为我们的生活服务。

美术课程改革提出美术新课程“要将学生视为主体，尊重学生的感受与体验。要唤醒学生的自我意识，帮助学生在美术学习中获得自我感觉，敢于自主表现，培养学生的自主能力和增强学生的主体人格”[①]。新课程要求完善和发展学习的方式，提倡一种主动的、探究式的、合作式的学习。新课程认为：“学生学习的过程不是学生被动地吸收课本上的现成结论，而是一个学生亲自参与的、丰富的、生动的思维活动，是一个实践和创新的过程。”[②]可见，新美术课程高度重视教育的“让—学习”。

关于教育主体，现象学观点和新课改观点略有不同。现象学认为学生是教育的主体，而教师也是主体，师生之间的关系是主体间性。师生在教育之中是共存共在的关系，不存在否定哪一个的问题。教育关系恰恰在于师生双主体之间的联系。现象学美术教育关注的重点在于关系。教师的任务在于架设恰当的情境，采取适当的艺术刺激来实现关系的有意义联系。“让”不是“强迫”，而是一种邀请，一种召唤，引领孩子们走上美术体验之路。

根据现象学理论，存在先于意义，意义重于方法。只有在存在之中才能获得意义的把握，而把握住意义，可以生出无穷的方法；而繁多的方法，未必能生成意义。陈丹青在《退步集》里说道：“艺术教学是非功利的、非程序性的，是具体而微、随时随地在每位学生、每个阶段，甚至每件作品中寻求当下的沟通、指涉、领悟。这一随机的过程——而不是预定的程序——重视体验与经验、问题与可能性，激发好奇心与热情，并以此检验学生的智能与品性：它开放给未知，落实为个人。”[③]陈丹青深刻领悟了艺术与教育之道，他提出的这种美术教育观恢复了美术源出处的活力。美术本来就应该是生动、美丽而魅力四射的。我们要求教师点燃学生兴趣的火花，无非是还原美术教学的本来面目。教育中没有“八股文”，艺术中没有固定的轨道。学生独立体验探索的过程，是什么也不能替代的。

美术的学习就是一种自我的发现。它需要个体体验和普遍知识的整合过程，并最终化为个体的有效知识。教育者需要有耐心并对受教育者有信心，具体是选择暗示还是选择明指，需要根据教育者当下的情境机智而定，其目

① 陈卫和．小学美术新课程教学论[M]．北京：高等教育出版社，2003：110.
② 陈卫和．小学美术新课程教学论[M]．北京：高等教育出版社，2003：108.
③ 陈丹青．退步集[M]．桂林：广西师范大学出版社，2005：414.

的是对受教育者内心的唤醒和激发。在唤醒独立人格和不拘一格的发散性思维习惯的基础上，才谈得上对美术知识与技能的传承与创造，最终为人类文明添加我们独特个性的足迹。生活本来应该是美好的，美术的体验本来应该是纯粹的。学习需要一颗生命的纯真之心，我们不能因为人类受后天社会性的污染，而失去对美术教育的期待。从本质上说，现象学美术教育就是将美术还原为快乐、幸福的体验。美好的生活带来教师美好的心态，美好的教师带来美好的美术教育。《中庸》里有“天命之谓性，率性之谓道，修道之谓教”。现象学美术教育正是在情境的体验中不断地体“道”与悟“道”，它时刻注视着前概念的意义世界，它让我们的人性不断获得教化。

叁 [ 第三章 ]

笔者深信美术教育必须建立在感受性的基础之上。

传统观念认为感受基本属于一种和感觉、感觉器官、感性认知相联系的事物。相关的理论还认为认知可以分为感性认知和理性认知，并认为理性认知高于感性认知，而人对世界的认识是从感性认知往理性认知发展。这些认识显然与理性革命时代倡导的“理性至上”有关。但问题是，这种区分、这种等级并不是科学的。按照现象学的观点，世界是一种交互主体性的关系，是一个完整的存在。意识与认知同样也是如此。换句话说，感性、理性的区分，属于一种经验科学的人为性主观切割，将完整的意识抽离出一个叫“感性”，另一个叫“理性”的东西。事实上，纯粹的感性或理性的意识并不存在。但考虑到感性、理性这样的词汇，大家已经接受，所以，笔者还是会继续使用这些词汇。但笔者认为，人的认知本来就是感性与理性认知，甚至还有其他认知的完整体，是不可切割的。感受信息一旦形成感性思维，就已经伴随着理性展开运动。同样，理性思考的同时也深受感受性的左右。所以，笔者要为感性、感性认识“平反”，感性并不是一种低于理性的事物，相反它和理性一起构成了认知。为了表示这种整体性，笔者使用了“感受性”这个词，与那种和理性相对概念的感性相区分。感受性的研究属于认知的基础研究。在阐明现象学美术教育学原理的过程中，具有关键性的作用。

笔者认为意识带有我们感受性的信息。每一个意识信息都印上了我们感受的痕迹。一张相同的画面，因为感受的差异，形成的感受性会有所不同。一堂美术课形成的感受性，事实上与我们听这堂课的时候，与哪种感觉器官形成的感受有着千丝万缕的关系，而不仅仅是受到这堂课的客观内容形成的理性认识的影响。在听课的时候，环境舒适、氛围亲近、对主讲人的感官、上课时候的心态、意识流产生的情绪等，会与获取的课程客观知识信息同步混合，最终形成感受性。感受性中含有价值判断的意味，即这堂课是堂好课、精彩的课、令人震撼的课，还是一堂糟糕的课、令人厌恶的课。甚至，每一个所谓的理性的认知细节，事实上都带有感受性印记。意识是混合体，这种理论认识，为现象学“情境主义”美术教育提供了依据。

## 第一节 语言的感受性

语言本不存在感受性，而属于一种声音的符号体系。这些音节本身不具有意义，但这些音节作为符号，就具有了指示性。语言中有名词、动词、形容词等各种性质的词汇，由此形成了一个复杂的指示系统。更重要的是，语言这个工具，我们用嘴巴说、用耳朵听，当然，这些信息都要进入大脑。很多人认为语言可以解释或说明事物。事实上，语言产生感受性与听者自身的生活经验有关。语言若想获得"理解"，必须要求听者有被描述事物的相同或近似的经验。如果缺乏这些经验或经验不同，语言交流就会产生障碍或歧义。例如，用语言描述蜂蜜的味道，但如果听者没品尝过蜂蜜，那么，无论怎样形容，听者也无法获得蜂蜜那种微妙的甜味的感受性。事实上，语言传达（讲述者）和语言接受（听者）之间的差异性几乎无处不在。所以说语言在表达着我们的意识的同时，也制造着歧义、含混、误解和谬误。正如海德格尔认为的那样：语言是存在之家，语言的存在是既敞开又隐匿的。但是，我们往往意识不到语言的缺陷性，因此，在语言表达体现的流畅性中，我们误以为语言可以传达一切意识。更关键的是，语言的视觉符号呈现是"文字"。因为这种因果性，所以文字的性质与语言的性质差不多，其同样会在理解上带来差异，也同样会产生混淆与歧义。最要命的是，我们认为知识是以文字呈现的，从而形成了"书"。我们对书本有着近似于对待神的崇拜。我们在教育中对书本、书本知识是何等重视。从小学到大学的漫长教学都以书本为核心，考试以书本内容为准则，很多教师只会照本宣科。按照潜在的逻辑，"给你本书，你就应该获得真理"。书成了真理，这实在大谬也。

我们以往的文化学研究往往依赖文本研究的方式。经过语言分析，我们会发现文本研究的方式有它的局限性。图像学研究为这一局限性做出了有力的补充，提供了一种新的研究手段。以古埃及雕像《纳菲尔提提王后像》为例，我们通过图像，获取了丰富的古埃及文化信息，这种信息不是文字可以取代的。图像具有原初性、直观性、生动性、真切性和完整性，这些特点使视觉文化在新时代里成了一种最主要的信息传播与感受的方式。

语言要获得相对准确的感受性，必须要有个体经验的配合，以及经由个体的意识重组。知识同样是这样，每一个知识的传授，都基于学生个体前期的知识经验，都必须经过学生个人理解的过程。教师的经验、教师的理解不等于学生的经验、学生的理解。两者的知识结构、认识水平、观念基础、生活经验都不相同。对老师来说兴趣盎然的事物，对学生未必如此。老师觉得讲解透彻，学生却未必能够消化。这些情况时有发生。

这提示了我们三个重要的观念。第一，知识需要内化为个体人格，知识必须基于个人的理解。教师的作用是引路、引出，而不是代替学生。教师需要创造一个良好的、恰当的教学情境，找到对学生而言最有效的教学方式。同时，个人的理解需要时间和空间，教师需要为学生让出这个时空。而灌输教育正好相反，教师代替学生，强行给学生灌输知识，完全不顾学生的理解与感受。对学生而言，这种教育形成的知识，不仅是苦涩痛苦的，而且更是不会产生效用的。艺术教育更是如此，艺术理解，无论是理论性的理解还是技术性的理解，学生都要经历一个漫长的个人消化过程，这个过程无论如何是教师所替代不了的。

第二，要重视体验的教育。知识的获得与个人经验有关。如果没有这个经验，我们与其照本宣科、单纯地进行文字描述，不如亲历现场，去体验、去实践。这种教学，对于美术学科是相当合适的，尤其是对中小学的美术教学而言。美术本就是非语言的视觉艺术。美术语言指的是美术的表现形式。这种形式，可以用语言去描述，但如果没有亲眼去感受、体验艺术品本身，你就根本不可能知道它究竟为何物。例如，你在欣赏一幅写意中国画的时候可以体验到画中的意境，如果要用语言说清楚这“意”到底是什么，常常会让你感到为难与尴尬。对于这种感受性，我们中国的语言已经很生动了，比如，古意、气韵生动、神似，逸气等。你如果没有学习过美术，对中国的文化不了解，你将很难明白这是在说什么。所以，美术教育不是语言的，而是视觉性的，我们应该去寻找些可供直观感受的美术课程资源。而在美术的语言表述问题上，我们必须明白那只是描述，绝对不是唯一标准的答案。在每一个学生的感受中，它可能都会是不同的。而在美术教育之中，我们本来就没有必要做到相同。

第三，中小学的教育应该坚持学生本位，即儿童中心说。在认知这个问题上，同样是如此。教师必须以学生的视角、学生的发展状况、学生的心理去思考教学问题，而不能将自己的理解视为学生的理解。如果我们不能站在学生的角度考虑问题，我们的教学就会脱离学生的感受性、脱离学生的需要。

有些教师的语言有趣，妙语连珠，讲课诙谐生动；而有些教师的语言干涩枯瘪，缺乏语言魅力，所以语言存在艺术性。语言是一种自我表现的工具。语言艺术性的发挥一方面需要教师语言的艺术性储备，另一方面需要教师营造信任的教学氛围。我们一般都重视前者，实际上后者的重要程度一点也不低于前者。教育效果是否能够更明显，很重要的一个因素就是教师必须与学生有“灵魂的相遇”，教师与学生“在一起”，营造一种相互信任的氛围，有利于教师的语言发挥。语言的艺术性，是可感的，是可以直观的。这种直观的东西，具有直接的影响力。对于教育生活而言，具有重要的意义。

语言同时还是文化的载体，语言中反映着观念、反映着文明的程度。要想获得正面意义的感受性，就必须具备文明的素质，并在语言中得以体现。通过典雅、合理的方式，语言塑造着教学情境。这对提高教师自身的素养，提出了新时代的要求。

总之，我们通过语言的感受性分析，可以得出很多有意义的启示，从而增进我们的美术教学效益。

## 第二节 身体的感受性

我们的身体能给我们带来感受，这不仅仅是对空间感的知觉，更是一种对自我状况的调适、配置和重构。身体感受性的深层是一种生命意识。法国现象学哲学家梅洛–庞蒂把身体的感受方式称为“身体图式”。缺乏营养的时候，身体会发出想“吃好东西”的诉求；大吃大喝过度的时候，身体会发出清淡饮食的诉求。事实上，在忙碌的社会生存中，我们常常“舍弃”了身体，忽视了身体的健康，或者说顾不上身体的感受，使我们的“生命”在名利场中受到了折磨。我们迷失，我们无所适从，我们无可奈何，我们距离自然的生活甚远，我们过着一种缺乏生命智慧的生活，我们的生命因此变得不安宁。在身心的损害中，生命与时光消逝。可见，身体的感受性，需要我们静下心来，才能更好地体会。在一种类似“冥想”或“禅定”的状况中，身体的感受性会被充分唤醒。但无论如何，我们都需要寻找一个契机，让身体得到休整，倾听自己身体的内在召唤，让生命意识复苏。

身体的存在就是“我”的存在，“我”以身体在世界中存在。我就是我的身体，我的身体就是我。物质和精神其实在“我”这里是同一的，这种现象学的观点是很有道理的。但我们长期受到笛卡尔等二元论者的观念影响，认为精神和肉体是平行关系或主宰关系。忽视了身体，其实也就迷失了自我。梅洛-庞蒂喜欢用手跟手的触摸来打比方：当我的左手和右手相碰触时，右手有碰触左手的感觉，左手有碰触右手的感觉，但这两种感觉却混沌而不可分——在这里，我身体的两部分互为对方的主体，也互为对方的客体，我的身体向自己显示自身，达到内在与外在彼此交融的状态。梅洛-庞蒂用“身体—主体”现象学的观念告诉我们，身体和主体其实是同一个实在，身体既是存在着、被经验着的客体现象，又是经验着、意识着的主体。梅洛-庞蒂还强调：“知觉，是借助身体使我们出现在某物面前，该物在世界的某处有其自身的位置，而对它的破译旨在将其每一细节再置放到适合它的境域之中。”这也就意味着，梅洛-庞蒂始终将“知觉”放置在一个首要和关键的位置。借助于知觉，身体演变为“灵化的”身体，主体也演变为“肉身化”的主体。所以，从宏观角度来看，梅洛-庞蒂的身体就是主体。作为主体的身体，在自我面对世界、自然、文化、他人时，必将又会是一个主动的、能动的身体，梅洛-庞蒂也将其称之为“我能”。所以，他在《旅程Ⅱ》中说道：“我们以我们的身体实现过渡，这就是我能。每一知觉都是我的身体的肉体统一的一个环节……自我与身体的关系不是纯粹主我与一个客体的关系。我的身体不是一个客体，而是一种手段，一种知觉。我在知觉中用我的身体来组织与世界打交道。由于我的身体并通过我的身体，我寓居于世界。身体是知觉定位在其中的场。”[①]这样，我们就可以清晰地看出，在梅洛-庞蒂的视野和思想中，身体就是一个能动的自我或主体。“我”可以借助于“我”的身体把握世界、他人，以至文化、艺术；“我”还可以不断调整自我的视野和身体空间性，从而使“我”可以更好地感知世界。可以这样说，作为主体的身体既是知觉的，又是空间的，它们相互交织，互为主客体，互为主动性和被动性，从而使“我”合理存在于深度空间和时间里。

世界需要我们身体的认知（体认、体知）。梅洛-庞蒂认为：我们用语言、用科学规律、用理性分析所描述的世界，是内在于意识的，经过了反思后的世界，而不是我们最初感知的世界本身。受到胡塞尔“生活世界”理论的影响，梅洛-庞蒂把“生活世界”的概念改造成为“知觉世界”。这显示了梅洛-庞蒂和胡塞尔哲学的关系与差异性。胡塞尔一生坚持的是意识研究，到了梅洛-庞蒂那里，意识成为了身体。在我们用理性对这个世界进行反思、描述以前，世界其实就已经呈现在那里了——那是个最朴素的、最原初的、与人的知觉有最直接关联的生活世界。举个例子，我们用手抚摸一件雕塑作品，就会立马有一种感觉呈现出来，那种感觉是不可言说的，是绝对真实的、饱满的知觉。但当我们把这种感觉与抚摸雕塑的感觉进行比较后，当我们在心里用语言来描述这种感觉后，那种感觉便已经经过了意识的改造，被赋予了规定性和可描述性——它已经不是原来那种真实饱满的知觉了，而是被抽象化为近乎单调的概念。

这就是现象学原初世界的理论。原初世界是现象学还原的结果，是一个未被科学定义、观念干涉、文化侵蚀的世界，它显示出直观性、丰富性和真实性。这个世界被梅洛-庞蒂称为“知觉世界”。这观点存在启示性。长期以来，我们都认为理性认知高于感性与知性，贬低感觉与知觉的意义。在教育中，体现为我们尊重文本性知识，而忽视体验性知识。其实，这看法存在严重的问题。首先，这无疑割裂了人的认知方式，人为地将完整的认知撕裂为

① 杨大春. 感性的诗学：梅洛—庞蒂与法国哲学主流[M]. 北京：人民出版社，2005：167.

感性、知性和理性，并主观地给予褒贬。其次，这遗忘了知识的源泉，遗忘了世界的丰富性，误将理性归纳的世界取代了丰富的、原初的世界。身体的知觉先于意识。知觉材料并不是意识的对象，而是身体—主体与外物接触时，外物对身体—主体最原初的呈现。知觉是先于意识反思的。梅洛-庞蒂认为过去传统的理性主义和经验论者所研究的那个有各种规定性的世界，是经过了意识反思的。反思并不是一种再呈现，而是一种主动改造——人所反思的那个世界，已经不是那个原初的世界了。在梅洛-庞蒂眼里，两派论者所争来争去的那个世界根本就不是在生活中经历的那个原初世界，而是被反思了、被规定了的世界，是值得怀疑其真实性的。而在最真实的世界面前，所有哲学家都得保持沉默。

身体的“知觉世界”是以“顿悟”的方式霎时呈现在我们面前的。人的身体深深根植于世界之中，与外物“遭遇”、对话——这就是人类的生活。由于身体就是主体，生活同时就被人所知觉。知觉的来源虽然是多种多样的，但它们最初都是无条件地被感知的，是没有经过意识审查的，是先于意识的。所有这些知觉圆融为一个大的环境，大的背景，即“知觉世界”。知觉世界是一种先验的人的结构性生活，而不是一个纯粹实体。所谓结构性，就是说，知觉世界已经包含了生活中的一切事实形式，但这种结构性是模糊的、圆融的、不可言说的，是意识世界中各种事物规定性和可描述性的最终来源。这种先验结构，以自然世界的结构为基础，同时，人的精神主体性——包括人对他人的知觉，对整个文化世界的知觉（应该是文化潜意识吧），都被融合在自然世界中，使知觉世界成了一个人意识活动的大背景、大环境。“知觉世界始终是一切理性、价值和存在（被描述的具体存在物）的先行的基础。”在我们使用概念做精确区分，并对其意义做出解释以前，意义就已经存在于知觉世界之中了。

“知觉世界”不是纯粹的外界环境，而是人的因素（包括生理的、文化的）和外物的因素相互能动作用的结果。故知觉世界不是被人纯粹创造，也不是被外界纯粹给予，而是一种人与外物的对话。在这里，人与世界彼此开放，全方位交流，交流的内容被记入知觉世界中。人与世界的关系不是封闭对立，而是开放交流，人与人的关系也是如此。梅洛–庞蒂赞扬了艺术对“存在”的直接表达性，认为它不拘于形式规定，表达了一种先于反思的、世界的原初结构。

艺术与艺术的教育不能恪守常规，它的过程不是定式，需要灵感与创造。艺术是一种创造性的活动，艺术精神的灵魂在于创造。那么，这就需要敏锐的感受性，就是对艺术、教育、时空、世界、自身的敏锐感受。无所感就无所创造。按照梅洛–庞蒂的观点，要获得敏锐的感受，需要“身心向世界开放”，他相信“只有身体向世界开放，世界才能向‘我’开放”。春花秋月、夏风冬雪，我们只有处于“欣赏”的体验状态，才能捕捉到春夏秋冬的真意。空气有空气的气息，雨水有雨水的味道。人与物的交流，是一个“体验”的状态，一个体验着的“我”才会是创造的“我”。

## 第三节 儿童的感受性

### 一、儿童是完全的感受体

如果说“感受性”对成年人很重要的话，那么对儿童而言，“感受性”就是“全部”。这就是意大利儿童教育家蒙台梭利的著名观点——“儿童是完全的感受体”。蒙台梭利发现，在对儿童施加教育的时候，儿童记忆的往往是教育者的态度（和蔼、亲切、有趣或相反），而且对这些感受性的记忆强于教育的内容与逻辑。例如，家长或教师一般总有训斥孩子的经历，也许一些人训斥得多些，一些人训斥得少些。这种训斥不一定是责骂，但严厉的口气是普遍的，往往还附带苦口婆心的教导。这个时候，很多孩子会哭泣。可是研究者发现，不久以后，孩子总记不起来我们教导的内容最关键的部分。事实上，对孩子而言，他往往记住的是严厉的语气与可怕的态度，因为气氛刺激的感受性远远超过了理性教导内容的强烈性。有的时候，这种不愉快的记忆能维持很久，这就与我们当初教导的目的产生了背离。我们的目的显然不是让孩子不愉快，而是记住这个教训。也许是因为儿童的理性发育还不完备，过于理性的教导，使孩子似懂非懂。而孩子们的感受性却很敏锐，甚至超过了成年人，更容易产生较强的情绪性。再比如，当我们回忆我们的教育生涯，回忆我们的小学时光，哪些老师是好老师呢？进入我们脑海的总是和蔼慈祥的教师。至于他们教导了我们什么，教给了我们什么，我们一般都记不起来。这说明教师的教学态度是严重影响教学的因素。裴斯泰洛齐（Johan Heinrich Pestalozzi，1746—1827）主张的“教育爱”是何等的重要。我们只有尊重儿童的感受性，怀有宽容之心，怀有对儿童的爱，才能产生富有意义的教育关系，才能获得满意的教学效果。

某种程度上，儿童的感受性超过了成年人。很小的孩子，就能本能地察觉出周围人对他的爱。无论这些人嘴上说的是什么，儿童以感觉去确认“爱”，也用感觉确认“不爱”。英国哲学家伯特兰·罗素（Bertrand Russell，1872—1970）这样说道：“儿童对于那些真正对他们有善意的人和那些把他们仅仅看作是某种计划的原料的人，本能地感觉到他们之间的差别。”[①]与爱的态度相关的是信任的态度，教师必须相信儿童具有向善的本能，信任儿童内心的潜在力量。在信任的目光中，儿童能找到力量与温暖。在现实的教育之中，很多教师不信任儿童，认为他们都是捣蛋鬼，总是以批评的方式对待他们，让他们感觉“自己做的永远都不对”。蒙台梭利这样形容道：“成人通过他们的不断监督，无休止的教训和专横的态度，扰乱和阻碍了儿童的发展。”[②]这种不信任的关系，尤其不利于培养卓越的人格。

氛围对儿童的影响，产生的感受性的强烈程度也要远远高于成年人。一部成年人看了不觉得多可怕的电影，如《哈利·波特》，电影中展现了邪恶力量与邪恶的氛围，这种氛围在成年人的理性面前，几乎产生不了多大的影响。但对于儿童来说就不一样了。他们会蒙着被子看，当“伏地魔”出现的时候，孩子们会被吓得闭上眼睛。你仔细观察就会发现，孩子的害怕是真实的。你可以观察到儿童的注意力高度集中，瞳孔略微放大，显示了儿童强烈

① [英]罗素. 教育与美好生活[M]. 华东师范大学教育系，杭州大学教育系，译. 北京：人民教育出版社，1980：104.

②[意]蒙台梭利. 儿童教育[M]. 华东师范大学教育系，杭州大学教育系，译. 北京：人民教育出版社，1980：92.

的恐慌情绪。夜里，孩子很可能会做噩梦，在父母唤醒孩子给予安慰之后的相当长的一段时间里，孩子仍浑身战栗，似乎仍处于那可怕的氛围中。可见，氛围施加给儿童的感受性有多么的强烈。这对教育的启示在于，在儿童的教育之中，营造氛围是很重要的教育手段，而且感性的氛围往往具有更强烈的教育效果。

儿童以超理性的方式去感受生活。在相对缺乏理性的时期里，感受性成为对儿童有压倒性意义的一种影响。感受是超逻辑的，它以无形的方式施加作用于生活。在儿童教育上的给我们启示是：首先，我们需要营造儿童喜爱并且注意力可以集中的教学环境；其次，教师仅仅熟悉教学工作是不够的，无论他的教学多么熟练，无论他怎么伪装，无论他大道理说得多好，如果他缺乏对儿童的关爱，儿童会以感受的方式察觉，从而无法建立起师生间的亲近感，也难以产生良好的教学效果。这种微妙的体察，是儿童的本能。

事实上，儿童以感受性的方式在生活中潜移默化地成长。生活的内容，周围的人和事，都会对儿童产生影响。这种影响以感受的方式进行，儿童会在不知不觉之中受到各种各样的“教育”。在这种庞大的教育中，有些能对儿童起到正面的影响，而有的则可能会起到负面的影响。最重要的是，这些影响会融入儿童的品格，成为其人格发展的一部分。这也就是杜威观察到的“生活即教育”的真谛。对儿童而言，这种潜在影响的最大的来源，应该是他的家庭。父母的生活习惯对儿童气质与习性会产生强烈的内在影响。而这些“教育”都是在不知不觉中完成的。这种内在教育的意义，可能比在学校中受到的书本教育的意义有过之而无不及，因为这是一种真正的品格教育。人的品格在未来的一生之中发挥着巨大的作用。可见，家长的生活需要以正面方式呈现，这对家长而言，也是一种教育。教师同样如此，教师的生活也应该展现出人性的正面意义。如此，在教育生活中才可能获得具有积极意义的潜在教育。

## 二、秘密体验的感受性

儿童世界里藏匿了人性原初的秘密。儿童对一切不确定的事情都保持着自由与开放，“儿童是用自己的方式去讨论哲学问题”①。“儿童是哲学家……他们是真理的热爱者，疑问丛生，一个接一个，就像连珠炮。其中有异常宝贵的东西在闪耀，有无数神秘的萌芽。然而这些却被麻痹的、平庸的、愚蠢的大人即教师所践踏、压抑。”②

儿童是一个完整的儿童（the whole child），学校教育只是其中的一部分，家庭教育、社会教育都起着重要的作用。另外，儿童的自我教育却常常被人们所忽视。儿童的秘密体验就是一种自我教育的形式。在生存的学习中，除了学习客观知识以外，更多的是学习感受性的东西，想象力的自由发挥、秘密的体验、孤独的时候也同样具有教育意义，这些都是孩子自我生成的重要因素。

儿童对世界充满了好奇心、探索意志、决断力和冒险精神，这些往往都是成年人在生活中已经丧失了的品质，而这些却是美术教育重要的精神源泉之一。荷兰现象学教育家兰格威尔德（Martinus Jan Langeveld，1905—1989）经过研究儿童发现：变换个视角，世界的意义将大不一样。儿童常常喜欢躲在窗帘的后面，躲在这一方黑暗之地，使这里成为他的隐藏处。在这里，生命的视角完全发生了改变。即便外面充满了喧闹声，窗帘的后面是多么宁静啊！ 他们可以透过窗棂将自己的视野延伸到外面，延伸向远方，同时，他们还可以观察房间里成人的世界。他们并没有与外部世界分离，只是孩子们主动退隐，退隐到一个秘密的地方，拥有了完全属于自己的遐想与宁静的空间。这是进行自我交流的最佳场所，孩子可以退隐到这里，做白日梦与游戏。内心世界与外部世界在秘密的体验中融合为一。他们从这个新奇的视角看那些熟悉的人的谈笑和“怪异”的举动，孩子们发现从这个秘密的地方看到的世界变得更有趣味，让他们暗自发笑。如果向窗外望去，就会激发他们的想象力，使其乘着幻想的翅膀畅快地飞翔。那是一个童话的王国。这种自由想象的童话世界让孩子们感到满足却往往又产生新的渴望，使他们的

① [美] 帕森斯，布洛克．美学与艺术教育[M]．李中泽，译．成都：四川人民出版社，1998：272.

② [日] 小原国芳．小原国芳教育论著选（下卷）[M]．刘剑乔，由其民，吴光威，译．北京：人民教育出版社，1993：179.

探索体验指向的不是确定性，而是可能性。这种体验是美妙的，很容易使孩子萌发自我意识。孩子们会默默地进行自我交流，自言自语。这种独处或者孤独是儿童精神成长必不可少的沃土。不仅窗帘的后面有孩子的秘密体验，柜橱、楼梯间、阁楼、某个隐秘的树丛、某个藏糖果或者玩具的地方，都可能成为孩子秘密体验的场所。有些场所也可能让孩子们感到害怕，但这会激发孩子极大的好奇心，让他们想去窥视一下那里到底会有些什么"怪物"。孩子要自我做出决定，是否去冒险。好奇心、决断力、勇气和冒险，都是孩子成长必需的精神品质。[①]孩子自觉的秘密体验，蕴藏着无穷的创造可能性，蕴藏着人类探索未知世界的巨大潜能。

儿童美术的体验，其实也是一种秘密的体验。在美术表现的世界中，缺少任何确定的东西，在那里可以体验到想象与经验，以及宁静与满足。孩子从世界的参与中暂时退出，获得了一个心灵的休息之地。这样的宁静让孩子有一种回归，从喧闹的社会生活，从共同体的程式化的生活返回到朴素、简单、原初自我。这种回归初我的宁静感和满足感净化了人们的灵魂。无论是卢梭的回归自然的教育，还是梭罗的回归瓦尔登湖，他们首先都要回归自我。对于孩子来说，模糊的自我意识开始渐渐萌生，世界在他们眼中虽朦胧，却很真实。儿童秘密体验的现象学分析表明，外在世界和内在世界的差异性融合成独特的个人生活世界。为了说明儿童美术具有秘密体验的性质，这里引用了罗恩菲德（Viktr Lowenfeld,1903—1960）在《创造与心智的成长》中的一个案例：

我曾经看过一个儿童画出一个水平的人，左边有两个圆圈，一个有一些涂鸦的符号在里面。当我指着圆圈问他："左边是什么?"他告诉我："一个是一杯水，另一个是一盘饼干，都是我在床上饿了时必须吃的。"[②]

---

① Martinus J. Langeveld. How does the child experience the world of things[J]. Phenomenology Pedagogy. A Human Science . (2): 215.

② [美] 罗恩菲德. 创造与心智的成长[M]. 王德育, 译. 长沙: 湖南美术出版社, 1993: 46.

这幅画里透露了儿童的秘密，虽然从表面上看并不容易发现。我们可以进一步分析这幅作品，来解释这些儿童的秘密。这幅画显示了小孩经常独处一室，房间可能是漆黑的，而一杯水和一盘饼干就是父母给他的“奖励”，放置在他左边的桌子上。在黑暗里，孩子显然想要确定它们的存在，而时常伸手来接触这些东西。这些东西成了他联系父母情感的寄托，成了他在孤独中的心灵安慰，成了一种意识符号。因此，他只画了两个他察觉到的圆圈，这“两个圆圈”对这孩子而言十分的重要，而床和桌子都没有出现在画里。这幅画显露了他完整的经验：他对环境的关系，他在黑暗中的感觉，以及他对触觉的主要知觉经验。在正常的情况下，儿童对父母的爱会直接投射在父母身上，而这个孩子需要“两个圆圈”才能取得这种爱的体认。这显示出其家庭氛围也许不利于儿童的发展，这个孩子需要更多的关爱。

这个案例说明儿童画中的秘密，并不是成年人可以轻易了解的。有一些看起来并不重要的作品，虽然没有立即表现出儿童和作品的关系，却经常可以表现出许多更深层的东西。儿童往往在其作品中表达出秘密的体验，虽然这些没有经过深入分析的体验看起来好像没有意义，但却显露了儿童的视觉经验、家庭氛围及其他许多的事情。在儿童专注表现的意象世界之中，他们体认着自我，修复着自我。所以，千万不要打扰这种专注，我们应该允许孩子拥有他们自己的秘密，允许孩子表达这一份美妙的体验。教师则需要深度的敏感性，在这些秘密之中，发现儿童成长过程中遇到的困难，帮助他们克服这些困难，帮助他们获得健康的内在发育。自我体认，是思想的萌生之地，精神的成熟正是在咀嚼体验中渐渐长大。

儿童以直观的方式看到了世界的原初意义，人类的创造力在秘密体验中受到了滋养。在无拘无束的想象与创造中，正如后现代艺术家徐冰先生说的：“当再没有绘画风格、流派、技巧的干扰时，属于‘艺术’的部分就会出现，这么看，每一个孩子都是艺术家。”①

① 引自2011年1月1日徐冰在今日美术馆举办的“第二届海峡两岸少年儿童美术大展”中的题词。

## 三、意义赋予与自我确认

汉语中“意义”是一个充满歧义的词，人们常常将涵义和意义混用。英语中表示“意义”的有三个词：sense，meaning 和 significance。“sense”这个词与感觉有直接关系，如a sense of painting，指的是一种画的感觉。“meaning”在汉语中有两个对应词：“含义”或“涵义”。西方实证主义分析哲学所讨论的“意义”，一般是meaning，也就是汉语中的涵义。“significance”表示的是意义感，如人生的意义感。超越论现象学提出“回到事物本身”，追寻的“意义”正是这个significance。

在儿童世界中，儿童赋予事物的意义和成人是不同的。一只落单的拖鞋，在成人的眼里无外乎就是一只没有成对的拖鞋而已，但在儿童眼中可能会大不一样。他们可以把它当成“锤子”使用，可以当成洋娃娃的摇篮，可以将其想象成为一个城堡，甚至是“汤姆斯”或“怪兽”。在儿童的眼中，他们不会觉得拖鞋不干净。在他们毫无遮蔽的想象空间中，平凡的事物被赋予了无穷的意义。很多时候，一个事物的背后往往隐藏着儿童成长的意义，他们会觉得这些东西对他们很重要。

这里，我陷入了对童年的回忆。记得我小的时候，楼下来了个捏糖人的民间手艺人。捏的糖人非常好看，五颜六色的，有猪八戒、孙悟空、唐三藏等。我很好奇，看得着迷。有小朋友买了，拿在手上把玩，可把我羡慕坏了。手艺人的手，大概是长期做工的原因，显得有些黑，但我那时并不介意。记得，我已经有了点零用钱，我终于做出了决定：我要买一个。于是，我买了一个唐三藏，一路小跑，兴奋地回到家。我一边把唐三藏放在嘴里舔着，一边笑着对爸爸妈妈说：“我买了个唐三藏。”我期待分享我“创举”的快乐。结果没想到，妈妈一把夺过了我手中的小糖人，丢进了垃圾桶。爸爸妈妈一起大声喝道：“不卫生!”我记得很清楚，当时我一下子就哭了。

成年人也许往往不会明白儿童的心。他们不理解一个儿童为什么会哭，他们以为儿童舍不得一个小糖人而已。这让他们很不理解，小糖人也不贵，不是什么了不起的东西。他们可能会按照自己的逻辑去安慰孩子：“这东西不干净，下次我给你买个好的玩具来。”但问题是，在儿童的眼里，这东西对他很重要，这也许是他人生中第一次自己做的决定，他认为这东西属于他。他通过自己的决定和行动确定自己的经验，并期待着成人的认可。一声呵斥，往往立即使儿童产生了巨大的挫折感，渴望的热情被一盆冷水浇灭，这往往也会让儿童产生莫名的委屈感。这甚至会让儿童产生他做的每个决定可能都是幼稚的、错误的认识，以至于他不再敢于自己去做决定。

儿童美术不能以成人的标准去衡量。很多家长都呵斥过用涂鸦进行“破坏”的儿童。也许儿童很快会忘记这件事情，也许儿童也没有觉得这件事对他很重要。虽然我们也必须让儿童逐步懂得我们生活的规则，但我们应该注意语气，我们应该对儿童有一份尊重，应该理解事物对于儿童的意义，也许和我们并不一样。卢梭认为教育应该顺应儿童的天性成长，他指出：“在人生中，儿童有儿童的地位，必须把儿童当儿童看待。”[①]加拿大现象学教育学家范梅南也认为我们应该“优先考虑孩子们的幸福，认真地对待年轻人，始终能从孩子们的角度来考虑教育方面的问题”。[②]可见，儿童美术的意义，不能以成人的眼光去审视，不能以成人的审美去干涉。儿童画中寄托了儿童的思想、感情与经验，在儿童的经验世界中，儿童以自己的方式赋予世界意义。每一个儿童都是独特的，每一个孩子心中的事物的意义也是千差万别的。正好像那句禅语“一花一世界”。儿童在意义确认的过程中，内心世界和外部世界获得沟通，形成了独特的自我空间。在意义之中，他们重新发现自己，证明自己。在内心深处，这些意义感唤醒了希望，儿童熟悉了他们自己，并且对环境产生了亲近感。儿童作为一个接近原初状态的饱满的生命体，充满了可塑的潜力和无穷的可能性。他们自觉地受到生命本能的牵引，体现了一个生命所特有的顽强意志。

美术教育正是让我们倾听这种生命的呼唤。海德格尔曾经说过，我们这个时代的人们并不理解爱的意义、死亡的意义和痛苦的意义，人们的精神懒散而又迟钝，不再去追寻意义的世界。笔者认为我们每一位美术教育工作者

---

① 中国大百科全书·教育卷[M]. 北京：中国大百科全书出版社，1985：231.

② [加] 马克斯·范梅南. 教学机智——教育智慧的意蕴[M]. 李树英，译. 北京：教育科学出版社，2001，英文版序.

都应该回答海德格尔的疑问：我们能听见灵魂深处发出的声音吗？我们能回忆起原初的存在吗？我们还得找到我们自己吗？我们真正地懂得了生命的意义吗？我们能感受到美术教育的神圣吗？

## 第四节 感受性的关系

感受性与经验、情感、创造之间存在密切的关系。感受性越强的信息，便越容易被唤醒。要获得有效的学习经验，就需要我们增强这些经验信息的可感性。可感性来自于生活以及情感的关联，刻骨铭心的记忆是终生难忘的。在现象学的视野下，美术教育应该成为可感的，与我们的经验密切联系的教育。

目前，我们的美术教育，尤其在义务教育的课程中，内容与生活有一定的脱节现象。在教师的教学设计中，受课程文化的影响，也或多或少地存在过度知识化、逻辑化的问题。艺术课程的感受性、艺术性往往显得不足。笔者在多年的教育实习经验中，也发现了这样的情况。很多学生，几乎“本能”地把美术课上成了科学课。在没有进行丰富的教学思考之前，许多教师下意识地想到的就是要给学生带来些什么知识或什么技能，教师本位的意识非常强烈。学生的生活、经验、感受受到了忽视。也许，对学生的忽视并不是主观的；也许，他们认为这种“知识倾向”的美术课对学生是有益的。但事实上，过度知识逻辑化的美术课、脱离了学生生活经验的美术课，是无法调动学生的情感参与的。更为重要的是，这些纯知识，看似科学全面完整，但由于缺乏学生个人理解的内化过程，不能应用于学生未来的生活，很容易成为被遗忘的知识。

在我们的一生之中，学习了很多的知识，大量的知识处于没有使用的状况。而在生活中使用的知识——真正有用的知识，无不需要我们亲身体验后进行内化。美术课程更是如此，即便纯美术的学习也是如此。例如，我们都有学习色彩静物和素描石膏像的经历。一般情况下，我们都有指导老师，老师们出于职责的考量，一般都对我们做出过各种指导，“教”我们如何正确地画出优秀的绘画作品。基本上所有的教师都做了示范，讲解不可谓不细致，如骨点、块面、调子等。但问题是，仅仅经由老师的讲解和示范，我们还不能“学会”。在我们日后的练习中，经过长时间与静物、石膏像面对面地观察与“交流”，不断地思考，往往也经由对其他美术教学材料的阅读，有一天，你会忽然发现，你绘制的石膏像“出效果”了，你学会了石膏像与静物的绘画。可见，学习无论如何都需要学生的高度参与，无论如何都需要留出学生的时间、空间，无论如何都需要学生自我的进入。这些经过自我内化的知识，这种基于个人理解的知识，才能成为活的知识，才能成为个人可以运用的知识。

在艺术教学中，有一个观念基本可以成为结论，即无论是怎样的美术理解，美术都是需要自我表现的，没有艺术个性的美术是缺乏魅力的。艺术是一种创造性的活动，一种情感性的活动。我们很多时候会将这种创造性与情感性称为“艺术才华”。只有经过长期个性化表现的教育，才可能培养出这种“才气”。这种才华可以形成一种发散性思维、逆向思维的人格特质，在未来的人生创造中，这种品质是非常重要的。从整体民族素质上而言，如果这样的教育得到有效的开展，就会形成民族的创造性。那么，艺术才能的教育显然应该从小就开始实施。正如美国著名美术教育家罗恩菲德在《创造与心智的成长》一书中的观点，他认为艺术教育在小学阶段的主要目的在于自我表现与自我调整。他指出，评价一个学生作品的标准有三个：第一，作品中是否存在学生自我生活经验；第二，作品是否存在学生个人的表现；第三，学生创作的时候注意力集中度的情况。遗憾的是，罗恩菲德倡导的这些标准，在现实的美术教学中，几乎被我们的美术教师们所忽略。我们采取的是专业美术的标准，或者至少是准专业的标准。我们考察的是构图是否完美、色彩是否协调漂亮、线条是否流畅有力，等等。接近专家范本的作品，我们给予高评价，不接近的我们则给予低评价。这种教学的行为，实际上反映了我们的一种文化，即我们根本不尊重个性、不尊重创造，甚至，我们根本不懂得什么是创造。

长期缺乏表现的美术教育，使我们的学生在表现上可能会出现某些障碍。忽然的表现要求，很可能会使一些学生说“我不会画”。罗恩菲德指出，“我不会画”是“天赋的艺术才能”已经被干扰的标志。他和卢梭、裴斯泰洛齐、福禄贝尔（Friedrich Wilhelm Frobel）、蒙台梭利等教育家一样，认为儿童天生就具有艺术表现的观念。在后天的教育中，如果没有被干扰，儿童就会以一种“自信的”方式从事艺术表现。先不论这种能力是否源于自然，如何化解这个问题倒是几乎所有的美术教师都可能面对的。罗恩菲德在《创造与心智的成长》中描述了这样的一个案例。在一次涂鸦绘画的练习中，有一个儿童不肯画，过了很久之后，只肯在纸张的一个角落里涂鸦。罗恩菲德发现，在这种情况之下，“明示”往往是无效的，如告诉他应该把涂抹的面积扩大，或者应该将整张纸都涂满，这种劝告往往是无效的。因为孩子不能理解为什么要将纸张涂满，也不会发现纸张的意义，指示不能刺激他使用大的动作。根据这个情况，罗恩菲德对这个孩子说：“你到过溜冰场吗？”——“告诉我，你是怎样溜冰的？”——“假如这张纸是溜冰场，让我们用蜡笔在上面溜冰。”[①]罗恩菲德的这个建议是天才的，这个具体到可以唤起生活经验与情感的建议，打动了孩子，小手从纸张的一部分区域扩大到其他更全面的区域。罗恩菲德认为不能小看这样微小的一个进步，他认为对儿童而言，一个区域在经验上已与另一个区域联结，涂鸦的动作发展成为了更具有意义的动作——一种富有意义的经验。他还认为孩子的每一个新的动作均引导出另一个更有意义的动作。随着经验范围的扩大，儿童对手的移动和绘画区域有了新的感悟，最终学到了更多。我们可以总结出罗恩菲德的教学经验：第一，在教学主题的设计中，要与学生的发展需要以及生活经验相联系；第二，以学生的生活经验刺激学生的自我艺术表现；第三，找寻学生自我生活经验、自我表现与学生感受性之间的关系。

美术如果要成为促进人格成长的工具，就必须将美术的学习与生活的经验关联起来。人要获得成长，就得不断适应新的情境。鼓励和启迪学生与事物之间富于感性、多姿多彩，以及弹性的关系，乃是教师最重要的任务之

① [美] 罗恩菲德．创造与心智的成长[M]．王德育，译．长沙：湖南美术出版社，1993：5.

一。①儿童只会以他们所知晓的以及他们认为重要的事情作为创作内容。他们之所以认为那些事情重要，是因为他与那些事情或多或少建立了有所感应的关系，也就是情感的关系、感受性的关系。情感的作用在儿童的创作过程中是非常重要的。

探索未知、挑战自我是人类伟大的秉性，但这种秉性伴随着另一种相反的秉性，即自我保护。我们习惯了一个环境之后，对这个环境就产生了安全感，如果进入一个新环境，有时会存在一些心理上的障碍。这在美术中也常常有所体现。很多儿童总是重复地画一些符号，以及一些相同内容的“作品”，因为孩子们在熟悉的重复之中，会产生安全感。但如果要学习生存，我们就必须不断地适应新的环境。如果我们以明示的语言要求孩子“不要老这么画”，这可能会剥夺孩子的安全感。如果儿童不能适应新的情境，就有可能会发脾气，以躲避迅速激烈的调整。但这种由躲避产生的安全感是不能产生教育意义的。

我们可以以一种自然而然的方式，刺激学生探索的欲望，唤起其生活的细节经验，唤起感受性，以引导的方式让孩子进入新情境。例如，一个孩子总是画奥特曼，而且总是把奥特曼画成一个样子。这个时候，如果强行要求孩子改画其他的内容，会使孩子陡然产生挫折感。所以，如果孩子坚持要画奥特曼，那么可以把奥特曼引入新的情境中去，而不改变主题。例如，你可以这样启发孩子：“奥特曼在树林里还是在天上飞？”“他离地面有多高？”“他飞过了云层没有？”“他在哪里着陆的？”教师设法使儿童感受到奥特曼与孩子之间的关系与情感，这样才能扩大经验的范围，从意义不大的定型符号衍生出富有变化和意义的新表现形式。而从一个毫无背景的空间进入具有意义的新背景空间，会成为儿童美术经验的一部分。这样，奥特曼就产生了新的经验和意义。这种唤醒式的教学无疑给苦于没法启发儿童创造力的美术教师带来了福音。

创作必然要有感而发，因此，感受性的关系是非常重要的。感觉是孩子

① [美] 罗恩菲德．创造与心智的成长[M]．王德育，译．长沙：湖南美术出版社，1993：5~8.

们认知、观察及经验的一部分。儿童只会把他所知晓及他认为重要的内容作为创作的主题。每一件安排进画面的内容，往往都是和孩子建立了有所感应关系的事物。他之所以画奥特曼，是因为奥特曼在他的心理结构中有着重要的位置，[①]他觉得奥特曼重要。如果另一个孩子不喜欢奥特曼，那么他就不会将奥特曼画入画面。他会将他喜欢的事物放在画面中重要的位置上，画得比别的东西大，可能还会添上更多的细节。儿童美术不是客观的表现，而是表现了他们的喜爱与厌恶，以及他们对周围世界的感情。他们不仅表现他们所知的，也表现他们的感觉、视觉和触觉。

儿童深入感受、深入体验的过程就是儿童被激发的过程。因为美术的内容是孩子们经验过的东西，所以儿童们能够想起一些东西，当他们思考的时候，思维就集中于他所要画的东西的经验上。在这些自由奔放且缜密细致的思考过程中，孩子们的注意力集中了，他们能够不断地去想、去对应、去比较，这就是被激发的状态。这种内心的思考是创造活动的主要角色。

如果我们成功地唤醒孩子对所画事物的感受的话，那么他对所使用的材料也会产生强烈的敏锐感。在他的绘画经验中，就很容易体会到对画笔施以不同的压力，所画出的线条便会产生不同的效果，如使用蜡笔的侧面，或者混合水彩，将产生不同的视觉效果。这些新效果的出现，对孩子来说是新鲜的。通过体验，他们对材料有了新的认识，会很快将这些经验运用到绘画中，并发现和探索不同绘画材料的性能，了解它们的活动情况。在各种感受性美术活动中，孩子们不仅学会了预测蜡笔、水彩、勾线笔等的活动状态，还知道了他们能把木材折成多弯，能用铁丝做成什么，能用哪些颜色来混出他所需要的颜色。在大多数美术教育场合中，美术老师总是习惯于很早就直接“教”给儿童们色彩混合的方法和结果，其实让孩子们多花一些时间自己体会色彩之间混合的奇妙效果会产生更大的意义。随着对颜色、材料等体验的加深，孩子们就能很巧妙地处理它们。这些自然而然发展出来的技巧，也

① 比如这个孩子通过奥特曼的知识获得了和同伴们关系中的自尊心，通过奥特曼的扮演，找到了自我体认的方式，等等。

是美术创作所需要的。[①]

材料感的成长是美感成长的一部分。当孩子把他认为有意义的事物组织起来成为画面的时候，他必须将他所画的，如树木、秋千、篱笆、小动物、父亲及他的小朋友们等，置于画面的某处。这些事物与孩子的感觉相关，在孩子的画面的安排中，这些事物也与纸上的位置产生了关系。而且，他还必须给这些事物明确的色彩和形状，从而在潜意识中发现和探索材料与形体的关系。这些美感的产物，成为他人格与创造过程的一部分。所谓美感的成长，包括了表达能力从混乱到和谐的成长，其中感情、认知，以及思想都会融为一体。[②]

感情的经验加强了我们与环境的关系。我们愈能跟一般的经验建立起感性的关系，则我们的生活将愈充实而美满。[③]生活将变得生动而富有意义感，花草树木、织物衣裳、住宅城市、色彩形体，以及周围所有的事物均是如此。美术可以让孩子们对他们所描绘的事物之间的关系有更深刻的了解。随着儿童的成长，事物的关系会随之改变。他愈是对事物有更多的了解，他的兴趣愈是会随之发生转变，他的美术也会有更多的变化。这说明了他与事物关系的弹性在加强，反之亦然。

感性的关系可以促进人格的统一。儿童美术的内容往往反映了该事物与自己的关系。例如，一个孩子画背景的时候他画了秋千，是因为他最先想到了公园里的秋千，因为他喜欢在上面摇荡。同样的，如果他不喜欢另一个孩子（因为那个孩子总是取笑他），他可能会根据他对色彩和位置的好恶，在绘画中表现出对那个孩子的喜恶。通过美术的表达之后，这个孩子可能会感到舒畅一些，因为苦闷的事情闷在心里总是会让我们感到难受。而通过绘画表现出来，就起到自我调整的作用。孩子们在美术中表现人物的时候，他们可能会想到这些人物的情感态度。例如，某个孩子在画面中画了他的父亲，

---

① [美] 罗恩菲德．创造与心智的成长[M]．王德育，译．长沙：湖南美术出版社，1993：9.
② [美] 罗恩菲德．创造与心智的成长[M]．王德育，译．长沙：湖南美术出版社，1993：9-10.
③ [美] 罗恩菲德．创造与心智的成长[M]．王德育，译．长沙：湖南美术出版社，1993：8.

他就想到了父亲对他的态度，他可能会想到父亲把他举起来的感受，以及父亲强壮的身体。让孩子们获得事物较大的感性正是创造过程中一种重要的态度。如果我们能使孩子们用感性来考察环境的话，他就学到了人生中最重要的一课——体贴，这是团队合作的先决条件。儿童的美术行为及他所表达的一切，都会对他有所影响。如果我们在美术课程中，不断地鼓励与启迪学生与事物之间富有感性与弹性的关系，让学生在美术中继续叙述他的经验，诸如思想、感情及感受性，他的人格必然会因此获得统一。美术教育对我们的教育和社会的主要贡献，正是在这种个人与自我创造的潜能被激发的过程中，能和谐地统整为成长过程中的一切，造就出身心健全的人。

以感受性开始的美术教育最终会带来全方位的成长。在创作的过程中，儿童运用智慧发现事物之间的关系，并且表达感情，对待周围的环境变得更为感性，其生活的感受能力得到发展。在对花草树木、衣裳等的质料及对画面的不同颜色、材质的敏感观察中，因为创作过程的刺激，孩子的知觉获得了成长。孩子在从事美术创作的时候，必须认识他所画的事物，在认识的过程中产生了对自己和对环境的自觉，这是智慧成长的重要部分。在美术中，孩子表达了喜爱、欣喜等各种的爱，以及畏惧、厌烦等各种的憎，体验了他们与环境之间的情感关系。当孩子在现实世界中遇到这些事物的时候，可以更加从容地适应。如此，孩子便涉入了情感成长中最重要的一点——在创造的过程中，自己设身处地认识自己和他人的需要。如果他们没有站在对方的立场思考，就不能描绘对方。体验别人的需要是合群的先决条件，成为社会成长的重要部分。在美术的活动中，孩子双手与视觉逐渐协调和平衡，生理得到发展。他们敏锐地感知美术材料，运用它们，掌握它们，自己创造了造型的概念。他们把经验组织成创造性的产物，把所有的经验统合为一个不可区分的整体——美感产物，美感能力从而得到成长。总之，在不断的提示之后，孩子们对待他所遇到的任何情境都能做出富有弹性的应变，通过美术这个触媒，他们可以获得全方位的成长。

寻找感受性关系的美术教育经验，不仅仅可以应用于儿童美术之中，而且在成人世界中也具有效果。对成人而言，他们的理性更为成熟，但感性也同样重要。以感受性联系生活，赋予生活意义仍是生活中关键性的因素。在艺术体验中，唤醒人的感受性与直观能力，让生活中的每个事物都能折射出生动的色彩，这种教育是每个人都需要的。透过美感的产品，我们把思想、情感、感官认知和谐地统整起来，独创了对自己、对环境的概念。我们用自己的表达方式，探索、调查和实验获得自己的创造表现。美术创造的过程关系到整个人，而不是仅仅作为人的一部分。在美术教育中，个人和他所创作的潜能远比外在的物质重要，人的内在均衡和他的事业是同等重要的。艺术必须成为人的朋友，它是生活整体的一部分。

## 第五节 艺术教学的感受性

笔者认为艺术教学最重要的特质在于艺术性与感受性。艺术学科不同于自然科学学科，正如艺术不同于科学。艺术性与感受性是艺术教学特有的性质，并以这些性质为基础构成艺术教学，否则就成了科学教学，而不能称其为艺术教学。

学科中心主义盛行以后，学科建设成为一种趋势，每个学科都要建立起自己的学科体系。在美术学科的建设过程中，出现了和自然科学类似的美术客观知识树。这就产生了一种强烈的暗示，即把这些美术知识教完就完成了美术的教学。笔者认为，即便把这些美术知识教完，美术教学还没有“开始”。笔者始终认为，美术学科的建设不能等同于自然学科的学科建设，必须以美术学科自己的方式加以建设。

美术教学是以视觉感受性为核心的教学。强烈的视觉语言的呈现，自然会产生无以言状的效果，这些效果中有情感效应，可能也伴随理性思考的效应。它是以视觉性呈现的、是以感受性呈现的，它的生动性，成就了艺术，也就是艺术教学的艺术性。视觉语言不是文字语言，它超越了文字语言。仅仅以文字语言去描述视觉性，毫无疑问是一种美术教学的异化。当然，不是说在美术教学中不需要文字性语言，相反，在美术教学中也很需要文字性语言。但这种文字性的语言，乃至这些语言的逻辑与理性，必须和艺术感性相结合。例如，在名画欣赏教学中，再精确的文字性描述，如果缺乏感性的结合、缺乏课堂随机氛围的捕捉，只会成为硬邦邦的事物，而不会产生生动的效果。所以，在美术教学中，笔者主张多运用影像的视觉性语言；在文字性语言的运用上，主要起到引导情境的作用。文字性的语言，可以是抽象的、感性的，不一定是理性的，但都必须和视觉的感受性结合。一幅画面，胜过千言万语。艺术感染的教育，不是理性驱动的，而是直观的、是直接捕捉心灵的。

如何驾驭感性语言，如何设计视觉语言场，才应是美术教学的核心考量。这对我们的美术教师提出了较高的要求。美术教师必须是个情感充沛、富有艺术感性、富有创造性的人。情感与感受会带来情感与感受的教育，这才是艺术教育。我们的艺术教学，可以超越理性的方式，以魔幻、神秘、惊叹等氛围或主题牵引。艺术教学应该比自然科学教学更富有情感性、更富有生命气息。

换句话说，我们的美术教学应该以感受性为驱动，创设富有感受性的视觉场、听觉场等教学场，创设可以触动学生的教学内容，让学生在感受性的“场”中，调动自己的感受性乃至思考，在教师的引导下，获得教育意义。笔者认为，学生感受的过程、被激发的过程、思考的过程本身就是教学目的之所在。这远远比直接从教师的口中获得标准的答案有用得多。更重要的是，艺术教育的问题，很多本身就是没有答案的，很多也是有多元答案的。在艺术教学中，我们无法去追求统一性与一致性。相反，差异性与多元性才是我们艺术教学的追求目标。这种差异性与多元性，必须经由学生自我的探索获得。

艺术感受性的问题涉及了我们的文化，涉及我们的一个文化盲点，这其实是影响我们艺术教学感受性各因素中最强大的因素。我们的文化本身不是很尊重个性，甚至压制个性。我们习惯了不发表自己的意见，所谓“祸从口出”“难得糊涂”。久而久之，我们甚至发表不出意见。张扬的个性，我们称之为“狂妄”。我们有的时候不敢发表不同的看法、独特的观点，我们流于庸常。我们知道保持平凡，可以避免危机，这导致很多的美术教师缺乏艺术个性与艺术感性。我们有的时候像个植物人，这些没有生命气息的生活，决定了没有生命气息的教育。所以，文化需要改良，每个人都是社会一分子。从我做起，让艺术成为生活，学会包容，学会富有个性而又不干扰他人的民主生活方式。这种展示个性、欣赏个性、集体与个人协调的生活是构建艺术性教育、个性化教育的文化源泉。

肆 [ 第四章 ]

## 第一节 体验的原理

### 一、体验的理解

与其说美术教育是知识与技能的教育，不如说它是体验的教育。

现象学美术教育学的核心概念之一是“体验”。为了更好地理解现象学美术教育学，我们有必要对“体验”一词进行讨论。所谓“体验”，又称为“体会”，是对当下所经历事情的感知和判断、期待与表达[①]，用自己的生命体来验证事实、感悟，留下印象。“通过根身经验，意识之灵明觉慧来证验本身。”[②]体验到的东西使人感到真实，并在大脑记忆中留下深刻印象，使人可以随时回想起曾经亲身感受过的生命历程。体验的德文erlebnis（体验）来源于动词erleben（经历），在19世纪70年代才成为普通用词。“体验”一词的构造有两方面的意义：“一方面是直接性，这种直接性先于所有解释、处理或传达而存在，并且只是为解释提供线索，为创作提供素材；另一方面是由直接性中获得的收获，即直接性留存下来的结果。”[③]

体验是意识整体的运动，包含着意志、情感、感觉和直觉等，还可以包含有认知和推理，甚至逻辑的演绎等。比如，风景写生中既有写生者对风景的感知、直觉与情感，也伴随着艺术形式选择等理性思考。再比如，柏拉图在《理想国》里记录的苏格拉底和他的学生们的对话，其中充满了归纳式的推理和大量的逻辑认知和逻辑推导，试图不断追究概念的定义，以便获得知识可信性的真相。

一般认为，我们在体验中首先使用的是感觉和知觉，在这种感受性的基础上去判断、理解、表现。事实上，人类本身的感知觉与思维系统的“精密程度”是人类自身科学望尘莫及的。体验的发生是那样快，过程如此复杂，存在着大量复合性机制，以至于我们只能进行大致性地描述。我们只能知道在体验的过程中，在沟通、交流与对话的过程中，我们丰富了自己。在当下

---

① 蒋开君．范梅南现象学教育学思想研究[D]．北京：首都师范大学，2010：19.

② 唐力权．蕴徼论[M]．北京：中国社会科学出版社，2001：1.

③ [德]伽达默尔．真理与方法（上）[M]．洪汉鼎，译．北京：商务印书馆，2007：88.

体验的刹那之后，会形成“瞬间反思与情感”。某一事情的体验一旦整体完成，会形成“短暂的反思与情感”。体验过后的某个时间，我们可能会进行“回顾性反思”与“情感确定”。体验带来的反思，我们称之为“实践性反思”；体验带来的情感，我们称之为“亲历的情感”。这其实是一种意识活动，一种意识的智慧状态。然后，我们就有了所谓的“经验”，经验里面其实就含有许多反思与情感的成分。

体验与经验是有区别的。经验是结果，体验是过程；经验是过去完成时，体验是正在进行时。体验经过事后的积淀成为经验。经验带来经验知识，但经验知识不可能都能以命题的方式被明确地表达出来。因为，经验知识里至少包含两个部分：可以明确表达与意会的知识和不能明确表达的“缄默知识”。根据现象学原理，经验不仅是亚里士多德的“感觉经验”与英国经验主义的“经验”，二者都将“经验”视为人的认识的低级阶段，都是在理性至上的思维框架中谈“经验”。而到了自然教育的卢梭，尤其是进步教育的杜威那里，经验获得了崇高的地位。“经验是我与他人、与这个世界相互影响、相互作用的结果。”[①]海德格尔认为人与世界是“此在”“在世界中存在”。这意味着人在不断尝试中、不断承受后果中获得知识。而人所获得的知识，其中有常识和公共知识，也有个人化的缄默知识。由此看来，经验不是低于理性，而是包含着理性。现象学美术学高度重视经验的意义。经验具有明显的积淀性和普遍性，是相对静态的；体验则或多或少带有主动性，富于个性与创造性。所以，要保证经验的有效性与生动性，就必须让生活保持体验的状态。

传统教育更强调可以明确表达的知识，可以诉诸文字的知识，可以通过理性概括总结或演绎推论的知识，即公共知识、客观知识。美术教育中本身带有大量的感性内容，本应是最好的感性与理性平衡的、融客观知识于个人知识的教育。然而传统美术教育极大地受到传统教育的影响，重视客观知识体系，甚至企图将技法也导入可以客观知识化的体系中。显然，传统教育忽

① 蒋开君．范梅南现象学教育学思想研究[D]．北京：首都师范大学，2010：20.

视了体验对师生精神世界建构的重要意义。精神世界的建构不能是身心二元的分裂状态，它需要身心合一的身体主体。而离开了体验的本真性与境遇性，离开了大量缄默知识的支撑，客观知识就无法转化为生命的智慧。亲历体验中的所得和所悟能使人获得真正的智慧和机智。中国哲学特别重视身体直接参与的“体知”或“体悟”修为。读万卷书，行万里路；行脚践履，意气风发。“中国哲学之独特性，除表现为其为我们奠定了身体在宇宙中的中枢地位外，还表现为其由身体出发，以一种‘挺身于世界’（梅洛—庞蒂语）的方式，也即一种孟子所谓的‘践形’的方式，为我们构建了一种别具一格的世界图式。”①中国哲学的这种观念在西方找到了知音。现象学教育学也试图超越理性主义的知识观，返回理性之源，返回融入身体的知识（Embodied Knowledge）、感受性的知识（Pathic Knowledge），返回现场，返回直观，返回亲历。这里形成的就不仅仅是客观对象化的“知识”，而更是“智慧”了。

从最广泛的意义上说，“体验”（erlebnis）和“现象”是同义的。胡塞尔认为“现象学就是纯粹体验的描述性本质论”②。现象学作为研究“现象”的学说，同时，也是研究“意识体验”的学说。胡塞尔强调本质性的体验，即本质直观去洞见。洞见的前提是“去世界化”，也就是要排斥概念等大脑中已成意识的干扰，试图去除遮蔽，获得本质的自明。这是超越论意识、先验意识或纯粹意识本真的意识体验。胡塞尔还提出了“意向体验”（intentionales erlebnis）理论。在胡塞尔现象学意向理论中，“所有体验作为体验流的成员的本质标志都在于它们与对象之间的意向关系”③。这就是说，作为“思维”自身也包含了“被思之物”，每种体验都带有其本己的体验时间性。

“体验”概念提出的意义在于给冰冷的世界注入生命的气息。正如伽达默尔在《真理与方法》中的论述：“体验”这个词显然唤起了人们对启蒙运

① 张再林．作为“身体哲学”的中国古代哲学[J]．人文杂志，2005（2）：28．
② 倪梁康．胡塞尔现象学概念通释[M]．北京：三联书店，199：141．
③ 蒋开君．范梅南现象学教育学思想研究[D]．北京：首都师范大学，2010：21．

动以后形成的理性主义的批判，这种批判从卢梭开始就使生命的概念发挥了效用。施莱尔马赫（Friedrich Schleiermacher，1768—1834）为反对冷漠的理性主义而援引富有生命朝气的情感。弗里德里希·席勒（Johann Christoph Friedrich von Schiller，1759—1805）为反对社会机械论而强烈呼吁审美自由。黑格尔用生命和精神反抗“实证性”。这一切都成了对现代工业社会抗议的先声。这种抗议使“体验”这个词在20世纪初发展成为几乎具有宗教色彩的神圣语词。“体验”使生命与世界成为完整的意义体。①

艺术体验是人类生活的一个基本要素。按照人类文化学的观点，艺术就是人们创造性地使用他们的想象力，以解释、理解、庆祝与享受生活。②每一个正常的人都会参与这样的活动，所有的人都有表达自己价值、希望与关怀的需要。爱美之心，人皆有之。体验的状态，基本上可以认为是一种健康的状态；丧失体验感的人，则往往处于一种亚健康的状态。在生活的艺术体验中，人们赋予生活以形式和意义，增进了幸福的感受。这一切都构成了艺术教育的意义。

体验现象学的启示在于：对于美术教育生活中的种种现象，在做出简单的观察与测量、抽象与概括之外，还需要研究者参与其中的“亲在”体验，通过对当下体验的反思与研究，获得新的解释与表达，从而使自我的经验丰厚起来。最重要的是在体验之中洞见艺术之真、生命之美、教育之诚，感悟艺术、教育与生命的共通性，以揭示艺术教育的更深层意义。可见，美术教育研究者必须具备美术和教育的双重经历，而美术教育是美术与教育的双重体验过程。现象学美术教育的研究是“事物本身”的研究，它关注的是“意义”和“起源”。生活世界是意义构成的世界，体验的统一体就是意义的统一体。现象学美术教育学就是要回归美术的感受性，回归生活世界，回归生命之源。

---

① [德] 伽达默尔．真理与方法（上）[M]．洪汉鼎，译．北京：商务印书馆，2007：88~94.

② [美] 威廉·A. 哈维兰．文化人类学 [M]．瞿铁鹏，张钰，译．上海：上海社会科学院出版社，2006：422.

## 二、现象学超越

现象学的认识论是完整的系统，可是传统的认识论却不是这样。传统认识论将知识孤立化地理解，造成了理性主义的偏执，扭曲了人与世界的真相。但这种科技理性的思维模式是如此的普遍，人们普遍相信理性是通往真理世界的钥匙，连“人”的定义都成了“理性的动物”。[①]理性的膨胀，导致了人类自我意识的膨胀。人们把整个自然都看成是认识的对象，征服的对象。从弗朗西斯·培根（Francis Bacon,1561—1626）的“知识就是力量”、笛卡尔的“我思故我在”到康德的“人为自然界立法”等都是这样主客二元对立的思维模式。人与自然完整的和谐关系被破坏了。因为生活的鲜活性与完整性的丧失，人类的生存陷入失去意义的深渊。

理性与方法紧密相连。人们四处寻找方法的灵丹妙药，以便解决问题。在美术教育之中也是这样，教师与学习者都把注意力放在了方法之上，高度重视学习方法和教育方法。方法获得了神圣的地位。所有的人都“言必称方法”，好像有了方法，就可以拥有一切，有了方法，就可以学得美术或取得良好的教学效果；而一旦发现没有可循的方法的时候，就完全陷入了迷茫，失去了学习与教育的行动能力。这种方法统治的传统思维惯性根深蒂固于每一个人的心中。几乎没有人去追问方法的原初意义，追溯方法的源头。没有人到理性的源头去直观原现象的丰富意义，从而致使形成性方法的体验过程在知识大厦里丧失了。

美术教育学科的性质之所以被认定为人文性，其依据之一就是美术是不能单纯地依靠理性去完成教育的。仅依靠方法，或许可以机械地传授美术的客观知识，但不可能掌握艺术的精髓。人与人之间的教育关系也不是那种二元对立的认识关系，教育是人与人之间唤醒灵魂、触动灵魂，精神发生深刻转变的生活历程。在理解艺术的时候，在理解生命的时候，仅依靠理性的方法是不够的，还需要本体的关怀，以及对心灵的深刻洞察。美

---

① 根据胡塞尔意识结构，胡塞尔认为理性认知是人类意识结构中的一部分，理性的判断和知觉、意义、想象、范畴直观等都有关系，彼此是不可分割的。孤立地抽象出理性，是对“完整的人”的肢解。

术教育的理解不仅仅是个方法的问题，而且是一个教化的问题，一个文化熏陶的问题。

意义发生在方法之前。加拿大现象学教育家范梅南写了一篇名为《从意义到方法》论文，他认为首先要思悟方法形成之前的、意义发生的世界，对具体现象进行理解和体知，然后才是方法的形成。胡塞尔意识的相关项noema指的就是意义的世界。现象学关注体验中的意义世界，要求我们将作为静态结果的方法回溯到意义生成的动态情境。海德格尔区分了存在者与存在、事实与“思”的差异。作为已经形成的方法，它已然是一个现成的存在者、一个事实。而“此在”要获得“在世界中存在”，并能够展开自己，则并没有固定的方法可循，也没有现成的规范引导。“去存在”（to be）就是在可能性中显现自身。[①]中国有句老话叫“法无定法”，它的意思就是要求我们融会贯通，因势利导地灵活把握方法，不被方法所束缚，寻求自己的“无法之法”。艺术的学习就是这样，任何别人的方法及书本上的教条，都不应该阻塞自己灵性的感知、对艺术本源的情感生活世界的感觉，以及对艺术形式与表现方法的理解。没有人能代替你去思考艺术是什么，没有人能代替你去寻找属于自己的表现方式。而这些都是教师无法教的，在书本上找不到的。人若失去了这些自我的思索，无论如何都不可能成为大师，顶多成为一个工匠而已。美术教育其实也是这样。教育学书本上的方法都是死的知识，而模范课、标准课其实都是别人的课，它们只是路标和参考，而不是“圣经”。体悟美术教育的意义、理解美术教育，并与现实的教育情境相结合、与自我的状况相结合，才能形成自己的教育方法。这个自己的方法，才是真正有效的方法。这正是苏格拉底的教诲“做你自己”，这也是海德格尔所说的“此在”在存在的敞开之域开拓出的一条属于自己的道路（way），本己的，与自身合一的方法（way）。[②]在“道”中悟，在“路”上行，才生成真正的“方法”。

方法是让道路展开。它是动态的，而不是静态的。师生要想获得真正的

① 蒋开君．范梅南现象学教育学思想研究[D]．北京：首都师范大学，2010：77~79.
② 蒋开君．范梅南现象学教育学思想研究[D]．北京：首都师范大学，2010：79.

方法，就必须转向现象中的体验，转向思的事情，转向境遇中的亲历，在行动之中探索行之有效的方法，从知识性（knowledge）的方法转向体知性（knowing）的方法。真正的方法不是静态的文本陈述，而是在动态中不断生成的领悟与理解。以直觉（intuition）和顿悟（epiphany），洞见前理性的、更本真的存在状态。如此，教育存在才能展开，形成一条方法的大道。如此，美术教师才能理解美术的视觉性与情感性、美术的价值与自由及美术的语言与形式，才能理解美术教育的个性与创造性，才能懂得怎样激发学生的兴趣，才能懂得掌握课堂的节奏与教育时机；无论是讲述与讨论，还是演示与指导，或者是案例学习与考察学习，都可以因材施教、因地制宜与融会贯通。

真正的方法是智慧。现成的方法是客观知识，它只是路标，而不是事物本身。范画、教科书乃至美术教育典籍，都是一个个的路标而已。要想领略艺术与教育的精髓，要想读透教育经典，就必须在美术教育事情本身的体验中，与艺术、教育、经典乃至与人生对话，不断地反思。现象学在人们执着于认识论的方法迷幻时，警醒人们还有更原本的前理解的体验之域，更生动的方法之路。方法的获得，“首先是对意义的神会，是回到事物本身之中的相互牵引和发生，首先是在时机化的时间中缘境而发、直接把握。在本质直观中，在现象学的看、点头与回响中，教育方法才能默会成为方法的智慧，在境遇中随机应变，通透无碍”[①]。这要求我们的美术教育要回到美术教育实践中去，在实践中直观美术教育的意义，然后才可能形成属于自己的美术教育方法。郑板桥画竹——“身外之竹”“心中之竹”“画中之竹”的路径提供了最生动的案例，艺术实践使身外之竹成为心中之竹，心中之竹意味着意义的产生，在此基础上生成画竹的方法，才产生了画中之竹。这就是画竹者的智慧。

真正的教育是引领，牵手相遇，引向光明和希望；真正的教育是唤醒，唤醒生活的意义；真正的教育是鼓舞，鼓舞做真实的自己。美术教育也是这

① 蒋开君．范梅南现象学教育学思想研究[D]．北京：首都师范大学，2010：79~80.

样，它通过艺术的情感性，为生活传播生命的气息。美术教育之“道”就是行走，就是去存在，在那生生不息的存在之中展开，走出一条道路。美术教育不是存在者之学，无法靠形而上学的定义与直接的图例得到充分的说明。原因很简单，“人不是一个存在者，存在者固定本质无法说明人这一存在的丰富性”[①]。美术教育毫无疑问是“去存在”之学，是显现之学。在“去存在”的过程中，人们创造着美术教育方法，而不是受到美术教育方法的统治。

现象学美术教育要超越传统形而上学的思辨，也要超越自然科学的实证，它所开辟的道路是“回到事物本身”。体验意义的显现和原初真理的不证自明，回到美术教育现象之中，以智性直观洞见显现。直观的把握，它不是现成的方法，不是以固定的方法来研究固定的教育存在者，而是教育存在动态的显现。唯有这种前概念、前科学的、超越理性的方法，才是本己的，才是与意义世界整体合一的。[②]超越传统认识论，世界本身会如同清泉涌出，意义也会在澄明之境中展开……

## 第二节 美术的体验式学习

人是在与世界的交互过程中存在的，人对世界的认知是从知觉器官的感受开始的，而每一个意识的信息都存有感受性的印记。在意识储存的过程中，大量的信息被“压缩”和“删除”，失去了信息的生动性与完整性。如果要恢复信息的生动完整性，就必须回到事情发生的现场去体验原初的现象。当下，体验具有生动性与完整性的特征。它是经验的基础，也是教育的源泉。艺术教育本身就是一种体验的教育。体验理论的研讨，带来的不仅仅是教学内容的补充，也不仅仅是教学方法的改进与完善，而是整个美术教学的改变。

---

① 蒋开君．范梅南现象学教育学思想研究[D]．北京：首都师范大学，2010：79~80.
② 蒋开君．范梅南现象学教育学思想研究[D]．北京：首都师范大学，2010：79.

## 一、体验的教学革命

体验的理论带给艺术教育的是一场“revolution”——一种根本性的转变，可以将根本性的转变称之为“革命”。

### （一）知识的体验

艺术教育本身就是一种体验的教育，而不是绝对的知识教育。我们可以假设，如果某人将艺术学的知识乃至艺术史的知识全都“背诵”下来了，考试也许可以得到100分。但如果我们问：他学会了艺术吗？答案是清楚的——没有。甚至可以说，他还没开始学艺术。因为大家都知道艺术是一种感受性的学习、一种体验式的学习，这种艺术才能的学习，不是靠死记硬背就能够获得的。如果没有艺术的直接体验，无论获得多少艺术理性知识，我们也不会认为他在“学艺术”，顶多可以认为他是在学“艺术知识”。可见，艺术与艺术知识不是一回事，并且有着本质的差异。艺术教育与知识教育也不是一回事，也有着本质的差异。

1. 知识霸权把控下的美术教育盲点

我们的文化是一种知识霸权的文化。庄子云：“鱼在水中而不知水，人在道中而不知道。”我们身处知识霸权的文化之中，以至于我们不知道知识霸权的存在。我们的言行举止都受到知识霸权的影响。“知识霸权”——理性知识引领教学，很多时候已经成了一种“范式”，一种“习惯”。在美术微格教学中，在美术教育实习中，笔者发现绝大多数的学生都受到这种“范式”的束缚。这种文化的范式不仅仅在学生中蔓延，很可能在绝大多数的教师，甚至学校领导的大脑中也广泛地存在。实际上，这已经成了文化。

在大多数美术师范生的第一堂课中，思维范式严重地影响了他们的教学。根据经验与认识，“上课”首先需要教师“站在讲台前”“讲”课。课程一般都是从知识化、逻辑化甚至概念化的板书开始的，比如色彩的原理、连续纹样的定义等。往往伴随“大而全”的高度抽象概括的分类，如纹样的分类、面的类型等。还经常有同样高度抽象概括的特征，如纹样的特征、二方连续的特征、面的特征等。经过这些“高屋建瓴”的纯理性与纯知识“轰炸”后，好像是为了对这些“形而上学”加以说明似的，往往辅以一些感性的艺术性图片。最后，教师宣布同学们开始做一张连续纹样或一副由面构成的拼图作业。课程则在布置了作业后草草结束。

这是一堂纯理性知识主导的课程，感性认知与创作体验顶多是为获取知识服务。笔者认为这样的教学根本不是艺术教学，而是知识教学，而且还是“蹩脚”的知识教学。这是一种传统的“灌输式”教学，即经由教师的讲授、高度概括性的知识逻辑板书，完成对概念的推演，妄图将这些知识灌入学生的脑中，最后结合美术，达到成为美术教学形式的目的。这种方式，违背了人的认知规律，尤其是违背了儿童的认知规律。实际上，那些“高大全”的概括多半是一种“理性的迷信”，丰富的世界被那些枯燥的，难以理解的，似是而非的定义、分类、特征所代替。这些概念与逻辑是儿童很难理解与认知的，无法激发其学习动机。实习学生从网上、课本上抄来的知识，俨然成了“圣经”，而完全忽视了这些分类、这些特征也许只是事物一个角度的描述。这些“苦心准备”的知识，实际上非常容易被遗忘，而且在未来的生活中几乎不会被加以运用，成了“外化于人”的知识。最要命的是，学生们这样上课，自己却发现不了问题。很多学生甚至认为，他们的课备得很严密，这就是“文化的盲点”。如果按照苏格拉底的话说，问题就变得极端的严重了——“无知即无德”。文化盲点造成的无知，最后会演变成一场文化灾难。因为他们不仅在教他们所想教的“知识”，同时也以“潜在教育”的方式传播着“僵尸”的文化。生动的艺术成了“僵尸”，完全丧失了感召力。可能也正是因为这个原因，我们的美术教育在公民的教育中其效果显得那样的失败。我们需要抢救我们的艺术教学，从知识霸权的文化盲点中解放艺术的神圣。

2. 体验式学习的转变

美术课程有着艺术教育的强烈特色。其中一点，就是美术课程的理性知识不多，至少没有数学、语文、物理、化学等学科那样多。我们完全可以改变我们的教学模式，来一场美术教学革命，转变成为一种符合艺术自身特点的新教学模式——体验式教学。

艺术教育的可贵在于艺术性，在于情感性。我们应该以直观的艺术性与情感性为导入，而不是以知识的理性为导入。我们应该创设富有感性色彩的教学情境，如拥有视觉冲击力的系列图片、游戏、活动等，并在创设的游戏或活动中，让学生发现美术教学中本来不多但至关重要的一些知识。在活动中、在情感中，让学生充分体验，让知识在学生的大脑中产生“化学反应”，内化入学生的理解，让知识成为生动的存在。经心理学家证明，这些经过个人理解消化后的知识，往往可以使人获得更长的记忆，有的甚至可以被记忆终身，并且可能会在生活中被加以运用。

从上述原理出发，色彩学原理、透视原理、人体比例等艺术学课程知识都可以经由体验式的教学加以改善。正如杜威所倡导的“在做中学”，完全可以理解为在教师创设的教学活动中完成知识的内化。经过色彩光影实验、颜料调和实验等的亲在体验，经过由教师组织的活动或游戏，知识自动在学生的脑海中生成。这些属于学生的知识，远比黑板上“三原色”“三间色”的“死知识”要有效得多，生动得多。

体验式教学与传统教学是意义完全不同的一种教学。首先，教师本位转移到了学生本位，课程由教师的单向度讲解转变为了师生与学生之间、学生与真理等的多向度对话。在活动中，学生成了教学的参与者，学习成了“生活”，认知成了“自然”。学习兴趣与动机唤起的问题，化解于无形。其次，“内容主义”的教学转变为“情境主义”的教学。在体验式的教学中，“情境”是关键词。选择恰当的教学地点、教学环境，选择什么样的活动或游戏，都成了课程考量的内容。课堂有可能成为开放课堂、活动课堂，甚至可能会呈现出高度的综合性，在教学情境的塑造中，音乐、文学、体育、舞蹈、坐禅、冥想、意识流语言等方式都有可能进入美术课堂。最后，“死知识”成了“活知识”。知识的体验、体验的知识，属于学生自己的认知。知识与体验合一、体验与学生合一，“无用的知识”就转变为了“有用的知识”。

体验式学习总体维度上虽然和杜威的“做中学”很接近，但体验式学习更关注情境、更关注心理学机制、更关注潜在教育的影响、更关注教育的整体性交互作用。可以说基于现象学原理的体验式学习是杜威教育学的进一步完善。

在美术教学中，无论是美术创作，还是美术欣赏，毫无疑问都可以广泛地采用体验式的学习。要特别指出，教学地点的选择是教学情境创设的有力手段，如艺术欣赏教学、民间工艺美术的教学可以到博物馆等地点进行，学习氛围会诉说无形的教育语言。

体验可以营建更广大的美术知识体系。根据现象学原理，艺术经由还原，可以得出一个超出“纯艺术”前科学的艺术世界。在这个原初的艺术世界中，直接的自然体验与生活体验，可以充实我们的美术知识体系。大好河山、日月星辰、花草丛林、地理人文、乡村田园、风霜雨雪、春夏秋冬、工厂社区都可以成为艺术体验课程的资源。在体验的艺术教学中，会呈现出更多生动的美术知识。知识经由体验，展现出了生动的色彩。

**（二）经验的体验**

卢梭、杜威等教育学者都十分重视经验的教育意义。经验的体验在现象学美术教育中占有极其重要的位置。笔者主张，美术教学要尽可能与学生的经验相结合。在美术表现教学中以经验策动表现；在儿童美术作品的分析中，寻找儿童经验与儿童自我的关系；在儿童美术的评价中，把儿童自我经验作为一个重要的评价标准。

在中国的美术教育现实中，因为传统观念的束缚，儿童经验没有获得尊重。儿童在美术创作中，自我受到了极大的约束，对自己的创造行为普遍缺乏自信心，经验和创造缺乏调和。例如，有些小孩十分胆怯，害怕使用父母给他准备的材料，可能是因为折断蜡笔或“污损”“浪费”纸张而被处罚过；有些小孩会嘲笑自己的作品，并持续地表示对它们的不满。这些现象其实在成人的美术教育中，也普遍存在。据笔者的研究，这些现象都是“被教育”的结果。在儿童的早先阶段，这种现象是不会发生的。儿童最初总是很“生猛”地要求自我表现，在这种极度强烈的表现中，儿童体验着自己的表现，他们感到满足。这时候“对”与“错”的观念尚未形成，只有在成人干涉后[①]，儿童才会意识到自己表现得“不对”，会受到批评，从而抑制了表现的欲望，以至于产生了表现的自卑与恐惧心理。当然，这种干涉往往是在儿童很小的时候就开始了。[②]这些干涉让儿童形成了不符合儿童认知的美术认识（家长往往对此认识不足）：他们失去了对活动的关心，只会热衷于“讨好”别人；他们过度重视完成品的效果，丧失了创作的自信，不能体验自己的经验。

完成品只是经验的结果，假如儿童不能体验自己的经验，在完成品中就必然会显示出这种情感的苍白与无力。

语言的感受性与体验性也值得研究。美术教师的语言要带有鼓励性与启发性。但语言的鼓励性与启发性教学是一门科学，并不是一件简单的事物。很多美术教师在课堂上经常会说：“看，你画得多好呀！”“真棒！”或“可以的，你能画！”根据心理学研究，这些语言在很多情况下会被认为是无效的鼓励。因为使用这种语言“鼓励”往往不能有效地改变儿童缺乏自信的状况。这些语言如果不能和儿童的经验、体验联系起来，只会让儿童更加注意到自己的“无能”，那些寄希望于提高他们对美术活动自信心的“好言”，只会增加他们的挫折感。

“体验自己的经验”才是唯一有效的法门。我们需要鼓励的其实不是儿

① 常见的干涉行为有：一，制止儿童的表现，认为儿童涂鸦等自我表现纯属胡闹、低级、没有意义、浪费纸张。少量阻止，儿童还是存有继续表现的欲望，但受到反复的阻止，尤其是受到训斥后，儿童会放弃表现的尝试。很多家长经常批评自己的孩子画得不好、乱画，这些都潜在地形成了儿童的美术认识，扼杀了儿童的表现天性；二，画一个“更好的”给儿童看。这种家长往往还是具有爱心的，希望能够帮助儿童成长。但成人演示后，儿童会立即意识到自己的表现和成人的表现存在巨大的差异。无论是在线条的流畅上，还是在线条的把握上，儿童因为心理和生理的发育不足，无法达到成人的表现标准。儿童意识到自己表现得“很差”，表现冲动会转化为欣赏冲动。儿童会要求成人继续表演，而放弃了自己的创造。笔者曾对此反复试验，试验的结果都证明成人的介入，会影响儿童的表现冲动。总之，长期的干涉教育，最终形成了创造活动的障碍。

② 一般从儿童2~3岁涂鸦行为出现起，其就开始受到干涉。儿童涂鸦，有时候会产生“破坏力”，比如儿童有时候会在雪白的墙上涂鸦、在有用的书上涂鸦。所以，很多家长对儿童的涂鸦很厌烦。正确的方法，是给儿童充分的白纸让他们发泄这种表现的冲动，据心理学家建议，在家里留一面墙任儿童随意涂鸦也是一个不错的办法。但一些意外的“破坏”总是难免的，家长应该对此做好充分的心理准备，不要训斥儿童。

童绘画的能力，能力只是经验的结果。儿童真正需要的“鼓励”是不断地提醒他们的经验，确认这些经验。因为这些经验本来就是属于自己的，确认了这些经验，就等于确认了自己。简言之，有效的鼓励必须和儿童的经验相联系，这样才可以获得自我的确认，起到激励的效果。比如，一名教师“鼓励”学生画摘花的动作，他说道：“你不能画你在摘花吗？”“可以的，你能画！”其实，这样的“鼓励”是无效的，因为这种鼓励没能和学生的经验产生共鸣。罗恩菲德在《创造与心智的成长》中建议这样“鼓励”：“你不知道怎样去摘花？表演给我看你是怎样去摘花的。”[①]罗恩菲德认为儿童必须先体会到自己的经验，而后才能从事有创意的创作。语言要直接指向具体的生活经验，而且罗恩菲德认为表现的冲动来自于密集经验的鼓励。笔者把这种方法称为“密集经验鼓励法”。

经验的细节是值得关注的。在唤起经验的美术教学开始一段时间以后，儿童如果仍表现出缺乏美术创作的自信，其原因往往是经验太浅或太广泛。因为经验不够详细或过于迷糊，不足以作为自我的认识，使儿童不容易把握它。所以，对于教师而言，提示经验的细节就成了他的任务。如果儿童说“我不会画”，教师绝不能就此打住或放弃，必须找出究竟是哪些经验的缺乏导致儿童不能认识自我。罗恩菲德认为在这种情况下，老师最佳的发问是：“你想画的是什么？”例如，儿童说：“我想画滑冰”，老师就能知道孩子体验的缺乏点所在。罗恩菲德认为最适当的刺激便是唤醒他经验的细节，使其回忆起自己滑冰时的身体感受。罗恩菲德建议可以类似这样地提问：“你不知道怎样滑冰？”“当你滑冰时，你的身体是怎样的？”“你的腿和手臂是怎样的？”“你穿了什么衣服？”“你觉得怎样？”[②]如果儿童说：“我想画妈妈上街买东西。”那么，可以这样刺激：“让我看看妈妈到哪里买东西？你帮她提篮子了没有？你提篮子的哪部分？”[③]敏感的儿童可以借助回忆得到足够的提示，这些感觉、知觉等的经验，都可以刺激反应。在这种经验的体验中，富

---

① [美] 罗恩菲德．创造与心智的成长[M]．王德育，译．长沙：湖南美术出版社，1993：25~26.
② [美] 罗恩菲德．创造与心智的成长[M]．王德育，译．长沙：湖南美术出版社，1993：27.
③ [美] 罗恩菲德．创造与心智的成长[M]．王德育，译．长沙：湖南美术出版社，1993：93.

有创意的创作因反应冲动而自发生成。艺术成为一种对自己经验的体验。在体验中，学生调整了自我；在艺术表现中，儿童获得了心智的成长。

**（三）表现的体验**

自我表现是现象学美术教育学主张的一种美术教学方式。在艺术表现中，可以整合经验与自我，经由自我确认，最终形成自信心与创造力。艺术表现的教育，即独立人格的教育、培育个性的教育。个性与独立思维能力，是创造的基础。所以，自我表现的艺术教育也是创造力的教育。在艺术表现的教育中，体验书写了教育的微妙。

体验自己的艺术表现是一种教育，也是一种成长。在表现中，思考、情感、感性与理性获得有效的整合。儿童画一幅画，画中的很多符号与他们的经验与情感有关。在画这些与他们情感有关联的事物的时候，他们面对着一次心理的调整。有些事物可能是他们不喜欢的，但在绘画中他们可以“更理性”地面对它们。儿童在美术的表现中，整合了他们的心灵。那是一种深刻维度的体验教育。

儿童在进行忘我地表现的时候，我们尽可能不要去干扰。如果其受到了干扰，常常会中断表现，这可能导致儿童缺乏创造的自信心。如果儿童习惯于用左手来作画，我们就不必强迫他改为右手，因为那样可能会引起一些神经质的行为。假如儿童时常停顿、东张西望、问问题，他就没有专心于他的动作，线条就会结瘤与停顿。如果孩子处于表现体验中的话，他就会把注意力集中在他的行为上。一位对自己动作有深刻体验的儿童，是不容易转移注意力的。在彻底的投入中，儿童笔法显得果断而有力，往往显示了他充满意志力和驱策力。绝不会去问“怎样”画嘴巴、鼻子等问题，他们会毫不犹豫地画出自己的观念。儿童会以自由地运用他们自己观念的方式来进行表现。儿童发现自己能够叙述自己表现的时候会十分的兴奋，这足以使他的心灵和情感充满强烈的满足感。

表现的技巧是不能加以解释和传授的。根据现象学观念，技法不是孤立化与客观化的认识对象，而是基于个人化与经验化的结果。所以，技巧是属于个人的，每一个人都得在表现体验中发展出自己的技巧，而且技巧的发展完全取决于个人的需要。我们可以解释的是程序，因为程序包含了一些材料在使用的不同阶段的一些共同原则，如蚀刻的程序。这些程序包括准备铜板、腐蚀用的酸、腐蚀过程的控制、印刷的程序等。这些程序可以帮助个人发展出自己的技巧。在这些过程中，人们可以领悟到工作过程的经验。程序是技巧的基础之一，个人对程序有深刻的了解，技巧的发展方能成为可能。

传统美术教育却不这么认为，传统观点十分注重技法的传授，甚至由老师手把手地“教”学生怎样画。笔者认为，这种教育忽视了技法需要内化入个人，误认为自己的技法可以灌输给他人。其实，每个人的技法都带有浓厚个人经验的印记，而这些经验是不能在技法传授的同时传授的。另外，艺术需要自己的个性，艺术是自己对生活的表达。只有技法内化入个人，才可能谈得上创造。在一般的情况下，过度依赖范本或要求学生按照自己的方式表达，是一种以他我取代自我的教育，使学生丧失了创造的能力。这种教育在普及教育中是不应被提倡的。为了说明这种情况的危害性，我们来看一下“达琳在中国的遭遇”的案例：

达琳在昆明进行教学交流时，因为看到中国孩子们的画技非常高，有一次就出了一个“快乐的节日”的命题，让中国孩子去画。结果，她发现很多孩子都在画同样的一个事物——圣诞树。她觉得很奇怪：怎么大家都在画圣诞树？开始她想，可能是中国孩子很友好，想到她是美国人，就把“快乐的节日”画成圣诞节。于是，她释然了。接着她又发现不对：怎么大家画的圣诞树都是一模一样的呢？再仔细观察，她发现孩子们的视线都朝着一个方向去，她顺着孩子们的视线看去，发现墙上画着一棵圣诞树。原来当时已临近圣诞节，那是学校为了给达琳营造一个友好和谐的氛围而画的。于是，达琳把墙上的圣诞树覆盖起来，要求孩子们自己创作一幅画来表现“快乐的节日”这个主题。令她深感失望、更感吃惊的是，把那墙上的圣诞树覆盖起来以后，那群画技超群的孩子们竟然抓耳挠腮，咬笔头的咬笔头、瞪眼睛的瞪眼睛，你望我、我望你，冥思苦想、痛苦万状，就是无从下笔！达琳看到这个尴尬的场面，知道这样下去可能会是一个不愉快的收场，只好又把墙上覆

盖的圣诞树揭开……[①]

绘画需要技能，那是一种可以被创造利用的技能，但也可以成为一种扼杀创造的技能。“技术是在感知到需要的基础上发展出来的——这是一种想要创造一些东西，去表达自我、去真实地交流某人的感知、价值观、理解力和自觉的冲动。表达的结果处于一个更高的水平，较之单纯地学习技巧性内容，它具有更高的教育价值。”[②]程序是可以由老师传授的，但创造力与艺术领悟力是无法教出来的。在中国传统的美术教育观念下，许多孩子具有很高的复制能力、重复他人作品的抄袭能力，但却欠缺属于自己的表现能力与创造能力。

缺乏独立人格、缺乏个性，实际上已经成了一种文化。这种藐视个性的文化是艺术表现教育最大的障碍。艺术表现与艺术创造不仅需要尊重个人经验的教育，还需要春风化雨的人文陶养。对此，陈丹青深刻地指出：“在人文艺术学科，人才是无法培养的，没有人能够夸耀并保证在学院中培养出真正的艺术家。但学院教育应该、也能够达到这样一个起码的要求，即确立一位艺术学生葆蓄终生的品格，这品格，就是前清华大学国学研究院大师陈寅恪写在七十年前的名句：‘独立之人格，自由之思想’。”[③]创造就像种子一样，它需要一定的环境，包括人文的土壤、气候，深入心灵的灌溉、施肥，才能有发芽、生根、开出创造力的果实。作为美术教育工作者，我们就是要去营建这样一种陶养创造力的环境。

**（四）文化的体验**

艺术史是文明史的一部分，艺术是文化的一部分，艺术的学习是一种文化的学习。

西方艺术教育专家以内容（content）、形式（form）、情境（context）

---

① 周正华. 影响教师的101个经典教育案例[M]. 南京：北方妇女儿童出版社，2007：109~110.
② Anderson, Tom. Art for Life: Authentic Instruction in Art[M]. Boston: McGraw-Hill. 2005: 68.
③ 陈丹青. 退步集[M]. 桂林：广西师范大学出版社，2005：416.

来概括传统艺术、现代艺术、后现代艺术。当代美学理论中的“情境主义”有其历史溯源。法国艺术史学家伊波利特·丹纳（Hippolyte Adolphe Taine，1828–1893）在《艺术哲学》中提出了这样一个观点，“艺术作为一种精神文明的表现形式，其面貌取决于种族、环境和时代三大因素”，这为我们理解艺术中的“情境”提供了初步的理论依据。在丹纳看来，任何伟大的艺术家及其艺术作品都不是孤立的，民族性格对艺术家的人生态度、思想、情感等方面有着强烈的影响，而社会意识与时代精神也对文化艺术发展起着不同程度的作用，它们共同缔造了艺术品乃至某一流派所赖以滋养的精神气候。进入当代，艺术史中“文化情境”的研究进一步延伸到艺术家个人的生活经验、情感体验等领域，它们共同组成了欣赏者在和艺术作品的对话中取得理解的线索。

审美的过程是欣赏者与作品的对话。如果欣赏者不能体验作品的文化情境，那么欣赏就毫无意义。只有美术理解了作品的文化情境，才能建立起美术作品和欣赏者之间的感情关系。在美术欣赏教学中，老师们常常忽视了情境“了解的程度”。美术欣赏不是单方面的，老师如果单方面地陷入对艺术品的沉醉，并不一定能带来作品与学生之间的沟通。无论使用怎样丰富的形容词，听众们可能还是会毫无感应，因为老师忽略了学生了解和领悟的程度。儿童在不同的发展阶段，会对物体或绘画产生不同的反应。忽略儿童的反应及儿童的需要，会令儿童产生欣赏的挫折感。任何美的欣赏必须基于学生的反应，并以此扩展其美感水准。美术欣赏的目标不在于分析或了解艺术品本身，而在于使学生能辨别其文化价值，发现自己与它之间有意义的关系。关系不在于欣赏的“对”或“错”的判断，同一件美术作品也许会感动你，却令他人感到厌恶。只要这种关系是根据我们的判断而来，是真诚的反应，那么，两种反应都可以接受。

欣赏美术作品必须与作品创造的文化情境对话。美国美学家汤姆·安德森（Tom Anderson）在《为生活而艺术》中这样评价情境在作品中的意义：“以情境为导向的艺术课程假定艺术除了要有装饰性和形式熟巧之外，还有其他目的。由于艺术还是关于重要事务在两个或更多人之间的一种交流，因此，形式并不会由于其自身或纯粹愉悦的缘故而存在……所以，在纯粹的情境课程中，不会看到为技术而技术，为艺术而艺术。纯粹的审美愉悦并不是艺术创作所接受的基本原则。这类课程倾向于构造和诠释意义，在互相理解的社会母体里发展一些符号、记号和代码，而且分析、解释并评估作品。”①文化情境联系了美术作品的题材与内容。在任何历史阶段的美术表现中，题材的内容都有很大的差异。它们可能是具有社会意义的，可能是源自宗教的，也可能是历史的、科学的、完全个人的或纯粹抽象的。在每一种情境中，艺术家都在艺术品中寄托了深深的体验。为了能深刻地理解作品，我们需要重现艺术家的创作意图，必须将自己置身于创造者的情境中，体验其生活世界中的文化与历史情境。

老师必须选择学生容易体验的题材。在艺术创作中，表现的欲望程度往往基于经验的强度，经验感越强烈，表现的欲望也越大。同样的道理，如果学生对选择的作品产生不了兴趣，或和它建立不起关系，他们就不能体验它。每一件美术作品的文化情境也是不同的。无论作品是抽象的或具象的，作品中都存有创作者的感受经验。画面捕捉可能来自各种不同的情境：可能是在运动中的感受，也可能是完全客观冷静的环境观察；可能是环境的氛围，也可能是感受的抽象。艺术家总是将自己安置在环境之中，而捕捉画面取决于自己在这个整体情境中的重要性的直观判断。如果我们能够贴近作品的文化情境，我们就对作品多了一份了解。所以，无论我们欣赏怎样的美术作品，我们都应该设法使儿童体验艺术家、创作表现与文化情境的关系。试着去体验艺术家的各种“意图”，这样我们才能更加理解和欣赏他们的作品。我们若能在儿童心中激起艺术家所曾面对的问题，使他们在欣赏的时候，觉得自己是一位活生生的“创作者”、一名文化的体验者。

艺术史既是艺术形式史，更是艺术文化史，我们需要和美术作品的形式

① [美] 汤姆·安德森. 为生活而艺术 [M]. 马菁汝，刘楠，译. 长沙：湖南美术出版社，2009：89~90.

语言对话。在作品中，内容与形式往往构成了一个不可分割的整体。如果我们摆脱了过于具体的、机械模仿的思维范式，我们就能感受到作品形式语言的表现力。美术形式的线条、色彩、空间、材质乃至调子都是有生命力的，因为视觉形式之中本身含有快乐、悲伤、孤独或愉悦的氛围。在作品中，形式构成了作品的内部环境。在不同情况下使用不同的形式，是艺术表现和艺术欣赏引人入胜的因素之一。但每一种形式语言都有它的历史性，第一个使用或发现某一种艺术形式语言的艺术家，往往被载入史册。而艺术形式演变的背后是文化，所以艺术形式史也是艺术文化史。比如，洛可可艺术的背景是路易十四王朝的文化，现代艺术的背景是现代文化的危机，敦煌石窟艺术的背景是佛教文化，不胜枚举。

总之，艺术史的线索是文明，只有将艺术史的学习纳入文明史的学习范围之内，才能使艺术史的轮廓明晰。美术欣赏不是为了让学生们获得一种所谓的标准鉴赏知识，也不是为了获得唯一的答案，更不是为了死记硬背作品的年代和艺术家的名字，它的真实目的在于增进个人对美的感受以及通过文化的体验而获得文化的理解。

## 二、体验策动创造

### （一）体验直接策动创造的教学模式建构

体验的方式可以直接策动创造。这时候，体验的教学模式更多体现为一种“艺术刺激”，即通过身体各种知觉器官的直接刺激，实施个体体验教育，唤起身体知觉，并通过体验、知觉与表现的交互作用，直接引发艺术创造的教学模式。

体验可以生成“被动知识”，它与环境的各种接触与联系可以将自我建立起来。刺激儿童的感应力十分有意义，我们可以通过刺激儿童对他身体各部分的观念，充实自我的知识与激发美术创造。下面是罗恩菲德在《创造与心智的成长》中，记录的美国某小学一年级美术教学中的一个真实案例：

有一次，我在参观小学一年级时，看到儿童只画一条线来作为“嘴”

的符号。我故意在我的口袋里装了一袋糖果，让糖果在袋子里嘎嘎作响后，我问儿童："我的袋子里有什么？""糖果。""你想它是硬的还是软的？"儿童从响声推论它是硬的。"你们喜欢糖果吗？"是我的问题，"是的。"则为一致的答复。我把一些糖果放在每一个儿童的桌子上。"现在，你们可以咬糖果来发现它有多硬了。"每个儿童都把糖果咬得碎碎的。在我们经历过这经验后，我要儿童们画"吃糖果"。结果这教室中的每一位儿童都画了"牙齿"！而在这之前，他们的画里还从未出现过。这是个人体验启发了他们的被动知识的结果。①

体验式美术教学需要营造刺激动作的"一般氛围"，让注意力都集中在这个特殊的题材上。这个一般氛围包括"何处"与"何时"，也就是具体的外部环境。例如，我们将题材设定为"刷牙"，我们的预期是充实儿童对"嘴"的形体观念，并使手臂与嘴协调起来。那么，一般氛围的"何时"与"何处"，就可以成为这些问题："你在哪里睡觉？""当你早上起床后你会做些什么？""你早上几点起床？""你的卧室在哪里？""你在卧室中看到了什么？""你用什么来清洁牙齿和保护它们？"②

在营造了一般氛围后，就应该彻底地讨论更为重要的"具体情境"之"如何"。"如何"可以体现为："你是如何刷牙的？你是水平的刷还是上下的刷？你的牙刷是什么样子？你如何握牙刷？"等。③

一般氛围与具体情境都营建后，就可以进入直接"体验刺激"了。"表演给我看你是如何刷牙的。"儿童短暂的示范体验是最有效的刺激。在这种表演中儿童一般都会很投入，也很兴奋。达到体验的效果之后，不要迟疑，趁着体验感受的生动与新鲜，直接导入美术创作就可以了，④"现在让我们来画'早上我在我的浴室里刷牙'"。这就是直接体验式美术教学的全过

① [美] 罗恩菲德．创造与心智的成长[M]．王德育，译．长沙：湖南美术出版社，1993：115~116.
② [美] 罗恩菲德．创造与心智的成长[M]．王德育，译．长沙：湖南美术出版社，1993：116.
③ [美] 罗恩菲德．创造与心智的成长[M]．王德育，译．长沙：湖南美术出版社，1993：116.
④ 体验的生动感只能保持一段时间，所以在体验后，笔者建议立即导入美术创作。

程，其程序如图4-1所示。但需要提醒的是，不必过于拘泥于这种一般的程序，这只是为了说明方便而做的理性化的程序分割。具体的教学环境是瞬息万变的，需要灵活把握。

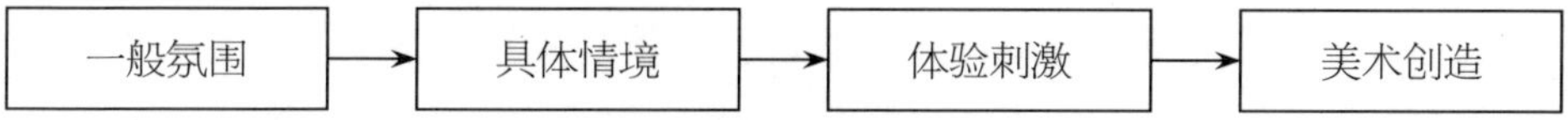


图4-1 直接体验式美术教学模式程序示意

“一般氛围”和“具体情境”的营建及“体验刺激”的设定，都是为了创造一种教学的情境，以刺激儿童让他们觉得自己是环境的一分子。儿童的思考总是将时间和空间融合在一起。我们在事件的人物、时间、地点等的关系之中，最重要的是形成一种强烈而紧凑的气氛，使儿童乐于接受我们的建议。我们在传统的美术教学中，一般懂得得到儿童成长的结果，但我们不知道怎样获得这个结果。我们没有行之有效的理论和方法来获得这个结果，往往以扭曲性的手法来诉求最后的结果，最终也得不到很好的结果。

现象学美术教育与传统美术教育最大的不同在于前者有现象学的哲学基础作为支撑。现象学的世界基于自我与环境的各种交互作用与联系，“我”与“世界”不是处于一种对立的关系中，而是统一于“我的世界”，我和世界相通共存。现象学美术教育不把美术作为孤立化与客观化的认识对象，而是将美术视为人与外界各种关系和谐整合的触媒。将美术还原为在各种关系中的发生，让美术在各种关系的交互作用下促进人的成长。这些关系包括了自我、他人、社会、自然等的关系，也包括了感觉、知觉、情感和智慧等的关系。以美术表现整合人格，以艺术直观体验整合生活。所以，它注重生活经验的意义。在生活经验的基础上建立起来的美术教学，整合了人与生活的关系，将美术教育还原为与人亲近、让人可感的事情，美术教育不再是“崇高的怪物”。

### （二）体验引发创造的教学路径

1. 传统教育的教学路径

在现象学的视野下，人的认知是与自己的经验密切联系的。可是传统的教育观点却不这么认为。实证主义将科学的理念转变为纯粹事实的科学，“单纯注重事实的科学，造就单纯注重事实的人”[①]。科学的危机表现为科学丧失了生活的意义。科技理性的观念让我们符号化、概念化世界，并让我们误认为整个世界都是可以知识化与理论化的。理性本来是人类最可贵的能力之一，但一旦将这种理性绝对化膨胀，我们就陷入了无数的对立化、客观化的矛盾之中。更为严重的是这种认知方式背离了认识的原初状况，古典理性降格为科技理性。这种科技理性的影响是非常普遍的，渗入了各学科的教育领域。

20世纪80年代到新课改为止的美术教育课程就受到了这种科技理性的影响。这个阶段，课程强调高度的逻辑性，将美术视为一种纯科学体系中的认识对象，基本没有考虑学生在学习过程中的意识交互作用。正如美国艺术理论家阿恩海姆在《对美术教学的意见》里说的：“我有充分的理由认为，有这样一些教育者，他们对于直觉没有给予足够的重视，甚至对之抱有轻蔑的态度。他们断定，获得稳固和有用知识的唯一途径是理智的途径，理智在其中得到训练和运用的唯一领域是文字和数学语言的领域……直觉被认为是一种由上帝或遗传与少数个人的神秘天赋，因此是很难通过教育获得的。”[②]美术教育也被套上了理智认知的枷锁，其直观的体验性被削弱。例如，1992年《九年义务教育全日制初级中学美术教学大纲》规定的初中一年级美术教学内容和要求：

①欣赏中国优秀美术作品。
②初步了解美术分类的知识。
③学习平行、成角透视知识，用线条表现物体的结构。
④学习用线条表现物体的知识和技能，做简单的写生练习。
⑤初步掌握人体结构与比例的知识，做人物速写练习。
⑥初步了解中国写意花鸟的知识，具有花鸟临摹的能力。

---

① [德] 胡塞尔. 欧洲科学的危机与超越论的现象学[M]. 王炳文，译. 北京：商务印书馆，2001：16.
② [美] 阿恩海姆. 对美术教学的意见[M]. 郭小平，翟灿，熊蕾，译. 长沙：湖南美术出版社，1993：3.

⑦学习平面构成、基础图案及应用设计知识，并做适当的练习。

⑧利用橡皮泥、黏土、石膏等材料从事雕塑制作。[①]

这种纯专业化与纯理性逻辑的教学大纲，有好处也有弊端。这种指导思想下的教材比较适合于理性完全发育成熟的成年人快速地掌握专业美术学习的逻辑结构，是所谓以理论指导实践的标准体现。这种路径模式需要具备两个方面的条件才能起到较好的教学效果：第一，学生必须拥有较强的理性思维能力；第二，必须与大量的感性艺术体验配套。如果缺乏了艺术实践体验，这种教育就会停留在“嘴巴美术”[②]的层级上，感性与理性的关系将破裂。下图即传统美术教育的内在路径（图4–2）。

图4–2 传统的美术教育路径

这种模式的美术教育不适用于义务教育。在普及教育中它的坏处可能比好处更多。首先，它束缚了老师的课程主动权。大纲内容规定过于具体，基层教师在完成教学任务之余根本没有回旋的余地。其次，只重视客观的知识内容，对学习经验与学习过程完全忽视。学生的个人知识是在自我的不断探索下生成的。这种模式很容易导致老师直接灌输知识，剥夺了学生的认知过程。其实美术的客观知识并不是很多，很多规律完全可以通过设置合理的自我认知课程取得。如透视、色彩学、人体比例等，都可以在练习中让学生自己获得这些经验。欣赏课也完全忽视了作品的生成情境，成了“美术死知识”的化身。在欣赏课中，如果不能取得作品和自我的情感关联，这些知识就基本成为“无用处”的知识。再次，对学生的人格成长基本毫无着墨。这是彻底的为了美术而美术的教育，顶多是为了审美的教育（实际上是“审”

① 课程教材研究所. 20世纪中国中小学课程标准 · 教学大纲汇编（音乐 · 美术 · 劳技卷）[S]. 北京：人民教育出版社，2001：294~295.

② “嘴巴美术”指的是只会说一些美术名词与术语，而没有美术的表达能力以及体验成果。

“死”的美术作品和“死”的美术技法），因为美术整合人格的尺标在这个大纲中没有获得一点体现。总之，这是典型的“目中无人”的教育，切断了生活经验与知识的关系。“艺术与生活行为隔绝，在艺术与非艺术之间人为地划出鸿沟，会使艺术画地为牢，失去活力。”[①] 从而，艺术成为一种“神圣的怪物”。这种路径的美术教育应用于普及教育中是十分不合适的，它不符合儿童认知的规律。这种模式的美术教育，在集中强制使用与强化教学管理的过程中，弊端更加凸显。

2. 体验式美术教学的路径

基础美术教育的目的究竟是什么？笔者认为它绝对不是单纯地为了传承美术知识与技能。传承专业美术知识与技能的主要责任，应该由高等美术院校及美术专家们担负，而普及教育阶段只是起到一个美术“科普”的作用。大多数的受教育者显然将来不是要去从事美术专业的职业，因此，专业定向的基础美术教育不符合普及教育的要求。笔者认为基础美术教育的目标应该回到艺术的原初意义上来——艺术是一种表达生活的需要，这种需要是每个人都需要的，美术教育的目标应该指向人的生活与艺术的文化。

人类的一切创造与理想都是从生活世界开始，并最终沉淀于生活世界（图4–3）。在现象学美术教育学的视野下，美术教育的过程本来就是师生生活的一部分，“教育是生活的过程，而不是将来生活的准备”[②]，它是时时刻刻、切切实实的成长。杜威在《学校与社会·明日之学校》一书中的“我的教育信条”中铿锵有力地提出：“我认为学校必须呈现现在的生活——即对儿童说来是真实而生气勃勃的生活。像他在家庭里、在邻里间、在运动场上所经历的生活那样。”[③]现象学视野下的美术教育正是这样。生活的经验构成了教育坚实的基础，是认知的最初源泉。任何客观知识也只有在生活经验的整合之下，才可能内化为自己的知识。而与生活经验密切

① 邵大箴. 自觉的选择：浅议中国当代艺术和后现代主义[J]. 美术研究，1996（1）：31.

② [美] 杜威. 民主主义与教育[M]. 王承绪，译. 北京：人民教育出版社，1990：9~10.

③ [美] 杜威. 学校与社会·明日之学校[M]. 赵祥麟，任钟印，吴志宏，译. 北京：人民教育出版社，2005：6.

联系的美术，将是生动可感的美术。更为重要的是，因为经验、感觉、知觉、判断、直觉、情感、智慧等在美术表现之中获得了统整，人成长的过程使成为整合的过程。英国艺术教育家赫伯·里德（Herbert Read，1893—1968）在《通过艺术的教育》中总结道："教育的宗旨，一如艺术的宗旨，应在于保存人类及其心理官能有机的完整，因此当他自儿童时期迈进成人，自野蛮迈入文明，他仍然保留着意识的统一。这种统一是社会和谐与个人幸福的唯一源泉。"①

图4-3 以生活为起点与终点的现象学美术教育

艺术的感受性使生活中的事物具有了感受性，有了感受性也就产生了意义。世界的意义蕴藏在生活之中，但失去了体验能力的人是没有感觉的。在现象学中，直观艺术是体验的一种方式。以放开的知觉去洞悉世界，美便会扑面而来。人生需要诗意的栖居，每个人都渴望心灵的家园。美术教育的一个很重要的意义就在于让人们摆脱了无意义的状态，赋予生活以生命的活力。同时，因为健全的人格具有各种情景的适应性，美术教育可以让人们更好地适应现代生活。内在和谐而产生的自由意识最终体现出来的将是勃勃的创造力。创造力其实是人的一种潜力，人的潜能被激发，让生活成为创造性的生活。总之，在现象学的视野下，美是生活的需要，美术是生活的一部分。每个人都需要美术，正如我们需要呼吸。在平凡的生活中，我们每一个人都需要洞悉生命的含义，捕获生活赐予我们的无穷的可能性。生活成为自然的历程，它自然和谐地画出人生的图像。

体验式美术教育的路径是从"生活"的"经验"开始的，它发端于"生活世界"，经过美术体验教育，获得人格的整合，激发出人正面的生命活性，即创造力，并最终迈向一种"诗化人生"，一种意义感充沛的、艺术体

① [美] 赫伯·里德. 通过艺术的教育[M]. 吕廷和，译. 长沙：湖南美术出版社，1993：72~73.

验化的生活（图4-4）。在这种体验式的美术教育中，美术知识、美术技能、艺术精神、艺术修养和艺术生活熔为一炉，成为一种为生活的教育。个人与社会、艺术与生活成为一个统一体。生活因为艺术体验而获得整合，人成为完整的人；生活的历程成为生命体验的历程；艺术及其教育成为改善生活的方式。

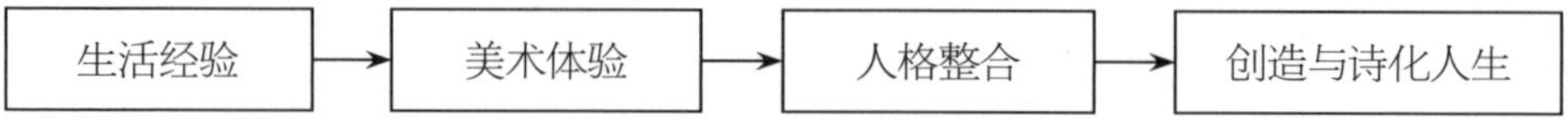


图4-4　现象学美术教育的路径

## 第三节　生活世界的体验

### 一、生活世界的原理

“生活世界”（Lebenswelt）的概念是胡塞尔在76岁的时候提出来的。他认为：“生活世界是永远事先给予的、永远事先存在的世界。人们确认它的存在，并不是因为某种意图、某个课题，也不是因为某个普遍的目标。一切目标以它为前提，即使那在科学的真理中所被认知的普遍的目标也以它为前提。”[①]在胡塞尔看来，生活世界是直观的、前科学的，它是可经验的人的存在领域，是一个有人参与其中，并不断呈现出自身意义与价值的世界。就其具体特征来说，倪梁康先生将其归纳为四个方面。第一，“生活世界”是一个非课题性的世界：它是一个自明的前提，不将它看作问题，不把它当作课题来探讨。人生的任何目的和实践生活的形式都必须以先被给予的生活世界为前提。第二，它是一个奠基性的世界：在这点上，“生活世界的自然态度”与“客观科学的态度”和“哲学的反思态度”得到区分，前者要先于其他态度并构成其他态度的基础。第三，它是一个主观的、相对的世界。“生活世界”随个体的主观视域的运动而发生变化，每个人的“生活世界”皆各自不同。第四，它是一个直观的世界：“生活世界”

① [德] 胡塞尔．胡塞尔选集（下册）[M]．倪梁康，译．上海：上海三联书店，1997：1087.

是一个直观的被经验之物的世界，它是日常的、伸手可及的、非抽象的。[①]“生活世界”，是胡塞尔思想发展的产物。按照“无前提”的准则来衡量，现象学还原的“纯粹自我”并没有达到真正的始源，只达到了笛卡尔—康德哲学认为不证自明的概念——自我意识。如果要真正做到无前提，那么就需要回到前科学时期，不受任何理论、传统与习惯影响，直接面对“生活世界”。生活世界本身是一个不能再被还原的最后的“剩余”，是不可超越的前提。胡塞尔现象学开始于“严格科学”，终结于“生活世界”，这不仅是他个人的经历，也反映出了整个现象学运动的走向。生活世界是人生活于其中的存在，是我们与自然交互的整体结构，是世界普遍的给予方式的原初的、最直观的显现，是一切意义的来源处。而与之相对的“科学世界”则是“理念的世界”，它将世界客观化、对象化、知识化和理论化，胡塞尔认为那是“原则上无法直观到的逻辑的亚建筑”。尽管科学对人类文明的进程起到了强有力的推动作用，但科学世界的实质却是远离人的、遗忘了生活的世界，它剔除了生活世界中具有生命气息的七色彩虹。

## 二、生活世界的美术教育

苏格拉底有这样一句名言：“未经审视的生活是没有价值的生活。”[②]。美术学习的态度说到底还是生活的态度。这个世界呈现给了我们诸多的神奇，如果你能发现，如果你能向世界敞开，你就会为生活而感动，觉得生活是这样的美好，艺术是这样的自然。

### （一）自然体验

星空！无论你住在哪里，都能望见那万古不变的星辰。你可曾去仰望星空？一夜之间除了太阳所处的位置，一年四季的星座都将在你头上转动一周。你可在那夏夜黑暗的操场，用红布遮蔽的手电筒，对照星图？田野那么寂静，只有蟋蟀在鸣响，世界拥有那么多的神奇。绿色植物也有动人的美丽。你是否种植过常青藤或富贵竹？你是否制作过植物叶子的标本？看着那

① 倪梁康．现象学及其效应——胡塞尔与当代德国哲学[M]．北京：生活·读书·新知三联书店，1994：131~132.

② 陈丹青．退步集[M]．桂林：广西师范大学出版社，2005：348.

一页页永恒的记录，闻着那植物的气息，是否曾经陶醉？你是否让你的居室被绿色植物包围？我们本可以装点生活，让生活分外美丽。幽寂的空山、奔腾的大海、清风朗月，生活中无处不有神奇。以我们的热情，去创造世界，化腐朽为神奇！无论是审美、体验，还是行为、创造，我们和世界的接触，本身就是极美的乐章。绘画、诗歌、琴声和野花，生活中的美无处不在。每一天，我们真诚地活着；每一秒，我们深刻地体验。这就是我们生存的足迹，这就是我们的学习。我们在生活世界之中，我们和自然在一起，和真、善、美在一起。

法国自然主义教育家卢梭认为："自然是我们的第一本教材，也是一本最好的教材。"①"美的事物都是永远不绝的喜悦源泉。"②你可曾注目过一湾溪水？溪水流经绿树丛林，活泼自由地流淌而永无止歇，从高到低的浪花飞溅，这是自然为我们呈现的美。流水无论遇到怎样的地形，它都可以自觉地找到奔涌的方向，或潜入地下，或转弯缓行，或化为飞泄瀑布。流水从高到低的流动是自然赋予其的本质，溪水遭遇山石是生存发出的挑战，溪水的奔流是生命的过程，溪畔的鸟语花香是生活赋予的种种奇妙机缘。这是自然给我们上的最生动的美术课。

美术的学习首先是唤醒我们对美的感受力。自然发出的美是最澄明与直接的，它是我们最容易获得的美术课程资源。我们的美术课可以到大自然中去，自然美的感受本身就是最好的美术课。美术不仅是表现，还是感受。在这种感受课中，我们可以设置一些"强化感受"的表现内容。但感受课，笔者认为应以感受为主，表现为感受服务。可以说自然美感受的课程内容比比皆是。春天雨雾缠绕漫山遍野的野花，夏日"接天莲叶无穷碧"的池塘，秋日天高气爽"万山红遍"的丛林，冬季"山舞银蛇原驰蜡象"的雪景……在与自然美的交互过程中，我们恢复了对世界的好奇，心灵被净化，获得了审美的超越。

也可以对自然中事物进行经过适当的加工，使其成为美术课程。如花

① [法]卢梭. 爱弥儿——论教育[M]. 李平沤，译. 北京：商务印书馆，1978：5.
② 石楠. 沧海人生——刘海粟传[M]. 台湾：台湾地球出版社，1994：306.

艺，我们可以采摘一些自然中的野花或植物，经过一定的处理与制作，使之成为美化我们生活的盆景或装置艺术。我们虽然观赏成品，但我们更重视过程，“艺术创作的过程常常比其最终产品本身要重要得多”①。认真制作的过程及与自然交互的过程才是意义生发的关键所在。像这样的美术课程应该还有很多，如树叶拼贴等。

中国传统美术就十分注重对这种自然美的把握。在南北朝时期，宗炳在《画山水序》中认为“山水有道”，山水以其外形体现“道”，因此，画山水即画“道”，画山水形象可以领悟虚无之道。提出“卧以游之”“应会感神”“神超理得”等“深思”主张，追求“寓情于景”“情景交融”。中国历来认为山象征“德”，水象征“灵”，此所谓“山水灵性”。王微的《叙画》一篇提出“寄情于山水”，强调“致”和“情”，求“畅神”，以“山水娱情”。可见，我国古代对自然美的体悟颇有一种形而上学的意味，但见解是独到且深刻的。

事实上，风景写生的意义也在于这种人与自然的交感作用。在与自然的面对面之时，我们可以体察风的自由自在，美的沁人心脾，笔触的默默涂抹，心灵的静逸与感动。在这个过程中，“自我”“自然”“美”与艺术都整合到了一起，人在环境中觉察到了自我的存在，感受到了它是有生命力的。

**（二）生命体验**

美术教育的终极意义指向生命关怀。生活最主要的问题是生活意义感的丧失。人们在不断科技化、断裂化、建构知识大厦的同时，却远离了生活世界；人们得到了确定性的知识建筑的同时，却失去了无限丰富的意义世界；人们享受了现代文明的物质成果，可是同时也加剧了对人性的束缚。我们忙于社会化的生存，可是我们失去了生命体的自由自在，以及对生命感受本身的关照。现代人被牢牢钉死在生存机器的断链上，没有喘息的余地。人类的生存被异化。科学世界体系所捆绑的美术教育的知识是外在的，而生命需要的则是内在的知识。现象学美术教育学以人的生命体验为依托，理解和启发

① [美] 威廉 · A. 哈维兰. 文化人类学 [M]. 瞿铁鹏，张钰，译. 上海：上海社会科学院出版社，2006：423.

人的精神世界，探寻人之为人的价值，向生命的意义感回归。在美术的生命、体验、理解和表达中，生命的意义源泉涌动不息，人们回归精神的家园——诗意的栖居。生活即生命（英语中生活与生命是同一个词life）。

1. 生命意义感

美术教育的终极关怀毫无疑问是立足于关怀人的生命。但这涉及很多复杂的哲学问题。比如，人是什么？生命是什么？当一个人提出“人是什么”的疑问的时候，其实就已经产生了两个问题。第一，提问者说出的“人”在他自己的观念中是什么意思。如果“人”这个概念，对提问者和回答者而言是彼此知道的那个意思，那又何必问呢？难道知道的，就非得用语言表达出来吗？第二，他问的“什么”究竟是什么。这个“什么”究竟意味着要求回答者从哪些方面做解答。难道提问者的意思是要求回答人存在之中的所有的关系吗？可见，我们在研究中的设问很容易掉进形而上学及语言学的陷阱。当我们追问“是什么”的时候，实际上我们渴望得到的是更充分的描述。

在现象学的视野下，人的存在是在各种关系之中的存在，人的存在永远不是一种孤立的事物。任何对“人”的解释或定义，其实只是描述了人存在的关系之中的一个或几个关系，而且很可能解释还是不够充分。而在没有确定这一抽象概念的时候，就问及它的本质，就更不可能得出答案了。其实，任何本质的解释也只是对一种情境下的关系分析。可见，关于人的定义，其实大部分都是“对”的，但也都是不全面的，也是不可能全面的。

人存在着，这是不证自明的。人的意义因人的存在而确立。因为人的存在是在各种关系之中的存在，所以，人的意义自然也只能在人存在的各种关系之中确立，同时，也是在自我意识之中的确立。那么，人与事物的联系就成了关键。人以感受性与外界联系，所以，只有感受性才能确立意义的存在，理性也仅仅是确认这种感受而已。现象学的存在不是客观性的存在，它是感受到的存在。因为可以感受到，因为可以直观，所以才是不证自明的。不能感受到的存在（包括使用仪器），对我们不构成可感的意义，虽然它们可能是存在重大意义的。例如，不能被我们发现的病菌，它们可能和人有重大的关系和意义，但人却不知道它们的存在，故也就不可能感受它们的意义。可见，意义即关系。

生命的意义，即生命与其他事物的关系。最有感的关系，往往是最有意义的关系。对生命而言，有很多的关系都重要，在不同的情境之中都可能变得相当有感。如温度，当我们快要冻死的时候，我们会发现温度对我们的生命而言是多么重要，多么具有意义，甚至可以说在这个时候温度就是生命。因为那一刻，我们深刻地体会到了生命和温度处在一个共存的关系之中。类似的事物非常多，水、空气、食物等。在人与人的关系中，爱、信任、理解等显得比较重要；在与自己的关系之中，通达、满足等显得比较重要。人的意义就是确认自己的存在感、存在的感觉、存在的各种关系之中的感觉、存在的各种意义关系之中的感觉。所谓意义关系，即建立起满意的关系，不满意的关系则产生负面意义感。这关系不是客观的，而是感受确认的。满意感和意义感一样，都是一种感受性。

感受本身也是各种关系作用下的，不完全是“本我”所发，也不完全是知觉器官的感觉。感受是意识的一部分，它和意识一样，是感觉、知觉、判断、情感等的一种混合。感受不同于感觉。据《辞海》解释，“感觉”是客观事物的个别特征在人脑中引起的反应。“感受”一词则解释为感觉到、体会到、感想到、影响到。[①]可见，感觉信息是由外部摄入的，但感受则不同，很多的信息是由内部发出的，如“力比多”的召唤。知觉器官将摄入的信息刚传入大脑的时候，感受性往往是不强烈的。它一般需要长短不一的一段时间，在意识的混合之下，才能形成感受性。在情境的现场，感受往往以“情绪”体现。笔者认为感受作为意识的一部分储存进了我们的记忆。

一般认为感受性中没有理性，但实际上，感受性也深深受到理性的影响。例如，你对某事物存在很明确的理性观念，当遇到与你的价值观不相符的观点时，这些观点的陈述就可能会使你产生负面的感受。理性在很多的情况下约束感受性，它让你感受理性认为“应该”感受的内容。例如，认真工作的观念，让你将注意力集中到工作上，但其他的生活意义感可能就会受到抑制。这不能

① 刘然．现代汉语辞海（第一卷）[M]．沈阳：辽海出版社，2003：320.

不说理性对感受产生了巨大的影响。所有的意义感都是一种感受。你可以描述，但无论怎样描述，也不可能使感受的描述达到直观的澄明。所以，现象学的意义，不是形而上的，因为它是直观的，也是不定义的，它不是逻辑推演的；但它也不是形而下的，因为它说不清楚，它不在语言解说内容的能力范畴内。意义感是一种感受，它是充实的、可感的、有活力的一种情境的感受。对于意义感充实的状态，我们可以描述。例如，心情稳定且略带喜悦，精力饱满，注意力可以高度集中，感觉变得敏锐，思维变得活跃，等等。

生命的存在是人活着的标志，这是不证自明的。在现象学的视野下，生命不是孤立的事物，而是存在于各种关系之中。生命需要空气、水、温度、食物等一系列因素，生命在这些因素的交互之中成长。我们就是生命体，生命在我们的身体之中。在生命开始的时候，我们在父母的爱、祝福、呵护、养育中成长。生命意义感就是生命价值的感受。感受性是意识混合的结果。这里面有理性观念的作用，如伦理价值、宗教价值等；也有身体发出的本我价值、生命本能的要求。在个体的意识之中，这些价值由个体自己做出判断。这就是生命的价值感，它显然是因人而异的。

观念不同是因人而异的关键。不同的信仰，会产生不同的价值观，也会得出不同的生命价值观。这些因人而异的部分，我们必须先“悬搁”。悬搁差异之后我们就会发现，人们在本我这一块是相同的，即所有的人都在追求“幸福”。幸福本身是美好的，是可以直观的，幸福的需要是不证自明的。我们再回头把悬搁的部分加进来，其实每个人都在追求“自我获得较大的满足并且平衡的感觉”，这种意识意向，笔者把它称为“让生存更圆满”的愿望。这样我们问题的答案基本就出来了。生命的意义就是让生存更美好[①]，生命的意义感就是存在的圆满感。

这里笔者试图采用思辨[②]和范畴直观两种方式解答生命意义的问题。思辨虽然仿佛可以找到问题的答案，但笔者认为有必要提醒语言的局限性，因

① 这里面蕴含了个体与群体的平衡，个体价值与群体认同的和谐。

② 思辨的方式和体验的方式是不同的方式。思辨在人类的文明史中具有非凡的意义，但思辨的方式不是直观的，它不能获得直观的澄明感。

为这个局限性往往是不被我们注意到的。最后根据语言的方式我们得出了几个名词："幸福""存在""圆满"，还有在中途附带使用的"本我"和"超我"等，这些语言的感受性在和体验的比较中，其真切感与生动性乃至内涵，都还存在很大的距离。"语言其实什么也没有'让你看到'!"只是给我们带来了更多的概念。原因很简单，因为眼睛、鼻子、耳朵、肺、心、脑、皮肤等带来的身体感受本来就不是语言可以说明的。语言本身就是象征的符号，而不是事物本身。真正的生动不是语言，而是我们的存在。一切语言、一切文字及一切抽象符号仅是指指向月亮的手指，而不是皓月本身。动人的感受，我们以心旷神怡来形容，但还是无法描绘那感受的实际情况。除非你有过这种感觉，因为感受过的经验会带来情感冲动，否则怎么形容你也不会明白。所以，与其去言说，不如去感受、去体验。

美术教育的终极意义就在于让人们获得存在的圆满感。因为，这个意义是一切人存在的意义的最终归宿。在现象学的视野下，生命的意义存在于生命的存在之中。它要求我们投身于对生活世界的体验，在生命之流中去直观生命的意义，在美术教育实践之中把握教育与美的真谛，将受教育者乃至我们自身引向存在圆满的理想境界。

2. 美术教育中的生命体验

美术的体验让我们感受到生命的意义感，而且意义感必须经由体验。你可曾躺在绿茵茵的芳草地上，让温暖的阳光"烘烤"着你的身体？你可曾肃立于无涯的竹海深处，倾听风吹过林海发出的声音？这些会让你感到轻松惬意，心情就像这和谐的自然一样恬静。如果平时繁忙的工作，常常让你烦心，那么这些体验就更能让你体会到生命自然状态的可贵。这好似一条返回生命本源的路、一条回家的路。每个具有生命的个体，都渴望着诗意的栖居，都能用"诗"的方式去探求"思"的意义。

我们是自由的人，我们有生命的觉悟。每一位学习过美术的人，可能都有这样的回忆：拎着一个小桶，拿着水粉盒，背着小画夹，去看风景写生。出发的时候，可能天色还未完全明亮，树的影子还黑暗深沉、房屋依旧沉寂，透露着梦中人的安逸；街灯还未熄灭，闪着金黄色的光。大地，在夜晚洒下的露珠的浸泽中，雄浑而了无声息。空气微寒而潮湿，带着泥土的气息，阵阵扑面袭来。最生动的是鸟的叫声，已经叽叽喳喳地响成了一片，因为它们已经确知了光明即将到来。渐渐的天更加亮了，建筑和大树变得清朗，街上已经有了零星的早行人，他们在街头一会又消失了。鸟的叫声已经不如开始时那么兴奋，转为彼此间的窃窃私语，偶尔才传来一两声高鸣。人们开始起床，为新的一天做准备，城市在苏醒。这时候，你可能已经选好了作风景画的地点。你可能独自坐在某个公园的角落，开始捕捉晨光中生动而变化很快的色彩。你凝望着因大气层过滤而逐渐变成蓝灰色的远山，你以画笔记录了你生命中某一天早晨的风景。你是否感受到了自由？你是否感受到这空气的自由？在风景与我们的交谈中，我们感悟了小小的我的存在，感受到了自然与生命散发的那种无以言状的动人。我们仿佛突破了空间与时间的束缚，体会到某种永恒的东西。有人说那就是“道”，在日常忙碌的生活中，我们也许体会不到。

让我们来体验[①]下石膏写生的情景。在静寂的石膏灯下的画室，我和阿里斯托芬、雅典娜交谈，从现代跨越了历史与地理的时空，纵情于古希腊“天空的火焰”（荷尔德林语）。空间在画面上呈现，我们体验着。[②]虽然阿里斯托芬的眼珠是白的，但是显得更加高贵，因为没有细节，所以显得更凝练。这是否就是古典美的“伟大的单纯，永恒的宁静”？是的，这是人与神的组合，是完美的人的化身。我想两千多年前的雕塑家一定是这样立意的。神圣的美，崇高的美，时间仿佛停止了。

再让我们体验一下人物写生的感受。那一天的夜晚，我和几个画友到火车站去画速写。这是一个老火车站，灯光很昏黄，地面稍显不干净。疲惫的旅客们横七竖八地在候车厅里躺着。我们开始画了。有来自农村的老人，他们脸上满是岁月留下的皱纹，抽着烟斗，烟雾之中闪现着沉重的目光。这目

① 实际上是体验描述，这和体验本身还是两回事，通过描述仅仅是唤起有过同样经验人的记忆，或者促发没有这种生活体验的人的联想。这里使用“体验”这个词，仅仅是为了追求行文的生动。

② 写实素描，注重立体感的塑造。拉出空间感，专业行话叫“出效果”。学画者第一次在习作中“出效果”，会体验到一种比较强烈的欣喜感。行话叫“上台阶”，指从那一张画开始，画者领悟了塑造的方法。

光中，仿佛有他一生的回忆，辛酸苦辣都有了。我们转身之间，发现了一位美丽的姑娘，穿着很朴素，但光洁的脸庞如同皎月，显得很纯洁，也很善良。她可能是个学生，她仿佛对未来的生活充满了憧憬，因为她的目光是明媚、清澈的。我们又开始画一个青年男子。这是个很有个性的青年，他的穿着比较时尚，但不是那种庸俗的类型，而是和他的气质非常吻合，显得很潇洒。男子手指很修长，举手投足让人感到雅致。一个个的动态或特写就这样进入了我的速写本。我们到路灯下，将作品展开，评点着彼此的作品。人物画的过程中，你面对的是人，你可以直接感受到生命，以及生命在岁月中的变化。

人是有血有肉的生灵，人的世界因为有人才有了意义。“所谓彻底，就是抓住事物的根本。但是，人的根本就是人本身。”[①]每个人都是有自我尊严的，都具有情感与理性，同时，人也是软弱的，每个人都会犯错误。人们在生存中追寻着人的价值与人的界限。[②]每个人都有着自己的情感世界，莎士比亚在《哈姆雷特》中写道：“因为你，虽饱经忧患，却没有痛苦，以同样平静的态度，对待命运的打击和恩宠；能够那么适当地调和感情和理智，不让命运随意玩弄于指掌之间，那样的人才是真正幸福。”每个人都品尝着命运的滋味，都追求着幸福；每个人都曾快乐与悲伤，欢笑与哭泣，激动与平静，振奋与迷失。人永远是美术中最令人感动的主题。从某种意义上说，美术史正是一部人文史。

美术的学习正是与人的对话。其中，有自我、父母这样的亲人，还有无数的他人。当我们走在不同的城市，走在不同的地点，如旅社、车站或小巷，与我们擦肩而过的是人群。他们有着不同的生活际遇，有的是工人、有的是职员、有的是流浪者，还有的是农民、学生、老师、医生等。每一个人都存在着、呼吸着、生活着。每个人都生活在人与人的各种关系之中，他们交换与传递着人类的情感。美术学习的目的之一，就在于让学生适应各种不

① 马克思恩格斯选集（第一卷）[M]. 北京：人民出版社，1979：9.
② [德] 潘诺夫斯基. 作为人文学科的艺术史 [J] 艺术史的视野——图像研究的理论、方法与意义 [M]. 曹意强，译. 杭州：中国美术学院出版社，2007：3-4.

同的人的情境，理解别人与自己的情感，体验别人与自己的需要，懂得合群的同时也有自我的生活。美术把人的思想、情感和感官认知和谐地整合起来，其终极的意义还是在于建设有意义的人生与和谐的社会。

我们再到美术名作中去体验一下。从拉斐尔的古典美到德拉克洛瓦的浪漫美，从米勒的田园诗到莫奈的印象派，从梵高的热情到康定斯基的音乐，可谓丰富多彩，群星荟萃。让我们选定一幅名作，比如米开朗琪罗的《创世纪》，画面中的人体雄浑有力，气势非凡。对画面的描绘就先省下了，因为这样的描述，网上有很多。在米开朗琪罗的艺术中，笔者感受到了什么呢？笔者感受到米开朗琪罗是用生命在作画，在将生命化为“乐章”。这正如尼采的诗篇：“别放逐了你精神中的英雄！且将你的最高希望永远保持神圣。”①米开朗琪罗是我们精神中的英雄。在这个世界上生存的每一个人，都是独一无二的。美术者的一生是自由的一生，是创造的一生。他们因为他们生命力的充沛而自豪，他们不断深入真实的生活，感受真切的生命。他们展示了美术的意义——让生命圆满！让生活自由！他们的生命历程诠释了：生命本身就是美！

美术是生命的召唤，是美好瞬间的感动，它不是纯粹的技术与冰冷的知识。在美术教育中，我们发现的是我们自己，发现的是世界本然的意义。它的过程，是我们和生活之间的“呼”与“吸”。在呼吸之间体验艺术，唤醒的是我们之所以生活的自信心，创造世界、探索未知的勇气。生命的历程就是审美的历程、就是创造的历程，也是学习的历程。每一次学习都让我们沉醉，不为别的，只为学习，只为生命。美术的学习是富有意义的，因为学习的过程充满着美好。美术学习不仅是为未来做准备。如果说是为未来做准备，那么，我们就忽略了美术学习过程的意义，使学习变成了痛苦的差事。所以，美术的学习是成长的过程，是生命的历程，它的意义取决于当下！美术学习的过程是快乐的、探险的经历，它本身就充满了美好，是有意义之人生的一部分。

---

① [德] 尼采．尼采的自我哲学[M]．刘烨，译．北京：中国戏剧出版社，2008：6.

### （三）美术教育与诗意的栖居

人总是在追求着自身存在的圆满。但在生存的洪流之中却总是感到难以获得这种圆满感。就好像哲学中的此岸与彼岸一样，此岸可以看到彼岸，但却永远到达不了。工业化的文明加剧了人的异化，人们普遍感到人格的迷失、价值的混乱、错位和意义感的虚无，人们本心的宁静受到了干扰。“人生存发展的目的往往被手段遮蔽，手段反过来成了目的，甚至成了唯一的、终极的目的。对许多人来说，经济增长就是一切，金钱成了人的价值尺度，其结果是，人的发展片面化，人文关怀意识失落。”[①]人们失去了灵魂的家园，迷失了返回生命本源的路。

生命应该像溪水一样的澄清，自然流淌。流水是奔流不息的，生命也同样如此。溪水的自然是从高到低流淌，生命的自然是生命力要求复原。无论在人生怎样的际遇之中，生命都在发出呼唤：我要回家，回到自然，回到人性温暖的家。生命要求回到本来的自然状态。美术教育正是为了唤起人们的生命意识。美术是人与人、人与自然、自我与环境的桥梁。在美术的自由与创造之中，人们体认了自我与环境的关系，觉悟了生命的感受。美术是唤醒，唤醒作为一个生命体的知觉，唤醒生命赋予我们的尊严。美的意识本来就存在于人们的心底，并不是美术教育创造了什么新奇的东西“赏给”受教育者，相反，它仅仅是唤醒美的潜在人格，以及对生命感的觉悟。生命本身需要润泽，需要滋养，无论是艺术家或流浪汉，对于生命而言，都是一样的。每一个人，都需要自我的觉醒，用创造去实践自己的生命。而创造力本身就是自由，美的教育点燃生命自由的火种，让人们不甘于散文化，不甘于生命的苍白。美术教育绝不仅仅是告诉你如何去画一张画，因为真正的美术教育，是诉说生活的真谛，是为你演绎自由，是告诉你在生活的旅途中，还可以带着信心与微笑。每个人的生命是一样的，我们都需要生存的面包、家庭的温暖、精力的充沛、生命意义的寻找。当我们能以绘制图画的审美之心审视生活的时候，我们会因为生命本身而微笑。人生才是一幅大画，美术教

---

① 陈新夏．认识・主体・人[M]．北京：中国社会科学出版社，2007：198.

育不仅仅是教我们如何去画一幅油画、国画，同时，它还教我们如何去画人生的大画。在人生的画布上，我们可否像画画一样的自由，潇洒地调配我们复杂生活的种种颜料，用热情、宁静、爱情与事业去挥洒我们的画布？在工作与家庭、生存与生命之间，我们是否做到了构图的均衡？美术教育正是让我们体会创造的神奇、美的静怡和我们生命的自由。美术赋予我们的生活以生命感，让我们在诗意自然中生存与栖居。

美就存在于人类的生活之中，美本如同空气。在“风来疏竹，风过而竹不留声；雁渡寒潭，雁去而潭不留影”①的风景中有美；在“事情来了，以本性对应，事去了，心随空”②的境界中也有美。美就是自然，美就是生命，美的状态就是生命的状态，美感体验与生命体验同一。水滴可以穿石，流水可以成自然。生命同样可以如此，只要你回归生命的本然，只要你能反照自己，你就如同踏进了清幽的山林，人生之妙、生命之秘密就会进入你灵性的心里。现象学美术教育学的终极意义正在于改善我们的生存，它回归于我们的生活本源——让我们诗意的栖居。

---

① 蔡志忠. 禅说：尊者的棒喝 [M]. 北京：生活 · 读书 · 新知三联书店，2000：65.
② 蔡志忠. 禅说：尊者的棒喝 [M]. 北京：生活 · 读书 · 新知三联书店，2000：65.

# 伍 [ 第五章 ]

## 147 美术知识

知识观念的关键在于对知识的理解。大多数人认为知识指的是理性知识，一种可以用文字呈现的客观知识体系（书本知识）。这种观念是相当普遍的。但如果我们翻一下《现代汉语词典》，我们会发现知识的解释和我们一般理解的不一样："知识是人们在改造世界的实践中获得的认识和经验的总和。"[①]显然，知识不仅仅是客观理性知识，也是认识与经验。我们都知道，认识按习惯可以区分为感性认识与理性认识，经验更是丰富无穷的。的确，知识涵盖了人类对自然、社会、生活、人本身等的认识与实践经验。知识很容易被相应划分为自然科学知识、社会知识、生活知识等。但这种划分，很容易将知识导向理性化与文字化。因为当我们实施这种近似"百科全书"式的划分的时候，实质上，我们已经将知识潜意识地文字化了，将知识转移为一种近似《辞海》的东西。笔者认为，知识是智慧的结晶，有的知识是可以用理性方式认知的，但更多的则不行，需要用体验与体悟的方式才能获得。

## 第一节 美术知识的特点

从某种意义上说，美术教育是一种体验的教育，而不是一种书本知识与技能的理性教育。知识与技能只是作为艺术体验的一个部分，不能替代目的指向之所在。认知是一个基于每一个个体的、在具体的情境下的动态生成。个人知识不是一种对象化、客观化、孤立化的存在。艺术的精妙之处，以及它的生动性、创造性和艺术个性，都是很难用文字去表述的。这些东西只能通过体验习得。艺术本来是一门高度智慧、直观性和体验性的学科，比较起自然科学的理性，艺术更能发展人的感性、判断力和创造性。如果，我们以一种对待自然科学的态度去对待艺术，只会将神奇的艺术教育降格为庸常的工匠教育。美术知识因为艺术性而具有了自己的特色。现象学美术教育学的知识观是意义、想象、知觉、判断、本质直观的统一。知识是基于"我"的"身体"体验的，在具体的、当下的情境中动

① 中国社会科学院语言研究所词典编辑室．现代汉语词典（2002年增订本）[M]．北京：商务印书馆，2002：1612.

态生成的。我们应该记住罗恩菲德说过的这句话："假如知识不能为一个心灵开放的个人所活用，就不能对个人有益，亦不能对社会有所帮助。"[①]知识应是knowing，而不仅仅是knowledge。

## 一、动态生成性

知识（knowing）存在于行动之中。美术知识是在动态之中，在个体之中生成的。美术知识只有在实践中才能习得。当然，这不仅仅是指作画，还要投身于美的世界去行动，走入大自然、走入博物馆、走入丰富的生活世界，动手拍照记录、速写等。在行动中，有了一个创意，立即去实现它；有了一个行动的想法，立即去实施它。自己动手打造画室、工作间或设计室，构建自己的生活空间，营建学校的学习空间。行动胜于思考，患得患失地瞻前顾后，不如投入实践的行动。如果，你没有尝试过风景写生，你就无论如何也不能获得风景写生的快乐。在行动中养成，在行动中思考，获得行动中的智慧：自信、风格和机智，还有习惯、常规和敏感性。

## 二、感受性

感受之知，它首先不是技术的、认知的，而是关系的、时间的、身体的、情境的和行动的。英语单词pathic来源于pathos，意思是感情、激情，在更大的语境中，它是指一般的情绪、敏感性和"在世界之中"的感受性。[②]我们美术课本呈现的知识体系往往是人类对象化情感的展现，对于教师和学生而言，都存在内化与个人理解的问题。有的知识是确定的、逻辑的、可判断的，但有的知识却是不确定的、非逻辑判断的、非陈述性的。美术中存在大量非理性的、不能通过间接学习来获得的、不能形成文本和图像的知识。我们很容易讲授概念性的知识，却往往很难讲解感受性的理解。这首先就考验了美术老师对艺术与教育的理解力。这需要教育的敏感性、智慧性。教师通过创设适当的情境，使用可感性的语言和教学辅助影像，来唤醒

---

① [美]罗恩菲德. 创造与心智的成长[M]. 王德育，译. 长沙：湖南美术出版社，1993. 1.

② Max van Manen. The Pathic Principle of Pedagogical Language [J]. Teaching and Teacher Education, 2002（18）：215-224.

和反思感受性意义（pathic meanings），使学生在情境之中感悟生活中体验的、伦理的、情感的和个人维度的微妙体会，并形成对当下的理解与事后的积淀。美术本身是一种情感性的、充满悟性的教育。美术中大量感受性的意象，靠纯理性是不能解释的。因为艺术的思维模式是超科学的，而在人的原初思维中，感性和理性本身就是一体而不分的。是人类扭曲的生活方式扭曲了人的意识结构，造成了部分意识能力的丧失。所以，我们应该着重把握美术课程的可感性，从可感性之中生发概念性的认知，以及那些不可言传的经验，恢复人的完整性，以达到人性的健康状态。在美术课程的过程中，教师与学生共同成长，获得宝贵的生活经验。教师实践感受性的维度就存在于师生的身体之中，存在于世界的物品之中，存在于我们与他人的关系之中，存在于我们的行动之中。悟性就在你的脚下，就在你当下的感受之中。

## 三、体验性

美术知识存在于我们的身体之中。“我的世界”经过“我”的“身体”获得体认。身体是一个相当微妙的感应器，什么时候过度了，什么时候疲劳了，什么时候需要调整了，你的身体会告诉你。身体有它自己的感受，也有它自己的记忆。我们的身体本身就是一个精神性的存在，因为身体直接参与了我们所有的“知”。体验首先需要恢复我们知觉器官的敏感性，只有我们的身体对世界开放，世界才能对我们开放。在这一点上，梅洛-庞蒂的“具身化”（embodiment）和我国的禅学取得了共识。身体的展开，世界就为你展开。用眼睛、耳朵、鼻子、皮肤，感受这神奇与微妙的世界，感受空气的流动、草木的气息、春花秋月、夏风冬雪、猎户座的星云、时间的流逝……于是，你会发现自然在“我”之中，“我”和世界是一体的，那么真切。而这才是真正的知识、生命的知识。美术教育作为一种充满灵性的教育，特别需要这种“身体力行”的体验。无论是在日常生活中，还是在艺术活动中，不可言说的知识就像是可以言说的知识一样大量存在着。只有身体的亲在，才能获得波兰尼所说的“隐性知识”。美术传达是人类的情感，教育是最细致的心灵工程，失去了这种细致的生命感悟，它们都会显得苍白而无力。

英国哲学家迈克尔·波兰尼（Michael Polanyi，1891—1976）认为知识可以分为“显性知识”和“隐性知识”。他说：“人类所认识的远远高于所能告诉的。”[①]波兰尼在《人的研究》一书中指出：人类有两种知识。通常所说的知识是用地图或数学公式、书面文字来表述的，这只是知识的一种形式。还有一种知识是不能彻底表达的，如有关我们自己行为的某种知识。波兰尼认为：如果我们将前者称为“显性知识”的话，那么就可以将后者称为“缄默知识”。缄默知识的特点：第一，不能通过语言、文字或符号进行逻辑的说明；第二，不能以正规的形式加以传递；第三，不能加以批判性反思。我们传统的智能理论局限在概念、判断和推理，认为只有清晰表达的才是知识，不能言说的就不是知识。这样就把丰富性的智能限定于理性的认知，就导致了一种观念：只有科学知识才算得上是真正的知识，“智商”的高低也常常是指逻辑能力的高低与理性思维能力的高低。这种重理性的教育观念对美术教育也有很大影响，美术教育的知识往往也被认定为可言明的客观知识。这种知识论不符合美术的真实存在，是“去世界化”的知识论。仅靠这样的知识论，人可以成为有美术知识的人，但不能成为真正懂得美术的人。这个世界是复杂的、多样的和整体的。美术知识除了理性知识外，还存在大量的情感、感受、意志、知觉、直觉的知识。这些知识，只有通过亲在的美术体验，才能获得其意义。

### 四、时空性

胡塞尔在《纯粹现象学通论》中说：“时间性一词所表示的一般体验的这个本质属性，不仅指普遍属于每一单一体验的东西，而且也是把体验与体验结合在一起的一种必然形式。”[②]我们通过过去与未来，确认我们的现在。每个人都有对他物、他人的时间感，都有意识的意向、指向和趋向。在与他物、他人相处的过程中，我们获得时间感。过去和未来形成了一个意向的空间，我们会形成一种对时间的理解。“我”存在于时间中，而时间感就是生

① Polanyi M. The Study of Man [M]. London: Routledge&Kegan Paul, c1957: 12.
② [德] 胡塞尔. 纯粹现象学通论 [M]. 李幼燕，译. 北京: 商务印书馆，1992: 204~205.

命感，时间是自然与生命的脉动。懂得了过去，你也许会理解未来，而更重要的是你会懂得把握现在。而感受到了时间，你就感受到了生命“在呼吸”。对美术教育而言，一方面，美术史就是一部人类的文化史。任何知识都是在具体的历史情境中生成的。欣赏美术作品，必须投入具体的历史文化环境之中，才可能获得真正的把握。在时空的交错之中，我们懂得了文化，变得更包容。更重要的是，我们懂得了人性的价值。另一方面，美术是时间的知识，它以微妙的观察，捕捉生命中感人的瞬间。美术教师其实也是这样的捕捉者，需要在课堂中把握教育的关键时机，将美术教育导入学生的心灵之中。

### 五、情境性

美术知识在具体的情境中生成。有些体验知识只有在当下的情境中才能获得，离开了鲜活的情境，那些知识也就不存在了。教师与学生就生活在教育情境之中，而情境总是千变万化的，没有固定的模式可以去把握，这需要教师的智慧及经验的方式沉着应对。“在世界中存在”就是在各种“情境中存在”。自信心是在情境中长期实践的结果，仅靠客观知识的丰富是不够的。我们只有置身于教育情境中不断地面对具体的问题，也许是置身于大自然，也许是置身于博物馆，也许是置身于社会的街道。我们随时随地都处在某一情境中，不断获取不同的美术教育的情境之知，不断体验教育关系中的微妙变化，并把期待性的反思和回顾性的反思结合起来，才能渐悟或顿悟，形成美育智慧，成就机智者的自信。像海德格尔那样面向思的事情，泰然让之，从容不迫。作为教师，要有对精神境界的追求，要擅于控制教学氛围，巧设教学情境。美术教育不是课本知识的教育，而是一种美的情境的教育。需要注意的是，首先教师自己要成为“体道”“悟道”的行者，才会养成一种意识品质——对情境的敏锐与自信。

### 六、关系关联性

美术知识存在于关系之中。它既是色彩关系、形体关系、明暗关系与虚实关系的知识，也是你、我、他与世界及意义关系的知识。在我们和他人的关系中，我们可以懂得认同、信任、亲密、自由、平等、博爱和依赖；在“我”与世界的关系中，我们确认自己的位置，选择自己的定位，寻找自己的意义；在艺术与人生的关系中，我们懂得了生命的“美”与“真”。现象学认识论是一个人存在的知识论，只要他活着，他就不断地吸纳生活中的知识，并且在这个丰富的“生活世界”里不断生成着知识。美术教育的认知也是如此。“人命中注定要在‘不确定性’中寻求‘确定性’，在‘有限’中探望‘永恒’。”①

总之，人类的意识，是一条赫拉克利特之流②。在生活持续体验的过程中，每一次体验，都会随着生命之流绵延辗转。它在持存中滞留着过往，又指向并期待着未来。世界是完整的世界，人是一个整体性的存在。在人类的意识世界中，清醒的概念只是一部分，前概念则处于概念冰山之下。在完整之中，才能呈现生命完整的意义。美术教育的知识正是这样，除了客观美术知识之外，我们的感觉、我们的直观在意识体验中都是有意义的，这也是一种“知”，甚至是更进一步的“识”。在这里，在行动之中形成了感受性的理解（pathic knowing and understanding）。这种直观的理解就有助于洞见的形成，从而洞见美与生命的真谛。美术知识成为在广阔生活世界里的体验，成为动态的生成，成为人生意义的一部分。美术知识的“此在”，成为涌动无限可能性的存在。艺术与“完整的人”乃至世界合成为一体。

## 第二节 美术知识体系的重建

在一般人眼中，美术学科往往带有一种神秘感，并与天赋有着密切的关系，因而美术学习往往被视为专门训练，似乎只有具有天赋的儿童和美术家才能掌握。其实，专业画家固然拥有专业的美术技法与知识，但艺术精神、

---

① 蒋开君．范梅南现象学教育学思想研究[D]．北京：首都师范大学，2010：126.

② 赫拉克利特的哲学观点，来自于他的一句格言“你不能两次踏入同一条河；因为向你流来的永远是新的河水”。在赫拉克利特看来，永远变化不息然而永远持续存在的河流象征着世界。不仅我们周围的世界，甚至连我们自身从某一瞬间到另一瞬间也是不一样的。赫拉克利特的思想指出了生命世界的深刻特征。

艺术修养与艺术生活却是每个公民都需要的，尤其是现代社会公民。

这揭示了一个重要的美术教育议题。义务教育阶段的美术教育——公民需要的美术教育，实际上是一种艺术精神、艺术修养和艺术生活的教育。这里面有几层含义：第一，义务教育阶段美术教育不是以专业美术标准为指向，即不是以专业美术教育人才为培养对象；第二，义务教育阶段美术教育的内容应该与生活具有高度关联性；第三，艺术精神、艺术修养和艺术生活教育的具体学习领域超出了纯美术的范畴，还包括了更多的生活中的艺术性体验；第四，艺术精神、艺术修养和艺术生活教育不排斥专业美术的教育，可以包含部分的专业美术教育内容。

## 一、传统美术教育的美术知识体系

毫无疑问美术知识可以分为普通美术知识和专业美术知识。所谓普通知识也可以称为"常识"，即一个人所具有的涉及多种学科的一般性知识；所谓专业知识一般与职业有关，或者一个人由于深度的业余爱好而导致的对某种知识的深入了解和认识。义务教育阶段的美术知识，显然是普通的美术知识，即每个公民需要的美术常识。

传统美术教育的知识体系是一种接近专业化的美术知识体系。长期以来，我们中小学的美术教育都坚持着这种美术教育。笔者认为它的影响与话语权，即便到了今天，仍然具有压倒性的地位。即便在新课程改革的时代里，很多新课程之中仍或多或少地渗透着传统美术教育基因的影子。笔者认为，传统教育论的观念已经成为现有文化的一部分，已经融入了绝大多数人的观念血液，从而以一种"集体无意识"的不自觉方式，几乎无处不在地发挥影响。

早在1923年，由刘海粟、何元、俞寄凡和刘质平起草的《新学制课程纲要初级中学图画课程纲要》就将内容与方法分成理论教授、实地观察和实技练习三大类，现摘录实技练习部分供大家思考和判断。

实技练习：1. 几何形体及一切人造物的描法，叶的描法，花的描法（写生）。2. 鸟的描法，虫的描法，花的描法（写生记忆并行）。3. 人体各部的描法（用石膏模型）。4. 建筑物的远近描法（简易的）。5. 描写朝、昼、夜的景色。6. 描写三调表现的树木、丘陵等。7. 描写人颜（男子的颜、女子的颜）（5、6、7记忆写生并行）。8. 描写散点图案（单独的组合）。9. 描写模样图案（二方连续图案，四方连续图案）。10. 描写展开投影图，相贯体的投影图（简易的）。11. 描写家屋的正视形、侧视形、平视形图。12. 表现风、雨、雪、月等的表情。13. 描写平行透视图、成角透视图（简易的）。①

从这份美术课程纲要中，我们会发现，这种美术学习基本是一种专业性的美术学习，而且是一种比较系统的专业美术学习。笔者对中学时期的美术教材留下了深刻的印象。那是1980版的全国义务教育中学美术教材。那时候，我们的教育属于一种高度集中管理模式，全国采用同一个教学大纲，同一套美术教材。自然，这套教材的编写集中了全国的美术教育专家，以一种经典的方式呈现。论其性质，那套教材基本也可以划入偏向专业性的美术教材。

新课改以来普遍存在一种观点，即我们的教材过于专业化了，认为专业化妨碍了普及型美术教育的发展。可以肯定的是，如果我们从专业标准来看待基础教育中的美术课程，无疑有违基础教育的本质和初衷。让所有学生掌握专业美术知识与技能的期盼也是不现实的。但问题也许并没有如此简单。仅仅通过降低美术课程的难度，去除美术课程的专业性，也许并不能换来公民素质教育的良好效果。

中国美术学院美术理论家曹意强先生就不反对美术的专业化学习，他认为“美术学习就应该学习最好的，经典的”。笔者通过实际学习那套专业性的、经典的1980版美术教材，从中得出了让其受益匪浅的教育结论。那套教材的知识体系是比较完整的，范画都是以经典呈现的。在很长一段时间里，成为很多像笔者这样的美术爱好者心目中的经典教材。曹意强先生还认为教

① 课程教材研究所. 20世纪中国中小学课程标准 · 教学大纲汇编（音乐 · 美术 · 劳技卷）[M]. 北京：人民教育出版社，2001. 197~198.

育的关键在于教师，他认为好的教师就能带来好的教育。的确，如果有好的教师教，哪怕使用专业化的美术教材，也许也能有比较明显的美术教育成效。这种方法的关键在于教师的适配性，如果教师是一位画家，那么实施专业化的美术教学，也许对教师而言、对教学条件而言都是合适的。

传统的美术教学有传统美术教学的优势。首先，在纯美术的写实美术教学中，传统美术教育是具有优势的。其次，传统美术教育的性质是一种精英美术教育，对培养美术专业人才有一定的优势。最后，传统美术教育中范图的经典性也决定了传统美术教育在古典美、写实艺术教学中的优势地位。

传统美术教学的缺点主要有三个方面：第一，缺乏全体学生的关照性。它设计的教学目标对于全体学生而言，几乎是无法实现的，至少在没有相当高明的教师指导的情况下，是实现不了的。笔者在中学时代的美术学习中，也观察到绝大多数的学生达不到那套经典教材的教学目标。第二，不符合公民教育的需要。比较教学的知识目标与人们生活的实际情况，会很明显地发现，绝大多数的知识，人们都没有掌握，更谈不上在生活中的应用。换句话说，我们的教学目标失败了，根本没有产生相应的公民教育效果。经过调研我们发现，大多数的人们（专业美术人士暂时排除）接受过我们的传统美术教育，但教育中所要求的知识，他们早就忘光了，甚至根本就没学会过。人们把老师们教的美术知识几乎原封不动地全还给了老师，这个问题相当的严重。人们几乎没有在我们的传统美术教学中有所收获，甚至很多人完全没有收获。用一句残酷点的话说，我们坚持很久的传统美术教育，在公民教育上是完全失败的。第三，传统美术教育最该被指责之处在于其垄断性。全国采用统一的教学大纲、唯一的教材，这种刻板的模式，极大地阻碍了教师的教学发挥与教师的成长。教师仿佛成为一件工具，不仅遏制了教育行为的主体能动性，也不能带来多方位的美术教学思考与争鸣。

笔者还注意到：第一，传统美术教育有比较强的群众认识基础，将美术教学的纯美术观念转变为当代的美术教育观念，也不是一朝一夕就能够办得到的；第二，艺术精神、艺术修养和艺术生活的教育也可以通过纯美术教育的方式习得。从这个意义上说，实施专业化的美术教学的时候，如果能注意到全体性、启发性和陶养性，教学目标不要设计得过高，以学生的实际情况指导教学的话，那么，传统美术教育方法也许可以作为现代美术教育多元化方法中的一种。尤其是在优秀教师的驾驭下，也能产生良好的美术教育效果。笔者持多元化、自由竞争的美术教育观念，认为在没有教育垄断的前提下，传统的美术教学方法可以和现代美术教学方法展开竞争。而教学与教育的竞争是对我们的教育最为有益的。进一步进行分析，笔者认为义务教育阶段美术教学能否产生成效的因素是多元的，绝不能仅仅以降低美术教学的专业性而了事。

笔者发现，我们现存的美术教育的知识体系在很大程度上沿袭了传统美术教育知识体系的内容。例如，我们划定了义务教育阶段应该了解和掌握的色彩知识：原色和间色的概念及间色或更多颜色的调配；色相、纯度和明度；对比色、协调色或对比色（极端现象为补色）、类似色、同种色；色彩的冷暖和联想；色彩的搭配方法与效果；着色的方法等。如果需要，还可以在认知的层面了解光源色、固有色和环境色的概念。

我们发现这些知识都是以一种专业术语的方式出现的，也就是纯理性专业知识。虽然考察了义务教育阶段学生认知的水平，在纯专业标准上难度有所降低，但客观而言，知识体系是相当完备的，基本囊括了色彩学的主要知识。专业美术大学生掌握的色彩学知识也许比这多不了多少。那么问题就来了，我们还需要进一步降低知识的难度吗？减少知识量吗？如果减少，减少哪一些呢？如果增加，又增加哪一些呢？专业化的美术教学好歹提供了一套非常系统化的纯美术知识与技能的学习，在经典的美术欣赏中与组织良好的美术实践之中，可以使公民获得一定程度的艺术修养，也能在一定程度上提高公民的素质。如同我们考察专业化美术教学一样，这种降低难度的美术教育对学生而言，真的能产生有意义的教学效果吗？

我们暂且不要轻易得出结论。让我们继续探究，继续考察我们目前的美术教育知识体系。

## 二、当前美术教育的知识体系

当前的美术教育较传统的美术教育而言，呈现出了多元化的发展趋势，出现了很多现代美术教育的方式方法。尤其是新课改以来，新教学、新学习方式的研讨十分火热，这都推动了美术教育往现代美术方向的发展。但我们也应该注意到传统美术教育具有“遗传性”，它的影响在当前的美术教育之中无处不在。所以客观地说，当前的美术教育是现代美术教育与传统美术教育的一种混杂体。

让我们先考察一下我们当前美术教育的完整知识结构。

在基础教育美术课程中，普通美术知识包括：美术学科的基本结构（图5–1）；美术的大体发展脉络；关键的知识点和技能。

**（一）美术学科的基本结构，基本等同于美术学科的分类性知识**

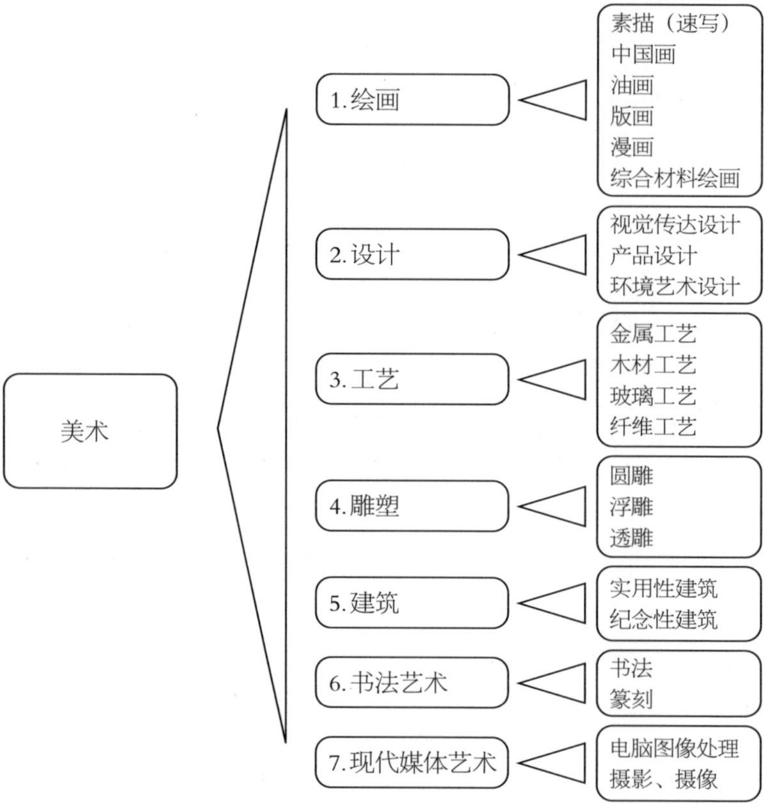


图5–1 美术学科的基本结构

### （二）美术的大体发展脉络，相当于简化的美术史知识

1.中国美术的发展

（1）新石器时代美术（约始于7000年—8000年以前）。

这一时期最重要的艺术成就体现在彩陶上。彩陶在我国分布极广，但以黄河流域中上游的仰韶文化和马家窑文化最为著名。彩陶艺术注重实用与美观相统一，造型风格朴实自然。

（2）先秦时期美术（公元前1600年—公元前221年）。

先秦时期的美术主要指的是夏、商、周和春秋、战国时期的美术。代表这一时期艺术最高成就的当属青铜艺术，青铜艺术可以说是继彩陶艺术之后的又一个艺术高峰。青铜器因用途不同而造型各异，其造型主要是仿自然界的瓢、瓠、兽角等而演化为壶、鼎、鬲等形器，有的干脆通体呈现动物状。青铜器纹饰有动物纹、自然气象纹、几何纹、器物纹等，而尤以动物纹样最为常见。

（3）秦汉时期的美术（公元前221年—公元220年）。

秦汉时期是我国民族艺术风格确立与发展的重要时期。由于这一时期处于中国封建社会上升期，所以造型艺术整体上反映出当时社会的进取精神，体现了浪漫主义与现实主义相结合的趣味。秦汉雕塑艺术以陶俑和石刻艺术成就最高，具有一种磅礴的气势。秦汉时期的绘画在题材和表现技法方面丰富了中国绘画艺术的传统，为形成中国绘画的民族特征奠定了基础，成为中国绘画史上的第一个高峰。

（4）魏晋南北朝时期的美术（公元220年—589年）。

佛教的传入促进了石窟艺术的发展。这一时期的绘画主要是墓室壁画和石窟壁画，题材涉及日常生活和佛教故事。雕塑制作的规模之大、作品数量之多、技巧之成熟和对百姓精神生活影响之大，皆为前代所不及。这些雕塑大多见于一些石窟之中，如敦煌莫高窟、云冈石窟、龙门石窟、麦积山石窟等。另外南朝的陵墓雕刻与陶俑具有很高的艺术价值。

（5）隋唐时期的美术（公元581年—907年）。

隋代虽时间短暂，但其美术具有过渡性，已显现出发展的迹象。唐代

则是中国封建社会美术的一个高峰。唐代是中国绘画走向成熟的时期，山水画成为重要的画种，并出现了青绿和水墨两种不同的风格；花鸟画也成为独立的形式。尤其是表现上层贵族生活的绘画和表现世俗生活的仕女画十分盛行，且成就卓然。唐代的工艺美术也十分发达，尤以唐三彩最为著名。

（6）五代十国时期的美术（公元907年—960年）。

由于战乱，唐代美术的兴盛局面不复存在。一些中原画家纷纷避难于蜀地，从而使西蜀云集了不少绘画人才。西蜀、南唐两地统治者都酷爱书画，建立画院，繁荣了美术创作。西蜀绘画在宗教绘画和花鸟画方面颇有建树，南唐绘画则在山水画和花鸟画领域有新的发展。五代的绘画在隋唐和两宋之间起着承上启下的作用，为宋代绘画的近一步繁荣奠定了基础。

（7）宋代美术（公元960年—1279年）。

宋代绘画与社会保持着广泛的联系，使得绘画题材广泛，风格多样。绘画的分科日趋细致，职业画家、宫廷画家十分活跃，文人士大夫也参与绘画，给画坛带来新的气息。此外，创作的繁荣和鉴赏收藏之风勃兴，也促进了绘画理论的发展。

（8）元代美术（公元1206年—1368年）。

由于很多文人参与绘画活动，中国绘画出现了重主观意趣和笔墨风格的走向，而且进一步与诗书相结合。水墨山水和花鸟竹石成为常见的题材，宋金以来形成的文人画在此时已跃居重要的地位。

（9）明清时期的美术（公元1368年—1911年）。

明清时期，一方面，木版年画和民间美术工艺的发展，使得一些新的审美趣味渗入了文人书画；另一方面，由于考据之风的盛行，也造就了一批拟古的文人书画家。明末欧洲商人与传教士来华，促进了中西美术的交流，使中国绘画出现了一些新的变化。在工艺美术、雕塑艺术方面也卓有成就。明代的建筑艺术，更是我国古代建筑史上的最后一个高峰。都城、宫殿、陵寝等均规模宏大，江南园林更是冠绝古今。

（10）近现代美术（公元1840年至今）。

沿海商业城市的形成，促进了新的绘画市场的出现。科学技术的发展，为普及美术开辟了新的途径。书籍装帧、插图和讽刺画，逐渐成为有生命力的美术形式。新式美术学校的建立，以及选派留学生出国学习，进一步推动了西方美术在中国的传播。中华人民共和国成立后，中国美术在各方面都有了史无前例的发展。新的时代赋予了中国美术以新的观念和新的内容，艺术技法也在不断推陈出新、广泛吸收的基础上，获得了全面而迅速地发展。①

2.外国美术的发展

（1）古代美术（公元前30000年—公元496年）。

目前发现人类最早的造型艺术产生于旧石器时代晚期。原始美术包括洞穴壁画、岩画、雕刻和建筑等，尤其以洞穴壁画最为有名。这些壁画均以动物为描绘对象，手法写实，造型生动。

公元前4000年至公元前538年，在今伊拉克境内的幼发拉底河和底格里斯河流域之间，人类创造了辉煌的文明，雕塑、建筑、绘画、工艺美术都十分发达。

公元前4000年前后，埃及出现了奴隶制国家。古代埃及辉煌的美术成就体现在陵墓、庙宇建筑、绘画、雕塑等方面，尤以金字塔享誉世界。埃及艺术的一个突出特点是具有鲜明的程式化特征。

古代希腊是欧洲文化的发源地，在艺术上也深刻地影响了西方美术的传统。古希腊美术在建筑、雕塑、绘画和工艺美术方面都有较高的成就，高度写实的人体雕塑尤其著名。

希腊在公元1世纪被罗马吞并之后，世界文化的中心也随之从希腊转移至罗马。罗马人除了为人类建筑艺术做出巨大的贡献之外，在肖像雕刻上也成就卓越，尤其注重表现人物强烈的个性和复杂的内心世界。此外，壁画和镶嵌画也十分有成就。

① 中央美术学院美术史系中国美术史教研室．中国美术简史[M]．北京：高等教育出版社，1989.

（2）欧洲中世纪美术（公元476年—15世纪）。

在欧洲中世纪文化中，基督教影响着社会的意识形态和生活方式，美术开始为基督教服务。这一时期比较有名的是非写实性的宗教题材的镶嵌画、哥特式的教堂建筑。

（3）欧洲文艺复兴时期的美术（公元14世纪—16世纪）。

这是一个大师云集、杰作迭出的时代，是继古希腊、古罗马之后欧洲美术史上的又一个高峰。文艺复兴美术的重要特点是抛弃了中世纪艺术呆板、僵化的抽象象征性，而代之以更为世俗化和具有人情味的写实形象。美术家以科学和理性的态度研究自然和现实，建立了作为西方写实主义绘画重要基础的透视、解剖和色彩理论，对后世西方美术的发展产生了深远的影响。

（4）十七八世纪欧洲美术。

在16世纪发生尼德兰资产阶级革命以后，北方诸省成立了荷兰共和国，而南部的佛兰德斯却仍为西班牙封建专制与天主教会所控制。荷兰的绘画具有一种纯朴的写实风格，并诞生了独立的风景画和静物画。而佛兰德斯的美术则表现为一种具有动感的、宏伟华丽的巴洛克风格。西班牙在17世纪出现了现实主义的风格，形成了艺术绘画的黄金时期。法国不仅在17世纪出现了古典主义的风格，而且在18世纪出现了繁复、柔丽的洛可可风格，并成为欧洲美术的中心。

（5）19世纪欧洲美术。

19世纪法国仍是欧洲美术的中心，作为资产阶级民主革命的摇篮，在意识形态方面也表现得十分活跃。随着革命形势的变化，法国的美术也在大的文艺思潮中，不断出现新的风格和流派，如古典主义、浪漫主义、写实主义、象征主义、印象主义直至后印象主义。

（6）20世纪西方美术。

20世纪是西方现代美术思潮和流派纷呈的时代。这些思潮和流派主张与传统美术彻底决裂，强调艺术家个人的主观表现和独创性，主张为艺术而艺术。现代主义风格首先在野兽主义绘画中出现。随后出现的风格包括立体主义、表现主义、未来主义、抽象主义、超现实主义。20世纪50年代以后，被称为“后现代主义”的美术又登上了美术舞台。它既是现代主义美术的延续，又形成了一些与之不同的特点。此外，在整个20世纪，现实主义美术仍保持着其不衰的活力。[①]

关键的知识点和技能，即除了了解上述框架性的普通知识以外，还要了解一些关键的知识点和技能，具体可以分为美术门类中的知识、技能和美术史中的重要人物及代表作品。

**（三）美术门类中的知识、技能**

绘画：基本的构图知识；示意性的手绘线描；结构性的素描（包括平行透视、成角透视、圆面透视以及结构与比例知识）；明暗推移法造型；漫画和卡通创作；知道版画的制作过程，能制作简单的版画。

设计：图案基础（单独纹样、二方连续、四方连续的制作）；基本的设计原理和法则；色彩的调配（原色、间色和复色以及色相、明度、纯度知识）和配置（同种色、类似色、对比色、主调、对比、调和）；简单的视觉传达设计（基本包括字体设计、标志设计、广告设计、编排设计）；简单的产品设计（拓展包括服饰设计、家具设计）；简单的环境设计（家庭的室内设计）。

雕塑：简单泥塑造型。

书法：识别简单的书体，例如篆书、隶书、行书、草书、楷体等；知道篆刻的制作方法和过程。

工艺：简单的手工制作（简单生活、学习用品的制作；纸工、编织、陶艺）。

摄影（像）：基本的构思、取材、取景、构图、用光知识以及后期的图像处理。

计算机美术：平面图像处理、网页设计（拓展类）。

鉴赏：鉴赏的基本方法，对重要风格的了解。

---

① 中央美术学院外国美术史教研室．外国美术简史[M]．北京：高等教育出版社，1990.

## 三、美术史中的重要人物及其代表作品

下面是1997年教育部颁发的《全日制普通高级中学艺术欣赏课教学大纲（初审稿）》所开列的作家与作品。

1. 中国作品

| | |
|---|---|
| 仰韶文化彩陶 | 新石器时代 |
| 《莲鹤方壶》青铜工艺 | 春秋 |
| 瓷器工艺 | 宋、明 |
| 武梁祠画像石 | 汉 |
| 昭陵六骏石刻 | 唐 |
| 龙门石窟（奉先寺） | 唐 |
| 敦煌彩塑与莫高窟壁画 | 魏晋、唐、元 |
| 《韩熙载夜宴图》（中国画） | 五代十国　南唐　顾闳中 |
| 《清明上河图》（中国画） | 北宋　张择端 |
| 《溪山行旅图》（中国画） | 北宋　范宽 |
| 《千里江山图》（中国画） | 北宋　王希孟 |
| 《朝元图》永乐宫壁画 | 元 |
| 《杂花图卷》（中国画） | 明　徐渭 |
| 北京故宫（建筑） | 明、清 |
| 苏州园林 | 明、清 |
| 民间年画 | |

2. 外国作品

| | |
|---|---|
| 《拉奥孔》（雕塑） | 希腊 |
| 《舞王湿婆》（雕塑） | 印度 |
| 《大卫》（雕塑） | （意）米开朗基罗 |
| 《加莱义民》（雕塑） | （法）罗丹 |
| 《被破坏的鹿特丹市纪念碑》（雕塑） | （法）扎特金 |
| 《蒙娜丽莎》（油画） | （意）达·芬奇 |
| 《阿尔诺非尼夫妇》（油画） | （尼德兰）扬·凡·埃克 |

| | |
|---|---|
| 《日出·印象》（油画） | （法）莫奈 |
| 《荷拉斯兄弟的誓言》（油画） | （法）达维特 |
| 《伏尔加河上的纤夫》（油画） | （俄）列宾 |
| 《格尔尼卡》（油画） | （西）毕加索 |
| 罗马万神庙（建筑） | 意大利 |
| 泰姬陵（建筑） | 印度 |
| 夏特尔教堂（建筑） | 法国 |
| 包豪斯校舍（建筑） | （德）格罗皮乌斯 |
| 流水别墅（建筑） | （美）赖特 |

在中国历次版本的中小学美术教科书中出现的重要美术家和作品还有：

1. 中国的美术家和重要作品

| | |
|---|---|
| 《舞蹈纹彩陶盆》（彩陶） | 新石器时代 |
| 《大禾人面方鼎》（青铜器） | 商代 |
| 《龙凤人物图》（中国画） | 战国 |
| 《秦始皇陵兵马俑》（陶俑） | 秦代 |
| 《弋射收获图 》（画像砖） | 东汉 |
| 《洛神赋图》（中国画） | 东晋　顾恺之（传） |
| 《写生珍禽图》（中国画） | 五代　黄荃 |
| 《捣练图》（中国画） | 唐代　张萱 |
| 《簪花仕女图》（中国画） | 唐代　周昉（传） |
| 《牧马图》（中国画） | 唐代　韩干 |
| 《五牛图》（中国画） | 唐代　韩滉 |
| 《早春图》（中国画） | 宋代　郭熙 |
| 《寒江独钓图》（中国画） | 宋代　马远 |
| 《太白行吟图》（中国画） | 宋代　梁楷 |
| 《六君子图》（中国画） | 元代　倪瓒 |
| 《山水清音图》（中国画） | 清代　石涛 |
| 齐白石及其代表作 | 现代 |

| | |
|---|---|
| 徐悲鸿及其代表作 | 现代 |
| 潘天寿及其代表作 | 现代 |
| 李可染及其代表作 | 现代 |
| 《开国大典》（油画） | 现代 董希文 |
| 《人民英雄纪念碑浮雕》（雕塑） | 现代 刘开渠 王临乙等 |

2. 外国美术家和重要作品

法国拉斯科和西班牙阿尔塔米拉洞穴壁画

| | |
|---|---|
| 金字塔（建筑） | 埃及 |
| 《人首翼牛像》（雕塑） | 两河流域 |
| 帕特农神庙 （建筑） | 希腊 |
| 《掷铁饼者》（雕塑） | 希腊 米隆原作 罗马时代复制 |
| 《米洛斯的阿芙洛蒂忒》（雕塑） | 希腊 |
| 比萨斜塔（建筑） | 意大利 |
| 斗兽场（建筑） | 意大利 |
| 《西斯廷圣母》（壁画） | （意大利） 拉斐尔 |
| 巴黎圣母院（建筑） | 法国 |
| 《梅杜萨之伐》（油画） | （法国） 席里柯 |
| 《晚钟》（油画） | （法国）米勒 |
| 悉尼歌剧院（建筑） | 澳大利亚 |
| 《向日葵》（油画） | （荷兰）梵·高 |
| 《静物》（油画） | （法国）塞尚 |
| 《我们从哪里来？我们是谁？我们到哪里去?》（油画） | （法国） 高更 |
| 《舞蹈》（油画） | （法国）马蒂斯 |
| 《记忆的永恒》（油画） | （西班牙）达利 |
| 《呐喊》（油画） | （挪威）蒙克 |

蒙得里安及其代表作

康定斯基及其代表作

上述就是对美术普通知识的全面整体性的描述，这也就是所谓的知识逻辑树。当然，课标也说明了这是一个比较高的标准，美术教师可以根据自己的理解“在其中”加以选择。针对这个完备的知识树，我们可以做出如下的分析。

首先，这个知识树，比起1980版的中学美术教材而言，知识量似乎有增无减，如美术的分类知识就增加了不少美术的新门类。

其次，这是一个几乎纯理性的知识树。其中，需要结合体验的实践部分，仅仅以美术门类中的知识与技能以很短的篇幅加以阐述。

再次，就知识的全面与难度而言，几乎达到了大学专业美术的一般性要求。一名大学专业美术生，如果能够了解和掌握上述知识的话，笔者认为他也会是合格的。

然后，对比一般人们掌握的美术知识状况，这个美术知识树展示的知识几乎没有被普通公民掌握，甚至几乎不了解。

最后，这个知识树的设计几乎没有考察与生活的关联性。

义务教育阶段的学生，如果能够掌握上述全部知识的话，当然是件非常好的事情，它表明艺术文化获得了极大的推广。但问题是我们还不能脱离现实的情况。美术知识的特征具有高度的人文知识综合性，同时，如果美术知识教学必须作为公民基础人文知识的一部分开展的话，它的教学必须具有系统性，那么美术知识教学就必须放在高中进行，而不能像现在这样的切割、分阶段进行。分阶段进行，失去了知识的系统性。而我们设计的美术知识体系与公民的实际掌握情况的落差实在太大。这需要学者们寻找原因，加以改良。我们必须思考一个问题，即什么样的美术知识才是公民生活需要的美术知识。

## 四、美术知识体系的重建

笔者不太赞同这种“大而全”“面面俱到”，或“面面俱不到”的美术知识树设计。也根本不相信，奥妙的艺术可以用这样的逻辑树加以描述或替代。新时代，我们应该建设符合新时代需要的新的美术知识体系。

第一，从纯理性知识上考量，教学课程的设计应该重新思考，包括知识内容与学习的时间。在义务教育阶段，笔者主张经典美术体验教学。教学中的“大而全”显然不如“小而精”。与其学完以后全部遗忘，不如对精华知识进行更深入的消化。因为大多数教师缺乏教育自觉，笔者很担心这种大而全的知识描述，会直接导致教师实施大而全的美术教学。尤其是知识树中的客观知识量着实不小，这样的教学安排会排挤本来就不充分的美术体验性课程。而艺术课程的灵魂在于体验。美术课程应该以体验课程为主。即便课程中存在一些客观知识点，也完全可以以体验教学的方式进行。在艺术体验活动中，让学生很自然地获得一些关键性、必不可少的客观知识点。因为，经由学生的体验与探究，所获得的这些小而精的知识往往可以使他们记忆终生。在高中阶段，则应该开设系统性的“艺术与人文”的客观知识性课程，使美术知识成为公民人文知识结构的一环。

第二，课程体系的严密不等于知识的大而全。学科中心提倡建设严密的课程体系，是有一定道理的，笔者赞同经由系统有关联的课程建设，施加系统完整的教育影响。但课程设计的严密未必代表一定要以一种全面知识性的架构出现。即便体验性的教学也需要严密的课程结构，需要考查前后关系，需要关联性与完整性。但知识体系严密的教学则会呈现出另一种特征，会把我们教与学的关注点，牵引到理性知识，而忽略艺术教学最主要的特色——艺术性与感受性。

第三，纯美术客观知识的讲授应该慎重。应该集中于一些最精锐的美术常识。笔者主张必须将多数的美术普通知识和生活相结合，尤其和学生生活相结合。换句话说，我们的美术知识不必硬邦邦地出现，而是通过课程设计进学生的生活世界。压缩知识量与知识点，增加感受性与感受点，在感受性的艺术体验教学中，获得艺术修养与艺术知识的自然成长，将艺术修养与艺术知识熔为一炉。

第四，义务教育阶段美术课程的领域应该大于纯美术的领域，笔者主张增设直接生活艺术体验性的课程。例如，大自然的感悟教学、博物馆的美术体验教学、山川河流的体验教学、风霜雨雪的体验教学、天文奇观的体验教学等。这些直接生活体验的教育，对一般学生而言，可以培养其适用终身的艺术修养，同时对其理解艺术精神也有所帮助，更可以期待学生将这种原发的艺术精神应用进生活。这是现象学观念之下的一种主张，因为艺术是人的一种创造，而艺术的源发之处正在于这种生活世界中“美的奇观”。而这种大自然奇观的“大艺术”，从原理上可以产生比人类世界中的“小艺术”拥有更直接、更震撼的教育力量。

第五，中小学美术课程可以直接将生活世界融入艺术中并加以运用。例如，在教室的内部或外部种植植物、养殖小动物，插花制作与欣赏、植物园体验、动物园体验、本地园林景观欣赏、本地民间美术探究、本地民居体验、本地现代建筑观赏与体验、教室或家庭内部的布置与清洁、社区工厂体验、农村田园体验等。这些教育内容，都会对学生的生活产生正面的影响，也会产生受益终身的教育影响。这些生活中的艺术知识可能比书本中纯客观美术知识效应更大。

第六，在纯美术实践教学中，一方面可以加强学校美术教学硬件设施的建设，如配备专业性画室、雕塑房、制作间等，提供标准的画具、画材、画笔、画纸等；另一方面，鼓励开发乡土美术资源，利用树叶、泥土、石材、木材等材料从事艺术实践练习。提供高标准的美术教学环境，因为美术教学环境对教学具有潜移默化的影响，所以可以在一定程度上促进学生艺术品性的提高。城市学校适合建设标准化的美术教学硬件设施，农村学校则主张尽可能地开发乡土美术资源，因地制宜开展美术教学活动。当然，二者并不矛盾，城市学校也可以开发本地的美术资源，农村学校也可以提高标准化的美术教学硬件设施。

第七，美术欣赏教学应尽可能结合本地艺术教育资源。工艺美术教学可以结合本地非物质文化遗产的美术资源，加以开发与利用；美术理论教学应该尽可能透析文化规律与现象，得到文化学的整体认识与线索，提高学生的人文修养。

第八，美术教学必须发挥视觉艺术的感染性、直观性。艺术本不是科学那种纯理性的存在，它涵盖了教学内容的感受性直观，也包括了教师教学的感性直观。

总之，笔者主张重建美术的知识体系。这个知识体系是以体验性知识为主的，是与生活高度联系的，是与文化相互渗透的。我们必须将那种“死的”“无用的”美术知识体系转变为“活的”“能为生活所用”的知识体系。

在新美术知识体系、新美术知识观建构的过程中，我们应该注意下面一些问题。

第一，强调美术知识的经验基础。“知识的主体在于知识的意义，而不是无意义的符号的堆积。知识的意义由经验所构成。某种概念的确立必须建构在具体的经验之上，否则，其意义是空洞的。”[①]例如，色彩学“对比色”的概念，完全可以建立在色彩体验的经验之上，而不是停留于纯理论文字符号的集结。虽然，笔者并非主张所有的美术知识都必须建立在经验的基础上，但美术教学具有强烈的体验性，大多数知识是可以建立在经验的基础上的。

第二，强调美术知识的建构过程。经验虽然有助于知识的形成，但知识不等于经验累积。“‘建构主义’兼顾了经验主义与理性主义，前者强调以经验为形成知识的素材，而后者则强调理性的作用。”[②]理性与经验不是对立的，而是互补的，两者不可偏废。美术知识是学生主动建构的。学生的美术知识习得，不是以原封不动的方式储存，而是与已经习得的知识关联起来、整合起来，获得一种新知识境界。在这个知识“统觉”的过程中，都少不了学生主体能动的学习体验活动。

第三，强调美术知识的协同关系。个体知识的发展与人类知识的发展都必须依赖“人类对话”（conversation of mankind）[③]来进行。美术知识是自我、生活、社会、自然和文化之间相互的对话，总隐含着社会的、文化性的语境。美术学习是一种参与文化的实践活动。

第四，强调美术知识的情境性。美术知识是在具体的情境中生成的，

---

① 钟启泉. 课程的逻辑[M]. 上海：华东师范大学出版社，2008：70.

② 钟启泉. 课程的逻辑[M]. 上海：华东师范大学出版社，2008：70.

③ Bruffe K. A. Collaborative Learning and the conversation of mankind[J]. College English，1984，12：635-652.

美术学习也是在具体情境中进行的。教学是显性教育与潜在教育共同作用的结果。

总之，美术知识不是游离于人世主体之外的纯粹客观的东西，美术学习也不是教师向学生移植信息那么机械简单。学习乃是学生建构自己，而知识的生成离不开学习者的主动建构。让美术教师与学生都摆脱被知识奴役的处境，面对艺术课程时，都能获得某种尊严和言说的权力！

陆 [ 第六章 ]

# 173 儿童的美术与身心发展

“回到事物本身”，要求我们回归教育的规律。在美术教育之中，儿童美术能力与身心发展规律占有重要的位置，是每一位美术教育者的必修课。可是，目前大多数的美术教师对儿童美术与身心发展的阶段性特征并不熟悉，这等于我们的美术教学没有建立在科学的基础之上，导致在教学上经常出现违背儿童发展规律的行为。只有熟悉儿童美术与身心发展的规律，才能实施顺应天性发展的教育，实施科学的美术教育。

## 第一节 儿童美术发展研究

### 一、国外的研究

18世纪以来，西方各国的专家学者对儿童美术发展做了大量的研究工作。他们从社会、教育、智力、生理、心理、审美等不同角度进行观察、记录、实验、分析、整理和研究。

美国美术教育家哥仙修泰纳（C.Kerschesteiner）收集了30多万张儿童画做横断式的发展研究，并把儿童画发展过程划分为了五个阶段：

1. 错画期：1至3岁，乱画各种线。

2. 图式期：用记号、象征、图式描画稍具形状。

3. 对线发生感情的时期：用线描画形状很感兴趣。

4. 想表现实物的时期：图式不再出现，常用轮廓线描写实物，但不懂得表现远近。

5. 正确地表现形状的时期：懂得远近、明暗，会写实。[①]

哥仙修泰纳的分期阶段研究，显然是以成人艺术，尤其是以西方写实艺术为参照系做出的。

柏特（Burt. C）于1922年发表著作《心理与学业测验》，其中对儿童造型的发展做了系统而合理的分类，分为七个时期：

① 杨景芝．中国当代儿童绘画解析与教程[M]．北京：科学普及出版社，2007：22.

1. 涂鸦期：2至5岁，始于无目的地乱画，止于有目的地乱画。

2. 线的时期：4岁，以线画圈当人体或头，以点作眼睛，以线作手或腿。

3. 叙述的象征期：5至6岁，用象征符号表现意念。

4. 叙述的写实期：7至8岁，只画自己所知，不画所见的物象。

5. 视觉的写实期：9至10岁，要把所见的实物正确表现出来，希望表现立体。

6. 压抑时期：11至14岁，对所画不满而失去兴趣。

7. 艺术的复活期：青春期，男生对技术的机械表现产生兴趣；女生对装饰表现产生兴趣。①

柏特的儿童美术能力发展分期的研究，比较细致，基本以客观描述为主，并且将美术发展与心理学联系了起来。

美国美术教育家罗恩菲德是20世纪以来在儿童美术教育研究领域最具影响力的学者。他于1957年发表的著作《创造与心智的成长》，将儿童美术能力发展与心智的成长联系到了一起。他认为儿童美术是儿童心智成长的一种反映，当儿童的智力、认识发生改变的时候，儿童美术也随之改变。他系统地阐述了关于如何以美术表现促发儿童心智协调成长的理论。罗恩菲德在19世纪末到20世纪初前人儿童美术研究的基础上，加以整理运用，结合心理学的一些最新发现，发展出了有系统的儿童美术发展理论与儿童教育理论。他将儿童美术的发展分为了六个时期：

1. 涂鸦期：2至4岁，涂鸦为主要特征。

2. 前图式期：4至7岁，以图式的记号表现意念。

3. 图式期：7至9岁，主观地强调图式特征，显示其意义。

4. 写实初期：9至11岁，脱离了图式线条，有了社会意识。

---

① 杨景芝. 中国当代儿童绘画解析与教程[M]. 北京：科学普及出版社，2007：22.

5. 拟写实期：11至13岁，想要表现形似，想表现立体感，但以儿童的方式表现。

6. 决心期：儿童美术向成人美术过渡。[①]

我国台湾儿童美术教育家吴隆荣先生在1985年发表的著作《造型与教育》中，根据世界主要的儿童美术发展学说，进行了归纳、比较与整理。（表6–1）

**表6–1 儿童美术发展分期图式[②]**

<table>
<tr><th>年龄（岁）</th><th>1</th><th>2</th><th>3</th><th>4</th><th>5</th><th>6</th><th>7</th><th>8</th><th>9</th><th>10</th><th>11</th><th>12</th><th>13</th><th>14</th><th>15</th><th>16</th><th>17</th><th>18</th></tr>
<tr><td>海姆林森（英）</td><td></td><td colspan="2">涂鸦</td><td colspan="4">儿童的象征主义阶段</td><td colspan="4">拟似写实主义阶段</td><td colspan="7">写实化的觉悟阶段</td></tr>
<tr><td>罗恩菲德（美）</td><td></td><td colspan="3">涂鸦期</td><td colspan="3">前图式</td><td colspan="2">图式</td><td colspan="2">前理性</td><td colspan="3">推理</td><td colspan="4">写实决定期</td></tr>
<tr><td>荷马·莱茵（美）</td><td colspan="3">幼儿期</td><td colspan="2">幻想</td><td colspan="4">自我主张</td><td colspan="4">协同过渡期</td><td colspan="5">协同时期</td></tr>
</table>

在以上学者的研究中，虽然结论可能会略有不同，但我们仍可以找到一些有关儿童发展的共同的轨迹，即儿童的美术能力发展是与心智发展同步的，随着心智的成长，儿童美术发生变化。最早是没有形象的涂抹，随着意义意识的产生，出现了象征性的图式；随着理性的进一步发展，图式逐渐消退，出现了写实性表现。

## 二、国内的研究

我国地域辽阔，城乡经济与教育差异悬殊，采取的美术教育理念与方式多样，儿童美术能力的发展极不平衡。据首都师范大学美术学院杨景芝教授研究，她认为我国儿童的美术发展水平总体和国外接近，但可能是受中国重视子女教育传统的影响，独生子女大多在成人堆里长大，知识水平与思维能力比西方会略早成熟，儿童美术能力的发展也显得成熟较快。她观察到我国儿童美术心理发展阶段有提前的趋势。

① 罗恩菲德. 创造与心智的成长[M]. 王德育，译. 长沙：湖南美术出版社，1993：87~300.
② 杨景芝. 儿童绘画解析与教程[M]. 北京：科学普及出版社，2007：23.

杨景芝从我国儿童美术发展的现状分析，根据儿童美术心理和造型特点，将儿童美术发展划分为五个阶段：

1. 涂鸦期：1岁半至3岁，由无目的到有目的地涂画，没有具体形象。

2. 象征期（又叫表象符号期）：3岁至5岁，根据记忆创造象征符号，进行说明性图解。

3. 意象表现期：5岁至8岁，根据观察描画物象特征，并把物象特征形成的概念，进行意象表现。

4. 视觉写实期：8岁至12岁，通过感官认识对实物进行具体描画，注意描画物象细节，力图真实地反映现实。

5. 客观写实期：12岁至15岁，通过理性认识，客观表现物体真实相貌。①

杨景芝的分期和国外的分期大同小异，只是时间略有提前。笔者认为，涂鸦阶段可能的确会存在开始较早或结束较晚等不同情况。据笔者的观察，3岁的儿童使用符号还是比较罕见的。其实，分期并不是绝对的，而是相对的一种情况。在分期理论的引导下，儿童的美术行为与心理应该是研究的重点。

总体而言，相较于西方儿童美术教育发展研究而言，国内的儿童美术发展研究无论是在厚度与精度上，还是在广度与深度上，都存在一定的差距。有待有志于儿童美术研究的学者们继续努力，早日结出丰厚的果实。

## 第二节 儿童美术发展的主要阶段

### 一、涂鸦阶段（2岁至4岁）

#### （一）涂鸦的四个阶段

罗恩菲德将涂鸦阶段（Scribbling Stage）称为“自我表现的第一时期”。

---

① 杨景芝.儿童绘画解析与教程[M].北京：科学普及出版社，2007：23.

婴儿时期是人发育最快的时期，新生儿的脑重是成人的25%——380克，10个月的婴儿的脑重是成人的50%——780克，1岁幼儿的脑重是成人的60%——936克。1岁的幼儿的脑重量是出生时的两倍左右，这是个激变的时期。儿童从出生到1岁的成长中发生了巨大的变化，“学会”了抬头、翻身、坐、爬、站、走并开始说话。1岁至2岁的幼儿，正在学习走路与说话。随着行动能力的提高，他在认识着我们的世界，每一个事物对他而言都是新鲜的，他都充满了好奇。

人类最早的绘画是抽象绘画——涂鸦。在2岁左右，儿童可以拿东西，基本上不会将给他的笔吃掉了。他会在纸张上、书上甚至墙壁上，随意涂抹。这样涂鸦就开始了。在未来几年的涂鸦期里，随着身体的发展，尤其是随着大脑的发育，涂鸦会发生一些变化。为了概括这些变化，涂鸦期被分成了四个阶段。

1. 随意涂鸦阶段

最早的涂鸦是完全随意的，线条是没有规律的（图6-1）。之所以没有规律，是因为幼儿还不能充分地运用他的手部肌肉，不能控制握笔的动作。儿童需要大量活动他们的身体，乱涂乱画就是其中的一种。这是一种本能需要。除了乱涂乱画以外，抓弄物品、堆放积木、捏泥土、堆沙子，也能起到近似的效用。如果不给儿童这种乱抓乱画的机会，其可能会产生心理障碍。意大利著名儿童教育家蒙台梭利在她的著作《蒙台梭利幼儿教育科学方法》中举了个案例：

图6-1　随意涂鸦

有一次，她在住院部偶然发现一些精神病患儿在禁锢他们屋子的地面上乱抓乱扒，似乎在“寻找什么”，她立即把管理人员找来，问道：“这些孩子是否用过食？”回答：“刚用过，而且他们都吃得很饱。”这现象引起她极大的关注！后来经过她多次观察、思考与研究，认为：关着这些儿童的那间屋子里，四壁空空，没有任何可供孩子们抓、握、摆弄等操作的物件，所以这些孩子只能在空地上乱扒乱抓来活动他们的手指，以满足他们的生理和心理需要。①

随意涂鸦正是这样一种活动手指的活动，这会让儿童产生兴趣与感到满足。涂鸦对儿童的身心发展而言，是具有意义的。在涂鸦的过程中，孩子学会运用手部的肌肉，学会了脑、眼、手协调。儿童在无意识的乱涂乱画之中，享受笔在纸上涂抹的有节奏或无节奏的快感，渐渐地就能控制双手的力度，获得成长。

幼儿涂鸦常常受到家长的阻止，因为家长认为涂鸦纯粹是乱涂乱画的胡闹，还会经常损污物件或环境，有些时候，还通过呵斥幼儿来阻止他们的胡闹。这对幼儿的身心发展是不利的。为了不损污家庭环境，给儿童提供可以自由涂鸦的卡纸是必要的。纸张要大一些，以便儿童涂个痛快。

2. 纵横线涂鸦阶段

一旦儿童开始反复重复他的动作，我们就可以确定这个儿童已经发现了视觉和控制动作之间的关系。从这时起，儿童会有意识地上下或左右地画出纵横线，这个阶段被称为“纵横线涂鸦阶段”（图6–2）。

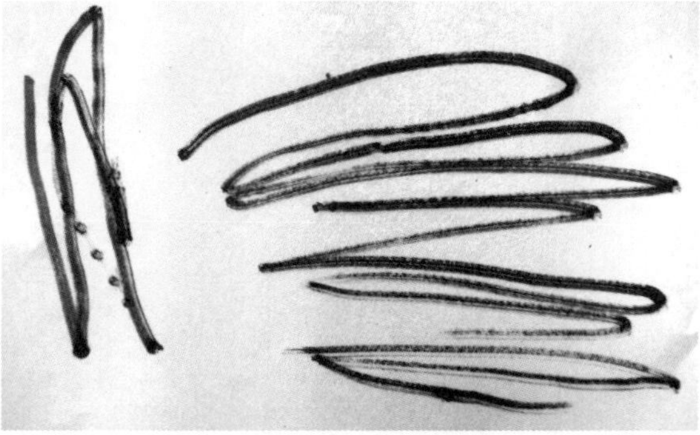

图6–2 纵横线涂鸦

这个时期，儿童还经

① [意] 蒙台梭利. 蒙台梭利幼儿教育科学方法 [M]. 任代文，译. 北京：人民教育出版社，2001：3~4.

常把可以控制的线条和不能控制的动作混在一起。能控制自己的手指动作，是儿童一项很重要的经验。他们不但从手指控制的感觉中得到信心，同时，也首次从视觉上面体会到了运动。指导这个阶段的儿童，就是让儿童多做能力所及的肌肉协调动作和运动，儿童非常喜欢从事新的活动。

正如卢梭在《爱弥儿——论教育》中认为的那样，在早期的儿童教育中，身体运动的教育非常重要，这是一种自然的教育，大部分运动是儿童自发进行的。儿童在运动中，不仅发展着自己，实际上还在从事着“发现这个世界的伟大工作”。

在儿童和我们这个世界的原初体验中，如果细心观察，成人可以从儿童身上学到很多。如敏感性、好奇、童话、纯真……

3. 圆圈的涂鸦阶段

随着儿童生理的发展和运动能力的提高，儿童会不断变化纵横线涂鸦的动作。经过不断的重复，他们会尝试更复杂的动作。当儿童发展出了圆圈的线条，这就进入了“圆圈的涂鸦阶段”（图6-3）。这时候，儿童运用整个手臂的运动进行涂鸦。圆圈的出现，标志着儿童运动能力与协调能力的大幅提高。

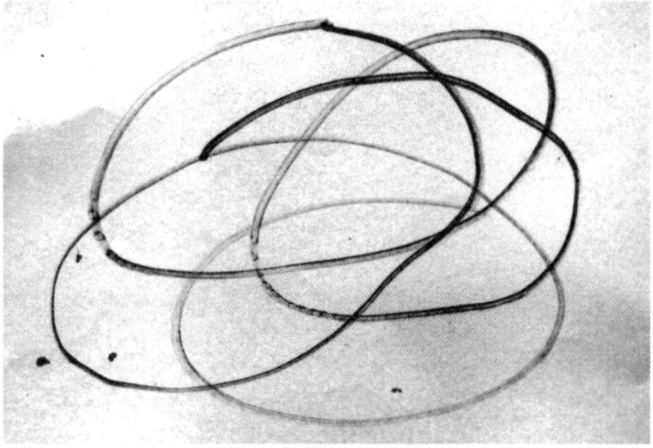

图6-3　圆圈的涂鸦

4. 涂鸦命名阶段

随着儿童的身体与智力的发展，在经过漫长的前三个涂鸦阶段后，有一天我们会发现他们会边涂鸦边讲故事，他们指着涂鸦说：“这是妈妈，这是奥特曼（图6-4）。”虽然，我们根本认不出妈妈和奥特曼。这就标志着儿童进入了涂鸦的最后阶段——“命名涂鸦阶段”。儿童给涂鸦命名在儿童的个人美术发展史中具有里程碑和分水岭的意义。儿童将意念和视觉线条

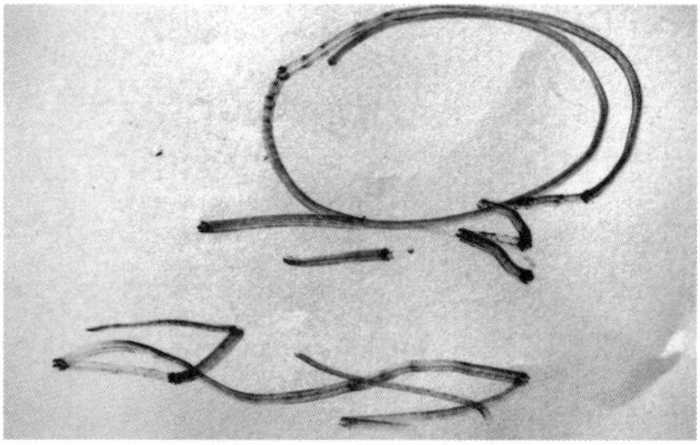
图6-4 涂鸦命名(奥特曼)

连接在了一起，从单纯的肌肉运动需要发展为对图像的想象与思考。儿童的视觉思维开始了，这标志着儿童的思维模式已经完全改变了。视觉图形和意义之间建立起了联系。从此，他开始运用视觉思维生活。从这个时候起，儿童开始了真正意义上的绘画。从无法控制到能控制，从无意义的视觉与运动反射，到有意义的主动意念表现，是一个重要的发展历程。

**（二）涂鸦期的指导**

1. 不干扰原则

在儿童涂鸦阶段，最重要的指导原则就是不干扰。在儿童涂鸦的最初阶段，驱使儿童涂鸦的是运动本能，除了鼓励儿童使用动作涂鸦，教师并不需要给予其他的指导。涂鸦不该被干扰，这个原则对于涂鸦以及儿童后来发展出来的美术表现而言都是极其重要的。因为干扰不但剥夺了儿童极重要的经验获得，而且很可能会遏制他们日后的美术发展。

比较常见的干扰主要有两种：第一种，成人在儿童的涂鸦作品中不能看到写实的表现，可能就会干扰儿童的涂鸦活动。家长常说："乱画！"这种批评足以扼杀儿童的涂鸦热情，也很可能会阻止儿童美术的发展。第二种，成人想"帮助"儿童画出"更好"的绘画。如画个苹果给儿童看，想"启发"他们，殊不知简单的简笔画超过了涂鸦期儿童的美术能力。儿童会好奇于成人的作品，发现自己作品与成人作品的巨大差异。他会要求成人继续画，他更愿意扮演观众的角色，而不再试图尝试自己的表现。

2. 涂鸦命名期教师工作

儿童专注于涂鸦的时候，我们不宜干扰。但到了涂鸦命名期，儿童在完成涂鸦之后，我们可以进一步给儿童一些的启发，如儿童说他们的涂鸦是“爸爸在锻炼身体”，那么我们可以运用提问的方式，拓展他们的思维与经验。我们可以询问：“爸爸在哪里锻炼？爸爸在做什么锻炼？爸爸使用了器械没有？”儿童会根据这些问题，进一步思考，拓展他们的经验空间。经由这些“刺激”，儿童的涂鸦会逐渐与表现的世界发生关联。在涂鸦命名阶段，几乎任何题材都可以成为想象的活动。这时候，童话故事就成了美术发展最好的一个助手。童话故事不一定非得是那些经典之作，笔者更鼓励一种家长或者老师根据谈话主题随机创造的童话。童话，其实就是我们对这个世界的原初体验。在童话世界里，儿童极大地拓展了和这个世界的关系与经验。

涂鸦期的评价需要注意两点：表现的专注度与线条的变化性。首先，儿童喜爱与投入的专注程度是评价儿童涂鸦阶段的标准。儿童性格有差异，涂鸦如其人，线条也就有差异。纤弱胆怯的儿童常使用雅致的、不果决的线条，而有意志力和驱策力的儿童则使用刚劲有力的线条。高度投入表现的儿童是很难被干扰的，因为他专注于线条产生的深刻体验，这是儿童健康成长所必需的重要条件。而被干扰的涂鸦常常会出现线条中断的情况，线条的中断也表明了儿童缺乏足够的自信心。其次，儿童不断寻求新的线条变化，是儿童不断发展自我的标志。线条经常改变强度与方向，显示了儿童在涂鸦活动中保持着警觉与自由，显示了儿童成长中的敏锐性。相反，涂鸦定型重复，则表明儿童丧失了在纸上自由活动的信心，逃避到不断的重复中去，以获得安全感。这种定型重复，指示了感情的封闭。通常，儿童的涂鸦出现了定型重复，常常表明他的涂鸦受到了干扰。

3. 工具

儿童美术的工具选择要符合儿童心智发展的水平与特点。在涂鸦阶段，儿童主要是练习手指与手臂的肌肉，以及运动的协调性。儿童的关注点在于线条的走势是否“合意”。所以，我们选择的工具必须让儿童的关注点更加集中。

最佳工具：黑色蜡笔、黑色记号笔和平滑的大张纸，或者黑板和粉笔。这种工具最适合涂鸦期儿童施展他们的运动，使其专注于他们的涂鸦表达。

他们的运动经验可以获得最清晰的表达。

可选择的工具：指画与玩泥巴。指画是使用广告色和糨糊的混合物用手指作画，玩泥巴一般指玩黏土。指画和玩泥巴，都有触觉的作用，在视觉、触觉的协调中，可以帮助儿童发展美术能力以及身心的协调。无目的的随意拍击黏土是涂鸦的平行阶段，可以称之为“随意捏拍”，当儿童熟悉材料想要控制他的动作的时候，他便开始剥裂黏土。他会注意剥裂黏土的样子与感受，于是，他逐渐开始塑造形体，如球体、螺旋体。有一天，他指着“一块泥土”宣称这是一辆汽车，或者是一匹马，这就和涂鸦的命名阶段一样，进入了黏土的命名阶段了。不同之处在于涂鸦是平面的，黏土是立体的。

水彩和铅笔则是不应该被采用的。水彩会破坏儿童涂鸦的注意力，铅笔则太容易折断，造成涂鸦的中断。儿童在使用这些工具涂鸦的时候，比较容易产生挫败感。

颜色：在前三个阶段过多的颜色会导致儿童忙于颜色的选择，从而可能干扰与终止涂鸦。所以，在前三个阶段我们不主张给儿童提供过多的颜色，一个颜色就可以了。但到了涂鸦命名的阶段，不同的颜色可以产生不同的意义的刺激，儿童会使用不同的颜色来表示不同的意义。但提供的颜色不宜过多，四色足矣。

## 二、前图式阶段（4岁至7岁）

### （一）前图式阶段的美术与身心发展特点

4岁的儿童，智力与生理进一步发展，中枢神经系统得到进一步发育完善，小肌肉也逐渐发育起来。由于视觉、语言、动作的迅速发展，他们的表达能力、思维能力，都获得了显著的提高。同时，儿童继续保持着对世界的好奇与敏感。这个阶段的儿童一般处在幼儿园中班和大班。

这一阶段中儿童绘画的特征主要表现在开始尝试用一种符号化的表现来象征指代物象。因为他们的符号体系尚处在建立之中，所以我们将这一时期称为“前图式阶段”（Preschematic Stage）。

4岁的儿童有的尚处在涂鸦期，但有的儿童已经开始尝试创造符号，这就产生了建立形体的观念——有意义的形体。比如，画个圆圈表示人的头部，一条线表示腿。圆圈和线就是头部和腿的符号化图式。这时候，我们可以读懂他的图画了。这图式与物象产生了有效的关联，这足以使儿童的心灵充满深邃的满足感。用圆圈和几根线条表示一个人，往往是图式创造的开始。涂鸦阶段身体动作和表现在画纸上的因果关系逐渐消逝了，取而代之的是一种新的绘画方式——创造有意义的形体。儿童追逐着新的观念，不断改变形体的符号。在这个阶段里，儿童第一天表现一个人的符号方式与第二天的表现方式很可能会有所不同。他们还没建立起固定的表现方式。这种变化性，是“前图式阶段”的标志。

在这个阶段中，儿童与外界的关系是以自我为认知的中心的。儿童表现的内容是他们认为对其极为重要的内容，即感受性的关系。他们已经知道人不仅仅有头和手脚，还有容貌、手指，甚至指甲，但是在他们的观念中仍认为头、手脚“更重要”。当他们把妈妈画得很大的时候，则表示妈妈对他很重要，存在重要的情感关联性。如果他省略掉了什么，则意味着，在他的观念中，这些省略的部分在这个情境中不重要。比如，一名儿童画他牵着妹妹走过草地，他画出了自己的脚，但没有画出妹妹的脚。因为在他的观念中，他集中于“牵着”，这时候，妹妹的脚成了多余的东西，没有进入他的观念中。所以，这个阶段里，与其说儿童在画东西，不如说在画“关系”。

在这个阶段里，儿童获得了初步的空间认识，这种认识主要体现在他与他之外物象的情感关系上。在画“我和我的妈妈”的画中，妈妈和我之间存在情感关系，儿童会在绘画中表现出这份情感的关联。情感关系、事物的关联，即空间。但这种空间显然还不是客观空间，空间关系相当程度受到价值与情感判断的支配。[①]

随着儿童认知的发展，儿童的图式也越来越复杂。最早，儿童画的人没

① [美] 罗恩菲德．创造与心智的成长[M]．王德育，译．长沙：湖南美术出版社，1993：113.

图6-5 蝌蚪人

图6-6 人物图式的发展

有躯干，只有头，四肢从头部长出来。有点像蝌蚪，称之为“蝌蚪人”（图6-5）。他们逐渐画出了躯干，最后穿上了衣服。一开始四肢一般用单线表示，后来逐渐发展出近似长方形的四肢。手开始用圆圈表示，后来发展出了手指（图6-6），即在圆圈的外面添加一定数量的线。

这显示了儿童的认知发展。人这个物象最早给儿童的整体感受性关系是“头”，在涂鸦的命名阶段就是用一个圈表示一个人。在幼儿的成长中，幼儿“记住了”爸爸妈妈的头，所以，幼儿用圆圈来表示人。用象征的符号化表示意味。后来随着认知的发展与感受的加深，他们开始认为四肢也是人的特征要素，于是出现了最早的“前图式阶段”的人。这个人往往只有一个圈和两根或四根线。后来随着符号的复杂化，标志着儿童的认知开始变得丰富。儿童画中的人，显得比较机械，往往一个躯干旁边，平伸着两支手臂，有点像稻草人，这代表着儿童的符号化观念。他们用这种接近机械的符号，来表示人的观念。他们基本还没有形成参考实物的习惯，而是凭记忆，尤其是凭感受，直接表现他们的意象观念。有创造力的儿童绝不会去问怎样画嘴巴，怎样画鼻子等，他们会毫不犹豫地画出自己的观念。

在这个阶段中，儿童的线条逐渐有控制力。4岁的儿童，腕关节的骨骼尚未发育完成，小肌肉的活动能力还比较弱，因此，手腕和手的动作还不够灵活。所以，在他们的绘画中就出现了歪歪斜斜、古古怪怪的情况。到了7岁的时候，儿童腕骨的发育才基本完成，对线条的控制能力开始显著增强。所以，4岁至7岁的阶段，也是儿童手部控制力不断加强的时期。

前图式阶段的儿童尚未建立起对色彩与真实物象的关系认知。他们选择色彩主要出于自身对色彩的喜好，在绘画中基本不考虑对应关系。所以，经常出现红色的树叶，绿色的花。他们一般喜欢选择对比强烈的色彩，可能是因为对比强烈的色彩较容易产生感受性的关系。

**（二）前图式阶段的指导**

1. 启发关于自我的认识，增进对自我与环境的关系了解

“启发关于自我的认识，增进对自我与环境之间的关系了解”是这个阶段教师的首要工作。前图式阶段的儿童世界是经由“自我”建立起来的，世界就是与自我的关系。为了充实儿童的积极知识，使之发现环境与我的联系，教学就需要集中于“自我”，通过个人经验来催化他们关于自我的被动知识。这里的被动知识主要指自我身体的观念。

以体验式、启发式教学为主。前图式阶段是儿童不断加深自我认知的时期，儿童画中的图式也显示了人物身体的从简单到复杂的演变。比如“摘苹果”的主题绘画，通过启发式的发问：“你是怎样摘苹果的？”“你在哪里摘苹果？”“你用哪一只手摘苹果？”“你何时摘的苹果？”“你摘的苹果是什么样子？”等启发自我与摘苹果这件事的各种关系。用“何时”“何地”“什么”和“如何”来启发。最好再让学生模拟摘的动作，来体验自己的身体感受。通过这一系列的启发与体验，学生会画出摘苹果的“手”，并且会画出更多的细节。聪明的儿童倾向于用许多细节来表达他们的认知。

此阶段儿童美术的题材应该以“我”和“我的”为特征。如：

我和我的妈妈（体积）

我和我的房屋（体积）

我在刷牙（牙齿）

我在喝牛奶（嘴）

我在擤鼻涕（鼻子）

我在找遗失的玩具（手、眼）

我弄伤了膝盖（膝盖）

我坐在秋千上（身体）

我在听音乐（耳朵）

我收到了一枚戒指（手指）

我的生日礼物（感情关系）

我在游泳（腿、手臂）

我在摘花（手、手臂）

通过这些带有暗示性的题材，挖掘儿童的被动知识，加深儿童和环境的关系，使儿童能够不断获得新的图式，丰富自我的认知。

在这个阶段里，儿童主要表现的是观念。有什么样的观念认识，就有什么样的表现图式。因为图式和观念出现了某种对应性的关系，使我们可以从儿童画中看出儿童的身心发展情况，观察他们是否觉察到自己与环境的关系。儿童体察自己是环境的一部分，是合作与视觉协调的先决条件。反之，如果儿童不能使物体在空间中产生关联，便反映出他既未对社会的合作有所准备，也没渴望去认字或学习阅读。

2. 工具

除了涂鸦期就已经使用的蜡笔和黏土外，还可以使用水粉笔、广告颜料（要调得很浓）、大张的水粉纸或其他具有吸水性的纸张。

## 三、图式化阶段（7岁至9岁）

### （一）图式化阶段的美术与身心发展特点

7岁的儿童，大脑的重量已经相当于成年人的90%。他们在各个方面都取得了明显的进步。这时候，儿童一般从幼儿园进入了小学，生活发生了很大的转变，逍遥自在的幼儿园时光结束了。学校生涯的开始对儿童产生了根本性的影响。小学生活使儿童的社会性得到了发展，学习成了儿童的一项主要的任务。在学校教育之下，魔幻神奇的儿童思维开始逐渐减退，取而代之的是日趋现实的思维方式。这个阶段的儿童一般处于小学一年级至三年级，即小学前期。

1. 图式

经过前图式阶段的探索，儿童画的符号出现了几何化的趋势，当这种几何化的形象出现时，我们说儿童就进入了“图式化阶段”（Schematic Stage）。

图6-7 在校园里的跑步比赛

定型和重复是“图式化阶段”的基本特征。这个特点很容易被观察到：儿童一次次重复他们的“图画”样式。在表示人身体的符号中，椭圆形、长方形、方形（图6–7）、圆形、三角形、不规则形较多，其中椭圆最多。长方形往往作为一种替换的选择符号，因为受到某些卡通形象的影响，儿童一般用这些符号表现他们观念中的人。

儿童图式经常重复，儿童经由重复来确认自己。只要没有新的经验影响他，改变他对物体的经验，他就会一次又一次地不断重复他创造的图式。这种重复是有心理学需要的，能够和对象发生有意义关系的符号，我们将其称之为“有意义的符号”。当儿童发明了新的有意义的符号的时候，就需要经由重复来证明自己的新发现。“能重复”让儿童感觉到了自己的控制力，这种掌控的局面会使他们感到欣喜。相反，不能重复的“偶然”，只会因为沮丧而被遗忘。罗恩菲德认为儿童经由不断地重复图式，肯定自己的创造。①图式稳定后，就成了儿童的绘画语言。在不同的时间、不同的地点，只要是相同或接近的主题，儿童就会很熟练地运用这个语言，出现几乎完全一样的图式。

① [美] 罗恩菲德. 创造与心智的成长[M]. 王德育，译. 长沙：湖南美术出版社，1993：132.

色彩也会形成图式。7岁至9岁的儿童已经懂得了色彩和物体的对应关系。所以，他们在表现物体色彩的时候，会表现出这种对应关系。但色彩的对应，是以一种观念呈现的，即他们发现树叶是绿色的时候，就会用绿色来代表树叶。无论任何季节的树叶，他们都会用绿色表示。儿童用固定的颜色表示固定的物象，这就是色彩图式。除非观念被改变，否则绿树叶的色彩观念图式，会一直延续。

图式虽然是被不断重复着的，但每一个儿童的图式都不是随意的符号，每个儿童的符号是不同的、个性化的，是与身体和心智有直接关系的视觉观念。在具体的表现中，儿童会根据需要，采取强调和变形，来丰富自己的符号语言。例如，儿童画“采蘑菇”的时候，会强调手与腰部的感受；画“刷牙齿”的时候（图6–8），会强调牙齿与手的感受。换句话说，图式是儿童的视觉观念，是为了方便儿童表现而出现的，但在具体的表现过程中，图式也会出现局部的变化，儿童画并非是僵化的纯符号。

图6–8 刷牙

儿童图式变形的手法常常会让成人感觉很夸张。他们夸张重要的部分，忽略不重要或受压抑的部分，改变有情感意义的符号。美国美术教育家巴肯（Barkan）认为：“儿童并不夸张，他们只是创造他们觉得‘真实’的体积关系”。[①]这种变形表现，要么源自于儿童身体的知觉感受，要么因为儿童觉得某部分特别重要，要么是因为变形的部分对儿童产生了特殊的感情意义。儿童用夸张的手法来表现感受的真实性。可见，图式是儿童对人和环境的观念。

2. 环境关系的发现

图式化阶段的儿童发展出了人与环境的明确观念，构成了与前图式阶段

① [美] 罗恩菲德. 创造与心智的成长[M]. 王德育，译. 长沙：湖南美术出版社，1993：134.

的差异。图式化阶段的儿童已经意识到他是环境的一部分。儿童在这一时期最大的发现是“在空间的关系中存在着明确的秩序”。儿童不再像前图式阶段里只能顾到“有棵树”“有个人”“有辆车”，而体察不到它们之间的关系。在图式化阶段里，儿童的认识发展为“有棵树在校园里”“有个人在草地上”“有辆车在地上”。他们发现了环境之间的关系，获得了空间秩序的最初观念。这显示着儿童已经从自我世界中走了出来，进入一个群体的世界里。

“基底线”符号的出现标志着儿童确立起了环境的关系。“基底线”是图式化阶段儿童画在人物等物象下面的一根线，儿童用这根线来表示地面，以及对象与地面的关系。基底线的出现也是儿童进入图式化阶段的标志，体现了儿童发现他是环境一部分的意识。从这时起，这种用普通的空间关系来包含各种事物的意识，都是通过把所有的东西放置在“这个重要的空间图式”（基底线）上来表现的。美国美术教育家罗恩菲德认为环境关系意识是合作最重要的前提之一。[①]他认为基底线的采用暗示着儿童拥有了将各种事物关联起来的能力，已经为“有意识的合作”做好了准备。

这时候儿童的空间意识仅仅是空间秩序的最初观念。儿童知道自己与物体都在环境中存在，为了表现这种环境的存在，儿童会刻意画出环境。如果画阶梯前面的人，他会画出人、阶梯以及阶梯的背景，但阶梯会穿越人，而无视人的形体会遭受到破坏。因为他要强调后面的阶梯，但他也不能放弃人，所以，为了保证阶梯的完整性，只好让阶梯从人的身体里穿过。再比如，画坐在椅子上的人（图6-9），他画出人后，会完整地将椅子画出来，以至于破坏了前面人的形体，就好像在画椅子的透视画。为什么儿童如此执着地要画出椅子看不到的部分？因为椅子对儿童而言是一个新的发现，他认为表现这个新发现很重要，所以他将椅子完整地画了出来。未经提示，儿童画出椅子，说明儿童发现了坐在椅子上的人与椅子的环境关系。但椅子穿越人体，说明儿童的空间意识还不完善，人体与椅子的前后关系的重要性，在儿童的观念中还没有压倒“椅

---

① [美] 罗恩菲德．创造与心智的成长[M]．王德育，译．长沙：湖南美术出版社，1993：133.

子要表现出来”的观念。可见，这是空间意识形成的初步阶段。这种混乱的空间情况，在图式化阶段的儿童画中经常出现。儿童会经常按照他们认为“必须那样表现”的变形、改变空间秩序来表现他们的绘画。

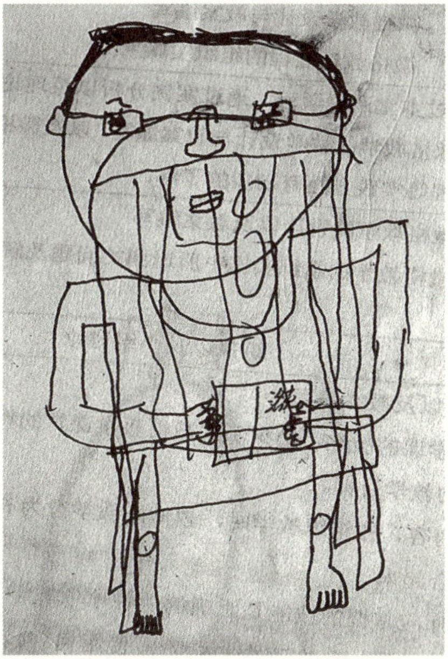

图6-9 椅子上看书的妈妈

立体的长方体图式已经开始被儿童采用。一旦立体表现的方式被儿童发现，经由重复确认，儿童就会以立体符号的方式表现长方体，从而取代以前的平面长方形符号，成了他们新的图式。儿童会通过透视变形的方式画出缩小的顶面与侧面和正常大小的平行面，但往往也会画出本来看不到的另一个侧面。这也表明这个时期儿童空间认识的特点，他们认为那个面存在，所以，就一定要画出来，即便这个面是看不到的。

X光线画也是这种儿童空间意识的体现。所谓X光线画，指的是儿童将一栋楼或地下设施以剖面图的方式加以呈现的绘画。这种X光线画和图式的发展并不同步，有些空间意识强烈的儿童，在前图式阶段就已经发展出了X光线画。他们会以这种方式画他们居住的大楼或幼儿园，以剖面全景图的方式加以展现，描绘他们的生活经验。在这种绘画里面，儿童会画出很多地点与空间的细节。一般用符号加以表示，并且一般是观念的表现。如儿童认为房间里应该有白炽灯的话，他们就会在一些房间的房顶上画一些圆形；如果他们认为房间里应该有日光灯的话，他们就会在屋顶上画一些长方形。儿童会在绘画中描绘他们的生活经验，他们往往会通过想象，把自己家庭中的物件安置到画面中去，如床、桌子、洗脸台，甚至马桶。在这些空间的安置中，有真实的情况，也有儿童自己的想象。儿童感觉自己在游戏，充满了乐趣。

个别时候儿童会画出“鸟瞰空间”。笔者曾出了个“和妈妈下围棋”的题目让儿童作画，儿童画了两幅，第一幅是正常的视角（图6–10）。但儿童认为没有将棋局表现出来，于是他画了第二幅（图6–11）。他的构图令笔者感到震惊。他把整个画面画成棋局，棋盘成了“鸟瞰式”。并在棋局中，添加了一个很夸张的手，这是孩子下棋敲棋子的意象。最后，添加平视的妈妈进入棋局，成了“混合空间”。还有一个例子，儿童画海盗船和商船交战的情景（图6–12至图6–14）。因为按照正常的视角，儿童画不出交战的景象，结果儿童采取了鸟瞰式构图，从天空的视角绘画。这样很好地展现了两艘船的空间。在图6–14中，海盗船边的长方条是炮筒，线条是船桨，带箭头的曲线是抛出去的缆绳。鸟瞰空间说明，儿童的空间想象力是很丰富的，他们为了表达自己的画面，可以采用成人想不到的视角加以表现。

**（二）图式化阶段的指导**

1. 体验式教学

此阶段是儿童对自我、空间、色彩和物体等观念的成长期，所以教学的主要目的在于帮助儿童发展这些观念。美术对于发展儿童的这种观念是相当有裨益的。最恰当的教学方式是体验式教学。

刻板的一成不变的符号，对于儿童而言不利于他们的进步。所以，我们要设法让儿童“主动”改进自己的图式，因为图式改变的过程就是观念成长的过程。最有效的方式就是唤醒儿童的生活经验，尤其是那些生动性的、有密切情感关系的生活经验。我们创设的美术主题必须能让儿童感觉自己是画面的一部分，让儿童在设定的情境中体验经验的感受性。在主题内容中，应该包含“我们”（启发儿童和他人的意义关系）、“动作”（我们在做什么），以及地点（主要集中于地点的特征）。

儿童的思维是把时间和空间融合在一起的，所以也建议设定的主题涵盖时间和空间，其主要目的也是在于唤醒儿童的主观经验，如远足、旅行、上学等都是不错的选择。

在主题创设中最好配合情境创设，烘托出紧凑、集中的话题氛围，这氛围应和主题密切相关。图片、故事等的引入都是可以参考的。氛围一旦形

图6-10　我和妈妈下围棋之一

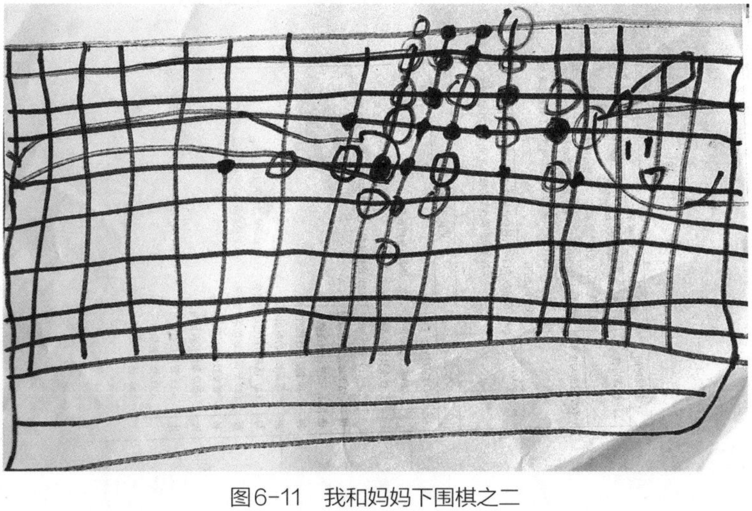

图6-11　我和妈妈下围棋之二

图6-12 商船遇到礁石

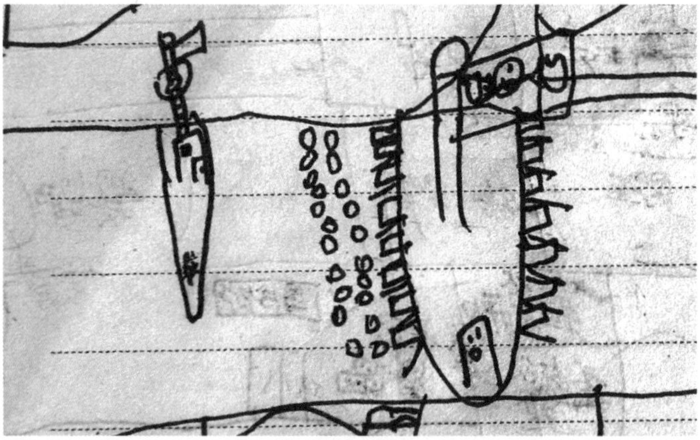

图6-13 海盗船攻击商船

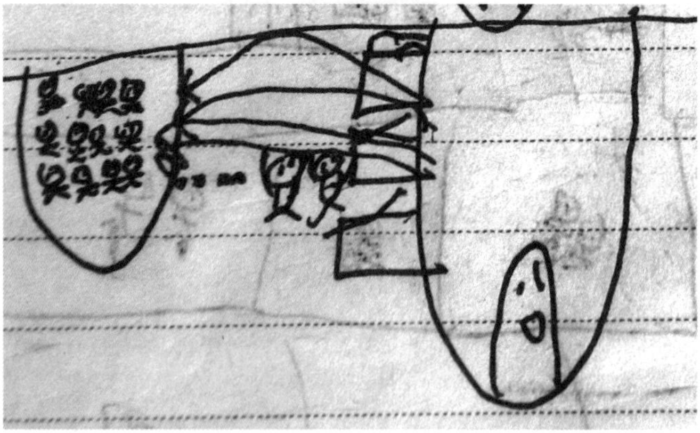

图6-14 海盗登陆商船

成，儿童就乐于接受建议。

2. 题材参考

（1）关于动作。

在地面上和我的朋友赛跑、和好朋友玩球、帮妈妈带东西回家、在学校草地上休息、爬树、和朋友们一起跳绳。

（2）启发侧面与正面。

走在爸爸和妈妈中间（正面）、一只手拿雨伞，另一只手提袋子（正面）、下棋（侧面）、一列行进中的士兵（侧面）。

（3）启发空间与时间观念。

我离开家去上学、当我去看电影时、当我在水果摊时、当我在超市时。

（4）X光线画。

学校、我的家、上楼、煤矿。

3. 关注图式的改变

如果在启发式的体验教学中，儿童图式出现了变化，此时教师们要对其进行重点关注。一般而言，图式发生变化主要集中于三个方面：

（1）重要部分的夸张（如“吃东西”的嘴、“拿东西”的手和手臂、“捡东西”的手和腰、“刷牙齿”的牙齿等）。

（2）忽略或省略不重要的部分。

（3）符号的改变（如枫树树叶由绿色变成了红色等）。

（4）出现新符号（如衣服、眉毛、睫毛等）。

图式出现变化意味着儿童在体验新观念。如果我们经由反复的启发式教学，就会使这些新观念图式成为一般性的经验，进入儿童的图式体系，成为新的图式、发展了的图式。从这个意义上说，我们的教学需要有一定的系统性，要使体验产生效益，就不能中断。采取系列体验教学的方式，才能发展儿童的图式。

4. 关于技法

经由体验式教学启发的儿童图式，是一种自我发现的自然教育，产生的图式会具有一种自然而生动的表现魅力，这和技法教学产生的“高超技艺”不同。在早期的教育中，技法教学确实容易产生教学效果，很容易让儿童获得所处年龄层以外的“能力”，而显得“鹤立鸡群”。但这种教学有利也有弊。弊端在于，本质上，技法教学多少带有拔苗助长教育的性质，有专业导向的意味。在技法教学之下的儿童美术中，多少带有他人的影子，带有专业性的影子。这些技法教学也带来了观念的束缚，使儿童不能形成独具特色的艺术理念，阻碍儿童形成属于自己的技巧。罗恩菲德认为：“儿童必须发展他自己的技巧，‘帮助’儿童的任何‘正确’的技巧，徒然限制了儿童个人的方式，老师的任务是在介绍儿童可以使用的适当材料。”[①]在义务教育之中，笔者认为罗恩菲德的建议是可以采纳的。因为，义务教育是面向全体的教育，是全民的教育，而不是为了培养个别“艺术家”的教育。如果我们将美术课程导向技法和专业，即便是轻微的导向，也会失去学生的全体性。在专业导向下，学习存在差异是再正常不过的事情。而对于培养独立的个性这点而言，技法、专业导向是没有帮助的。罗恩菲德倡导的美术教育似乎是一种自然教育，一种健康状态的成长。这种成长对于全体学生而言都是有帮助的。至于校外美术教育和学校美术小组的教学，则可以根据教师的理解，施加包括专业（写实）导向在内的更加多元化的教育模式。

5. 材料

有色蜡笔、油画棒、水粉色、大张纸、黏土。

在材料的选择上，要考虑为儿童提供其所需要的材料。材料应该由教育方提供，因为受教育方自己准备难免会出现材料准备不齐的情况，从而影响教育的质量。

## 四、党群年龄（9岁至11岁）

### （一）党群年龄的美术与身心发展特点

1. 党群生活与社会独立感

党群年龄（The Gang Age），也称为“理智萌芽阶段”。

---

① [美] 罗恩菲德. 创造与心智的成长[M]. 王德育，译. 长沙：湖南美术出版社，1993：161.

随着图式化阶段儿童身心的发展，儿童对自我、对环境都加深了认识，逐步掌握了空间秩序。随着视野的逐步扩大和环境意识的成熟，他们初步形成了“社会感”。但这个时期儿童以一种“党群”（gang）的方式尝试这种社会感的体验。他们和几个密友结成团队，发现了群体的力量，这种群体友情是“党群”的基本特征。他们在党群中密切交往的同时，排斥党群以外的交往，并常与其他党群发生“战争”。在初步的社会化生活中，儿童发现了“社会独立感”——社会生活中的自我独立意识。在这个年龄段里，儿童首次产生了对性别的真正自觉。男孩和女孩的兴趣差异进一步明确，他们经常同性相聚，男孩通常轻视女孩，反之亦然。[①]此时，儿童开始想在户外睡觉，喜欢在自己的群体里生活。他们通常会营建自己的隐蔽所，发明他们的密码或语言。

儿童初步的社会独立意识与家长或成年人的保护愿望发生了抵触。儿童在这个年龄段中开始尝试独立自我的觉醒，但家长和成年人不肯放弃对儿童的密切监视和指导，这客观上延长了儿童对他们的依赖，阻止了儿童群体合作与社会独立的发展。一般成年人不仅不对儿童过群体生活的愿望表示理解、对群体的感情表示兴趣，而且还加以反对。最终，这样做的后果是儿童被迫将党群活动转为“地下的秘密活动”。这样，儿童和成人的合作达到了一个明显的低潮。10岁至11岁是党群年龄的高峰期，也是儿童犯罪的高峰期。[②]罗恩菲德认为如果“成年人更能体会儿童的需要，尤其是在这个时期，假如他们能了解此阶段对未来的合作和公民生活的重要性，我们就会有较低的犯罪率”。[③]笔者认为，党群生活是社会化生活的开始，是社会化生活的初步体验，为未来的群体性生活奠定了心理性与经验性的基础，这就是“党群”的意义。

2. 特征化与细节

儿童发现了“群体意识”，发现了自己是群体的一分子。确立自己以及

① [美] 罗恩菲德. 创造与心智的成长[M]. 王德育，译. 长沙：湖南美术出版社，1993：178~179.
② [美] 罗恩菲德. 创造与心智的成长[M]. 王德育，译. 长沙：湖南美术出版社，1993：179.
③ [美] 罗恩菲德. 创造与心智的成长[M]. 王德育，译. 长沙：湖南美术出版社，1993：179.

个体区别是群体生活的前提，即自我社会意识的觉醒——“社会独立感”。在自我初步塑造与区别他人的生活中，细节特征成为区分与确立的必需。这样一来，儿童认为有必要把物体、人物和环境都加以特征化。这其实显示了儿童智慧的成长，特征化的追求成了这个阶段儿童美术的标志。

儿童突然从图式化的表现转变为一种与自然较为有关的表现形式。图式化阶段的几何线条不适合表现男孩与女孩的特征，即几何线条已经不适合于这个阶段的儿童的自我表现。图式化阶段的人物样式表现的是“人”的观念，基本没有与特征相关的细节，它表现的是“人”之普遍化。儿童发现自己原先观念化的表现方法是不够的。 随着视觉经验的积累，儿童不再经常使用夸张、忽略或省略等表现方法。以前儿童运用符号改变来表现其感情的联系，现在则较常使用其他方法来表现兴趣的焦点。9岁的儿童仍然利用体积与大小的改变，来表现事物的性质，但到了10岁以后，这种情形就迅速地减少了。这意味着儿童对世界认识的加深。儿童虽逐渐失去了对动作的感情，但对细节却发生了感情。

特征化是这个阶段儿童的观念追求。此阶段儿童画的线条不再仅具有象征意味，而是成为对特征化的描绘。男孩子穿裤子，女孩子穿裙子。在儿童的绘画表现中得到了体现，在更多情况下男孩画的人物一眼就能看出是男孩子，女孩子画的人物则穿着花裙子。这些并不是儿童视觉观察的结果，而是孩子们急于把男孩子特征化为男孩、女孩子特征化为女孩的结果。因为这种刻意的原因，画面呈现出比较“僵硬”的特征。

细节成了儿童表现特征化的工具。每一个细节都具有它独立的意义，都是某些特征化必不可少的符号。儿童在细节符号的表现中，找到了新的满足感。对老师而言，“是否关注细节”是判断学生是否已经达到“理智萌芽阶段”的依据。

3. 第一次表现的动摇

随着对外界知识的渐增，儿童的表现发生了第一次动摇。此阶段儿童虽然仍能直接表现自己的观念，但他们已经意识到前图式化阶段的表现与视觉感受的矛盾。以前，儿童会很痛快地直接表现，不会有丝毫的迟疑。对于他们那种“不成熟”的作品，他们不仅不会觉得有什么不好，还为自己的符号表现感到得意。他们经常会高举着自己的作品给家长看，以显示自己的成就感，期望得到夸奖，可以肯定这是他们出于真心的行为。但到了党群年龄后，他们开始发现自己作品的不成熟，他们会为他们过去习惯性的夸张而发笑。虽然他们觉得自己的夸张颇为有趣，但他们明显已经觉察到了自己的夸张。对于这些夸张，他们将不再会认为这是成就。他们觉察到了自己表现语言的缺乏，从而第一次对自己创造力的信心产生了动摇。

图式化的表现因为儿童意识到挫折而被改变，但儿童情感投入的游戏性图画却在继续发展与延续。儿童继续以图画讲述故事、奇遇和战争等。有的儿童花费大量的时间从事这些性质的“美术”创作，他们在自娱自乐，有时也和伙伴们分享。在这些图画中，儿童画成为一种游戏，而美术表现则成为相对次要的东西。这种图画同样可以发展儿童的情感。

这第一次的动摇以及儿童继续延续他们情感性的绘画，是否说明了美术本应该是一件与情感关联更紧密的事物呢？如果顺应天性的发展，我们是否应该从儿童的情感性关联入手，发展儿童的美术呢？对此笔者持肯定的态度。如果我们期待儿童在美术表现符号上走向丰富与成熟，不如让儿童投入情感性的美术表现中去，通过适当的结合，发展出自然而然的儿童美术语言。这样，儿童美术语言的丰富就促进了儿童情感的表达，儿童情感的表达也加强了儿童探索美术语言的愿望，成为有意义的正循环。

4. 主观色彩

从图式化阶段开始，儿童在色彩上已经具有了与物体的对应关系，但仍处在主观色彩阶段，即尚未发现或建立起色彩之间的关系。未经过专业美术训练的成人对色彩的理解也是停留在这个主观色彩的阶段，他们不会认识到光源色、环境色与固有色之间的关系。此阶段的儿童，以直觉表现色彩。笔者发现色彩与情感之间存在着密切的关联性。此阶段儿童的色彩表现正是高度主观的情感反映，尚未出现客观写实的倾向。

5. 空间认识加深

随着儿童对空间认识的加深，由一根“基底线”表示的地面发展成了平面——地面，平面被发现了。虽然基底线仍然被很多儿童继续使用，但在多数的儿童画中，树和房屋不再直接站立在基底线上，而是处在地面的不同空间中。由此可以看出，儿童的空间秩序感越来越清楚了。

儿童画中出现了物体的前后与遮挡关系。遮挡关系的表现意味着儿童的空间与环境意识正在逐步走向成熟。罗恩菲德认为，空间秩序感的获得具有心理治疗的意义，可以促进群体性的和谐生活。儿童能不能建立起空间的相互关系，是教师判断儿童情绪状况的重要指标。

6. 装饰的开始

对特征化细节的追求，引发了儿童装饰意识的觉醒。从最初仅仅表现特征，发展到一种主动性的装饰。女孩开始在她们画的衣裳上添加图案（图6–15），这图案的装饰需求，成为儿童一种自然的发展需要。这种装饰的需求进一步引导，就可以发展出设计。儿童已经能够体会设计的形式具有装饰的功能。

图6–15　装饰的开始

**（二）党群年龄的指导**

1. 以有意义的感性启发空间意识

此阶段老师最重要的一项任务就是以有意义的感性来启发儿童的空间意识，加强儿童的合作意识。在这个阶段中，儿童最重大的一个发展就是空间秩序感的形成。美国美术教育家罗恩菲德收集了数十万件儿童美术作品，经过十几年的教育实验发现：儿童的空间意识与群体合作意识存在心理学的内在关联。罗恩菲德发现，在儿童画中发展出的空间秩序观念，说明了儿童能够观察与体认其他物体的存在。这种能力，可以在社会生活中获得“迁移”，即儿童也可以体认他人的存在与需要。罗恩菲德认为这种观念是群体合作的基础。其实，这正是文明社会理性精神精华之所在。

我们的美术教育必须建立在儿童需要的基础上。许多党群年龄的儿童一方面出现了党群特征，另一方面倾向于脱离群体的接触。从心理学上分析，这是一种自我保护的需要。儿童自我社会意识在觉醒，他还不能适应复杂的社会化生活，同时他又需要群体性的生活，于是儿童在小范围的党群生活中，找到了安慰。当儿童在党群年龄中获得了足够的社会生活的经验，他将走出党群，迈向更加广阔的社会化生活。党群生活是儿童的自然需要。我们应当顺应儿童的这种需要，让儿童的身心进一步发展。教师应该了解此阶段儿童对未来的合作与公民生活的重要性。

重叠的经验是儿童突破空间认识瓶颈的有效方式。图式化阶段的儿童画，树是直接从“基底线”上长出来的，基底线意味着儿童最初步的空间体认。理性萌芽阶段的儿童已经能够在绘画中表现地面了，他们画中的树从地面的不同位置长出来，延伸向天空。这样，天空不再像图式化阶段那样仅仅“在树的上面”，天空会因为树的不同位置出现高低不同的剪影。儿童知道树遮住了天空，树和天空是重叠的关系。不断地暗示与启发这种重叠的经验，是教师教学的重点。一旦儿童获得了这种重叠的经验，他们会很快将天空重叠的经验应用到其他的重叠经验中去。这时候，最佳的教学方式是剪纸。剪纸能清楚地反映这种重叠的经验。这种重叠的经验，可以刺激儿童对三维空间认识的丰富与加深。罗恩菲德认为：“一个物体能遮盖另一个物体，乃是一项重要的经验。”[①]这意味着儿童察觉到了另一个物体，以及物体与物体之间的关系。罗恩菲德认为这对“党群”之外合作处于低潮期的儿童尤为重要[②]，可以提高儿童群体性的生活能力。

教学成败的关键在于运用儿童自身的感性与个人经验实施教学。儿童个人的经验会产生感情的反应，并在这些经验与感情基础上进行学习，儿童自

---

① [美] 罗恩菲德. 创造与心智的成长[M]. 王德育，译. 长沙：湖南美术出版社，1993：183.
② [美] 罗恩菲德. 创造与心智的成长[M]. 王德育，译. 长沙：湖南美术出版社，1993：183.

然而然地获得知识，并且丰富了自己。

2. 合作学习

此阶段的重点在于启迪儿童合作的感情，“合作学习”在此阶段有特殊的意义。合作学习教学需要注意的是：只有当儿童觉得他无法独立完成集体所要完成的工作，而其贡献又是整体的重要部分的时候，合作学习才会有教育的促进效果。反之，如果儿童觉得自己可以独立完成同样的作品，合作学习就不能达到教育意义，反而会使儿童感到无聊与沮丧。

罗恩菲德在《创造与心智的成长》之中举出了合作学习的合理案例：

全班用剪纸来制作一个海港。全班同学都必须根据班级讨论的结果来选择一只特别的船或者建筑。海港主题的选择，是教师精心策划的。因为学校位于海滨地区，所有的孩子都非常“关心”船。有的同学剪出了帆船；有的剪出鱼雷快艇、驱逐舰、渔船、摩托艇、汽艇；还有一个同学剪出了渡轮。最后，所有的船都完成了。一些同学被分配剪出了码头，所有的剪纸都被粘在蓝色的纸板上。一副壮丽的港口作品完成了。

这里需要注意的是：所有的同学都拥有他自己的船或建筑，而从整体上看起来比单独观赏的气势要大得多，好看得多。所有的同学都觉得在使用自己的方法，完成一项巨大的任务，这就有效地、正面地促进了合作精神。假如儿童感觉到自己的重要性，假如有机会跟他的伙伴一起去工作和游玩，假如他能通过感情宣泄来表现他所想的，假如他认为他的“党群”是一个社会整体并能因此获得尊敬，他就会获得成长，就会很快进入推理时期，并在社会生活中发挥最大的个人价值。①

3. 发展儿童表现性色彩

在这个阶段，儿童已经具备了色彩与物体对应关系的认识。但儿童的色彩还处于主观色彩阶段，因此，通过色环和其他“科学的”教具来教授色彩

---

① [美] 罗恩菲德. 创造与心智的成长[M]. 王德育，译. 长沙：湖南美术出版社，1993：184~185.

理论的教学是有害无益的，因为儿童不能经由经验来理解这些知识。这种事实显然摧毁了儿童的自发性方法，使他们觉得自己直觉的色彩经验并不安全，从而会打击儿童色彩表现的信心。正确的教导是强调儿童自己对色彩的感受，而这些感受的性质愈是具有感情，这学习的经验就愈深刻。所以，要让儿童发展属于自己的表现性色彩。

4. 设计与手艺不分离

理性萌芽阶段的儿童首次开始进行有意识性的装饰表现。在教学中，可以鼓励儿童使用复制的技巧，体验韵律与重复的感觉，如用胡萝卜制作小图案印章等。

设计源自材料，让儿童有机会多熟悉材料的性质，体验不同材料的不同感觉。手艺绝不可以与设计分离，要让儿童一开始就以他所要装饰的材料来制作，让儿童在材料本身的质地中得到启示，使儿童的设计与材料建立起紧密的关系。

5. 参考的题材

（1）衣服。

生日宴会、一队士兵、街上的交警指挥车辆。

（2）空间、平面的启发。

穿过马路、走过一座桥、踢足球、在餐桌用晚餐、在旷野举办庆祝活动。

（3）重叠。

从窗口往外望、在汽车中、使用剪纸。

（4）合作学习。

装饰教室、做一个马戏团、做一座城市、做一个商场。

（5）材料的设计。

用马铃薯或胡萝卜印图案、盘子设计（在森林里、大楼里）、杯子图案设计（摘花、晚会）、装饰一根木棍。

（6）黏土。

一名农夫、一名足球运动员、一名警察、一名舞蹈演员、一名士兵、坐在营火旁。

（7）色彩。

下雨天——晴朗的天气、暴风雨、沙漠——绿洲。

6. 工具

儿童发现平面之后，便有了将空间填满的想法。蜡笔不适合处理平面，因此，在这个年龄段，不推荐使用蜡笔。

水粉颜料适合填充空间。

剪纸是最适合的练习。

## 五、推理阶段（11岁至13岁）

### （一）推理阶段的美术与身心发展特点

1. 注意力从制作过程转移到完成品

推理阶段（The Stage of Reasoning），也称为“拟似写实阶段”。

这个阶段是青春期即将到来之前的准备阶段。青春期的到来是一场暴风骤雨的转折。儿童会在青春期不长的时间里发育成熟，身体和思维都逐渐成熟。儿童在党群阶段后，发展出足够的智慧来解决困难。然而，在反应和思维上，他仍是一个儿童。儿童和成年人最大的不同在于，其想象活动的不同。儿童更大程度地受到潜意识思维的影响，体现为一种不自觉的行为；成年人更大程度压制了潜意识思维，体现为一种自觉行为（表6-2）。出于某些需要，儿童可以将一支铅笔拿在手里上上下下、前前后后地移动，嘴里发出飞机的声音，来模仿一架飞行中的战机。显然，儿童的想象力把铅笔变成了飞机。所有的儿童都这样广泛地运用着他们的想象力，沉浸在想象的体验之中。从某种意义上说，这些行为在儿童看来是一种游戏。成人世界就不同了，他们的行为受到了规范。在普通情况下，如果一名成年人也拿着一支铅笔在空中绕来绕去，哪怕只持续几分钟，可能都会被别人认为是神经病。其实，成年人也有想象与游戏的本能，只是这种愿望会被社会观念与理性所抑制。对于成年人而言，铅笔是用来写字的，其他的想象则会被意识严格的控制。①

---

① [美] 罗恩菲德. 创造与心智的成长[M]. 王德育，译. 长沙：湖南美术出版社，1993：212.

表6-2 儿童期、青春期与成人期的行为转变

| 儿童期 | | | | 青春期 | 成人期 | |
|---|---|---|---|---|---|---|
| 5~7岁 | 7~9岁 | 9~11岁 | 11~13岁 | 13~17岁 | 17~20岁 | 20岁以后 |
| 不自觉阶段 | | | | 过渡阶段 | 自觉阶段 | |

儿童理性约束尚不完备，其思维基本处在一种自然的发散性思维状态中。随着生理与智力的发展，儿童的理性思维会逐步走向成熟。理性思维发展的一个结果是意志的增强。儿童和成人之间的明显的一个差异在于意志的强弱。意志，指决定达到某种目的而产生的心理状态。意志是人自觉地确定目的，并支配行动，克服困难，实现目的的心理过程，即人的思维过程见之于行动的心理过程。无意识的本能活动、盲目的冲动或一些习惯动作都不含有或很少有意志的成分。因为意志的作用，成人可以将注意力高度集中于主要目标上，而儿童一般还不具备这种能力。但随着意志力的增强，发散性思维的能力在一定程度上会被削弱。

意志的增强成为推理期的儿童美术的一次重大的转折。在这个阶段，儿童注意力首次从制作过程逐渐转移到完成品上。这是一个自然的发展过程。如果只注重过程，不注重结果，又缺乏意志力的驱使，毫无疑问地不可能成就人类的任何事业；但如果只注重结果，不注重过程，就会陷入功利主义异化的深渊，丧失了生活与教育的意义。在教育中，我们应该认识到这种转移是一种发展的自然结果，应该注意过程与结果的平衡。

2. 写实倾向的出现

美术表现可以分成两种或三种。两种的划分指写实与表现，三种的划分则为写实、表现和抽象，也就是说美术创造的手法本身就是有多种取向的。

早期的儿童美术没有写实的倾向性，是一种观念与表现意味的美术。写实艺术的发展需要理性的发育。推理阶段理性的成长，为写实艺术的发端做好了准备。

人物的写实观念，是由不同光线、空间和环境影响情况下的不同视觉

效果决定的。坐着的人的衣服褶纹与站着的不同；正面受光与侧面受光产生的阴影与体积感不同。观察到了这点，就意味着写实的开始。衣服褶纹的产生，起关键作用的是“关节”。写实倾向的儿童会注意到对关节的描绘，这往往是一个开始。往后，他会进一步专注于外貌，以及正确的比例与动态，并注重人物塑造的整体关系，因为整体的观察法是写实的一个基本特征。

空间的写实观念主要体现为：“近大远小”的发现，三维空间表现逐渐成了写实倾向儿童兴趣的焦点。此阶段儿童的空间写实，仍基本依靠直觉来实现，理性的空间透视解释对于处于这个年龄段的儿童而言，还普遍存在一定的困难。

色彩写实观念表现为注意到不同环境下色彩的变化，同样的色彩在不同的光线和阴影中会显得不同：黄色在蓝光中与黄色在红光中看起来不一样，远距离的黄色与近景中的黄色看起来也不一样，黄色在不同的天气条件下也显示出不同的状态。儿童注意到这些不同与变化标志着其写实性色彩的出现。

设计的写实观念表现为越来越关心设计的“美的技能”——色彩、韵律和平衡。儿童开始将自然的形状融入设计中，在自然形状简化的过程中，儿童对形状的设计获得了很好的理解。

塑造的写实观念表现为儿童使用概括与分析的方法，从整体到局部地塑造。这就好比，首先想到一棵树，然后才考虑它的细节，如树干的结构、树枝、嫩枝，最后才是树叶。

3. 儿童表现的发展

推理阶段的理性准备，并不能使所有的学生发展成为写实倾向的美术。部分儿童的儿童表现会继续发展，形成一种表现倾向的美术。表现艺术与写实艺术不同，表现艺术指那种侧重于对内部主观世界的表现，通过内部主观世界间接或曲折地表达外部客观世界的艺术。据心理学家研究，表现艺术与创作者的情感、身体知觉存在着密切的关系。

在人物表现中，具有表现倾向的儿童特别注意对他有感情意义的细节，因此，他常为更有力地表达自我和身体的感觉，而在一定程度上改变外在的形状，他对感情的执着统摄了他的艺术。

在空间表现中，具有表现倾向的儿童比较专注于自我和由己所发生的感情表现。对他们而言，只有在他们觉得必要时，空间才具有意义；只有环境对他有感情意义时，他才会描绘它，往往还伴随着个人情感性的注入。在表现美术中，自我的经验被具体化了，形体的细节都带有个别经验的、情感的渗入。

在色彩表现中，具有表现倾向的儿童主要依据他对于色彩的情感反应。对色彩的情感反应是高度个人化的，倾向于主观色彩表现。

设计的表现观念表现为儿童敏锐地体察材料的机能与感觉。

塑造的表现观念表现为儿童采用综合法，对细节的思想带有感情的意义，由局部的印象开始，综合建立起最终的印象。

4. 写实与表现的现象学解读

根据现象学的观念，儿童的写实倾向与表现倾向并不是二元对立、非此即彼的关系。现实中，彻底写实或表现单一倾向性的人是不存在的。一名儿童往往同时带有两种倾向性，只不过有的儿童写实倾向明显些，而另一些儿童则更多地呈现为表现倾向。写实的源泉是理性与视觉，而表现的源泉是感性与知觉。人是整体的存在，事实上理性、视觉、感性、知觉都在每一个人的身体里。写实与表现只是人多种表现方式中的两种，表现艺术与写实艺术本身也不是绝对的，而是你中有我、我中有你的关系。任何表现艺术都存在感性与理性，完全没有理性根本不能完成一幅作品；同样，任何写实艺术中也有感性，完全没有感情的写实只能成为符号。

另外，我们还注意到，除了写实与表现我们还存在抽象表现的方式，而抽象表现的方式也有待美术教学的挖掘。

目前，我们的美术教育主要倾向的是写实倾向的美术教育。一些专家发现写实训练在一定程度上会约束表现的生动性，但很多成年人包括部分美术教师不懂表现艺术的魅力，对表现艺术存在歧视。这在很大程度上，遏制了表现艺术的发展。如果我们对艺术有更多的了解，我们会发现表现艺术在艺术世界中占有重要的位置，尤其是在现代艺术风靡的当下，表现艺术的地位并不比写实艺术低。如果我们在儿童表现艺术发展的关键期，对儿童表现给予更多的肯定，而不是扼杀，也许可以为我国培养出更多大师级的美术家。

### （二）推理阶段的指导

1. 体验启发避免灌输

11岁至13岁基本相当于我们教育体系中的小学6年级和初中1年级的学生。在我们的美术教学中，知识灌输教育的情况可谓比比皆是。对色彩学知识、透视知识、人体比例知识、脸部比例知识、调子知识、人物的画法、静物的画法、风景的画法等教学都很容易形成灌输式。笔者主张美术教育应以体验的方式进行。

在人物教学中，最好的体验教学就是使用模特。但教师必须为模特摆姿势，模特的每个姿态不仅仅要给人带来人体的动态感受，更为重要的是还要拟定模特的身份与处境，即创设教学情境。如“街边的乞丐”，在作画之前，可以展开讨论关于乞丐的生活及乞丐在人类生活中的含义。老师要求模特要呈现出特定人物的表情，要赋予人物特征化与性格化。这种模特教学有一些戏剧的意味。还可以有其他的题材，如码头背面的工人、提着菜篮的家庭主妇、老农民在种地等。在戏剧化的情境中，可以加深儿童的知觉体验，促发表现的深度。

在人物教学中“暗藏”的教学重点是比例、姿态和表情。其中，“比例”教学比较容易陷入知识灌输的教育。在比例教学中，笔者反对直接的知识传授，也不必经由测量，最好的方式仍是系列的体验。创设恰当的教学情境，将不同年龄的人置于直观的环境中去，让人的体积感与环境互相对照，形成强烈的感受性。如“救火”的题材设计，我们描述云梯靠在了燃烧的房子上，引导儿童注意到比例：“失火现场有没有小孩？”“你必须爬多高来灭火？”“有没有人从窗子里跳出来？”“他们从多高跳下来？”“消防员的水管有多长？”“他们不用楼梯能爬多高？”等。[①]这样的题材有很多，

① [美] 罗恩菲德. 创造与心智的成长[M]. 王德育，译. 长沙：湖南美术出版社，1993：229.

如“坐在树上”“摘树上的苹果”“坐在汽艇上”等，都可以启发儿童来感知体积。动作的体验则要经由教师的引导，如“背东西”，我们可以让男生女生们背起重物来体验，提示：腰能挺直吗？脚是分开还是合在一起的？为什么这样做？是为了保持平衡？背着重物行走的时候，眼睛往哪里看？当然，看的是你要走的方向。[①]这些体验可以引发学生的知觉经验与日常的生活经验。只要我们设定了恰当的情境，比例、动作乃至表情都自然会在直观体验中获得。

在教学中，教师不能心急，不能指望一次体验就能获得良好的教学效果，也不宜以“纠正”的方式改变儿童错误的比例与表现。老师的“纠正”会挫伤与阻断儿童的自发体验与表现。如果儿童不能对情境产生反应，这只能说明这种情境未能和儿童发生“有意义的联系”，教师应该考虑改变情境，研讨情境与儿童的情感联系。经由系列情境体验，儿童一般会获得有效的激发。

空间教学需要迎合儿童的自然发展需要。除非儿童主动要求，否则老师不宜直接介绍透视与结构的知识给儿童。如果儿童认为空间表现是重要的，老师就必须根据儿童目前的情况来设计教学，满足他这个成长的欲望。如果儿童没有这方面的愿望，却强迫灌输其这方面的知识，就很容易让儿童感受到明显的折败感。透视学的理性教授会使一些儿童产生恐惧的心理，一方面是因为儿童并未做好准备接受这个知识，没有获得这个知识的愿望；另一方面，透视学的强理性超越了儿童的认知能力范围，让儿童感到“无论如何”也做不到，从而产生挫折感，进一步对自己的美术才能产生怀疑。这显然是“人为”的教育之过。

空间教学应该经由体验，而不是灌输。笔者主张“自动达成”的空间教学。我们不能剥夺儿童自己发现的机会，因为自己发现本身就是一项重要的潜在教育，可以形塑儿童的品格。老师必须让儿童自己去发现，再根据儿童体验的程度给予不同的启发。如果学生在一次无意间以一颗较小的树表现远

---

① [美] 罗恩菲德. 创造与心智的成长[M]. 王德育，译. 长沙：湖南美术出版社，1993：229-230.

近，教师应该抓住教育时机，给予暗示性的询问："在这幅画里，为什么这棵树会显得比较远呢？"让儿童意识到自己的发现。这样，近大远小的透视法则就被儿童所掌握了。如果我们进一步让学生体验，他们可能会得出更多的"知识"。远处的树看起来显得比较小，远处的物体看起来较为模糊，所以远处的物体细节较少，色彩也较为不那么强烈。这些经验都可以经由体验，让学生自己发现。这些"活的知识"有很强的"迁徙"能力。儿童会很快发现或经由教师暗示发现，路、房屋等都存在树一样的透视现象。

艺术不是程式化的东西，而是一种创造。在创造的教育中，必须经由个人的经验，任何程式化的教学与知识灌输都是有害的。尤其是在公民的义务教育之中，艺术修养的形成，艺术精神的把握与艺术的生活方式，远比去程式化地学习一些所谓的绘画有用得多。笔者认为义务教育的绘画，应该是"原初的绘画"，高度个人化、情感化、体验化，而非程式化的规训。抒发情感与表现自我，是每一个人的需要。如果我们的教学能抓住这两个要点，我们就可以让学生度过美术的低潮期。

2. 参考的题材

（1）根据想象的动作。

农夫在暴风雨前回家、在路上逃难的灾民、划船、各种体育的经验、在街上行走的人。

（2）根据模特儿的姿势。

拖地的妇女、街角的乞丐、背东西的人、母亲给婴儿喂奶、读书的女孩、书桌旁的沉思者。

（3）比例。

坐在树下、云梯靠着燃烧的房子、爬树、摘树上的苹果、从窗户往外望。

（4）色彩。

暴风雨来临前的田野、日出、日落、冬天的冷冽、秋天的风、色彩拟人化。

（5）合作教学。

从试验品到完成品（科学）、从生到死、从海滨到内陆、晚会的装饰、教室的装饰带制作。

（6）黏土。

模特姿态、模特姿态记忆。

（7）设计。

实验不同材料的机能和有关它们的简单设计。

3. 工具

水彩（最佳）、水粉、软硬的毛笔、黏土。

## 六、青春决定期（13岁至18岁）

### （一）青春期的美术与身心发展特点

1. 身心发展

青春决定期（The Period of Decision），是人生中最为关键的一个发展时期。女孩的青春期一般从11岁左右开始，开始年龄和结束年龄都比男孩早两年左右。青春期的进入和结束年龄存在较大的个体差异，约相差2至4岁。很多专家都指出13岁至18岁的教育、环境会对人的一生产生至关重要的影响，形成一个人的品质与特性，人们的人格与人生观逐渐确定，所以这段时期被称为“决定期”。以性成熟为核心的生理方面的发展，使青少年具有了与儿童明显不同的社会、心理特征。个体在儿童期依赖成人，成人约束并决定儿童生活和活动的主要内容；儿童对自己的行为不承担责任。随着年龄的增长、生活范围和活动内容逐渐复杂化，青少年具有了与儿童不同的特点。他们逐渐有了一定的特定意向和责任感，并自己决定某些活动如何进行，对自己的行为，尤其是部分犯罪行为要承担一定的责任。但青少年也不同于成人，他们虽有一定的独立性，但还没有完全独立；在许多方面，尤其是在物质生活方面还要依赖父母；他们还没有成为有完全责任能力的人，并不是对自己的所有行为都要负责任。由此可见，这种介于儿童和成人的过渡阶段的特殊性，使得少年成为社会学上所说的边缘人。地位的不确定性和社会向他们提出的要求的不确定性，使他们产生了许多特殊的心理问题。从儿童期过渡到成熟期会经历很多的困难，青少年的自我定位发生了危机，于是这个时期也被称作“青春危机期”。

青春期是人的身体发育完成的时期。研究表明，在人的一生中，身体生长迅速、身体各部分的比例产生显著变化的阶段有两个，一个是在产前期与出生后的最初半年，另一个则是青春期。青春期的快速生长发育，被称为“青春期急速成长现象”。事实上，这种现象开始于性成熟之前或与性成熟同时开始，终止于性成熟后的半年到一年。男性的急速成长从10.5至14.5岁开始，在14.5至15.5岁左右达到顶峰期，以后逐渐减慢，到18岁左右时身高便达到充分发育水平，体重、肌肉力量、肩宽、骨盆宽等也都渐渐增加，与此同时性机能和第二性征也发育成熟。女性在月经及第二性特征这些外部变化出现的同时，生殖器官也逐渐成熟。一切都表明青少年已开始向性成熟期过渡。身体及性的发育，对青少年的心理特征及社会生活产生了重大的影响。在这个时期，青少年的身体、外貌、行为模式、自我意识、交往与情绪特点、人生观等，都脱离了儿童的特征逐渐成熟起来，使之更为接近成人。这些迅速的变化，会使他们产生困扰、自卑、不安、焦虑等心理问题，甚至产生不良行为。在这个时期中，人从儿童向成人发展是可预测的，但是在发展过程中会出现什么情况或问题则不可预测。

青春期也被称为“青春叛逆期”。由于身心的逐渐发展和成熟，个人在这个时期往往对生活持有消极反抗的态度，否定以前发展起来的一些品质与观念。这种反抗倾向，会引起青少年对父母、学校以及社会生活的其他要求、规范的抗拒态度和行为，从而会引起一些不利于他们适应社会的心理问题。

青春期也是一个负担很重的时期。青春期是过渡时期，青少年要逐渐担负一部分由成人担负的工作。环境可能会不断把一些由成人来办理的事项交给他们去办理，加重了他们的负担，但这些负担又是他们成熟期所不可缺少的。他们要应付由身高、体重、肌肉力量等的发育成熟，特别是性的发育成熟所引起的各种变化及问题。他们必须在抛弃各种孩子气、幼稚的思想观念和行为模式的同时逐步建立起较为成熟、更加符合社会规范的思想观念和行为模式。青少年在应付自己的反抗倾向的同时，还要极力维持和保护与社会的正常关系。此外，异性兴趣、异性交往、繁重的学习任务等也给他们的身心造成了极大负担，有时候还会发展为主要矛盾。

2. 青春期的美术低潮

青春期前的美术称为“儿童美术”，青春期后的美术称为“成人美术”，一般认为青春期的美术是两种美术类型的过渡时期。青春期的激变性与躁动性为青春期的美术定位制造了困难。儿童美术在幼儿园和小学教育中占有重要的位置，已经被全球教育界认可。但中学美术却相对处于一个混乱的状态，全球都存在这种混乱的情况。显然，它既不能以儿童美术的性质去定位，也不能以成人美术的性质去定位。事实上，青春期的美术只能从青春期自身去寻求定位。

由于学生理性的日趋进步，青少年的美术面貌发生了很大的变化。他们发现以前的绘画是“幼稚”的，在“自我批评”意识的驱使下，儿童样式的绘画方式逐步“消失”了。大部分学生不再或很少在日常生活中画画了，这就是所谓的“青春期的美术低潮”。

这个低潮的出现有两方面的原因。一个原因是青少年的自然发展。他们的理性日趋强大，对世界的认识日趋加深，绘画表现语言的发展速度跟不上对世界认识的速度，以前的表现方式被他们认为是不成熟的，却又缺乏新的表现方式，于是在青春期的美术表现上出现了一定程度的困难。另一个原因可能是更主要的原因，即从初中开始的美术教材发生了根本性的改变。初中后的美术教材以专业美术知识与技能为主要取向，多数的学生不能适应这种专业化的教学，感受不到专业化美术内容学习的必要，大多数学生开始对自己的美术能力给予否定，从儿童期就开始的美术被逐步放弃了。进入以高考为目标的高中后，喜爱美术的学生已经变得很少了。

3. 青春期的美术发展

在这个时期里，学生的美术会发生很多根本性的改变。他们开始懂得欣赏成人美术，并逐渐以成人美术的标准来衡量自己、要求自己。完成品的效果，第一次成为青少年关注的重点。理性的发育，使部分青少年有了对美术理性学习的愿望。他们希望了解绘画的步骤与方法，少数学生开始自觉地学习美术理论。这部分学生有的后来走上了专业美术学习的道路。理性的学习方式的出现，成了青春期美术学习的特色。但对于大多数学生而言，因为他们觉察到自己的水平和专业的水平的差距过于大，所以在几次尝试失败之后，他们对美术学习丧失了信心，或者有了其他的职业选择的预想，被动或主动地放弃了美术学习。

在青春期，儿童期美术直观的方式越来越多地混进了理性。儿童不自觉的美术活动，逐渐变为自觉的美术活动。青少年的自我意识觉醒，他们希望以某种方式，获得自我的确认。

事实上，青春期的孩子在美术能力上都获得了巨大的进步。他们的心智开始趋于成熟，促使他们驾驭美术的能力大幅度地提高，对画面的掌控力与理解力都成长了很多。他们的能力相对于儿童而言，已经不能同日而语。遗憾的是，这种能力未能获得有效的拓展与应用，也未能获得学生的自我确认。

4. 中学美术教学的问题

中学美术缺乏明确的目标性。从多数的教材上看，其存在明显的专业倾向。但这种专业的目标，明显是不可能实现的。除了极个别走专业道路的学生外，这种倾向的学习，等于放弃了多数的学生。在具体教学中目标性显得更加混乱。因为教师意识到学生不能达到专业化的要求，只能放弃专业化的标准。美术教学失去了标准，现实的情况是“教到什么程度算什么程度”，学生“学到什么程度算什么程度”，从而造成了美术学习的“没有要求”。教学缺乏内在的逻辑体系。目前的体系是美术知识体系，而这个体系被证明是多数学生无法掌握的。于是，美术教学出现了极端“散漫”的情况。很多课堂就是老师花5分钟左右时间随意画个画，剩下40分钟时间让学生随意模仿。美术课成了技术模仿课，在模仿的过程中，学生继续确认着自己的失败，致使美术教学效益低下。

但从另一个角度来看，这种“散漫”的、没有目标性的美术课，也有它的好处。主课的强压，与美术课的放松成了鲜明的对照，美术课成了学生

“心灵的休息地”。在美术课上，学生可以获得一定程度的自我调整，有一定的心理治疗的意味。

### （二）青春期美术教学的探索

1. 重新寻找定位

中学美术的专业定位显然是行不通的。第一，义务教育是全体的教育，不是个别专业人才的教育，这种全体性的教学要求和专业定位不吻合。第二，专业定位是无法实施的，学生的能力不可能达到专业化的水平与标准。第三，专业化的学习极大地打击了青少年美术学习的热情，挫伤了美术学习的积极性。第四，专业化学习脱离了艺术教育的本质，丧失了艺术教育的精神内核，美术学习成为一件与生活无关的事。

既然专业定位是靠不住的，那么，以专业化的知识体系为主要内容的美术教学就是错误的。中学美术必须寻找新的定位，一种符合青少年发展需要的、一种与生活密切相关的定位。以新的美术定位为导向，重组中学美术课程的内容，调整中学美术的教学。

中学美术的定位，应该确立在“艺术体验化生活”这个维度上。目的在于让学生获得艺术修养，体悟艺术精神，最终转化为艺术化的生活。这种定位可以覆盖全体学生，对全体学生都有益处。

2. “三三制”的设想

“三三制”其一，经典美术体验。以这个部分的教学取代过去的专业知识与技能的美术教学。过去的教学以知识传授、技能掌握为主要目标，而新教学以体验为主要目标，二者在性质与意义上是不一样的。新教学必须配套新方法。新教学要求体验教学要在画室里进行，配置石膏像、静物等专业化的美术画室建设，由学校提供专业化的画纸与画具，为的是创设经典美术体验的教学情境。过去的教学内容要做适当的压缩，只将最经典的部分保留。在技法教学过程中，为了满足学生理性学习的需要，可以出示范画与步骤图，但不能整堂课悬挂，以防止学生将注意力从体验转移到范画的模仿上去。范画的选择最好要多样化，防止学生形成单一的印象。教学的原则，是以体验为主，如何能形成深刻的体验就如何去做教学的设计。在经典美术史的教学中，也要尽可能创设教学情境，将教学情境的创设视为课程的一部分，与内容同等重要的一部分。在有条件的地区，博物馆、美术馆、科技馆等都可以成为教学的地点，让学生在氛围之中体验经典艺术的魅力。如果实在没有条件，就必须高度重视教室情境。高品质的挂图是教学需要的。多媒体时代的到来，为经典美术史教学提供了便利，多媒体设备为经典美术史的教学提供了比较有力的支持。在教学的开始，就要让学生明确体验的目的。教师指导的原则是根据学生的需求，如果学生提出了进一步学习的要求，可以有针对性地讲解一些学生能够理解的原理。如果学生没有提出要求，则不必做深度的理论讲解。

将美术知识确立在感受性的基础之上。针对以前教学过多与过深的美术知识，新教学应该对这些知识进行筛选。保留有感受性的知识，去除难以理解的纯逻辑知识。例如，透视理论，应该保留近大远小的感受性认知，而成角透视、平行透视的纯理性讲授则必须改变；色彩理论，应该保留色彩感情的感受性认知，色环理论尤其是写实性色彩理论应该做出教学的改变；其他理论教学以此类推。总之，要尽可能保留具有感受性的知识，而不能获得感受性的知识应该被筛选掉或通过改变教学方法加以改善。

经典美术体验教学具有全体学生的覆盖性，既不会阻止个别专业化倾向的学生的发展，也不会挫伤一般学生的学习热情。更重要的是，体验的知识与体验的美术比较容易被学生吸收，而形成的艺术修养及体悟到的艺术精神，对于学生未来的生活而言是有帮助的。

“三三制”其二，自我表现的美术。青春期是情感的躁动期，如果美术没有自我表现的空间，就不能迎合青春期学生的发展需要。所以美术教学必须与生活深度相结合，与学生的自我深度相结合，与儿童美术表现教学一脉相承，继续鼓励学生进行美术表现与创作。生活中的场景，应该被纳入模特写生等教学中间来，如工厂的场景、农民田园的场景、街道商业的场景、学生学习的场景等。美术作为表现生活、表现自我的工具，在自我表现的教学中可以得以实现。相对原先纯技法教学而言，其拉近了学生与生活的距离、与自我的距离，回归了艺术教育的本质。在自我表现的教学中，需要注意的是评价标准。该标准不能是写实性美术的标准，而应该是表现性美术的标准。教师应该关注学生自我经验的表达、自我方式的表现及美术表现的热情。在教学设计中，保持教学的系统性。这个系统性要以学生能力发展需要为依据，而不是以美术知识体系为依据。

可以将自我表现、自我发现的教学与经典美术体验教学的一些感受性知识结合起来进行。经由自我经验的体验，让学生自己发现这些感受性的知识，将美术知识转化为基于学生理解的活的知识。知识不再成为枯燥的事物，而是富有感情色彩的存在。

“三三制”其三，直接体验的教学。自然的生动是无与伦比的。大自然的美是艺术美的源泉，我们不能放弃对这种自然美的直接体验。在中学美术的教学中，我们可以因地制宜地增设有关一些自然美的体验性课程。名山大川、江河湖海、风霜雨雪、春夏秋冬等都可以成为美术体验教学的内容，对植物、动物的观察与体验也可以作为教学内容，郊外的田野、乡村的田园、花园、植物园、动物园等都可以纳入体验式的教学中来。再就是生活体验，工厂、社区、农村、大学的校园、城市街道、博物馆、美术馆、科技馆等可以成为教学的地点与内容。每一项体验教学，都要求能给学生留下终生难忘的记忆。

将直接体验教学和自我表现教学做适当的结合，也可以成为自我表现美术的素材。直接体验教学也可以和经典美术体验教学做适当的结合，博物馆、美术馆教学就可以作为经典美术体验的教学地点。

还有一些体验教学要视学校的条件而定，比如陶器的制作。陶器制作应该展现完整的陶器生产过程，从陶轮的使用体验开始，陶器原胚制作好后烧制，直到制成成品。如果没有条件购买专业陶瓷炉，我们可以自己动手制作土炉，这样可以更加真切地体验早期人类烧制陶器的场景，比如印第安人的土炉烧制法很容易在一般学校中实施。

直接体验教学的意义不仅仅在于体验的生动性与感受性，还意味着我们的美术教学应该走进人们生活的世界，不能全在教室里进行，应该有相当的比重在室外进行。笔者认为这个比重不能低于教学内容的三分之一。在与自然、与生活、与自我的交互对话之中，艺术保持着原初的鲜活，保持着能应用于生活、美化生活的原初意义。

3. 中学美术改革的目的

艺术教育在这个阶段最重要的任务是采用防止学生丧失自信的教学方式和方法，既不能硬性地设法使学生保持儿童画的特点，也不能以成人的标准去要求学生，而是应该在美术中设法满足青少年的内在成长需要。

艺术本来是与生活息息相关的事物，每个人都需要用艺术来美化自己的生活，让生活更有生命力、更精彩。

中学美术的改革，主要目的就是让艺术还原为艺术本身，让艺术的生动性、感人性、生活性发挥作用，变“无用”的艺术为“有用”的艺术。让艺术成为青少年成长中的一种自然需要，用生命中正面的意义来感召学生、引领学生，让艺术教学在未来的生活中能够继续发挥作用并产生积极的意义。

柒 [ 第七章 ]

# 219 美术课程(上)

## 第一节 课程观念的演进

在西方英语世界里，课程（Curriculum）一词最早见于英国教育家赫伯特·斯宾塞（H.Spencer，1820—1903）《什么知识最有价值？》（1859）一文中。它是从拉丁语“Currere”一词派生出来的，意为“跑道”（Race-course）。根据这个词源，最常见的课程定义是“学习的进程”（Course of study），简称为“学程”。这一解释在各种英文词典中很普遍，英国《牛津字典》、美国《韦伯字典》《国际教育字典》（International Dictionary of Education）都是这样解释的。但这种解释在当今的课程文献中遭受到越来越多的质疑。“Currere” 一词的名词形式意为“跑道”，而“Currere”的动词形式是指“奔跑”，这样理解课程的着眼点就会放在个体认识的独特性和经验的自我建构上，就会得出一种完全不同的课程理论和实践。课程并非是单纯预设的“跑道”，而是“沿着跑道跑的整个过程”。不是单纯静态的“定式框架”和“教学计划”，而是师生在一定的教育情境中展开文化探索的动态生成的过程。[①]

### 一、课程观的分野

“课程”名词和动词，静态和动态的分野，直接导致了两种课程观。

一派观点认为如果将课程视为静态的名词，那么课程就是知识（客观知识）。当课程被认识为年轻态的知识并付诸实践时，一般特点在于：第一，课程体系是以科学逻辑组织的，是既定的、静态的；第二，课程是社会选择和社会意志的体现；第三，课程实施中教师占主导地位；第四，课程是外在于学习者的，并且是凌驾于学习者之上的。因为教材直接承载客观知识，知识的载体就是教材，课程就变身为了“教材”。其代表人物是夸美纽斯（Comenius，1592—1670）。

另一派观点将课程视为动词。那么课程就是学生的学习活动。这种取向的重点是放在学生做些什么上，而不是放在教材体现的学科体系上。以活动

---

① 钟启泉．课程的逻辑[M]．上海：华东师范大学出版社，2008：1.

为取向的课程，注意课程与社会生活的联系，强调学生在学习中的主动性，强调学生是主动参与者，是学习活动的主体，学习的质和量决定于学生而不是书本，强调学生与外部环境的互相作用。教师的职责是构建适合学生能力与兴趣的各种情境，以便为每个学生创建最有利于其发展的环境。其代表人物是杜威。

在现象学观念下，有关“静态”还是“动态”的争论可以转为“局部”还是“完整”的讨论。课程认识的分野就好比哲学中关于世界是静止的还是运动的争论，但笔者认为，静态的课程观实际上不符合“事物本身”的情况。它孤立地看待人类的理性知识，片面夸大了其作用，撕裂了人完整的认知。事实上，世界是运动的，人是完整的，理性知识只是人类完整认知中的一部分。我们不否认理性知识的意义和作用，但理性认知不能单独孤立地进行，也不能单独孤立地进行学习并施加教学。孤立抽象的理性仅仅是人类观念中的一种存在，是一个抽象物、范畴观念。认知必须“回到事物本身”的样子。人集情感与理性一体，而知识是人的知识，不能孤立于人之外。理性知识——人类文明的理性结晶，毫无疑问需要继承，但不能以一种撕裂的方式去继承。理性知识的吸收并不意味着我们必须单独用理性的方式去继承，并不意味着学习者成为机器，相反，我们要保持生活者鲜活的原初姿态，以完整的认知去体验、去内化、去理解，这才是原初的学习。

我国当前的美术教育乃至整个教育，基本属于静态课程观指导下的教学，这与历史有关。民国时期的教育，由蔡元培、胡适、刘海粟、林风眠等著名教育家，受到美国进步主义教育的极大影响，应该说在教育理论上基本与当时世界最先进的教育理论同步。从20世纪50年代开始，我国受到苏联教育理论的巨大影响，苏联理论以一种霸权的方式垄断着我国的教育理论领域。伊·安·凯洛夫（Ivan Andreevich,1893—1978）从德国教育学家赫尔巴特那里吸收来的“五段教学法”，在我国影响极其深远。苏联教育理论基本属于一种静态课程观的理论，教学以教师为主，以教为主，以讲授为主，以课本为核心，以教学大纲为指导。这种教学方式，可以说在我国的教育界一直到了今天仍有印记，客观上说，它仍是主流的教学方式。1978年后，中国改革开放开始了。苏联课程理论的影响逐渐消退，世界教育最新的研究成果再次进入中国，教育的文化融合在全面展开。21世纪我们开始了新课程改革，标志着我国决心要彻底改革旧教学，坚决将教育从“应试教育”“奴役人的教育”“不符合认知规律的教育”向“素质教育”“人的教育”“健全人格的教育”转型。

## 二、学科中心论与儿童中心论的统合

在人类的教育史中，始终存在着对“为什么教”“教什么”和“如何教”的思考和实践。自柏拉图以来，许多教育家一直都倡导这样一种观点：教育不仅是传授知识，还在于训练并形成能力。那么，就出现了两个关键词：一个是知识，另一个是能力。“知识”意味着对前人智慧的继承，“能力”需要知识于个体的内化。事实上，课程论的争执主要围绕这两个词展开，即如何看待人类的理性知识体系，尤其是定律、原理等，以及如何看待学生的能力形成。

在某种程度上，“学科中心论”看重前者——知识或学问。学科中心论的基本主张是：学校的课程应以学科分类为基础，与不同学科对应设置课程，通过分科教学，使学生掌握各学科的基本知识、技能、思想等，从而形成学生的知识结构。代表理论为美国教育心理学家杰罗姆·布鲁纳（J. S. Bruner，1915—2016）的结构主义课程论。基本观点如下：首先，他主张课程内容以各门学科的基本结构为中心，学科的基本结构是由科学知识的基本概念、基本原理所构成的；其次，在课程设计上，主张根据儿童智力发展阶段的特点安排学科的基本结构；最后，提倡发现法学习。在美术教育领域的代表主要是艾斯纳以及DBAR的教育思想。DBAR是The Discipline Based Art Education的缩写，意思是“基于美术教育的学科”。他们都认为美术应该作为一个学科来加以建设；在美术学科的课程中应该包括审美、美术创作、美术批评和美术史；教学应该由浅入深，循序渐进，并应该具有系统性；强调对经典艺术作品的学习与研究。

笔者认为“学科中心论”并非完全局限于知识一极，实际上也考查学生能力的成长。但从这个流派的命名上我们可以看出，其有一种更看重知识性的倾向——学科本位。笔者认为这一理论提出的一些建议是很有道理的。第一，美术尝试以学科的方式加以建设，可能会有一些争论，但在学科霸权的时代里，笔者认为这不是一个主要的争论点，我们应该看看它以怎样的方式去进行学科建设，这才是重点。第二，美术课程可以分为审美、美术创作、美术批评和美术史。笔者认为这只是一种分类方法，也许也可以以其他方式进行区分。分类本身不是问题，分类学习可以加深对事物的局部认识。但不可以将分类绝对化，细致研究的时候也要注意统整。也不可以将某一种分法绝对化，来压制其他的区分方法。第三，课程需要系统性，这也是没有疑问的。教学需要系统地发挥作用，一堂课与下一堂课乃至整个学期，应该有一种内在的关联。第四，强调对经典的学习，自然也不存在疑问。

笔者对学科中心论的质疑主要集中在两个方面。第一，笔者反对以学科为中心。学科本身是一件与人密切相关的事物，而不是外化于人的，就好比知识也不是外化于人的。在教学的世界中，知识为人服务，学科为人服务，不可能颠倒过来，如果一定要找个中心，那这个中心则一定是“人”，而不是其他。以学科为中心的言说，很容易让人联想到“知识至上论”与“理性至上论”。而知识与理性，其实都是整体的人的一部分，知识与理性的尊严只有站在弘扬人的尊严的前提下才能够成立，而绝对不能凌驾于人之上，这是一个很简单的道理。第二，学科中心论者认为艺术学科不能以艺术创作作为艺术教育的核心，而且认为自我表现和创造力的培养都不能作为艺术教育的中心。那笔者要问，如果不以人格统整的手段“自我表现”与人格统整带来的结果“创造”为艺术教育的中心，那要以什么为中心呢？难道以传承美术知识为中心吗？难道艺术和科学是完全一样的架构吗？这是笔者所反对的。笔者认为将美术视为一种科学，是对美术的降级，因为艺术与科学本身是同等级的。美术教育也不是以美术知识为核心的教育，笔者认为中小学美术教育的核心应该确立于“艺术精神、艺术修养和艺术生活”，而“自我表现”与“创造”属于另一种具体方式教学的表达，其中，自我表现属于一个关键性的局部的描述。如果艺术只剩下艺术知识，那艺术神圣的光环、灵性

图7-1 卢梭

的色彩将化为平凡。笔者认为艺术学习本身就不应以知识为中心，即便是知识性的学习也应是为艺术体验学习服务的。笔者认为艺术是一种体验式的学习，而不同于一般的自然科学。

人类在漫长的历史中，发现了很多的规律，人类文明也是建立在这些经验与规律的基础上的。人类以文字的形式，把这些记录下来，形成了知识（客观知识），使其成为人类文明的财富。有时候我们把这种规律性的发现称为“科学”。“科学”是人类文明的重要标志之一。人们认识着规律，但在更多时间里，还在做着一件事情——生活。在生活中，人类用创造性的想象力去表达生活、理解生活、庆典生活和享受生活，这就是“艺术”。同样，艺术也是人类文明的财富，也是文明的重要标志之一。生活既是艺术之母，也是科学之母，但艺术与科学并不是同样的事物。

“儿童中心论”出现在“学科中心论”之前，相对于“学科中心论”的强调知识，“儿童中心论”则更强调能力的成长。儿童中心论也有着深厚的理论渊源。一般认为儿童中心论的奠基人是法国著名启蒙思想家卢梭（Jean-Jacques Rousseau，1712—1778）。卢梭（图7-1）是思想史上划时代的代表人物，在教育理念上更掀起了惊天动地的浪潮。他在教育史上的地位，犹如哥白尼在天文学上的地位。卢梭成为教育史的一个转折点，是现代教育学的奠基人。他扭转了由来已久的成人本位思想，大力倡导儿童中心说，相信“文明社会”的败坏，歌颂“自然状态”的完美。所以，卢梭的教育学也被称为“自然主义”教育。但卢梭似乎并没有把他的思想表达得很清楚，造成了后世长期的争论。“文明社会”与“自然状态”是两个关键词，在卢梭眼中分别代表着“人为”与“自然”。卢梭看到成人的心性已深深地遭受扭曲，“文明社会”的人更是远离善良的人性。他认为儿童的天性最纯真，远离都市之人更能保持赤子之心。正如卢梭的名言：“上帝创造的万物皆善，但一入人的手中即变坏。”[①]“上帝创造的万物”是指事物原初自然的状态，“人的手中”的事物是指“人为的状态”。他认为“文明社会”里已经远离了自然，“文明人”矫揉造作、伪善欺诈、阴险卑鄙、心机重重、口蜜腹剑、笑里藏刀，人人带着假面具、追名逐利、自私贪婪。“文明社会”的成人，设立了许多束缚人性的典章制度、法规条文，结果人反而成为人的枷锁，自己绑住了自己，人类屠杀人类、排除异己。“人生而自由，但处处都是铁链。”[②]卢梭眼中“自然的状况”是田野乡村、良好的胃口、健康的身体、自然的起居、无牵无挂逍遥自在的生活。由此，我们可以解读到，卢梭的“自然”和中国道家哲学中的“自然”很近似。这个“自然”是一个多重的概念。首先，可以理解为生态自然，这是第一重意思；其次，“自然”代表着规律——“道”，这是第二重意思；最后，“自然”代表着“人性”，这是第三重意思。人性指的是作为人应有的正面、积极的品性，比如慈爱、善良、宽容、诚实等。卢梭的“性善论”其实就是肯定人正面的因素，并且认为这些正面的因素是“上帝赋予的”，即与生俱来的。这表明了卢梭的立场，即坚定地站在人类进步的一面、善良的一面。卢梭笔下的“文明社会”显然不是褒义词，不是对人类创造的赞美。相反，卢梭的“文明”指的是一种“人为”、违背“自然”、违背“规律”、丧失“人性”的状况。但可以肯定的是，卢梭这个“文明”用词不准。卢梭的“文明”其实指的是“不文明”“反文明”。我们可以接受文明社会中很多不文明的事情，但不能绝对化，把“文明”称之为“邪恶”。而原始人也并非“原初状态的人”，在这里卢梭把“原初状态”片面化、简单化了。卢梭的这些错误，在文学上没有问题，但在学术上就会被认为不够严谨。因为卢梭的用词错误，以及对“原初”过于简单片面的理解，他的言说很容易让人产生反文明的感觉。也因为这个表达的错误，他遭到了伏尔泰的攻击。但卢梭赞美儿童的观点则是无法反驳的。儿童饱含生命力、纯洁无邪，这种天使般的特征象征着人类未来的

---

① 卢梭. 爱弥儿——论教育[M]. 李平沤，译. 北京：商务印书馆，1978：1.

② 卢梭. 社会契约论[M]. 李平沤，译. 北京：商务印书馆，2011：1.

希望。卢梭提出了很多著名的教育学观点，如“自然教育的第一真谛，就是解除束缚”“幸福不是做我喜欢做的，而是不必做我所不喜欢做的”“学习之有成就，强烈的动机是不可或缺的。强迫教育的结果，是动机的渐行消失，而心生排斥”“让儿童自然而然地去过他的生活，本身就具有无比的教育价值”“成人的消极可以鼓励儿童的积极”“儿童期是理性的睡眠期（child-hood is reason’s sleep），对儿童最能心领神会的，是感觉经验界的直接体验”“观察日出及日落的景色，是极佳的自然教材”“好奇心本是自然赋予人类的特有禀赋，求知欲正是发展好奇心的最佳例证”。[①]从这些字里行间中，我们可以发现卢梭顺应自然的教育其实也是弘扬自由的教育。卢梭声称：“真正自由的人只想他能够得到的东西，只做他喜欢做的事情，我就是我的第一基本原理。”所以，卢梭不仅成为了“自然”的歌颂者，也成了“自由”的代言人。1791年12月21日，法国国民公会投票通过决议，给大革命的象征卢梭树立雕像，以金字题词——“自由的奠基人”。他的遗体于1794年以隆重的仪式移葬于巴黎先贤祠。隔着走廊，与伏尔泰的棺木相对而立的，是卢梭的棺木。卢梭一切思想的理论基础是他的自然法则理论。他的棺木外形也被设计成为乡村小寺庙的模样。从正面看，庙门微微开启，从门缝里伸出一只手来，手中擎着一支熊熊燃烧的火炬，象征着卢梭的思想为人类带来了光明。

卢梭天才而富有情感的思想影响了无数与他同时代及后世的学者，如康德、杰斐逊、裴斯泰洛齐、福禄贝尔、欧文、蒙台梭利、杜威等。这一系列的大家共同构成了“儿童中心论”的“传统”。

杜威（图7-2）是自卢梭之后的又一位教育学巨擘。杜威的教育学又被称为“民主主义教育”“进步主义教育”“实用主义教育”“实验主义教育”。“实验”是杜威的方法，“实用”是杜威的目的，“民主”是杜威的理想，“进步”是杜威的理念。杜威认为只有在民主社会，教育才能发挥充分的作用。“在以往的专制社会中，全部或大部分由少数的‘寡人’所裁决，或由独夫

---

① 林玉体. 西方教育思想史[M]. 北京：九州出版社，2006：295~350.

所专断。这些少数或‘最高当局’多半以自己族群的利益作为政策决定的依据。所以，公共政策一经形成，则广大群众就受难无穷，民不聊生。”他认为：“民主社会保证更多的人及有不同的观点者，都可以参与公共决策，因此是多元的。意见分殊、理念分途，是民主社会的常态。民主社会并不以此为忧，反而因此更能‘生长’，更具持续性及进步性，而在价值上超过人类史上所有已存在的社会形态。”[①]杜威从实用主义经验论和机能心理学出发，批判了传统的学校教育，并就教育本质提出了他的基本观点，“教育即生活”[②]和“学校即社会”[③]。杜威认为，教育就是儿童生活的过程，而不是将来生活的预备。他说：生活就是发展，而不断发展、不断生长，就是生活。因此，最好的教育就是“从生活中学习、从经验中学习”[④]。杜威提出了“从做中学”这个基本原则。由于人们最初的知识和最牢固地保持的知识，是关于怎样做（how to do）的知识。因此，教学过程应该就是“做”的过程。在他看来，如果儿童没有“做”的机会，那必然会阻碍其自然发展。儿童生来就有一种要做事和要工作的愿望，对活动具有强烈的兴趣，对此要给予特别的重视。杜威认为，“从做中学”也就是“从活动中学”、从经验中学，使学校里知识的获得与生活过程中的活动联系起来。如果儿童能从那些真正有教育意义和有兴趣的活动中进行学习，那就有助于儿童的生长和发展。在杜威看来，这也许是儿童一生十分重要的一个转

图7-2 杜威

① 林玉体．西方教育思想史[M]．北京：九州出版社，2006：622~623.
② [美] 杜威．民主主义与教育[M]．王承绪，译．北京：人民教育出版社，2001：6.
③ [美] 杜威．民主主义与教育[M]．王承绪，译．北京：人民教育出版社，2001：25.
④ [美] 杜威．民主主义与教育[M]．王承绪，译．北京：人民教育出版社，2001：153.

折点。教育就是要给儿童提供保证生长或充分生活的条件。由于生活就是生长，因此，杜威又强调说："生长是生活的特征，所以教育就是生长。"[①]在他看来，教育不是强迫儿童去吸收外面的东西，而是要使人类与生俱来的能力得以生长。由此，杜威认为，教育过程在它的自身以外无目的，教育的目的就在教育的过程之中。其实，他反对的是把从外面强加的目的作为儿童生长的正式目标。杜威认为，好的教学必须能调动起儿童的思维。所谓思维，就是明智的学习方法，或者说，教学过程中明智的经验方法。在他看来，如果没有思维，那就不可能产生有意义的经验。因此，学校必须要提供可以引起思维经验的情境。杜威认为，既然教育是一种社会生活过程，那么学校就是社会生活的一种形式。他强调说，学校应该"成为一个小型的社会，一个雏形的社会"。在学校里，应该把现实的社会生活简化为一个雏形的状态，应该呈现儿童的社会生活。就"学校即社会"的具体要求来说，杜威提出，一是学校本身必须是一种社会生活，具有社会生活的全部含义；二是校内学习应该与校外学习连接起来，两者之间应有自由的相互影响。杜威又认为，学校作为一种特殊的环境，应该具有三个比较重要的功能，那就是："简单和整理所要发展的倾向的各种因素；把现存的社会风俗纯化和理想化；创造一个比青少年任其自然时可能接触的更广阔、更美好的平衡的环境。"[②]杜威赞同"儿童中心"的思想。其最典型的一段话是："我们教育中将引起的政变是重心的转移。这是一种变革，这是一种革命，这是和哥白尼把天文学的中心从地球转到太阳一样的那种革命。这里，儿童是中心，教育的措施便围绕他们而组织起来。"[③]杜威认为，学校生活组织应该以儿童为中心，使得一切主要是为儿童的而不是为教师的。因为以儿童为中心是与儿童的本能和需要协调一致的，所以，在学校生活中，儿童是起点，是中心，而且是目的。杜威强调，我们必须站在儿童的立场上，并且以儿童为自己的出发点。在强调"儿童中心"思想的同时，杜威并不同意教师采取"放手"的政策。他认

---

① [美] 杜威. 民主主义与教育[M]. 王承绪，译. 北京：人民教育出版社，2001：49.
② [美] 杜威. 民主主义与教育[M]. 王承绪，译. 北京：人民教育出版社，2001：25-29.
③ [美] 杜威. 民主主义与教育[M]. 王承绪，译. 北京：人民教育出版社，2001：15.

为，教师如果采取对儿童予以放任的态度，实际上就是放弃他们自己的指导责任。在杜威看来，从外面强加于儿童，或让儿童完全放任自流，两者从根本上都是错误的。由于教育过程是儿童与教师共同参与的过程，是他们双方真正合作的过程，因此，在教育过程中儿童与教师之间的接触应该更亲密，从而使儿童更多地受到教师的指导。杜威说："教师作为集体的成员，具有更成熟的、更丰富的经验以及更能清楚地看到任何所提示的设计中继续发展的种种可能，不仅是有权而且有责任提出活动的方针。"在他看来，教师不仅应该给儿童提供生长的适当机会和条件，而且应该观察儿童的生长并给予正确的引导。

在美术教育领域，"儿童中心论"的代表人物主要有美国美术教育家罗恩菲德和英国美术教育家里德。

里德认为人的内在情感的表现方式是人类社会和平的重要力量，他相信艺术中的创造性表现与健康社会有着不可分割的关系，认为儿童艺术应该运用创造性的表现形式，以充满想象力的方式进行。他的《通过艺术的教育》基于荣格心理学，全面地阐述了他的艺术教育思想，成了美术教育的一部经典著作。[①]

罗恩菲德在《创造与心智的成长》（1947）中系统地阐发了他的美术教育思想与方法。这本书是迄今为止最具影响力的美术教育理论著作，以他为代表的美术教育思想至今仍是西方最主要的美术教育思想之一。罗恩菲德教育学将经验主义与行为主义有效结合起来，认为儿童美术教育的目的在于统整儿童的心智（即促进健全人格），引导其全面的成长。罗恩菲德认为"协调与全面"最终引发的是创造。罗恩菲德的教育学重视从经验与活动中引发儿童的艺术表现，并将其称之为"艺术的刺激"[②]。罗恩菲德以分析心理学成果为依据，论证了经验、体验、活动、情感与艺术表现、自信心及创造的关系，得出了将"必要的时间和空间"让予儿童的教育原则。在具体的罗恩菲德艺术教学中，"艺术表现"构成了核心与中介。罗恩菲德创建了儿童美

① 尹少淳. 美术教育学新编 [M]. 北京：高等教育出版社，2009：107.
② [美] 罗恩菲德. 创造与心智的成长 [M]. 王德育，译. 长沙：湖南美术出版社，1993：93.

术教育的评价标准，他认为儿童美术不能以成人的、专业的标准来实施评价，认为评价儿童美术的标准主要是自我的经验、自我的表现和表现的专注度。[①]他提出儿童美术教育的具体目标在于“自我表现”与“自我调整”[②]。和蒙台梭利、杜威等人的主张一样，罗恩菲德认为教师的主要目的在于创建活动情境，引导学生成长。在引导的过程中，罗恩菲德强调要避免形成“干涉”，还描述了种种儿童被干涉后的“沉痛情状”。艺术的心理治疗作用，也为罗恩菲德所重视。罗恩菲德非常关注儿童的心理健康，认为心理问题会阻碍儿童的发展。罗恩菲德以一种从自我经验——自我表现——自我确认——自信心的逻辑，从心理学与艺术教育学的双重方式，探究了自我表现的心理治疗意义。从某种意义上说，罗恩菲德的艺术教育学其实也是一种艺术治疗学。罗恩菲德的主要艺术教学媒介为儿童表现绘画和泥塑等。他把表现绘画的教育意义发展到了极致。同时，这也可以看出，罗恩菲德的美术教育之“美术”，基本仍是纯艺术。在这点上，笔者的观点和罗恩菲德有差异。笔者赞同学科统整，将艺术还原为“原初艺术”的状况，不拘泥于传统学科界限的做法。罗恩菲德的教育理论主要是经验主义与行为主义的结合，以经验为主，配合艺术刺激，来施加教育影响。但这种完全依赖学生自我经验与自我发现的教学有局限性，无法使学生对系统性知识有了解，换句话说就是不符合专业美术的学习。虽然，对于义务教育阶段的学生而言，他们也许并不需要很多系统性的美术知识，但纯粹依靠经验去发现这些知识，彻底反对理性知识教学，无疑是舍近求远。尤其是中学阶段，青少年的理性思维逐步走向成熟，仍坚持纯粹的经验主义教学方式，妄图用经验去开发“比儿童美术更成熟的表现美术”，就更显得不合时宜了。面对经典美术的教学，罗恩菲德实际上没有找到有效的办法。罗恩菲德的理论中没有提及保持艺术的原初状态、生活的方式、体验的方式，几乎没有提到户外的美术教学，也没有提出美术教学情境建设。

① [美] 罗恩菲德. 创造与心智的成长[M]. 王德育，译. 长沙：湖南美术出版社，1993：43~49.
② [美] 罗恩菲德. 创造与心智的成长[M]. 王德育，译. 长沙：湖南美术出版社，1993：19~21.

可见，虽然罗恩菲德强调了艺术与自我的联系，但通过自我与生活发生联系，仍是经验的教育，而不是体验的教育，与生活间接联系的方式是不够的。艺术作用于生活的方式，艺术在生活中的发生，这些问题罗恩菲德探讨得不够充分。但即便有这些局限性，罗恩菲德仍是第一位创建美术教育理论体系的美术教育学大家。

“儿童中心论”与“学科中心论”并不是一种二元对立的关系。儿童中心论出现在学科中心论之前，批判的并不是学科中心论，而是束缚人格、压制人性的传统教育。西方的教育，如美国，是教育独立的，学科本位也不会出现那种彻底统一课程的情况。事实上，这是作为学术的一种观点而存在的。儿童中心论确立的核心观念，如顺应儿童天性施加教育、教学以学生为目的等，艾斯纳等学科中心论者也不反对。而学科中心论提出的课程的系统教育意义，是符合教育学原理的。可见，学科中心论可以视为对儿童中心论的一种修正，二者各有所强调，本身并非不可调和。

总之，我们不能将“儿童中心论”与“学科中心论”视为二元对立，非此即彼的对立。笔者赞同将两种学说整合起来，改革我们的美术教育。但在总体的维度上，在总体的文化呈现上，我们的美术教育基本仍然属于一种传统模式的教育，更需要以“儿童中心论”等课程方式加以改革。“儿童中心论”的思想在很大程度上，对当前的教育现状是“一剂猛药”，而且是一剂对症的猛药。要矫正长期以来形成的教育陋习，笔者认为有必要大力宣传“儿童中心论”的教育思想。因为“儿童中心论”教育思想中有相当意味的解放与自由的含义，这种解放性可以释放蕴藏在我们广大基层美术教师中的潜在力量。

## 第二节 课程的分类

### 一、分科课程与合科课程

“分科课程”也称“文化课程”，是一种主张以学科为中心来编定的课程。主张课程要分科设置，分别从相应科学领域中选取知识，根据教育教学需要分科编排课程，进行教学。20世纪60年代以来关于学科课程的理论主要有美国教育心理学家布鲁纳的结构主义课程论、德国教育学家瓦根舍因（M.Wagenschein，1896—1988）的范例方式课程论、苏联教育家赞可夫（J.B.Bahkob,1901—1977）的发展主义课程论。

“合科课程”又称“合科学习”“整体学习”，是在批判“分科课程”的基础上确立起来的旨在综合学校全部或部分课程而倡导的新型教学方式。从20世纪初开始，盛行于德国、美国、日本等国。合科课程是打破学科逻辑组织的界限，以学生的兴趣、需要和能力为基础，通过学生自己组织的一系列活动而实施的课程。科目界限消除，并经由生活等主题重新构建，这时候的“合科课程”也称为“综合课程”“活动课程”，或者“儿童中心课程”“经验课程”等。如美国美术教育学者艾斯纳将“课程”理解为：“为了使一个或多个学生得到教育经验而特别安排的系列活动……这种连贯性的系列活动可以由学生在没有教师的指导下自行安排，也可以由师生共同安排，或由教师独自安排，或由一群课外人士安排而由教师执行。还有，课程可以设计成短期的，或长期的，包括整个学年或连续几年。”[①] 一般认为，“活动课程”起源于19世纪末20世纪初欧美的“新教育运动”和“进步教育运动”，较分科课程其发展历史要晚上千年。杜威认为“课程最大流弊是与儿童生活不相沟通，学科科目相互联系的中心点不是科学，而是儿童本身的社会活动”。在活动课程的发展历史中，杜威常被认为是代表人物之一。

分科课程与合科课程是学校教育中的两种基本的课程类型，我们可以把两者看作是一种相互补充而非相互替代的关系（表7–1）。分科课程将科学知识加以系统组织，使教材依一定的逻辑顺序排列，以便学生在学习中可以掌握一定的基础知识、基本技能。但是，由于它分科过细，只关注学科的逻辑体系，容易脱离学生生活实际，不易调动学生学习的积极性。而合科课程则可以在一定程度上弥补这一缺失，但同时，由于活动课程自身往往依学生兴趣、需要而定，缺乏严格的计划，不易使学生系统掌握科学知识。一正一反，利弊兼具，任何一种课程在张扬其长处的同时，也就将其弊端暴露无

---

① [美] 艾略特·W. 艾斯纳. 艺术视觉的教育[M]. 郭祯祥，译. 台湾：台湾文景书局，1969. 143.

遗。所以，这两类课程在学校教育中都是不可或缺的。

**表7-1 分科课程与合科课程的比较①**

| 分科课程 | 合科课程 |
|---|---|
| 认识侧面 | 情意侧面 |
| 集中思维 | 扩散思维 |
| 语言因子中心的知识 | 行为力、持续力、想象力、人际关系 |
| 旁人评价 | 自我评价 |
| 学生部分参与教学过程 | 学生全面参与教学的计划、实施与评价 |
| 累积式系统学习 | 并列性学习 |

## 二、核心课程与外围课程

“核心课程”是以人类基本活动为主题而编制的课程系统。在实质上，它既可以被视为一种对活动课程的发展，也可以被视为一种对分科教学与合科教学的统合。核心课程论者认为，编制课程既要照顾儿童的发展阶段，又要反映人类的基本活动。

首先，核心课程反对将各门学科进行切分的做法，强调在若干科目中选择若干重要的学科合并起来，构成一个范围广泛的科目，把社会生活经验领域作为总体的、统一的、结构化的认识，探究组织课程的整体结构的尝试。其次，核心课程在一定程度上也可被看作是对儿童中心课程的反对。它在产生之初，尤其反对课程只从学生个人兴趣、需要动机出发的做法。它提醒教育者注意，儿童并非生活在真空里，而是在一个特定的时间、地点和特定的社会环境里成长的，课程需要反映儿童所赖以生活的社会的需求。因此，核心课程在产生之初，其显要特征就是注重社会需求以及以生活为中心。

核心课程产生于20世纪二三十年代的社会动荡时期，改造主义在其中的作用功不可没。改造主义自称是“危机时代的哲学”，宣称社会文明已面临着毁灭的可能，必须改造社会使人们能够共同生活。这种改造不只是通过政治行动，更基本的是通过对社会成员的教育去实现人们共同生活的目标。因

① 钟启泉. 课程的逻辑[M]. 上海：华东师范大学出版社，2008：280.

此，在他们看来，教育必须专心致志于创造一种新的社会秩序，必须在人们的心灵中引起一场意义深远的变革。于是他们倡导一种“以未来为中心”的教育纲领，其目的是通过说服而不是强制的办法来实现“社会改造”，再以“社会改造”为核心来构建核心课程，打破原有分科课程的界限。在有些人看来，核心课程之真正特点乃是注重社会需要及以生活为中心。

核心课程除了学科间的综合并构成一个“核心”之外，它还有另一个显著特征，即这种课程是每个学生都需要掌握的，是需要所有学生共同学习的。这样就产生了一些问题。一是社会生活的需要是多种多样的，哪部分课程需被纳入“核心课程”？二是随着新学科的不断涌现，这些学科的拥护者都极力希望其被纳入课程中来，并且有的学科也的确需要在核心课程中得到反映。这就又使得课程选择与设计中的古老问题——时间和可利用资源，暴露了出来。在这种情况下，如同分科课程自身的缺失造就了活动课程一样，与核心课程互补的外围课程也就应运而生了。

外围课程指核心课程以外的课程。它是为不同的学习对象准备的，不同于照顾大多数学生、面向所有学生的核心课程，外围课程是以学生存在的差异为出发点。它也不像核心课程那样稳定，而是随着环境条件的改变、年代的不同及其他差异而做出相应的变化。核心课程与外围课程的关系，如同一般与特殊、抽象和具体的关系，是相辅相成的。

### 三、基础型课程、拓展型课程与研究型课程

核心课程、外围课程的理念的差异有时候也会体现为基础型课程、拓展型课程与研究型课程的划分。“基础—拓展—研究”的划分与“核心—外延”的不同之处在于，“基础—拓展—研究”的方式更多的是建立在分科教学的基础上。

基础型课程的功能与核心课程近似，着眼于让每一个孩子公平地获得优质教育资源，是全体学生必修的课程。

拓展型课程的功能类似外围课程，为了创设适合学生个体发展的教育，让学生自觉快乐地学习，主要通过选修课程得以体现。

研究型课程则主要是为了弥补分科教学的缺陷，加强学科之间的联系，综合解决问题，促进学生自主学习而设立的课程。很多时候以“小课题研究”课程体现。

在“基础—拓展—研究”构架中，研究型课程最不容易把握，具体分析如下：

就课程目标来说，研究型课程在目标上的特点表现为目标的开放性，即课程目标的开放性。课程目标不仅指向某种知识内容，而且指向各种知识的综合探究过程，指向在这个探究过程中，学生所发展的探究意识、探究精神和探究能力，指向学生对各种知识的综合探究过程的情感体验。并且这些目标指向在不同的课题探究过程中，有不同的侧重。除探究能力和探究精神外，学生在探究过程中所达到的知识目标是开放的。

就课程内容来说，研究型课程在内容上呈现出综合、开放、弹性大的特点，其中综合性与弹性是体现其生命力的重要因素。此类课程的内容弹性非常强，在保证一定的学习量的前提下，学习所探究的内容和主题，不同地区、不同学校、不同班级，甚至不同的学习小组，都可以进行不同的选择。

就课程组织来说，以开展合作性的、综合探究型的课题活动为主要学习方式的研究型课程。在实施过程中，教师在组织形式的选择上，应体现出合作性与独立性相结合的特点。学生的探究过程应既有个体的活动，也有学习者之间的合作和交流。因此，在课程的组织形式上，既有体现独立性的个体活动的过程，也有体现合作的小组活动的过程，还有体现集体性的全班交流活动的过程。在某一个课题的探究过程中，这几种形式都会出现。

就课程评价来说，由于研究型课程在课程目标和内容上具有开放性的特点，因此，在课程评价中，不适宜运用目标评价，而应该运用过程性的评价方式。这样，研究型课程的评价就具有了过程性的特点。

研究型课程作为一种开放性的课程，为校本课程的开发提供了很好的契机，使校本课程的开发有了一定的载体。各个学校可以根据“以学习者、以社会发展为中心”的原则，开发适合学校实际教育条件和具体特点的课程。在研究课程中，课程的设计者除课程方面的专家、专门的课程设计者、教育行政部门人员之外，学校和教师也是课程的设计者和开发者，这是研究型课程的一个最典型的特点。

## 四、国家课程、地方课程与校本课程

从课程开发的主体来看，可以将课程分为国家课程、地方课程和校本课程。国家课程亦称“国家统一课程”，它是自上而下由中央政府负责编制、实施和评价的课程。地方课程介于国家课程与校本课程之间，指由国家授权，地方根据自身发展需要开发的课程。校本课程是由学校全体教师、部分教师或个别教师编制、实施和评价的课程。

就国家课程来说，体现的形式是不一样的。在欧美等实施教育地方分权的国家，几乎没有纯粹意义的国家课程，更多的是由各州政府负责编制、实施和评价的地方课程。通常而言，教育独立是欧美教育的常态。国家课程与地方课程只能在公立教育中实施，在私立教育中则表现为选择性地采用。公立教育学校教师虽然不参与国家或者地方课程的编制和评价，但他们必须成为国家或者地方课程的实施者，而私立教育学校则体现出更灵活的主导权。因为国家和地方课程具有统一性，所以可以提供相对统一的考试等检验方式来测评学生的学习程度。

校本课程是相对国家课程而言的，它是一个比较笼统和宽泛的概念，并不局限于本校教师编制的课程，可能还包括其他学校教师编制的课程或校际之间教师合作编制的课程，甚至包括某些地区教育行政主管部门和学校教师合作编制的课程。与国家课程相比，在校本课程的开发过程中，课程编制、课程实施和课程评价呈“三位一体”的态势。

一般来说，中央集权的国家比较强调课程的统一性，较多地推广国家课程，而地方分权的国家比较强调课程的多样性，较多地推广地方课程、校本课程。现在，越来越多的国家政府已经认识到，虽然国家课程与地方课程、校本课程是不同的课程形式，但它们之间是相辅相成、互为补充的关系。在推广国家课程的同时，应该大力开发地方课程与校本课程。课程的多元化有利于发展出更丰富的课程思想，有利于课程与教育的进步。

## 五、显性课程与隐形课程

显性课程是在学校情境中以直接的、明显的方式呈现的课程，是教育者直接表现出来的，如课程表中的学科。隐性课程包括除上述课程之外的一切有利于学生发展的资源、环境、学校的文化建设、家校社会一体化等。研究中有很多类似的名称，如隐蔽课程（Hidden Curriculum）、潜在课程（Laten Curriculum）、非正规课程（Informal Curriculum）、未研究的课程（Unstudied Curriculum）、未预期的课程（Unanticipated Curriculum），指学生在学校情境中无意识地获得经验、价值观、理想等意识形态内容和文化影响，也可以说是学校情境中以间接的、内隐的方式呈现的课程，具有非预期性、潜在性、多样性、不易觉察性。

隐性课程与显性课程有三方面的区别：一是在学生学习的结果上，学生在隐性课程中得到的主要是非学术性知识，而在显性课程中获得的主要是学术性知识；二是在计划性上，隐性课程是无计划的学习活动，学生在学习过程中大多是无意接受隐含于其中的经验的，而显性课程则是有计划、有组织的学习活动，学生有意参与的成分很大；三是在学习环境上，隐性课程是通过学校的自然环境和社会环境进行的，而显性课程则主要是通过课题教学来进行的。

隐性课程研究可以追溯到美国著名教育家杜威的“附带学习”，即指学习中自然而然产生的情感、态度和价值观等。“隐性课程”一词是由杰克逊（P.W.Jackson）在1968年出版的《班级生活》（*life in classroom*）一书中首先提出的。如果说显性课程是学校教育中有计划、有组织地实施的正式课程（Formal Curriculum）或官方课程（Office Curriculum）的话，那么隐性课程则是学生在学习环境中所学习到的非预期的或非计划的知识、价值观念、规范和态度等。我国出版的《教育大辞典》对其下的定义是：学校政策及课程计划中未明确规定的、非正式和无意识的学校学习经验，与“显性课程”相对。

隐性课程的特点主要有：第一，隐性课程的影响具有弥散性、普遍性和持久性；第二，隐性课程的影响既可能是积极的，也可能是消极的；第三，隐性课程的影响是学术性与非学术性的统一；第四，潜在课程对学生的影响是有意识性与无意识性的辩证统一；第五，隐性课程是非预期性与可预期性的统一；第六，隐性课程存在于学校、家庭和社会教育中。

正是由于隐性课程的特点，在隐性课程的实施过程中，我们应该注意：首先，优化学校的整体育人环境；其次，要特别重视学习过程；最后，通过隐性课程的实施，塑造与完善学生的人格结构。

## 第三节 美术课程的学习领域

学习领域可以视为出于特定的教育目的，为方便和有效地组织学习活动而形成的学习内容集合。学习领域是一个相对的概念，并没有强制性的标准规定什么样的内容和范围可以称为学习领域，什么样的内容和范围不可以称为学习领域。它可以大也可以小，可以是超出学科范围之外的划分，也可以是在学科内部进行的划分。[①]如香港课程文件对学习领域说明如下："学习领域是组织学校课程的一种方法。把学校课程的各科目重新组合、整编，从而更有效地协调和综合各科内容，目的是为学生提供一个全面、均衡及连贯，涵盖各种重要学习经历的课程。学习领域是根据各种学习经历的性质、概念和学习内容所需的不同类型的智力拟定，并基于实际环境而加以分类，因此各地有所不同……"[②]

### 一、学习领域的划分

对"美术"的理解差异，会带来"美术课程"的差异，进一步会带来"美术课程的学习领域"的差异。比如我国台湾地区，根据1998年9月和2000年9月公布的九年一贯课程总纲纲要及课程暂行纲要，取消了美术分科式的教学，将美术纳入艺术与人文的综合型课程之中。尤其是课程名称就带有"人文"，标显了台湾地区教育界对美术的一种理解，即他们关注美术与

① 尹少淳. 美术教育学新编[M]. 北京：高等教育出版社，2009：185~186.

② 中华人民共和国香港特别行政区课程发展会议. 学会学习——课程发展路向（咨询文件）[G]. 香港：政府印务局，2000.

人文之间的脉络，艺术传达人文精神的作用，将艺术纳入一个整体的人文情境中展开学习。那么，它的学习领域显然也会相应地发生变化。

当前我国香港、台湾地区及国际上的艺术（美术）课程的内容主要有：

**（一）中国香港地区**

1. 培养创意及想象力（创作、表现及参与视觉艺术）。

2. 发展技能与过程（认识及运用视觉艺术材料、创作过程、元素及资源）。

3. 培养评赏艺术的能力（运用本身的视觉艺术见识对视觉艺术上的问题做出反应、思考及评鉴）。

4. 认识艺术的情境（认识视觉艺术的文化元素及其对人民生活及整体社会的贡献）。

**（二）中国台湾地区**

1. 探索与表现。

2. 审美与理解。

3. 实践与应用。

**（三）澳大利亚**

1. 创作、制作与展示。

2. 艺术鉴赏及评论。

3. 过去及现在的情景。

**（四）加拿大**

1. 创作及制作。

2. 批判与回应。

3. 文化与历史。

**（五）英国**

1. 调查研究及制作。

2. 聆听与鉴赏。

3. 知识与了解。

**（六）日本**

1. 表现。

2. 鉴赏。

**（七）美国**

1. 理解和应用媒材、技法和过程。

2. 运用结构和功能的知识。

3. 选择和评价一定范围的学科材料、符号和观念。

4. 理解视觉艺术与历史和文化的关系。

5. 思考和评估自己与他人作品的特点及优缺点。

6. 建立视觉艺术与其他学科的联系[①]。

上述各国对课程内容的划分有的简单，有的繁复。其中，日本的最简单，美国的最复杂，但基本所有的划分种类中都包含了“美术创作”与“美术欣赏”。美术创作的表达可能不一样，如我国香港地区的“培养创意及想象力”与“发展技能与过程”和台湾地区的“探索与表现”，澳大利亚的“创作、制作与展示”、加拿大的“创作及制作”、英国的“调查研究及制作”、日本的“表现”、美国的“理解和应用媒体、技法和过程”与“运用结构和功能的知识”。而且，美术创作基本都放在了划分种类的前列，可以看出艺术创作体验在艺术教学中占有不可替代的重要位置。美术欣赏的表达也可能不一样，如我国香港的“培养评赏艺术的能力”与“认识艺术的情境”和台湾的“审美与理解”，澳大利亚的“艺术鉴赏及评论”与“过去及现在的情景”、加拿大的“批判与回应”和“文化与历史”、英国的“聆听与鉴赏”和“知识与了解”、日本的“鉴赏”、美国的“选择和评价一定范围的学科材料、符号和观念”“理解视觉艺术与历史和文化的关系”。美术欣赏部分，除日本的划分外都体现了不仅仅要欣赏与批评具体的艺术作品，还要明晰艺术文化的意图。值得注意的是，上述划分都不是以“美术”的分类，如绘画、雕塑、工艺美术与建筑等来划分学习领域的，而是呈现出综合性，体现了将艺术与自我、艺术与社会、艺术与文化综合的意图，有一定“学生本位”的意味。

---

① 尹少淳．美术教育学新编[M]．北京：高等教育出版社，2009：186~187.

## 二、美术新课标中的学习领域

### （一）《全日制义务教育美术课程标准》中的学习领域

当前实施的《全日制义务教育美术课程标准》是从促进学生素质发展的角度，结合美术学科的特点来划分学习领域的，其思考的基点和划分的依据是学生的美术学习方式，而不是美术学科知识体系。[①]这样，我国义务教育阶段的美术课程被划分为四个学习领域，即“造型・表现”“设计・应用”“欣赏・评述”和“综合・探索”。

我们这种划分有下面几个主要的特点：

首先，只有我国的划分中有“造型”，这透露着我国“美术—造型艺术”的观念，而大部分国家与地区，将“造型”称为“创造”或“创作”；其次，只有我国的划分中特别标出了“设计”，这体现了课标对现代生活中“设计”的重要性的认定；最后，只有我国的划分中有“综合・探索”这样的描述。尹少淳认为：“综合・探索”学习领域则倾向于组合上述领域的学习内容，并强调跨学科的联系和运用以探究式学习方式为主的多种学习方式，旨在发展学生的整体思维和综合能力，解决与美术有关的问题。[②]

“造型・表现”“设计・应用”“欣赏・评述”和“综合・探索”四个学习领域具体说明如下：

“造型・表现”领域的学习，主要内容有：第一，观察、认识与理解线条、形状、色彩、空间、明暗、 肌理等基本造型元素，运用对称、均衡、重复、节奏、对比、变化、统一等形式原理进行造型活动，增进想象力和创新意识； 第二，通过对各种美术媒材、技巧和制作过程的探索及实验，发展艺术感知能力和造型表现能力；第三，体验造型活动的乐趣，敢于创新与表现，产生对美术学习的持久兴趣。[③]尹少淳认为“造型・表现”是美术学习的基础，其活动方式强调自由表现，大胆创造，表现自己的情感和认识。相

---

① 尹少淳. 美术教育学新编[M]. 北京：高等教育出版社，2009：187~188.
② 尹少淳. 美术教育学新编[M]. 北京：高等教育出版社，2009：188.
③ 中华人民共和国教育部. 义务教育美术课程标准（2011版）[S]. 北京：北京师范大学出版社，2011.

对“设计·应用”更重视自由性。[①]

“设计·应用”领域的学习，主要内容有：第一，了解设计与工艺的知识、意义、特征与价值以及“物以致用”的设计思想，知道设计与工艺的基本程序，学会设计创意与工艺制作的基本方法，逐步发展关注身边事物、善于发现问题和解决问题的能力；第二，感受各种材料的特性，根据意图选择媒材，合理使用工具和制作方法，进行初步的设计和制作活动，体验设计、制作的过程，发展创新意识和创造能力；第三，养成勤于观察、敏于发现、严于计划、善于借鉴、精于制作的行为习惯和耐心细致、团结合作的工作态度，增强以设计和工艺改善环境与生活的愿望。[②]尹少淳认为“设计·应用”学习领域的活动方式既强调形成创意，又注意活动的功能目的，相对“造型·表现”更注重功能性。[③]

“欣赏·评述”，主要内容有：第一，感受自然美，了解美术作品的题材、主题、形式、风格与流派，知道重要的美术家和美术作品，以及美术与生活、历史、文化的关系，初步形成审美判断能力；第二，学会从多角度欣赏与认识美术作品，逐步提高视觉感受、理解与评讲能力，初步掌握美术欣赏的基本方法，能够在文化情境中认识美术；第三，提高对自然美、美术作品和美术现象的兴趣，形成健康的审美情趣，崇尚文明，珍视优秀的民族、民间美术与文化遗产，增强民族自豪感，养成尊重世界多元文化的态度。[④]

“综合·探索”学习领域的主要内容有：第一，了解美术各学习领域的联系，以及美术学科与其他学科的联系，逐步学会以议题为中心，将美术学科与其他学科融会贯通的方法，提高综合解决问题的能力；第二，认识美术与自然、美术与生活、美术与文化、美术与科技之间的关系，进行探究性、综合性的美术活动，并以各种形式发表学习成果；第三，开阔视野，拓展想

① 尹少淳. 美术教育学新编[M]. 北京：高等教育出版社，2009：188.

② 中华人民共和国教育部. 义务教育美术课程标准（2011版）[S]. 北京：北京师范大学出版社，2011.

③ 尹少淳. 美术教育学新编[M]. 北京：高等教育出版社，2009：188.

④ 中华人民共和国教育部. 义务教育美术课程标准（2011版）[S]. 北京：北京师范大学出版社，2011.

象的空间，激发探索未知领域的欲望，体验探究的愉悦与成功感。[①]

其中，“综合·探索”是《全日制义务教育美术课程标准》中全新的学习领域，在我国以往的美术课程标准或美术教学大纲中均未曾有过。尹少淳认为这“体现了当代社会课程改革的一个新的趋势和特点”[②]。“综合·探索”强调了学科课程之间的联系，即在互相联系的同时，保持自己的个性和特质。这与将几个学科综合成一个新的课程的方式有着明显的不同。新的《义务教育美术课程标准》采用了学科内部综合和学科间以美术为主的综合方式。“综合·探索”学习领域的含义是：第一，学科内部欣赏/评述活动、造型/表现活动和设计/应用活动的综合；第二，美术与其他学科，如语文、历史、地理、音乐等的联系与综合；第三，采用的学习方法以探究为主、多种方法相结合。综合的课程学习，意味着需要以某种方式对课程内容进行整合，常用的方式是用主题作为基础和核心，通过特定的主题将不同类的知识和技能活动组织成学习单元。[③]

### （二）《普通高中美术课程标准》的学习领域

2003年颁发的《普通高中美术课程标准（实验）》力求体现基础性、时代性和选择性。基础性指的是所选课程内容应该对学生未来的发展具有基础性的意义，而且在难易程度上也应该把握在学生能够理解和基本掌握的水平上；时代性要求所选内容应该反映学科发展的最新成果，具有美术当代发展的特征；选择性则是鼓励学生根据自己的爱好和需要，选择不同的美术内容进行学习。其中，选择性是《普通高中美术课程标准》区别于《义务教育美术课程标准》的最鲜明的特征，而选择性必须以多样性为前提。[④]

为了体现选择性，新的普通高中课程结构采用了三个关键概念，即学习领域、科目和模块。学习领域被界定为由具有相近课程价值的若干学科组成，科目则是我们比较熟悉的学科概念，如语文、数学和美术等。新的普通

① 中华人民共和国教育部．义务教育美术课程标准（2011版）[S]．北京：北京师范大学出版社，2011.

② 尹少淳．美术教育学新编[M]．北京：高等教育出版社，2009：188~189.

③ 尹少淳．美术教育学新编[M]．北京：高等教育出版社，2009：190.

④ 尹少淳．美术教育学新编[M]．北京：高等教育出版社，2009：193.

高中课程结构分为语言与文学、数学、人文与社会、科学、技术、体育与健康、艺术和综合活动8个领域，美术与音乐以及综合艺术被列入艺术领域。模块则是体现选择性最为关键的概念。[①]所谓模块的意义是："每一科目由若干模块组成；每一模块都有明确的教育目的，并围绕某一特定内容，整合学生经验和社会生活内容，构成相对完整的学习单元；每一个模块都有对教师教学行为和学生学习方式的要求；模块之间既相互独立，又反映学科内在的逻辑联系；每个模块通常为36学时（艺术领域为每个模块18学时）。"[②]

根据这样一个整体的课程结构思路，新的《普通高中美术课程标准》设置了5个内容系列，9个模块构成基本课程内容。5个系列是：①美术鉴赏；②绘画・雕塑；③设计・工艺；④书法・篆刻；⑤现代媒体艺术。9个模块则是：①美术鉴赏；②绘画；③雕塑；④设计；⑤工艺；⑥书法；⑦篆刻；⑧摄影和摄像；⑨电脑绘画和电脑设计。可见，高中阶段美术课程的学习领域体现为"内容系列"与"学习模块"。

在每个课程模块中，课程标准都提供了一些学习活动建议。这些建议虽然所列内容不等，但基本上由下面几项内容组成：①欣赏相关作品；②学习相关知识、材料和基本技法；③尝试进行相关创作；④学习评价自己和他人的相关作品。这种组织结构实际上提供了一个具有参考价值的教学程序：欣赏——学习——创作——评价。[③]

在普通高中美术课程中，值得进一步探讨的是"现代媒体艺术"系列。这一系列设置的主要目的是体现课程的时代性，回应世界科技与艺术相结合的艺术潮流，拓展学生的美术表达能力。同时，也照顾到学生对计算机、摄影机和摄像机的普遍兴趣，引导他们将这一兴趣转化到艺术创作和表达中去。当代社会科技日新月异，科技与艺术的结合是这个时代艺术发展的重要特征之一。艺术与科技的结合，主要体现为对一些新媒材的运用，包括摄影、摄像、计算机图像处理、通过利用网络资源进行艺术传达等。现代科技

① 尹少淳．美术教育学新编[M]．北京：高等教育出版社，2009：193.
② 教育部基础教育司报告．课程改革情况介绍[G]．2003，1.
③ 尹少淳．美术教育学新编[M]．北京：高等教育出版社，2009：194.

的发展使得一些过去令人敬畏的设备变得越来越平常，一些过去只有专家才能操控的东西现在为普通人所拥有。电子媒体在社会中呈普及趋势，显示出平民化的特征。在加拿大高中美术课程的7个单元中，就有“电影与录像”这样一个单元，而且仅这一个单元就有50个学时。澳大利亚艺术教育在首都区的学习范畴也包括媒体艺术。在日本新的美术课程中，美术的表现内容就包括影视多媒体表现，其指导事项是：发挥影视媒体精神丰富的主题形式；思考视觉传达效果的表现构思；色光、器材等的基本使用方法；适应意图的表现方法和编辑技巧。① 鉴于现代媒体在艺术中的运用，现代媒体设备与工具的平民化和国际美术教育对各种新媒体的重视等因素，《普通高中美术课程标准（实验）》首次将现代媒体艺术作为一个内容系列，具体的学习活动主要包括：①学习摄影的基本方法并进行多种题材的摄影创作；②学习摄像的基本方法，并进行创作活动（包括记录生活中具有新闻价值和社会价值的事件；编写脚本创作小电视剧；表达主观意念）；③学习使用平面图像处理软件，进行平面图像处理（创作和设计）活动；④学习使用立体图像处理软件，进行立体图像处理（创作和设计）活动；⑤学习网页设计软件，制作简单网页，并通过网络展示自己的作品等。②

## 第四节 新课改视域下的美术课程的价值转型

“危机引发改革，改革产生困惑。”③ “基础教育课程体系为知识技能所主宰、为升学考试所左右，目标单一、内容死板、过程僵化、方式机械”④，从而使“教育的使命和魅力荡然无存。”⑤为了消除传统教育的弊端，符合素质教育的要求，新课程改革顺应而生，基础美术教育也随之进入了一个新的时代——课程改革的时代。新课改引发了一场深层次的基础美术

① 尹少淳. 美术教育学新编[M]. 北京：高等教育出版社，2009：194~197.
② 中华人民共和国教育部. 普通高中美术课程标准（2011版）[S]. 北京：北京师范大学出版社，2011.
③ 钟启泉. 课程的逻辑[M]. 上海：华东师范大学出版社，2008：27.
④ 钟启泉. 课程的逻辑[M]. 上海：华东师范大学出版社，2008：3.
⑤ 钟启泉. 课程的逻辑[M]. 上海：华东师范大学出版社，2008：27.

教育改革，教育观念、教学方式、教学内容和教学评价方法都在改变。然而，基层教师对课改精神的理解程度参差不齐，改革在一定程度上仍停留在改变教学方式、方法的层面上。新课改在落实的过程中出现了各种各样的“走形”，新课改仿佛陷入了方法、细节和观念的冲突之中。钟启泉在《论我国基础教育课程改革的价值转型》中说道：“随着新课程的推进，新旧教育观念的冲突是不可避免的。”他在《中国课程改革：挑战与反思》中写道：“从观念到体制、机制都不能适应，课程改革面临重重困难。”[①] 明晰新课改精神的重点在于充分理解其究竟带来了哪些价值的转型。只有领悟了这些根本性的价值转折，才能在具体的美术教育改革实践中体现出时代的新意。

## 一、从异化的人到整体的人

新课改第一个价值目标就是关注学生作为“整体的人”（whole person）的发展。“人类个体的存在是一个整体的存在。”[②]“整体的人”的发展意味着智力与人格的协调发展。在我国台湾地区，“整体的人”的教育被称作“全人”教育，意思和大陆所理解的大同小异。其基本观点是：“教育是人的灵魂的教育，而非理智知识和认识的堆集。”[③]具体内容有两个方面。第一，新美术课程努力改变了既往课程过于注重知识与技能传授的倾向性，把统整学生的知识学习与精神建构作为改革目标之一。新美术课程标准与过去的教学大纲不同之处在于，其是对学生某一阶段的学习结果所做出的最低限度的、全体性的要求，并不规定课程的具体内容。新美术课程标准把“过程与方法”作为与“知识与技能”“情感态度与价值观”同等重要的目标维度加以确认，认为学习过程本身不仅具有手段性的价值，也具有目的性的价值。第二，“整体的人”的发展也意味着个体、自然与社会的和谐发展。[④]新美术课程以一种整体主义的观点，贯彻自然、社会与自我的统整的原则，将学生与自我的关系、学生与他人及社会的关系、学生与自然的关系结合起

① 钟启泉．课程的逻辑[M]．上海：华东师范大学出版社，2008：27.
② 钟启泉．课程的逻辑[M]．上海：华东师范大学出版社，2008：3.
③ [德] 雅斯贝尔斯．什么是教育[M]．邹进，译．北京：生活·读书·新知三联书店，1991：4.
④ 钟启泉．课程的逻辑[M]．上海：华东师范大学出版社，2008：5.

来，致力于人的自然性、社会性和主动性的和谐健康发展，以培养人格统整的人。

新课改有一定的将“工具主义”（Education through Art）和“本质主义”（Education in Art）统整起来的意味。在课程的内容上，一定程度延续了本质主义，但在价值目标上肯定了“工具主义”的结论。新课改适度降低了知识与技能的难度，关注学生学习的过程，关注“完整的人”，将基础美术教育目标直指健全人格。

传统教育的思维模式制约了“完整的人”的人格教育目标的实现，我们会发现目标与现实之间存在距离——如果我们愿意正视现实的话。在基础美术教育领域，“二元对立”思维是普遍的，如美术知识和技能的学科目标与人格价值目标的对立，教学方法与教育理念的对立，教师与学生的对立，等等。这些矛盾长期困扰着基层美术教师，值得我们反思。“主客体二分法”及对理性的无限崇拜让万物成了人类主体的客观对象，在研究对象的过程中，割裂了“世界存在”的整体性，也切断了人与世界紧密相连的意蕴，“意义世界”在冷漠的科学对象中丧失。钟启泉先生认为：“高度的‘制度化’（institutionalization）和‘科层化’（bureaucratiation）的学术科目基于‘人类中心主义’的视野，秉持功利主义的态度，视自然、社会、他人为利用科技和理性原则加以操纵和控制的对象，从而把儿童完整的生活加以割裂和肢解，导致儿童的完整性被连根拔起。”①以至于“生命的丰富性和责任感随之游离于课程之外”②，而“课程作为抽象的知识类型以符号的平面化遮蔽了文化的精神含义”③。根据现象学理论，教育目标应该是“整体的人”，教育过程也应该保留“整体的人”的“体验”状态，无论教师还是学生，都是如此。以“完整”去经历过程，才可能达到“完整”的结果。

艺术来自生活世界。按理来说，艺术教育的情感性可以修复这种断裂，弥合教育中感性与理性失衡的状况。然而，过度的美术知识与技能，尤其是

① 钟启泉. 课程的逻辑 [M]. 上海：华东师范大学出版社，2008：4.
② 钟启泉. 课程的逻辑 [M]. 上海：华东师范大学出版社，2008：4.
③ 钟启泉. 课程的逻辑 [M]. 上海：华东师范大学出版社，2008：4.

那些超出学生认知能力的知识与技能，就演变成了“理性摧残”，失去了“情感教育”的意义。教师因为长期接受理性主义教育，充满了知识与技能的“霸权主义”思想，满脑子想的都是传授知识与技法、教育学生、训练学生。教师失去了“体验之心”，还自认为是在传承美术知识，迷途而不知返。为了避免这样的情况，教师应该掌握儿童学习美术的认知规律。美国美术教育家罗恩菲德在《创造与心智的成长》一书中详细地研究了2岁至青春期的儿童有关美术与心智成长的关系。但仅凭借心理学与儿童认知规律等的理性方法是不够的，教师要想把握教学的脉搏，更主要的还是需要恢复教师的“直观能力”。如果教师能够恢复体验的状态，恢复课堂的敏感直觉，就比较容易发现哪些是“对”的，是需要教的；哪些是“错”的，是学生无法接受的，掌握“恰好如此”的感觉。教师应设法“换位思考”，以学生的立场，体察自己的教学，思考哪些美术内容是学生需要的，哪些内容对学生而言是“冰冷”的，恢复艺术教学的可感性，使教师与学生之间对话的教学过程成为彼此人生中有意义的一部分。

教学目标和教学方法本来是一个整体，教学方法的最终目的是实现教学目标。在教学过程中，方法和目标应该是一体化的。目标即意义，方法即道路。无论以怎样的方法，如果失去了意义的呈现，都会变得苍白无力。然而，传统教育学中弥散着“方法论”的神话，割裂了教育目标与方法完整的关系。人们普遍相信，只要掌握了方法和知识，就可以通向教育的真理。事实是，教师掌握了很多教育原则与方法，却无法应用于“教育现场”。教学的方式、方法始终停泊在“此在”之外，无法转化为“实践智慧”。自美术教育课程改革以来，我们看到教师们很重视教学方法的改进，教学的方式、方法变得更多样化，课堂变“热闹”了，教学的氛围“愉悦”了，对学生的参与性也开始重视了，教学的内容也因此更加丰富多彩。但在表象下面的深层，学生人格成长的情况如何呢？人格教育始终是我国教育的瓶颈。教师们往往停留在“in”（在里面）之中，停留在美术教学形式“新花样”与“传统样式”的选择之中，仅仅是增加了更多“花样”以替代过去美术教育的“单一”，很难做到“through”（透过）美术来实现人格完善的教育意义。教师对学生学习的干预过多，学生“常常说着‘言不由衷’的话语，过着成人为自己预设的生活”[1]，成了赫伯特·马尔库塞（Herbert Marcuse，1898—1979）所言的“单向度的人”。教师留给学生的独立空间并不充分，对学生的独立精神、探索精神、冒险精神以及创造精神，关注不足。很多教师不懂得通过让学生“自由表达”来实现“创造养成”，对学生创造力的培养缺乏系统性与连贯性。历史原因造成了我们这种群体的意识结构，创造性等个性在我国很容易受到群体压制。在异化加剧的现代社会，个体生活也失去了体验的状态，忙碌于物质世界的奔忙之中，麻木不仁，意义感丧失，生命的灵性离我们已经遥远。可见，我们的教育改革的任务有多么的沉重，它不仅仅旨在改革教育本身，也旨在重塑我们的国民性。艺术教育是回归生命的教育，也是迈向自由的教育。在基础美术教育中，人格完善的意义、自信心养成的意义远远胜过完成一幅艺术作品的重要性。只有形成了这样清醒的认识，才谈得上教师教育智慧（pedagogical thoughtfulness）的发挥，加之教育方法在境遇中的生成与转换，才能真正摆脱“课程异化”“学校异化”与“人格异化”的局面。

## 二、从科学世界到生活世界

新课改第二个价值目标是回归“生活世界”（life world）的课程。教育部颁发的《全日制义务教育美术课程标准（实验稿）》（2001年7月）指出，原有的美术教育“在一定程度上脱离学生的生活经验，难以激发学生的学习兴趣”，要求美术学习与“学生生活经验紧密关联”。[2]新美术课程要求关注学生学习的兴趣与经验，尊重学生的个性自由发展，指出课程是学生的课程，课程教学应该在学生的“生活世界”中建构教育意义，在现实的生活中实现教师与学生的对话与理解，使美术教育成为一种充满意义感与人性色彩的教育。

“生活世界”是现象学大师胡塞尔提出的一个概念。胡塞尔将“生活世

① 钟启泉. 课程的逻辑[M]. 上海：华东师范大学出版社，2008：4.

② 中华人民共和国教育部. 全日制义务教育美术课程标准（实验稿）[S]. 北京：北京师范大学出版社，2001：1.

界”的概念用来“用以概括我们对于天然的，在我们向其说任何话、做出任何行动之前业已存在的那个世界的感觉”。[①]钟启泉认为：“教育是发生在师生之间的真实生活世界中的社会活动，生活世界是教育发生的场所，学生的体验和经验构成了学校教育的重要内容。”[②]

“教育只有一个主题，那就是五彩缤纷的生活。”[③]英国哲学家怀特海（Alfred North Whitehead，1861—1947）这样说道。美术课程打破了以往那种学科中心主义单一的、体系化的学科知识，一些生活题材的美术内容被纳入了新课程体系。伴随着现代艺术（Modern Art）、后现代艺术（Post-modern art）与“视觉文化”（Visual Culture）运动，很多“新艺术”也成为美术教育新课程的一部分。“新艺术”与“传统艺术”不同，很多新艺术带有强烈的时代性、生活性或“波普”性。美术新课程标准还试图对课程进行重构，强调综合性、加强选择性并保证均衡性，试图冲破学科界限，展开跨学科的对话，统整学生的生活经验与知识体系，产生了不少生动的、具有亲切感的新美术课程。

只要有改革，就必然会有阻力。“科学世界”与“生活世界”的“二元对立”成了阻止课程向生活世界回归的顽固堡垒，破坏了“完整的人”的和谐关系。钟启泉在《论我国基础教育课程改革的价值转型》中指出：“科学世界依然对课程体系、课程内容起着主宰作用，在科学世界被日益强化的同时，科学世界与生活世界被日益割裂开来，人在科学世界之中沦为‘迷途的羔羊’，人也就不可避免地沦为‘科技理性’的奴隶导致学校教育知识的非人化现象。”[④]基础美术教育的情况也不例外，这种与生活世界的撕裂主要体现在以“科技理性”“掩杀”“艺术智慧”的教学思维模式，技法和生活体验二元对峙，在考前艺术强化教育中体现得尤为彻底，艺术教育中完整性的体验特征无影无踪。从而，艺术教育失去了统整人格的教育作用，沦为了异化

① [加]大卫·杰弗里·史密斯．全球化与后现代教育学[M]．郭洋生，译．北京：教育科学出版社，2000：116.

② 钟启泉．课程的逻辑[M]．上海：华东师范大学出版社，2008：7.

③ [英]怀特海．教育的目的[M]．徐汝舟，译．北京：生活·读书·新知三联书店，2002：12.

④ 钟启泉．课程的逻辑[M]．上海：华东师范大学出版社，2008：8.

教育的奴仆。在自然的状况下，艺术的技术性本来和生活感悟是融为一体的。在生命之中，因为自我表现的需要，艺术成为一种生活的需要。人们通过艺术完成对自然的膜拜，与神圣沟通。技法的巧妙为情感性的发挥增加色彩，而不是处于一种矛盾的状态。在异化状态下，事情就完全不同了。因为某些功利性的“压迫”，比如升学的巨大压力，学生痴迷于“取得高分的技术”“七笔画一个苹果的方法”[①]，处于一种心神交瘁的状态，基本失去了艺术体验的愉悦，从而与生活世界完全断裂。这根本不是艺术的教育，这是毁灭人性的教育。在基础美术教育之中，“与生活世界的断裂”主要表现为“对美术知识与技法的过度的强调”，部分教师一味地灌输美术知识与技能。事实上，一部分技能超出了学生的掌握能力，另一部分则没有留给学生充分的机会去独立体验，剥夺了学生体验的权利，事实上也剥夺了其获得“属于自己的技法”的权利。艺术技术的养成需要经过充分的实践体验，在物象与心灵、笔法与情感的体验过程中，人与世界静静地对话交流，技法才能内化入个人表现。而那种“目中无人”“目中无创造”的艺术教育，使原本生动鲜活的艺术，被套上了“科技理性”的枷锁。他们妄图以纯理性的严密的知识逻辑体系，建构艺术课程，事实上，失去了感性体验的艺术课程，无论如何也是不完整的。在教学过程中，因为过于理性，艺术源发的创造性被湮灭，与生命相通的灵魂教育成了“快要干涸的咸水湖”。学生则表现为“步步小心谨慎”，生怕错过了某个技法与知识的教诲。在这种僵化拘谨的过程中，艺术感悟与我们擦肩而过。理性不断压制感性，完全颠倒了艺术教育的流程与性质，让我们忘记了艺术的真谛。我们一定要理解这个理念：返回生活世界的课程，是要求美术教育保持与生活对话的状态，而与生活对话，是一种体验的状态，感悟生命，重拾心灵的意义。

---

① 部分考前美术强化班教授的一种水粉静物的塑造方法，有的教授以七笔特定的笔法来画一个苹果，有的地方则教授为九笔。其主要目的是，为了以最快的速度，让学生掌握画苹果的方法，以便在考试中获得高分。这属于一种高度程式化的美术教学方法。

## 三、从束缚人的知识到个人理解的知识

新课改第三个价值目标是寻求个人理解的知识建构。新课程观对此目标的认识有三个方面。第一，新美术课程的知识观是基于个人理解的知识观。新课程要求倡导学生的主动性、参与性、探索性、思考性，激发学生探索新知识的愿望，培养学生分析和解决问题的能力。新美术课程强调学生学习的过程，关注过程中知识的生成，认为过程与知识不可分离。观察学生的个性化的参与态度，使美术课程成为师生共同创造意义的资源与材料。第二，新美术课程把转变学生的学习方式作为重要的着力点。把尊重学生学习方式的独特性和个性化作为基本信条，重建教与学、师与生的关系。新美术课程倡导“研究型的学习方式”，设置“综合实践活动”为学生创造独立学习的机会，以体现学习过程的自主性、合作性和探究性。教师不再是单纯地教授知识，而是使教学成为和学生一起探索和正在体验的过程。教师与学生的关系成为一种对话的关系。学生探索精神、创造精神的养成，有助于基础教育成为现代公民教育的一环。第三，新美术课程还试图建构具有个人意义的评价方式。评价不再被视为一种纯科学的鉴定，而是要求评价发挥教育功能，促进学生的发展。新美术课程评价主张在价值观上尊重个体差异性，尊重多元的文化价值取向，关注学生的主体参与和自我的反思，以提升评价对个人发展的价值。

现象学的知识观和传统教育的知识观有显著不同。“传统的知识观是理性或知性对感性材料的加工，形成逻辑的判断，以这种抽象化的过程让人们获得关于事物的知识。”[①]也就是说，知识是由概念构成的判断与推理。感觉、身体、知觉、直觉、情感都与知识的构成无关，导致我们的知识沦为生活世界的符号化、概念化、逻辑化和抽象化。钟启泉发现：“由于以主客分离为基础，课程当之无愧地成为知识的载体，成为一堆事实、理论和方法的总汇。它外在于生命个体，外在于学生丰富的现实生活，以其所代表的知识

---

① 蒋开君．范梅南现象学教育学思想研究[D]．北京：首都师范大学，2010：48.

的绝对性乃至神圣性成为个体生命顶礼膜拜的对象。”[①] 其实，生活世界鲜活的血肉被抽象掉了，知识并不能再现生活世界的真实。显然，传统的知识观属于典型的“二元对立”、主客体二分的认识观，把知识视为完全客观化的孤立的对象，撕裂了世界完整的关系，遗忘了环境的存在、身体的存在。现象学的知识是现在分词“knowing”，是个动态的过程，不同于传统知识观静态的名词“knowledge”。体验是现象学美术教育学的核心概念。加拿大现象学教育学家范梅南认为，认识的过程有身体参与的“体知”（embodied knowing），有情感参与的“感受之知”（pathic knowing），还有当下直观的“直觉之知”（intuitive knowing）。现象学认识所得到的并不是以文字和逻辑体现的“公共知识”，而是智慧（thoughtfulness），英国哲学家卡尔·波兰尼（Karl Polanyi，1886—1964）将其称之为“默会知识”，钟启泉将其称之为“个人知识”。可见，课改语义与现象学在知识观上是基本一致的。

根据“个人理解的知识”的课改要求，基础美术教育课程也进行了相应的改革。转变教学方法，改变学生的学习方式，可能是新课改以来的最大收获。新课改以来，可以说以促进学生发展为目标，对教学方法、模式进行研究的论文与研究成果层出不穷。广大基层教师为此付出了自己的心血，创设了很多新型美术课程。如综合性课程、探究式学习课程、议题式学习课程、合作学习课程、实践学习课程，等等。总的来说，学生的兴趣在一定程度上被激发，学习效果获得了一定的改善，并取得了一定的教学成果。

然而，“显性知识霸权主义”思维仍然根深蒂固。“传统课程体系信奉客观主义的知识观，视知识为普遍的、外在于人的、供人掌握的真理。”钟启泉认为其“认识过程就是把热情的、个人的、人性的成分从知识中清除”，形成了冰冷的所谓的“客观知识世界”。[②]在基础美术教育领域，广大基层教师对“个人知识”这一概念普遍缺乏理解。“个人知识”的字面意思不仅是“个人理解的知识”，还指通过亲自体验得到的“感”与“知”，包括了显性

① 钟启泉．课程的逻辑[M]．上海：华东师范大学出版社，2008：10-11.
② 钟启泉．课程的逻辑[M]．上海：华东师范大学出版社，2008：11.

认知与隐性认知。如果把人类整体知识比作冰山，那么“显性知识”不过是露出水面之冰山一角，掩隐在水下的主体部分则是不可言传的、复杂的“默会知识”。就像隐藏在水下的主体部分强有力地支撑着露出的、可见的冰山，默会知识使显性知识保持着生机与活力，这有点近似于弗洛伊德关于意识与潜意识的描述。事实上人们“知道的”远比“能讲述的”要多得多，如果不依赖对现场事实的感知，我们甚至不能讲述。个人知识的获得离不开亲自的体验和实践①。在传统知识理念的支配下，教师总是向学生灌输显性知识。因为缺乏体验的过程，缺乏隐性知识支撑的显性知识也失去了力量，无法导向发现和创新。“个人知识在课程体系中的缺席造成了恶劣的影响。教师与学生陷入被知识奴役的处境。”②基础美术教育领域“学科中心”“课堂中心”“教师中心”等观念还是很大程度地影响着教师们的思想与行为，主要的问题体现在：

课程过于重视显性知识体系。20世纪80至90年代正是我国学科中心主义盛行的时期，美术教育课程高度注重严密的知识体系。它的影响力至今仍然存在。事实上，严密的知识逻辑，削弱了艺术课程的可感性与体验性，也干涉了教师的课程自主权。教师在有限的课堂时间内，只能主要讲解知识和锻炼技能，以完成教学任务。这实际上是对学生的心灵成长采取冷漠的态度，成了“无人的教育”。以往的美术教育以知识为骨架，以技能为肌肉，在技能训练的过程中以少量的体验补充，自我表现空间十分有限。艺术学科本来是高度体验性、高度自由性的课程，这种艺术教育模式，目的性过于强烈，学生体验的时间不足。事实上，艺术教育的显性知识并不多，完全可以设计出一种高度尊重体验性和学生成长性的新美术课程。也许，某些美术教育研究者已经开始着手做这种尝试，我们对此充满了期待。

部分教师不懂得尊重学生的人格。如果要在艺术学科中贯彻体验性，我们就需要尊重学生的独立性，尊重独立人格，尊重独立的思考、判断与表现。在现实情况中，部分教师没有创设足够的艺术表现的教育环境，在课堂

① 钟启泉. 课程的逻辑[M]. 上海：华东师范大学出版社，2008：11.
② 钟启泉. 课程的逻辑[M]. 上海：华东师范大学出版社，2008：11.

上示范过多，导致儿童失去了创造的习惯，美术课变成了纯粹的抄袭课与模仿课。这一做法使模仿别人的技法和图式，代替了自己的表现体验，快乐表现和纾解心灵的“艺术治疗”作用丧失。过度示范干涉了儿童的自由表现，剥夺了儿童自我表达的权利，造成了对儿童“无意识”的伤害。[①]部分教师还习惯于以成年人专业化的审美标准与技法要求，去评价儿童作品的“好”与“坏”，脱离了儿童经验，也造成了“无意识”的压制，干扰了儿童的美术表现方式。我们需要建设一种民主包容的课程价值观，来改善这一情况，使学生在体验中获得心智的成长。教师们之所以认为“教育学中无儿童”[②]，说到底，是因为人文精神的匮乏，对于美术教育的“终极”价值目标——健全人格，似懂非懂，不能真正理解，更不能将健全人格的目标融入美术教学的每一个细节中。我们永远处于艺术的“in”之中，不能“through”艺术实现教育意义。而只有“through”，才能在每一个教学行为中释放人格育化的意义，才能化“束缚人的知识”为“个人理解的知识”。

### 四、从千篇一律的学校文化到个性化的学校文化

新课改第四个价值目标是创建富有个性的学校文化。“学校文化是教师与学生在学校和班级的特定场所内，形成的一系列传统习惯、价值规范、思维方式和行为模式的综合。”[③]新美术课程改革不仅仅意味着美术课程自身内容的更新，更意味着参与理想的学校文化的创造。“创建富有个性的学校文化是课程改革最深层的改革与核心课题，是课程改革的直接诉求和终极目标。”[④]新课改致力于建设民主的课程管理文化。新课改秉承的信念是一种新的价值与信念，变教学“灌输”为“对话”，转教育“专制独裁”为“平等

① 教师的本意并不想去伤害儿童，相反，教师往往认为这是在“帮助儿童成长”。但创造性以及个性养成的伤害是现实的与潜在的，是在不知不觉之中发生的。按照荣格心理学的观点，对教师而言这是一种集体无意识，因为教师本身也接受的是压制个性的传统教育，压制个性成了集体的无意识。

② 钟启泉. 课程的逻辑 [M]. 上海：华东师范大学出版社，2008：33.

③ 钟启泉. 课程的逻辑 [M]. 上海：华东师范大学出版社，2008：13.

④ 钟启泉. 课程的逻辑 [M]. 上海：华东师范大学出版社，2008：14.

合作”，化课程“资源垄断”为“资源共享”，[①]以重塑学校的管理文化、教师文化和环境文化。新课改的宗旨就在于营造一种丰富的学校环境文化，更好地促进学生的主体与身心的和谐发展。[②]

现象学关注环境的教育意义。现象学“回到事物本身”也就是要求回到“生活世界”。学校是教师与学生共同的生活世界的一部分，是师生具体的“意识生活”的主要发生地之一。现象学强调生活世界的原初完整性，认为人与环境、师生之间应该展开对话，学校生活是师生“原初的教育体验”。因此，学校文化不仅具有不可忽视的潜在美术教育影响力，它本身就是美术教育共存关系中的一部分。

新世纪的教育改革运动以来，学校文化呈现出多样化的发展趋势，出现了一批具有个性的学校，一些学校的文化建设搞得有声有色，具有独特的性格与韵味。环境资源也被视为一种教育元素被开发，教学环境受到了更好的关注。《基础教育课程课程改革纲要（试行）》（2001年）规定：“改变课程管理过于集中的状况，实行国家、地方、学校三级课程管理，增强课程对地方、学校及学生的适应性。”“三级课程管理”赋予了教师参与课程开发、管理课程的权利，也赋予了学校课程的自主权，一批有地方特色和文化特色的教材得以涌现，丰富了美术教育的课程建设。

但从全国的范围来说，“创建富有个性的学校文化”这一价值目标完成的情况可谓是差强人意，各地学校文化建设仍给人一种千篇一律的感觉。究其原因，恐怕还是与考试制度、教育管理制度有关。“学校文化缺乏生活化、社会化的意义。”[③]“学校不立足于社区，俨然成了‘文化的孤岛’。”[④]一些学校习惯了被管理，“学校缺乏自主发展的空间，学校的划一性、僵化硬性造成了学校维持现状的‘适应主义倾向’”[⑤]。虽然制定了“三级课程管理”制度，但学校参与的主动性意识与自主性意识仍没有得到有效唤醒。

① 欧用生，杨慧文．新世纪的课程改革 [M]．台湾：五南图书出版公司，1998：1~20.
② 钟启泉．课程的逻辑 [M]．上海：华东师范大学出版社，2008：16.
③ 钟启泉．课程的逻辑 [M]．上海：华东师范大学出版社，2008：14.
④ 钟启泉．课程的逻辑 [M]．上海：华东师范大学出版社，2008：14.
⑤ 钟启泉．课程的逻辑 [M]．上海：华东师范大学出版社，2008：14.

过去那种统一规格，统一管理，“批量生产”的粗放式的教育管理模式，仍在某些地方延续，学校的个性文化不容易受到重视。教师的课程决定权有待进一步落实，钟启泉相信如果“教师本人难以成为自己个性风格的代言人，学校的校风和个性就无法在这种氛围中生长。”[①]

总之，关注学生作为“整体的人”的发展、回归学生的“生活世界”、寻求个人理解的知识建构、创建富有个性的学校文化构成了新课改价值转型的四大维度。只有充分把握了这四大维度，才能充分理解新课改精神，从而在具体的教学改革细节中“不走形”“不跑调”，将我们的美术教育事业向素质教育的理想境界推进。

① 钟启泉. 课程的逻辑[M]. 上海：华东师范大学出版社，2008：14.

捌 [ 第八章 ]

# 259 美术课程(下)

## 第一节 回到事物本身的课程

教育生活的意义感常常会受到遮蔽。生活的过程本身就是意义遮蔽与显现的过程。现象学美术教育具有明确的生活目标取向性，它关注我们生存中的“意义”。现象学美术教育学提出“回到事物本身”，回归规律，以原初的状况，保持原初的姿态，发挥教育的能动意义。

### 一、回到事物本身的原理

胡塞尔是20世纪最有影响的哲学家之一，海德格尔、梅洛-庞蒂、杜夫海纳、萨特、伽达玛和德里达等哲学家、美学家，以及兰格威尔德和范梅南等教育家的出发点都是对胡塞尔哲学的反思。从某种意义上说，胡塞尔就是现象学。

追求无前提的“明证性”是胡塞尔哲学最原初的思想基点。胡塞尔和历史上众多的哲学家一样，出发点毫无疑问都是希望能够认识或者揭示真理。他在形而上学哲学与科学之间获得启发，发现人类认识的最终目标都是达到明证性。他发现那时的科学和哲学显然都不能胜任这个任务。因为经验科学根据一定的需要、一定的标准，对现象进行割裂，其前提的随意性决定了经验科学不能达到明证性。而传统哲学在现象之外设定了一个不可直接显现的自在领域，也不可能达到明证性。所以，基于这种思路，必须“回到事物本身”，回到现象，并在其中寻找无前提的明证性。胡塞尔为了寻找“明证性”的道路，和前辈康德、黑格尔一样，他首先做了“意向性”（intentionality）的研究。在意向性的研究中，他认为意向性是意识者和意识对象共存的关系，现象的显现是对我们意识的显现。这为胡塞尔晚年提出“交互主体性”（inter-subjectivity）提供了理论的依据。他在意向性研究中确认了康德提出的“先验自我”，即他认为人具有知觉、分类、判断、想象、生成意义、范畴抽象理解等先天能力。虽然这种能力我们后天也在使用，但在使用的过程中，产生了大量的经验与概念，影响了意向性的“纯粹”。胡塞尔认为要想获得现象的明证性，唯一的依靠就是我们的“纯粹意识”，即“悬搁”一切存在的事实的观念，再以“纯粹意识”

去“直观”世界，以达到绝对的、纯粹的自明性。这也就是现象学“还原”（reduction）的方法，这种方式也称为“直观”的方式。[①] 胡塞尔将以这种方式获得的现象显现称为“现象的本质”，并将这种直观的方式称为“本质直观”，这种还原称为“本质还原”。[②]为了对比现象“非本质”的显现和“本质”的显现，他特别区分了意义的“给予”（giving）与“充盈”（fulfillment）。晚年胡塞尔提出了“生活世界”（Lebenswelt）的概念。虽然在概念的实质内涵上和他早期提出的“纯粹意识的现象世界”并没有什么不同。[③]但字面表述上从“自我”转移到了“生活”，这就强化了生活与自我的关系，也体现了晚年的他对他早期所提出的“回到事物本身”的回归。

回顾胡塞尔的哲学思想，我们可以发现胡塞尔哲学其实是一个整体，“现象”——“回到事物本身”——“还原”——“原初的状况”——“直观”——“生活世界”实际上是一个相互关联的思想整体，共同组成了现象学观念。“回到事物本身”意味着“还原”，意味着探索“原初的状况”，这样现象学美术教育学在“事物本身”这里和卢梭的“自然”产生了共鸣。这种哲学性的思考，为教育学带来了无穷的应用价值。

## 二、教育回归教育

“原初”意味着顺应内在的规律。“原初的状况”指的是一种前科学的状况，意涵基本等同于卢梭的“自然”。在自然界中，原初的状况意味着和谐生态自然；在人的发展与人类社会中，原初的状况意味着“人性化”；在事

---

① 其实，早在我国一千多年前的禅宗就使用了这个方法去“顿悟”生命的意义。例如，六祖惠能“点悟”一信徒的时候说：“不想善、不想恶，你的本来面目是什么?”禅宗以这种方法获得生命的智慧的例子比比皆是。禅宗把这种心法称为：“不立文字，教外别传；直指人心，见性成佛。”胡塞尔的这种方式，到了海德格尔那里没有获得继承，这也可能是胡塞尔对海德格尔失望的原因之一吧。

② 笔者对胡塞尔“本质”的界定，还是存疑，笔者不敢肯定以这种方式获得的显现就是事物的本质。但可以肯定的是，胡塞尔的方式的确对我们认识世界，尤其是认识意义世界有很大的帮助。笔者主张不妨对胡塞尔本质的说法进行“悬搁”。

③ 海德格尔的“存在”也是这个意思。

物总体研究中，原初的状况还意味着要尊重“规律”。何为“尊重规律”？即让原初的存在自身尽可能发挥能动作用，并能保持这种能动作用，提高发展的效率。尊重规律，即尊重效率，这个效率必须从整体性与长期性着眼。按照形而上学的说法，就是事物中有“道”，让“道”充分发挥作用。人为干预的目的在于保持“道”的活力，而不是替换或者破坏“道”的作用。这类似于我国道家的“无为而治”。只是“回到事物本身”的“尊重规律”是“无为”和“有为”的结合，以“无为”为主，“有为”为“无为”服务，“无为”的目的在于保持“原初”。“回到事物本身”，意味着回归规律、回归生态和谐、回归人性化的生活。

在教育学上，“回到事物本身”的主要诉求点之一是要求我们尊重教育规律。尊重教育规律，可以引申出针对个人发展、班级或者学校建设乃至整体教育的不同层级的启示。

在个人教育的层级上的规律，意味着要让个体能发挥出学习与成长的能动作用，即自主性学习、探究式学习。按照这个观点，我们的教学是为了配合学生自主学习与自主探究服务的，即教学为自主探究服务。而目前的情况是，新课改提出的自主学习、探究学习，因为历史性的沿袭惯性，仿佛还停留在为教学做补充的位置上，即自主探究为了教学服务。从原理上说，这个主次关系弄反了。如果自主学习与探究学习是我们教学中的最重要的核心的话，我们的教师与教学的作用，就是为了提高自主与探究的效率而存在的。保持自主与探究的效率性与鲜活性，教师就需要是引导者与情境的创设者。教育即引导，教育即创设。在教师与学生的互动性的教学生活中，就需要注意要为学生“让予”时空，将那种学生习惯于等待教师指示，丧失自我判断的教育现状扭转过来，营建学生全程参与、高度参与的教学主体感，塑造乐观、自信、进取、主动、交往、梦想、创造的新学风。我们需要信任学生、信任儿童，对儿童的成长与人性的潜能充满信心，相信儿童能够自我矫正错误，相信儿童是有判断力、感受力的，相信儿童可以被引导为积极正面的成人，这是一个重要的态度。对教师而言也是同样的，需要释放教师的主体能动性，信任教师，将课程权让予教师，给教师充分的成长时空，让教学管理为促进教师成长服务。对教师而言，现象学教育也是一个独立人格的教育，同样教师必须要有独立判断思维和创设课程的能力。“回到事物本身”的教育，是信任的教育，但不是放任自流的教育；是需要以光明正面引领的教育。“回到事物本身”的教育即独立人格的教育，即信任+引领。

信任意味着以学生为主，让出时空；引领则意味着要尊重儿童的认知规律。引领的教育是顺应天性的教育，不是规训教育，不是强迫教育。儿童的天性中很重要的一个环节就是儿童的身心发展与认知规律。儿童有其独有的思维方式、认知方法和阶段性的特征，在美术教学中，我们必须顺应这些特征，而不是扭曲这些特征。什么阶段以什么样的方式涂鸦，什么阶段开始出现符号，什么阶段开始“了解”空间的意义，什么阶段开始懂得色彩的对应关系等。所有这些都必须成为美术教育者的基本功课。

从班级与学校建设而言，尊重规律意味着让班级的学生整体与学校部分充分发挥自主的能动性，从而带来教育效率。班级管理与学校管理为激发与保持这种能动性服务。

当前的大学教育，部分学生的学习主动性与积极性存在着严重的问题，“60分万岁”是一个流行的口号。大学学习与生活失去了目标性与方向感，相当一部分学生处于一个“混日子”浪费青春的状况，一种腐朽化的状况，形成了一种不健康的校园文化，这种消极性与堕落性无时无刻不在造成潜在教育的影响。我们采取的对策是加强思想工作与加强考勤管理，采取的是一种管理者的姿态、约束者的姿态。可是，成效并不明显。按照“回到事物本身”的原理，我们需要从激发学生的主动性上着手。回到事物本身，就是要求我们回到面对教育现象的问题，回到教育这个直接的问题。应该实施教学改革，来提升教育效率，改变状况，“抢救”我们的大学生与我们的大学教育。想要改变这种糟糕的状况，其实并不困难，只要采取一些有针对性的制度建设，来调节学生与学习的关系。笔者认为“学分制”改革刻不容缓。大学期间，如果学生能够用两年时间完成四年的课程，修满学分，提前拿到学位，这就势必会引发竞争，激发学生学习主动性。学生可以根据自身的情况，选择两年、三年、四年乃至五年、六年学完大学的课程，这既释放了自由于学生，又激发了学生学习的主动参与性。学习成为学生自己的事情、自己的需要，学习回到了“事物本身”的样子，自动调节成积极主动的状况。在这个主动的学习生涯中，学生可以更加内省地反思自己的生活，学会生活，学校的教育成了生活。

“回到事物本身”的规律原理对于大学教育的发展与建设也深具意义。目前，不少大学的系部与学校整体之间，缺少一种自主能动性的机制。不少大学仍有吃“大锅饭”的传统，系部没有主动发展的愿望，系部发展不能带来相应的归属系部的效益，呈现出一种僵化的情况。学科建设与社会需要脱节，人才培养与时代要求脱节。在教育经费等资源的拓展上，系部首先想到的是向上一级索取，而不是向市场要效益，向教育成效要效益。这就违背了教育规律，违背了现代教育管理原则。其对策是解放思想，权力下放，学校和系部自主，面向社会需要，展开学校与学校之间与系部与系部之间的竞争。如果学校和系部能够有更多的自主权，系部就自动产生了改革自身教育的能动性。从而，带来了教育效率的提高。我们必须将教育的“计划经济”转变为“市场经济”——根据社会需要自主培养人才的机制。

对于教育整体而言，“回到事物本身”的规律原理提供了一种哲学思想的启示。尊重规律即鼓励竞争、保障良性竞争。教育需要竞争，需要个体教育机构之间的竞争，需要释放个体教育机构的能动性。当前提出的“高校去行政化”“教授治校”是正确的方向，这可以在一定程度上释放个体教育机构的主动性。我们应该大力鼓励民办教育，来提升教育的竞争，促进“教育自由”。在鼓励教育竞争的时候，我们要注意反腐建设与教育公平建设。在多元化的竞争中，必然会促进自主性的提高。教育公平建设相辅相成，公办教育应在降低学费、保障弱势贫困地区教育、保障基础学科发展等领域着力。问题是很多的，教育改革是一项长期性的工程。但在总的方向上，我们应该从激发内在的能动性上突破教育改革的困局，让教育回归教育本身。

## 三、艺术回归艺术

美术教育在教育体系中是一门很独特的学科。在艺术教育之中，智性、情感、知觉、社会、生理、审美与创造力具有不可分割的完整性，艺术教育本身就是一种“完整的人”的教育。艺术的特征之一是具有直观的情感感染力。在传统美术教育之中，因为过于重视知识与技能体系，形成了德育化、形式化、专业化的特点，使艺术的感受性本色没有得到很好的发挥。

美术本身具有浓厚的感性色彩，具有生命的气息与情感性。在美术教学中，我们应该发挥艺术感性的长处，注重教学氛围与气息，使用学生可感的影音资料，让艺术教学成为一个陶养的过程。美国教育家小威廉姆·E.多尔（William E.Dool）指出，“今日主导教育领域的线性的、序列性的、易于量化的秩序系统——侧重于清晰的起点和明确的终点——将让位于更为复杂的、多元的、不可预测的系统或网络。这一复杂的网络，像生活本身一样，永远处于转化和过程之中”[①]。知识本身是一种动态的生成，如果我们不能以一种灵活的方式去教育学生，而采取大机器生产的方式去“制造”学生，是不可能培养出具有创造力的人才的。因此，我们必须对传统的美术教育进行适当的改革。传统美术教学的方法是一种理性模式的教育，它依托严密的知识逻辑体系，以严密的系统性期望获得理性的学习。但这种模式并不适合于美术教育。因为美术的感受性特征，本身就不是语言和理性可以尽数表达的，意象美术的语言描述多半带有文学色彩，与美术的直观感受存在很大的差异。艺术的领悟，与美术个人知识的建构，都不是客观知识的办法可以解决的。美术教学本身具有很强烈的体验性，而不是知识性。一般，在美术教育之中，人们获得的是精神享受，而不是知识的增长；是情感的陶冶，而不是受到了规训。这是一种从自我感受到自我觉醒的教育，具有高度的个体感受差异性。以机械的知识教育的方式不可能获得真正艺术的领悟和艺术的教育效果，使美术教育失去了在普及教育中发挥应有的作用的能力。

美术教育应该恢复体验性教学模式。尹少淳主张将美术的学习建立在体

① [美] 小威廉姆·E. 多尔. 后现代课程观[M]. 王红宇，译. 北京：教育科学出版社，2000：5.

验的基础上，将美术教育的“传统话语”向“现代话语”扩展，由被动接受向主动反思扩展。[①]李力加也主张美术教育应该触及学生心底的感悟，采取艺术化的言说，使美术教学恢复“艺术”取向。[②]美术教育的客观知识并不多，而且基本都是可以在体验中让学生自己发现的知识，这就为美术教育转变教学模式，为体验的教育创造了可能性。我们完全可以创设恰当的教育情境，让学生在学习中自己探究发现美术的知识，这样的知识是属于自己的，可以让学生受用终身。探究式学习也使学生获得了主动的学习与发现、解决问题的习惯，让“学生有机会去思考（reflect）、提出不同观点和方案（try alternatives）以及对教师传授内容表达“不”（disagree）的权力”。这种习惯在未来漫长的人生中具有有益的价值。

艺术教育是灵性的教育。这部分超出了语言的能力范围，只能以描述性的方法叙述。艺术具有神奇的感染力，可以化腐朽为神奇，让你飞翔，让你意想不到，却又总是在情理之中。所以，很多人说艺术是创造，它创造的声影效果可以带人进入情境，让人获得奇幻的享受，或者让人感动哭泣，或者让人感到震撼甚至目瞪口呆，只能无语感叹。艺术效果是个万花筒，生动、神奇、灵动。美术的教育是想象力的教育，是心灵的教育，是情感的教育，是自由创造的教育。这些特征才是美术的本真特色。如果美术教育失去了这些特征，即便让学生记住了很多美术的术语与名词，即便让学生“学会”了“画画的方法”，但其距离美术的距离仍然十分遥远。美术中存有神韵、神思，这只能通过感受性的教育才能完成。艺术是凡人创造的非凡，只有在你面对的时候才能感受得到，只有敞开心扉感受人生与自然的时候才能感受得到。美术教育让人获得心灵的洗礼、情感的净化、人格的升华、生存的意义感。“回到事物本身”也意味着美术教育回到美术的本真特色，美术教育会因为自身而成为人类文明史中不朽的传奇。

---

① 尹少淳．对建构美术学科教育学的思考 [R]．全国高等师范院校美术教育学师资高级研修班，2009：16~17.

② 李力加．触及学生心底感悟的学习——高师美术教育学课程的一种教学方法 [R]．全国高等师范院校美术教育学师资高级研修班，2009：16~17.

# 第二节 现象学美术教育课程的取向

## 一、生活取向

一般认为任何美术教育理论都具有它的价值取向性。杜威主张的进步主义教育，以及罗恩菲德、里德等主张的美术教育理论被认为是“儿童中心”的取向；艾斯纳、DBAE等美术教育主张被认为是“学科中心”的取向；沃尔特·史密斯与奥瓦托纳主张的美术教育被认为是“社会中心”取向（图8–1）。那么，现象学美术教育以现象学哲学作为理论基础，当然也应该有明确的价值取向。它的价值取向为何？为什么现象学美术教育以该种价值态度为取向？

时代精神往往影响着那个时代的思潮，哲学也不例外。文艺复兴与启蒙思想运动时期是解放人性的时代，它的主题是如何使人们从中世纪遗留的压迫中解放出来。它们的区别只是使用的“武器”不同，前者是古希腊、古罗马的人文思想，后者主要是理性。我国的新文化运动时期同样也是个解放的时代，它的武器是“民主”与“科学”。启蒙精神和新文化精神都极大地推动了历史的前进，它们的实质是“解放”，将人们从“无知”中解放出来，迈向“真理”。

图8–1　不同的美术教育理论的取向示意图[①]

如果说以前的时代是物质匮乏的时代，时代的主要目标是解决这种物质的匮乏，那么现在这个时代的任务我们已经完成了。现代的危机是幸福感与

① [美] 艾略特·W. 艾斯纳. 儿童的知觉与视觉的发展[M]. 孙宏，译. 长沙：湖南美术出版社，1994：51.

生活意义感的失落。现象学运动的时代是生存意义的危机，它希望唤醒生存意识与生存感受的意识。如果几个世纪以前我们以摆脱物质的贫乏作为主要的追求，那么在这个时代，也许是以后的几个世纪里，我们追寻的主要是幸福感。就是说，我们的社会包括美术教育在内，都必须寻找到合理的、满足人的天性发展与生存的道路与方式，让人与人、人与自然和谐相处。社会的主要目标是营造人性化的生活；美术教育的主要目标则是人性化的教育与开发人的潜能。笔者相信人的智慧，相信未来的几个世纪里我们一定能够实现这个理想，这就是我们这个时代的精神与需要。在这个时代精神的要求之下，我们的美术教育将大有可为。

日常实践的生活是朴素的，是一种去体验、思考、评价之前被给予的世界，它是我们与之打交道的生活。在现象学的视野下，自我、儿童、教师、社会、文化、环境、学科等取向性被融入“生存”或者也可以说“生活世界”。正是生活，一切美术教育行为与一切意义都为之服务。

现象学美术教育课程的价值取向是生活取向，它的命题是“意义”。“回到事物本身”，它要求我们的课程面向生活、面向主体人格、面向生命意义；它要求我们把握美术教育前概念的、前科学的丰富性，从我们的生活世界出发，最终为我们的生存服务，让我们的生命获得本真的感受。

## 二、与其他取向美术教育理论的对比

现象学美术教育学的意义在于反思我们的美术教育，为我们的生存“意义”服务。所以，现象学美术教育学理论丰富了我们的美术教育的理论体系，它很容易在与其他美术教育理论的对比之中被看出来。

### （一）与儿童中心主义的关系

儿童中心美术教育理论集合了当时很多的哲学、教育学与心理学成果。其最可贵之处在于它以人格心理学为依据，将人的经验、人格成长与环境的关系联系了起来。例如，杜威认为经验“首先包括存在于人和他的自然和社会环境之间的主动的关系”①。杜威对教育过程、个人经验与文化的关系这

① [美] 约翰·杜威. 民主主义与教育[M]. 王承绪，译. 北京：人民教育出版社，2001：291.

样论述道：“我相信——一切教育都是通过个人参与人类的社会意识而进行的。这个过程几乎是在出生时就在无意识中开始了。他不断地发展个人的能力，熏染他的意识，形成他的习惯，锻炼他的思想，并激发他的感情和情绪。由于这种不知不觉的教育，个人便渐渐分享人类曾经积累下来的智慧和道德的财富。他就成为一个固有文化资本的继承者。”①这样，儿童中心的美术教育就从经验关系出发，将美术教育从知识引向了儿童，尊重儿童成为儿童中心最主要的特点。杜威对美术教育的贡献主要在于以经验科学的方式，建立起系统化的儿童行为认知，认为“对每种事物和行为进行价值分析是实施行为的前提，实施美术教育也是如此”②。例如罗恩菲德，就建立起一个比较系统化的儿童心智成长与美术认识阶段关系的美术教育体系。这些成果都是颇有价值与弥足珍贵的。

儿童中心美术教育采用的教育科学实验的方法也是具有意义的，它可以帮助我们发现美术教育中一些现象与心理之间的关系。但从现象学的角度思考，笔者认为对待实验数据需要正确的态度。第一，经验主义最容易出现的错误就是误将少数实验的结果当成了普遍的规律；第二，实验的因素与实验数据的分析具有选择性，而选择性的数据不能表示成长的全面性意义；第三，一段时间的局部效果不一定能表示长期的全面的意义。例如，中美小学的数学教育对比，如果从局部的计算能力来测量，我国毫无疑问具有很大的优势，但美国更重视数学与生活结合的全面成长意义，而全方位的成长是很难测量的，尤其是自信心与人格方面的因素。等到进入大学以后，美国的创造力教育优势才得到体现与发挥。所以，教育实验只是一种教育研究的工具，实验数据可以说明一些关系方面的问题。但人的成长是全方位的，这不是局部的实验数据可以说明的。在每一个具体的教学情境中，我们也不能因为掌握了一些实验数据，就失去了美术教育体验的观察之心，失去了教学的敏感性，成了一种新的强迫某种观念的教育。针对这个问题，杜威提出了

---

① [美] 约翰·杜威．杜威教育论著选 [M]．赵祥麟，王承绪，译．上海：华东师范大学出版社，1981：1.

② 尹少淳．美术教育学新编 [M]．北京：高等教育出版社，2009：131.

“反省性思维”（reflective thinking）：“对于任何信念或假设性的知识，按照其所依据的基础和进一步导出的结论，去主动、持续和周密地思考，就形成了反省思维。”[①]这种警醒的态度是难能可贵的。

儿童中心论主要的哲学基础是经验主义哲学，具有比较浓厚的理性观察色彩。儿童中心发现了自我体认的作用，并提出了美术表现与经验世界联系的具体路径，还发现了与自我联系紧密之经验的重要意义。但儿童中心关注的基本都是儿童学习的意义，忽视了教育是师生交互的、完整的生活过程，对教师的教育意义感基本没有提及。儿童中心也没有提及“直观”“前概念之真”的教育意义。这对于教师而言，就容易陷入经验理论的沼泽。现象学美术教育学关注“意义”的把握，要求教师尽可能地处于体验的敏感状态，感受具体教育情境之每时每刻的教育发生，提出教师必须体察教育为一种有意义的生活过程。情境研究与意义生成研究成了现象学美术教育独特的教育贡献。另外，儿童中心更多的是围绕自我经验实施美术教学，而现象学美术教育则认为这还不够，因为很多经验已经失去了体验的生动性，现象学提出了体验的意义，强调在体验中直观世界的本真，也就是说现象学要求将部分美术教育课程引入真实的生活世界中去体验，而不仅仅是在教室中以经验反思的方式回顾生活世界。现象学美术教育要求师生与生活世界的直接接触，要求我们的美术教育能够直接面对自然与生活。这样现象学美术教育就将体验的美术教育、经验的美术教育与个人知识的美术教育有力地结合了起来。以风景美术教学为例，传统美术教育一般在初中以后风景写生教学的时候，才会实施对景写生的课程。但从现象学观念出发，人与自然的交互本身就是美术教育的重要源泉，风景教学不仅仅是写生，在学生不能掌握写生技巧之前，感受自然以及与年龄相适应的美术表现活动就应该展开。从“生活世界”出发，笔者认为教育应该和生活更紧密地发生联系，学校生活也应该和社区结合起来，理想之学校教育应该融入社区的生活与文化。这样，我们的美术教学就可以和丰富的社区生活连接起来，社区就可以成为我们的美术教

① [美] 约翰·杜威. 我们怎样思维·经验与教育[M]. 姜文闵，译. 北京：人民教育出版社，2005：16.

育资源，[1]美术教育就成为师生乃至整个社区居民生活的组成部分。

总之，现象学美术教育将美术教育体验与生活体验结合起来，让师生将有限的生命投入广阔的生活世界的时空中去体验、去生活、去获得生存的意义。和儿童中心相同之处在于，现象学美术教育也主张生活的意义存在于生活的过程之中。对儿童中心“过程呈现意义”的补充则在于，现象学要求以开放的知觉体验世界，体知生活与生命的美好。这种体验的方式应该成为一种新教育，而艺术教育则是最适合的。

### （二）与学科中心主义的关系

学科中心美术教育（Discipline-Centered Art Education）最大的贡献在于强调了美术课程的系统性与科学性。他们主张：“我们必须从各门科学的知识素材中，选择那些能够发挥教养力、能够实现一定教育目标的特定知识素材，加以教授。”[2]学科中心发端在儿童中心之后，可以视为对儿童中心的某种调整与反思。学科中心美术教育代表有美国美术教育家艾斯纳和巴肯（Mannel Barkan），以及DBAE等的思想。艾斯纳在1969年及1972年发表了很多美术教育论文，从中我们可以了解到这种反思性，他认为：“第一，美术教育的主要价值在于它对个人经验的独特贡献；第二，美术能力非自然成长的结果，而是学习的结果；第三，有益的美术学习领域为：创作、批评与历史；第四，良好的课程设计（包括目标、内容、学习活动及材料的拟定）是美术教育收效的必备条件；第五，评价作品有助于帮助老师及学生了解他们的学习进度。”[3]其中，第一条和第五条可以说是继承了儿童中心的主张，但第五条儿童中心指出得更具体，旨在帮助老师发现儿童人格成长存在的困难。第三条，是学科中心的特色主张，也是现在美术教育普遍采用的方式。对于第四条，如果机械地理解就是传统美术教育的做法——僵硬的目标、内容、活动与结果检验的组合，但如果宽泛地理解就会发现也不无道

---

① 具体的社区美术教育资源要根据社区本身的特色而定，如花园、厂房、车间、周边的自然风光、街巷乃至民间艺人等。进一步的延伸，该城市或地区的博物馆、自然、人物等都可以成为美术的教育资源。但最主要的生活则显然还是与社区最为紧密。

② [日] 佐藤正夫. 教学原理[M]. 钟启泉，译. 北京：教育科学出版社，2001：163.

③ 徐建融，钱初熹，胡知凡. 美术教育展望[M]. 上海：华东师范大学出版社，2002：179.

理，任何美术教育都有其目标与实施行动乃至效果的评价。所以，笔者认为关于目标、内容和评价的认知，只能以一种灵活、动态、具体的方式去把握，不宜统一化。每个老师都拥有自己对美术课程的理解与主导权，“教师即课程”。[①]关于第二条，关键在于对“美术”的理解。如果美术指的是专业美术，当然是必须要经过学习才能掌握的。但是如果美术旨在开放一种人人具有的能力，一种平时我们在生活中隐匿起来的能力，那就不一定是要通过所谓的“学习”，而是要通过“唤醒”。这种唤醒本身就是学习的真谛。

笔者认为课程与学科的研究应为教育服务，而教育本身是为生活服务的。笔者赞同课程需要连续性。对于学科中心建设起来的系统化、可操作化的美术教育课程体系，笔者认为那是对美术教育的重要贡献，学科课程建设与生活目标本身是不应该冲突的。美术教育不能和“生活世界”相割裂，如果割裂就会出现美国艺术教育家阿瑟・D. 艾夫兰（Arthur D.Efland）描述的这种情况：“尽管许多学校提供了艺术教育，但多数学生对艺术的体验，是他们去博物馆了解到的，与现实世界隔绝的许多珍贵物品。他们可能把现代艺术视为笑柄，那是一个疯狂的世界——被情感和情绪所歪曲的世界……学生们倾向于学习画室技巧，而不是学习他们所使用的媒介的历史、创造这些媒介所满足的社会需求，或者艺术作品符号内容所表现的文化意义。”[②]如果那样，美术的学习就不能为我们的生活服务。笔者认为学科中心的课程不应该是强制统一执行的，而是应该作为一种课程与教学的参考。这样，学科中心的美术教育就成了丰富美术教育理论的重要组成部分，美术教师也可以从中获得各种美术教学的启示。但如果这种学科中心的美术课程作为统一的强制执行的课程，危害则远大于收益。其实，任何取向的美术教育都不能统一地强制执行，因为那样就剥夺了教师乃至教育的灵活性与主动性。传统美术教育基本上是一种学科中心的美术教育，它以机械的教育学方法以及过于细致的美术教学知识与技能体系，做统一的美术教育管理，其危害性已经为广大美术教育研究者深切反思，因为传统美术教育的那种做法，本身已经背

---

① 钟启泉. 课程的逻辑 [M]. 上海：华东师范大学出版社，2008：28.

② [美] 阿瑟・D. 艾夫兰. 艺术与认知 [M]. 智玉琴，译. 长沙：湖南美术出版社，2008：6~7.

离了学科中心美术教育提出者的原本善意的主旨。

**（三）与社会中心主义的关系**

社会化需求一般总是美术教育的一项重要内容。从广义上理解，任何教育都是为了满足人在社会中生存的需要。儿童中心教育的七项成长指标中有一项就是社会性的成长。学校教育本身就是以社会机制为组织形式，其任务也是将文化传承给下一代。现在美术课程普遍采用的美术欣赏教育就是因为美术作为文化的载体起到了这种教育作用。新课标指出：“美术是人类文化的一个重要组成部分，与社会生活的方方面面有着千丝万缕的联系，因此美术学习绝不仅仅是一种单纯的技能技巧的训练，更应视为一种文化学习。”① 新课标中明确提出：“培养学生对祖国优秀美术传统的热爱，对世界多元文化的宽容和尊重。”②雅斯贝尔斯认为：“如何使教育的文化功能和对灵魂的铸造功能融合起来，成为人们对人的教育反思的本源所在。”③艾夫兰也主张：“教艺术的目的，是在于促成个体了解其所居住的社会文化现象。”④直接以社会需要为目标的美术教育也很普遍。例如，工艺与设计教育就是一种典型的社会中心美术教育（Society-Centered Art Education）。工艺与设计本身带有实用性，它的存在是为社会生活服务的。教育与设计的过程显然也必须关照社会心理与需求，这种教育是人们社会生活的一部分。

根据现象学的观念，人的存在是个人在社会中的存在，美术教育中本身固有存在“文化—心理”。美术教育中的“文化—心理”过程指的是：“第一，文化，不是一个静态的凝聚物，而是一个活的有机体。它一方面内化于人的情感与认知层面，另一方面又外化在物质与行为层面。艺术作为人类文化的一种直接表现形式，其本身是一种符号语言，是一种重要的文化类型。第二，美术中的文化并非造型物直接的外在属性，同时，美术形式也不是仅

① 中华人民共和国教育部制订. 全日制义务教育美术课程标准（实验稿）[S]. 北京：北京师范大学出版社，2001：2.

② 中华人民共和国教育部制订. 全日制义务教育美术课程标准（实验稿）[S]. 北京：北京师范大学出版社，2001：4.

③ [德] 雅斯贝尔斯. 什么是教育[M]. 邹进，译. 北京：生活·读书·新知三联书店，1991：1.

④ 黄壬来. 艺术与人文教育[M]. 台湾桂冠图书股份有限公司，2002：155.

浮于表层的形状与色彩。横亘在文化和艺术造型形式因素之间还必须有一种中介结构，也即是人的文化心理结构。”[①]美术的源泉是生活，而生活本身就是个人在社会中的生存。美学家丹托提及：“艺术家将平凡的生活事物或现成物转化为艺术作品，所做的就是以一种具体化看世界的方式，表现一文化时期的内在。”[②]学者Graeme Sullivan认为，“艺术是一种个人或社会文化表达的外在形式，它影响了我们观看自我的方式”[③]。同时，“社会物质生活的发展及我们对材料的认识，势必会丰富美术的语言和学习内容”[④]。所以，美术教育具有社会关联性是一件很自然的事情。

现象学美术教育学关注个人在社会中的成长，对于社会需求而自然形成社会中心的教育也认为是必要的。但笔者反对社会的异化，在现象学理解中，人与社会的健康联系不是一种异化的联结模式。其实，这还是回到了个性与群体性的关系。从现象学美术教育学出发，我们赞同一种个性与群体性和谐的教育，个性不排除群体性，群体性也不压制个性的社会教育架构，每个人都能在人文化的社会中得到充分的发展。

## 第三节 美术课程改革与现象学美术教育的关系

### 一、目标与精神的切合

要考察现象学美术教育与美术课程改革的关系，我们首先得回顾美术新课改的目标及其基本的精神。课程改革的总目标为：“培养具有人文精神、创新能力、审美趣味和美术素养的现代公民。”[⑤]美术课程标准的基本思路是：“第一，以美术学习活动划分学习领域，加强综合性和探究性；第二，根据学生的

① 肖川．主体性道德人格教育[M]．北京：北京师范大学出版社，2002：152.

② 陈琼花．视觉艺术教育[M]．台湾：三民书局，2004：31.

③ Graeme Sullivan. Ideas and Teaching：Making Meaning from Contemporary. In Y. Gaudelius &P. Speirs（Editors.） Contemporary Issues in Art Education. Upper Saddle River[M].New Jersey：Prentice Hall，2002：23.

④ 尹少淳．普通高中美术课程标准（实验）解读[M]．南京：江苏教育出版社，2004：111.

⑤ 中华人民共和国教育部．义务教育美术课程标准（2011版）[S]．北京：北京师范大学出版社，2011：1.

身心发展水平，分学段设计课程内容和学习活动；第三，在保证基本规定性的同时，给予教师教学更大的空间。”[①]课程性质为：“视觉性”“实践性”“人文性”与“愉悦性”。[②]新美术课程基本理念是：“第一，面向全体学生；第二，激发学生学习兴趣；第三，关注文化与生活，注重创新精神。”[③]新美术课程标准关注基本素质的全面提高，是多数学生能达到的“最低标准”，是一种学生学习与过程的表述，为美术教学提供间接的、建议性的、弹性的“规范”。[④]

从这些标准的课改精神表述中，我们可以发现现象学美术教育切合了课改的基本精神。现象学美术教育是生活目标取向的教育，它的命题是“幸福+意义”。它培养的是心智健全的、拥有创造力的现代公民。现代公民的含义里面已经涵盖了基本的人文精神与审美趣味，所以，现象学美术教育的目标是与课程改革目标是切合的。

## 二、从认识论出发调整实践论

笔者认为目标与精神之间还需要连接，而不是在定下目标与精神之后，理想和现实就能够直接达成一致。换句话说，就是还需要深入地解读课改目标与精神，也可以算作一种从哲学层面开始的解读。从哲学出发的理解，比从表现层面出发的理解要深刻；从认识论开始的分析，会比从方法论开始的分析要彻底。在认识论的基础上建立起来的实践论才可以搭建起目标的桥梁。

对基层美术教师而言，最困难的问题还是在于理解概念。例如，美术教学目标、教学、学习、知识等概念。如果对这些概念的理解不一样，必然会导致不同的美术教学实践。这就是认识论的意义。

以往美术教学有专业化的倾向，不能区分专业的美术教育与普及教育阶

---

① 中华人民共和国教育部. 义务教育美术课程标准（2011版）[S]. 北京：北京师范大学出版社，2011：4~5.

② 中华人民共和国教育部. 义务教育美术课程标准（2011版）[S]. 北京：北京师范大学出版社，2011：1~2.

③ 中华人民共和国教育部. 义务教育美术课程标准（2011版）[S]. 北京：北京师范大学出版社，2011：2~3.

④ 陈卫和. 小学美术新课程教学论[M]. 北京：高等教育出版社，2003：1~5.

段的美术教育的差异。这种认识习惯，仍然影响着今天的美术教育。现象学美术教育提出普及教育阶段的美术教育必须从生活出发，并为生活服务。新美术课程标准在这点上的解释也很清楚："在中小学进行的美术教育是一种国民素质的美术教育。教育对象的绝大多数人目前不可能将主要的精力放在学习美术上，将来也不一定以美术作为终身职业。这是一个不争的事实。所以，我们对学生所实施的是'生活型'的美术教育，而不能也不应该是'专业化'的美术教育。这就决定了我们所选择的教学内容应该是对学生未来生活有帮助的，有利于他们健康成长的。"[①]所以，我们必须清醒地认识到：专业美术教育担负传承主要的美术专业知识与技能的责任，而普及教育阶段的美术教育仅仅是美术科普的性质，其重点不在于专业性，而在于对学生生活的帮助以及学生素质的提高。

以往对待教学的认知是以"教师—学生"方向的教授为主，简单地说就是教师讲给学生听，学生记忆消化；教师示范，学生模仿；教师出示范本，学生临摹，等等。这种传统的美术教学的认识根深蒂固，对今天的美术教育也有着深刻的影响。现象学美术教育认为这种方式的学习不仅剥夺了学生探索的空间，也与认知规律不符，更与启发创造的美术教育宗旨相背离，严重地说会导致学习意义感的丧失，阻止学生的人格发展。现象学美术教育提出"教"乃"让—学习"，即在美术学习的过程中，实施人格教育，使学生获得健全的心智与旺盛的自信心。这也可以说是"以学生的发展为目标"的具体化。新课标"提倡在教师的指导下进行自主、探究与合作的学习方式，培养学生搜集和处理信息的能力、获取新知识的能力、分析和解决问题的能力，以及交流与合作的能力。"[②]新课标还指出："要在美术学习过程中，激发学生的创造精神，发展美术实践能力，形成基本的美术素养，陶冶高尚的审美情操，完善人格。"并以此为美术教育的最终目标。[③]现象学美术教育提出的具体路径非常清楚，就是在美术表现之中，联结个人经验，在表达自己经验

① 杨建滨．初中美术新课程教学论[M]．北京：高等教育出版社，2003：95.
② 杨建滨．初中美术新课程教学论[M]．北京：高等教育出版社，2003：90.
③ 陈卫和．小学美术新课程教学论[M]．北京：高等教育出版社，2003：67.

的基础上，获得“自我体认”，不断地强化自我经验体认，最终获得自信心。这也可以说是人格目标实现的具体化，从而搭建了自我通往目标的桥梁。

对于美术学习，《义务教育美术课程标准（2011版）》做出了有力的认识调整。新课标认为学习不再是知识的一个维度，而是存在三个学习的维度——知识和技能、过程与方法、情感态度和价值观。[①]这种解析是较为客观的。以前我们认为学习就是学习知识与技能，这是一种科技理性的认识方式。事实上，科学必须为生活服务，科学不是至高无上的，生活才是至高无上的。如果我们颠倒了这个关系，就会使我们的生存走向异化。以现象学解析这三个维度，意味着我们不仅要获得一些必要的美术客观知识，还要关注美术的学习过程，使学习与个人经验相联系，关注学习过程中的体验，关注学习过程中是否能够体现出意义感，并在过程中将客观知识转化为有用的个人知识。

知识应试教育中只能体现为一种扭曲的应用。无论是对普及教育阶段的美术教育，还是专业美术教育而言，现象学美术教育对意义感的追问都是有意义的。但在扭曲人格的应试教育中发挥现象学美术教育的意义，只能体现为一种心理治疗意义上的应用，而失去了整体性成长的意义。美术高考是客观存在的事实，广大专业美术学习者为之竞争也为之苦闷。笔者很想为他们找到解决的办法，但还是发现现象学美术教育理论和应试教育直接功利性目标之间没有兼容性。考生们已经无所不用其极，现象学诉说的意义感在高考分数以及录取与否的重大利益关系之下，显得苍白无力。高考美术是一种完全目标化、功利化的应试教育，教育过程基本就是范本和写生结合的技法教育。这种教育的目标以在考场上获得高分为主要诉求，一切美术表现与创造手法在考生眼里，全部具体化为分数。考生们日夜苦思哪种表现形式与表现手法可以助其获得满意的分数。美术教师在这种教育中也不得不研究分数的具体化，研究以怎样的方法让学生获得“正确的表现”（高分的画法）。应试

① 中华人民共和国教育部．义务教育美术课程标准（2011版）[S]．北京：北京师范大学出版社，2011：6.

教育扭曲人格已经是众所周知的事情了，现象学对这些无奈的考生唯一的教导只能是：要死画结合巧画，即要在大量练习的基础上，保持感觉的敏锐性，这样才能获得最大的进步。在平时训练的时候，要做到理解和自信，也要讲究稳健的程序。平时做好最充分的准备，到了考试的时候就放开手脚去发挥。希望考生们能将考试当成一场“难忘的人生经历”，必须化苦为乐，这有些尼采的“唯意志论”了。[①]

传统的美术教育以专业美术知识为基本导向，所以美术课程资源也围绕专业美术知识展开。以往的物质条件不好，美术教与学的材料常常得不到满足。关于课程资源（Curriculum Resource），吴刚平认为：“课程资源的概念有广义和狭义之分。广义的课程资源指有利于实现课程目标的各种要素，狭义的课程资源仅指形成课程直接因素的来源。”[②]学者徐继存、段兆兵、陈琼等共同撰文指出：“课程资源是课程设计、实施和评价等整个课程编制过程中可资利用的一切人力、物力以及自然资源的总和。包括教材以及学校、家庭和社会中所有有助于提高学生素质的各种资源。”[③]范兆雄认为课程资源可以分为“素材性课程资源和条件性课程资源”。[④]他认为“只有当课程资源进入课程系统中，原有要素的组织状态发生变化，才成为课程活动的目标、内容或实施和评价的方法、手段。因此，课程资源是课程系统的外部系统，而不是课程系统的组成要素”。[⑤]美术课程标准对美术课程资源提出了一些建议，要求完善美术教学与学习的基本材料和设置，要求丰富图书与影像资源，拓展校外美术资源，利用网络资源，以及自然和社会文化资源，并要求开发地方美术课程资源。[⑥]现象学教育和传统教育最大的区别在于，现

① 尼采的超人哲学认为苦难是一种快乐的人生经历。尼采的部分哲学是苦难哲学，在身处绝境的时候能发挥出巨大的价值。

② 吴刚平. 课程资源的理论构想 [C] //关注资源、学科与课堂的统整. 上海：华东师范大学出版社，2005：13.

③ 徐继存，段兆兵，陈琼. 论课程资源及其开发与利用 [J]. 学科教育，2002（2）：1.

④ 范兆雄. 课程资源概论 [M]. 北京：中国社会科学出版社，2002：3.

⑤ 范兆雄. 课程资源概论 [M]. 北京：中国社会科学出版社，2002：12.

⑥ 中华人民共和国教育部. 义务教育美术课程标准（2011 版）[S]. 北京：北京师范大学出版社，2011：33-35.

象学关注的是成长的意义，而传统教育关注的是学习知识。现象学认为一切有利于美术教育意义实现的资源都可以算作美术课程资源。比如Julia Mar-shall提出了“人工制品作为课程探究的一种资源”①，现象学关注显性教育的同时还关注隐性教育。人是在环境中成长的，那么，环境尤其是学校文化本身就是一种重要的美术课程资源。

以往人们对于知识的理解，往往认为知识就是书本化的客观知识，这存在深刻的认识论原因。不解析这种认识论的偏差，就会严重地影响我们的美术教育。这要从欧洲中世纪以后的情景开始追溯，人们需要进一步摆脱中世纪的神学与社会制度的束缚，纷纷以科学理性为武器，以唤起人们对“真理”的追求，期待摆脱认识的愚昧，也期待“改造世界”让人们生存得更美好。这当然是一种进步，科学理性的认知方式极大地帮助我们认识了世界的规律，使重大科学发现接二连三地出现，极大地改变了人类的生存方式。后来，这些科技理性的思想随着新文化运动来到了我国。但正如尹少淳提出的“螺旋上升”②的理论，事物的认识循环上升。现象学认为科学的源发之地是生活，科学必须为生活服务。科技理性的确是科学研究的基本思维方式，但这种方式并不是生活的认识方式，更不能替代人类完整的认知方式。换句话说，科学家以科技理性的思维去认识科学世界是天经地义的事情，但人们在生活中需要以完整的认识方式去生存。对生活而言，唯一的真理是让我们感受到生活更美好。科技理性带来的理性认知也为这个“真理”服务。而科技理性的认知本身没有直观性，它可以解析揭示，但不能带来美好的直接感受。而感受对于我们的生活是无比重要的。这问题就非常清楚了，人们需要理性的解析，但也需要感性的感受。在原初的生活世界中，人们的认知不仅局限于理性认知，因为感受性的认知无论怎样以文本去说明，都不能带来直观的认知效果。完整的认知只能通过体验，然后储藏在经验之中，这就是“个人知识”。对生活具有指导意义的不是客观知识，而是个人知识。现代的

---

① Yvonne Gaudelius &Peg Speirs editors. Contemporary Issues in Art Education, Up Saddle River[M]. New Jersey: Prentice Hall, 2002: 280.

② 尹少淳．美术教育：理想与现实中的徜徉[M]．北京：高等美术教育出版社，2005：5~17.

危机是生存意义感的失落的源泉，这需要我们用智慧去解决这个问题。笔者认为现时代的主要问题已经不是对科技理性缺乏尊重的态度的问题，恰好相反，而是对人们的感受缺乏尊重的态度的问题。缺乏对感受性的尊重是我们现时代的“愚昧”。笔者大胆预言：未来的这个世纪的主题是如何赢得这种感受性的尊重，就如同以前几个世纪里人们让科技理性获得尊重一样。所以，美术教育也一样，它必须迎合这个世纪的主题，迎合时代的精神。学生的美术学习，教师的美术教学，就不再是学习与教学活动的过程本身，而是必须要在过程中确立起意义感，这个意义感指的是个人对美术教育生活的意义感受。[①]学习与教学都必须成为学生与教师有意义的人生的组成部分。对学习过程的感受、对教学过程中的感受，我们必须给予充分的尊重与深入的研究。如果能够获得“教”与“学”的意义感，那也必定是一种有效率的教学。这种现象学的研究，在我国才刚刚开始，也许还不能算开始。笔者认为这就是现象学美术教育未来研究的主要方向，本书的真正意义也正在于此。

## 三、从人格到创造再到自由

人类文明的成果是人类创造力的证明。创造力有很多种：科学家从事科学研究与发现是一种创造，他们每一个重大的发现都极大地改变了人类的生存状况；艺术家从事艺术创作是另外一种创造，他们以丰富的想象力与情感打动人心。除此之外，创造力还有很多，但无论是哪一种，它们都有一个共同的特点：不拘一格的想象力，以及对灵感的敏锐捕捉力。

教育界高度关注对创造力的培养，并视创造力培养的情况为教育成败的关键性指标之一。美国艺术教育家艾夫兰认为创造“是一种不断产生原创性想法的过程”[②]。伊利诺伊州大学迈克尔·帕森斯（Michael Parsons）教授将创造力的生成比喻为一句英语俚语“outside of the box”，其box象征各种各样的规范（rules）。他以艺术家梵高和布洛克为例，指出创造力的生成

---

① 要获得美术教育的幸福感受，自然必须要解决美术教育的环境与物质条件的问题，研究环境与人之间的关系是现象学的切入点，以智慧协调各种规范以达到这种教育幸福的感受。

② Michael Parsons. Boxes and Carrals: Creativity and Art Education Revisited [A]. 南京：第二届世界华人美术教育大会，2010：55.

其中一个重要因素在于打破传统规范的束缚。这就意味着创造必须具有独特而健全的个性。美国美术教育家罗恩菲德一生的美术教育研究一直围绕着一个基本立意：如何使儿童获得健全的人格以及创造力。他在其代表作《创造与心智的成长》中系统地分析了人格与创造力的关系。他的研究非常细致而具体，他认为美术表现是获得自我体认的良好途径，而只有经过自我体认才能获得自信心与健全的心智。他认为由这种旺盛的、健康的人格的向外投射，自然会呈现出健康的创造力。他认为创造力是人的全面成长综合表现出来的结果。这里罗恩菲德影射了创造力不一定全是正面的力量。如果人们失去了健全的人格和友爱的价值观，创造力就可能会导致出现类似希特勒这样的文明怪物。

美国美术教育家汤姆·安德森（Tom Anderson）认为创造力不是一个自我修炼的结果，而是具有“社会本质”。他认为：“创造力发生在个人与社会文化语境的交互作用中，创造力是个体对社会结构延展或重组的反映。”① 迈克尔·帕森斯认为在形成创造力的过程中社会交往（social interaction）很重要：“创造力形成于持有不同观点、想法人群的交往过程之中。这项技能包括倾听他人意见、清晰地表达自身的想法、思想开放以随时转变想法、乐于推断及在不同观点人之间灵活地转换注意力。”②美国教育心理学家霍华德·加德纳（Howard Gardner，1943—）的多元智能理论（multipleintel-ligence theory）也认为创造力是一种综合的能力，其中有文化与环境的影响。这就是说，创造力的生成需要创造的氛围与环境。

在现象学视野下，创造力并不是什么神秘的事物，它是人在良好环境中成长的必然结果。美术教育的一个重要责任就是营造这种适合创造力成长的环境，以及从内在的角度培养出学生健全而自由的人格，这是创造的地基。很难想象人在一个压制个性与循规蹈矩的氛围中能获得什么创造力。所以，

① [美] 汤姆·安德森. 为生活而艺术 [M]. 马菁汝，刘楠，译. 长沙：湖南美术出版社，2009：68.

② Michael Parsons. Boxes and Carrals：Creativity and Art Education Revisited [A]. 南京：第二届世界华人美术教育大会，2010：55.

在美术教育中，首先，美术教师应该是一个具有创造性思维以及人性的亲和力的人，使学生们在学习、生活中获得潜在的创造教育。在对低年级的儿童美术教育中，更应该关注的是其人格的健全成长。教师绝不能成为一个人性规训的“刽子手”，相反，他应该在儿童成长的初期阶段，培植健康与自由的种子，让美术教育内化入人格，使儿童形成既健全又独立的人格。这可以说是普及教育的关键任务之所在。只有这种健康而具有自信心的人格，才能使孩子在未来的人生成长中爆发出创造力。其次，美术教育的整体环境也必须迎合创造力的培养。因为受传统思想的影响，我国基本上仍是一个人际的社会。在社会的生存中，人们注重谦逊与内敛，这固然能起到社会调和剂的作用，但这种人际氛围却缺乏包容性，不利于培养儿童创造品质的个性。所以，在美术教育中必须渗透文明社会所必备的多元包容内涵，这种包容的教育内涵必须贯彻到每一个阶段的美术教育之中。在美术表现、美术欣赏等整个美术教育活动中，应该处处体现出自由、平等、真诚与尊重，并让学生懂得如何展示自己的个性与欣赏别人的个性。无论是在美术表现中，还是在生活中都应该如此。再次，美术表现与审美体验本身就是一个最好的培养健全人格的舞台。我们一般都较能尊重在艺术中的个性自由，这就出现了一个培养健全个性的良好空间。在艺术表现之中，每个学生都可以挥洒自己的个性，展露自己的独特性。如果我们将艺术表现与个人经验以及成长环境结合起来，便能生发出人格教育的效果。这样，美术教育就成了人格教育的重要力量。

传统教育有些急于求成和拔苗助长，我们在儿童尚未形成稳定的健全人格的阶段里，就以考试和各种规范扼杀了儿童的创造潜能。等到进入大学展现教育成果的阶段里，我们的传统教育则往往显示出了后劲不足。所以，要想纠正这种错误的教育，就必须在人格教育上下苦功夫，在教育改革的初期阶段里尤其如此。美术教育可以担当着相当重要的角色。因为美术学科基本无关升学压力，应试教育对学生的“毒害”在美术教育中体现得不多，普及教育中的美术教育也基本与高考制度无关。那么，既然没有应试教育的困扰，美术教育完全可以展开人格教育，在普及教育中扮演起人格教育的角色。

在这种健全人格的基础上，我们应该在美术教育中启发与鼓励儿童进行创造。教师应该营造美术教育创造的氛围。创造是自己的独创，绝对不是抄袭。所以，我们应该在美术教育中渗透对个人创造的绝对尊重，只要是真诚的表现，我们就应该给予肯定。而对于抄袭与模仿他人的美术表现行为，我们不应该给予暗示中的肯定。①创造必须是由内而外的爆发。这种尊重自己经验的美术教育，也能不断巩固人格教育的成果。我们不暗示需要打破常规、求新立异，因为只有通过利用自己经验，经过独立思考的作品，才能超越常规。我们只在教育中暗示“做真实的你自己”。根据儿童的成长阶段，美术教育需要培养学生合作、交流、倾听和反思的习惯，让集体的智慧能够互相传递，让学生在保持自我的前提下学会分享别人的经验。

在美术创造之中，学生会体验到自由。艺术创造与创造人生都是一件极其快乐的事情。人的价值在创造之中会得到显现。健全人格、自信心、艺术表现、创造、自由与人生会结为一个完整的整体。这种自由与意义的品格也会渗透进孩子们的人格之中，成为其未来人生中生活品质的保障。艺术体验的意义与人生的意义混合在了一起，成就了艺术教育的意义，整个美术教育的历程会成为有意义的人生的组成部分。人生会成为创造者的人生，社会也会成为创造型的社会；人生会成为有意义感的人生，社会也会成为和谐而强盛的社会。那么，美术教育在普及教育阶段的任务就圆满地实现了。正如燕京大学的校训：因真理，得自由，以服务。

## 第四节 高师美术教育课程改革

### 一、高师美术教育课程的现状

高师美术教育是中小学美术师资培养的最主要的途径之一。因为培养对象的师范性，高师教育与国民教育以及基础教育课程改革的关系极为密切。基础教育课程改革对高师教育提出了强烈的课程改革要求。失去了高师美术

① 传统美术教育关注完成品的质量，这就在无形之中传递了创造的过程与真诚是次要的，而最终完成品是重要的信息。现象学美术教育认为我们不能鼓励这种压制创造的潜在教育。

教育课程改革的配套，基础美术教育课程改革的质量就会大打折扣。

目前的高师美术教育课程主要由通识教育课程、专业理论课程、专业课程、教师教育课程、实践课程五大模块组成。

通识教育课程占的比例最大，主要有：大学英语、政治、思想道德与法律法规、形势政策、军事理论与训练、大学语文、体育、计算机等。

专业理论课程主要有：艺术概论、中国美术史、外国美术史、中国民间美术、透视与解剖等。

专业课程主要有：素描（含几何形体、静物、石膏、人物头像、人物半身、人物全身、人体等分课程）、色彩（含静物与风景）、油画（含风景、着衣人物、人体）、中国画（含花鸟、山水、人物）、版画、雕塑、设计与工艺（含平面构成、色彩构成、立体构成、图案基础等）。

教师教育课程主要有：教育学、心理学、现代教育技术、美术教育学、三笔字。

实践课程主要有：美术微格教学、教育见习、教育实习、毕业论文等。

高师美术教育课程问题重重，非要深度改革，才能适应新时代提出的发展要求。主要问题如下：

第一，通识教育课程比例大、僵化、不允许做调整，课程知识结构存在严重的缺陷。计算机课程，一般要划分为好多个时段来学习，但教学的内容却很浅。现在是网络化、电脑化的时代，学生一般都会上机上网，基本的计算机操作与文本处理都已经掌握，占用大量的时间去教学这些实在毫无意义。而美术专业需要的Photoshop软件学习等计算机课程，计算机学院（系）老师一般又不会教，这造成了和美术教育专业严重的失调性。有的课程，学生兴趣低，还不允许改革教学方式方法，呈现出了极端僵化、与时代脱节的特征。而真正的人文通识知识课程完全没有，如中国文化精粹、外国文化精粹等，学生非常缺乏基础的人文知识，导致师范大学毕业生的人文素养如同文盲。为后面建立在人文基础之上的艺术与艺术教育课程的展开造成了困难。

第二，专业理论课程缺乏融会贯通，中外美术史分开教学，学生学完中国史，再学外国史，体系不能对接，造成学生不知道外国某艺术时期对应中国什么时期，更不能理解文明史的规律。

第三，专业课程基本全是写实艺术的教学，基本没有表现艺术、抽象艺术乃至现代光声电艺术的课程。可见，传统的美术专业课程还没有获得有效的改革，无法满足当代社会的生活需求。设计与工艺教学基本停留在理论阶段，缺乏项目设计的实践机会，以及工艺流程掌握的实践机会。缺乏手工制作课程，学生的动手能力普遍偏差。

第四，教师教育课程方面，很多学校没有开设美术学科教育学的课程，即便有，也缺乏现代美术教育理论的课程学习。儿童美术发展规律的课程更是非常缺乏，导致美术教学建立在教师感觉与经验的基础上，完全没有科学的方法论以及现代的教育论的指导。这种模式的教师教育课程完全不能适应新课改的要求。

第五，实践课程多年如一日，缺乏时效性与新意。因为前面通识课程、专业理论课程、专业课程和教师教育课程的缺陷性，实践课程完全失去了现代美术教育理论的指导。教学方法陈旧，在教育见习、实习的过程中，学生收获不大，基本上仍处于被陈旧的教育学捆绑的状态中。

总之，高师美术教育课程内容陈旧、方法过时，缺乏对理论与知识的更新。培养的学生大多人文素养低下，专业素质一般，不能引领地方中小学美术教育的发展。因此，需要进行深度的课程改革以适应新时代的发展。

## 二、高师美术教育课程改革

高师美术教育课程必须经由系统的改革，才能改变当前落后的高师美术教育的局面。改革应该以教育与艺术观念转变为龙头，以学校的特色教育为拓展，以科学为基础，以实践为导向，系统化、全方位地展开。在改革的过程中，充分挖掘现有的教育资源与师资优势，形成具有特色的、多元化的高师美术教育。

在通识教育课程方面，应该下放权力，学校自主，围绕学校办学特色与主旨思想，以学生需要、社会需要和时代需要为原则，灵活自主地解放课程。关于文明史、人文思想史的课程必须进入学生的通识教育课程。而大学英语、计算机乃至军训等课程应该由学院自决，研究是否开设。通识课程应进行多元化的教学方式改革，提高学生的学习兴趣，改革通识教育课程极端僵化、保守与落后的局面。

在专业理论课程方面，考察到学生人文基础极端薄弱的现状，以及通识教育课程改革艰难的情况，可以在专业理论课程上恶补人文修养之不足。可行的方案如：将中外美术史合并，并增加文明史的内容，组合成为艺术文明史。在教学中，要求中外美术史以文明史的线索为依据，将艺术史纳入文明史大的人文范畴中，同步阐述人文思想史，将艺术、文明、人文、思想等融会贯通。这样，可在一定程度上提高学生的人文素养。

在专业课程上，要根据学校现有人力资源情况，向社会需要、时代发展和教学需要倾斜。素描、色彩教学应该多以短期作业为主，强化速写与快速表现，减少长期作业，尤其是写实性长期作业的课程比重。在表现手法上，除写实表现外，要兼顾表现艺术与抽象艺术的教学，设法开设数码艺术、摄影艺术、动画艺术乃至现代科技艺术课程的教学。在设计与工艺教学中，采取工作室制，以项目教学与案例教学为主，强化动手能力与实践能力，打造学校特色专业，优势专业。

在教师教育课程方面，也必须深化改革。教育学与心理学课程必须与时俱进，引进现当代先进的教育理念与方法，革新以苏联理论为主的旧教育学。将旧教育学以教师教为主、讲授为主、知识为纲等方式转化为以学生学为主、体验式学习为主、活动为纲的美术教育模式。必须开设美术教育学、儿童美术与身心发展等课程，因为仅仅依靠教育学、心理学课程无法解决美术教育的许多问题。美术教育学必须单独成为体系，进行专门的教授。美术教学建立在儿童美术与身心发展科学的基础上。教学有的放矢，有根有据。革新教育观念，梳理人文的现代美术教育观，为培养现代人才服务。

在实践教学领域，教育见习与教育实习，采取体验—反思—实践—反思的模式，多次开展。从大学二年级开始乃至一年级就应该开设教育见习，让教学的实践性始终成为课程的导向性目标。在美术教育学、儿童美术与身心发展课程之后、教育实习之前，开设美术微格教学，预先演练与强化学生的教学新技能，连接美术教育理论课程与美术教育实践课程（图8-2）。

课程总模式如下：

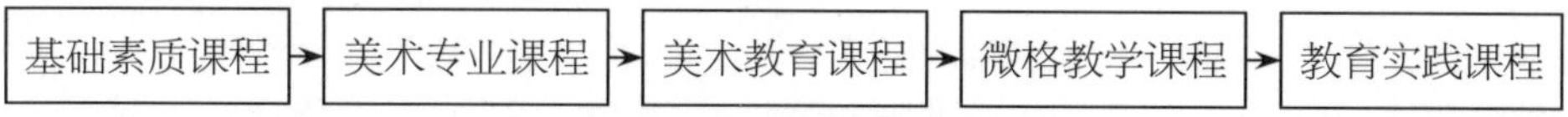


图8-2 高师美术教育课程模式示意图

在课程改革上，应该允许多元化、高校自主、根据社会与教育需要创造性开发高师美术教育课程。在教学方法上，不能完全按照中小学素质教育的方式进行。课程进行中可以留出时间给学生提问，增进师生互动。但教学中不能降低学术性，甚至应该提高学术性，以保证高等教育的特色，并应该体现出高度的灵活性。

新艺术课程的大力开展应该是课程改革的突破口之一。当今世界，科技日新月异，高速发展，艺术也呈现出了与传统艺术完全不同的、丰富多彩的形式。艺术不能再是过去那样过于单一的模式，而应该是各种观念、各种手段、各种方式的多元化。高等美术院校的美术教育必须呈现出各自不同的办学特色，以适应社会不同的艺术需要，以便在教育竞争之中各吐芬芳。以金属工艺擅长的学校，可大力拓展金属工艺的艺术；以材料制作擅长的学校，则应该将材料研究推向极致；善古典艺术的发展古典艺术；善现代艺术的弘扬现代艺术；善美容美发的创办美容美发的艺术专业；善家具制作的研究家具艺术；善古村落研究与保护的拓展古村古镇的建筑与民间美术研究。社会需要什么样的人才，我们就培养什么人才。各展特色，让艺术与生活更加紧密地联系，艺术教育才能获得更加充分的发展。

新艺术教育最缺乏的是师资。因为长期单一化的培养模式，艺术人才基本全部集中于纯艺术领域。我们非常缺乏行为艺术、观念艺术、会展艺术、装置艺术、波普艺术、高科技艺术、光雕艺术、声光电艺术、偶发艺术、节日庆典艺术等新艺术的专业教师。“我劝天公重抖擞，不拘一格降人才。”在新艺术人才高度匮乏的情况下，如果我们能打破高校用人制度的各种条条框框，让高校更加自主一些，新艺术人才荒的局面也许可以得到一定的缓解，艺术教育也可以获得真正的繁荣。

## 三、高师美术教育学分制课程改革

高师美术教育除了课程设置的问题外，还存在其他的课程问题。其中课程制度建设显得比较急迫，课程改革必须配套学分制改革同步进行。就目前而言，相当比例学生的学习积极性无法调动，学习态度不端正，不思进取，缺乏竞争意识，处于非常消极的状况，基本是为了毕业证而学习。而学校的教育质量把关不严，严进宽出的情况没有改变，学术不端广泛存在，学生在大学的学习中收获有限。为了破解这种教育的困局，学分制课程改革势在必行。

学分制课程可以划分为基础课程、中级课程与高级课程三大模块。

基础课程：包括素描、色彩、版画、平面和三维设计、雕塑、陶瓷、摄影、基础电脑设计、艺术概论等。政治课程如果国情需要而必须开设的话，也可以成为基础必修的课程，基础课程在一年级开设。

中级课程与高级课程：以选修为主，必修为辅。关键性的、必不可少的课程为必修课，其他为选修课，要求有较大的选择余地。学生根据自己的专业意识与发展意愿，所选课程可以集中到自己感兴趣或者认为需要的课程范围之内。选修课，要体现灵活性与选择性。每个学期可以多时间、多教师开设同一门课程。学生可以根据自己的时间和对教师的了解情况来选课。如果发现教师讲授的课程不符合自己的需要，可在开课两三周内换课或退课。学生进学校后，或者在具体的时间，各自选择自己的课程。偏爱绘画的学生，可一学期选两三门绘画课。

课程安排必须留出较大的余地，不能在一年级将基础课全部排满，要为学生选修留出一定的时间。从一进校开始，就要求学生选择选修课，选修课与必修课同步进行。以绘画为例，根据学生选修的状况，应该允许学生在一年左右的时间里学完中级课程。在第二年就可以进入三、四年级的高级课程的学习。

课程按年级分布，学生不按年级分布。几年级的学生仅说明该学生进校了几年，不代表他学完了几年级的课程。可以将课程称为几年级课程，如油画为二年级课程、美术教育学为三年级课程，但这不意味学生是二年级或三年级。低年级学生可以学习高年级的课程。同样，高年级的学生也可以学习低年级的课程。几个年级的学生可以同时经由选修学习同一门课程。弱化班级和年级概念，强化课程等级概念。课程的等级象征其学习程度，也就是学生进入这门高级课程之前，必须修过规定门数的中级课程。学生所处的年级取决于已修学分的多少。

在理论必修课程方面，除了艺术史、美术教育学、儿童美术与身心发展、艺术评论、教育学、心理学、思想史等之外，美术教育学生还必须完成至少一门自然科学课程，如数学、物理、化学、地理等，加强学科的穿插性。应该鼓励学生积极参加社会活动，义务工作可以给予选修课学分。

在专业课程方面，应讲究多元化与时效性。以油画为例，不宜采取那种从静物、肖像到人体的苏联的路径，应该采取多元化与时效性的教学。多元化，体现为教师根据自己对艺术的理解，可以教授用沙子、木屑、布条这类材料制作的“肌理油画”，也可以教授蛋彩画技法，当然也可以教授传统油画的写实性画法。学生可以根据教师的要求去学习各种风格的油画，主题内容（人物、静物、风景）和形式（写实的、表现的、抽象的）应由学生的兴趣决定，教师不必过多限制。美术教学应该鼓励学生的自我表现。时效性即讲求教学的教育，油画等教学应偏重短期作业练习，模特教学不宜留有超过20个小时的作业。素描教学作业应该时间更短，应以速写为主。

学生毕业前必须学完必修课程，以及拿到足够的选修课程学分。但如果学生没有修满其专业所规定课程中的某一课程，要想拿文凭，还得回过头去修该课程。只要学生修满学校所规定的专业课学分，便可以获得该专业的文凭。而且应该允许学生同时获得几门专业的学位，如美术学和绘画。当然多选学分也意味着要多交学费和多花时间，但必须保证学生选择课程具有极大的灵活性。应该允许学生两年修满四年的学分，提前拿到学位。当然，也应该允许学生用六年的时间去完成四年的课程，中间做自己人生中规划好的事业或事情。

学生学习课业的成绩鉴定交给任课教师完成。教师有权以学问标准鉴定学生的成绩。如果发现教师给学生“放水”，人为降低学业标准，或者学生贿赂教师，要求获得相应成绩，都会被视为违法行为，严重的要追究法律责任。如果这样改革的话，以往那种学术不端、作弊风行以及形式考试等现象会得到相应改善。

应该提高画室与教室的使用效率，包括画室在内应该由多课程、多年级使用，保持教室的使用率。并且一些教育资源应该向社会开放。如一些画室以及图书室，形成全社会的教育资源共享。

学分制改革，可以一定程度上改变目前高师美术教育课程僵化、学生学习与教师教学效率低下的问题。在学分制改革之下，学生与教师都会展开竞争，从而有效地提高教学效果。学生的学习成为主动的、自己的事情。学习回归到了学习本身，教育回归到了教育本身。以往那种逼着学生去学习，学生还不愿意学的情况会得到改观。教务部门、学生会早晨在教学楼门口的清点学生考勤的行为也成了多余，节省了人力资源。

总之，如果我们抱着解放思想、实事求是的态度，将教育事业的发展视为头等大事，那么，学分制改革就并不困难。我们应该打破目前教学中的条条框框，以学生的发展、社会的需要为指标，以“事物本身”为依据，大胆改革，破除官僚主义与形式主义的积弊。这样，我们的教育事业发展就会大有希望。

玖 [ 第九章 ]

# 291 潜在教育

潜在教育，又称隐性教育，指有目的教育内容影响外的教育。潜在教育是潜意识的教育、氛围的教育、情境施加的教育、生活的教育，它的发生是无意识的、潜移默化的，是塑造人格与品性最主要的方式，具有深刻的教育意义。与显性教育比较，我们一般更重视显性教育的作用，而忽视潜在教育的作用。从现象学观点看来，只有将两种教育结合起来，才能产生完整的教学意义。

## 第一节 潜在教育的原理

### 一、潜意识与人格

#### （一）潜意识

潜意识，心理学术语，是指人类心理活动中，不能认知或没有认知到的部分，是人们“已经发生但并未达到意识状态的心理活动过程”。

图10-1 弗洛伊德

奥地利著名的心理分析学家西格蒙德·弗洛伊德（Sigmund Freud，1856—1939）（图10-1）发现了人类的潜意识。这一重大的发现，可以说改变了现代教育学的轨迹。弗洛伊德认为人类可以意识到的“意识”是人类意识中的很小的一部分，而大部分的意识是意识不到的潜意识，作为“深层的记忆”储存在大脑之中，而潜意识被唤醒之前称作前意识。他在《梦的解析》中提出人的心理包括意识和无意识现象，无意识现象又可以划分为前意识和潜意识。弗洛伊德的这个划分的比喻还是很容易理解的。比如，我们遇到了一个过去的熟人，突然一下子想不起他的名字，有时忽然之间，又会想起来。这个人的名字，因为暂时不需要，被沉入了潜意识之中；因为情境的再次触发，经过思索与感悟的前意识的阶段，潜意识被唤醒，再次浮出水面，成了可以意识到的意识，名字便被“想起来”了。潜意识受到一些意识力量的压制，平常处于“休眠”的状态，但在那些意识控制力松懈的时候，如做梦、醉酒、催眠等情况下，潜意

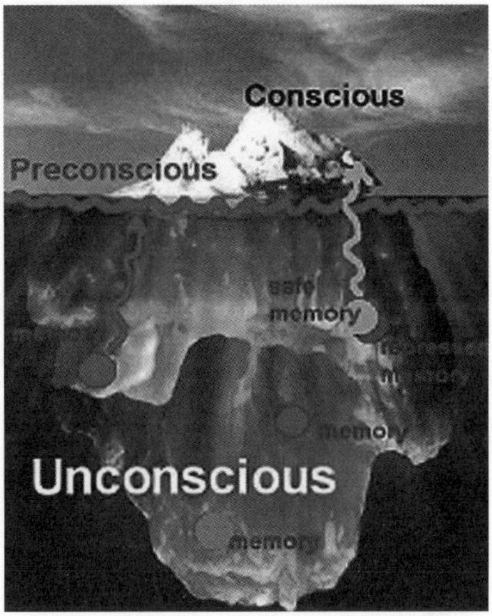

图10-2 弗洛伊德精神分析意识结构

识又常常会“浮出水面”进入我们的意识。很多时候，我们的美术创意正是唤醒潜意识的思维活动，灵感降临正是潜意识的唤醒。生活的体验留下了印记，但我们回忆不起来这种具体的意识，只有一种感受性的意向。为了获取与感受吻合的影像，不断“潜水”进入潜意识领域，冥想、“神游”、梦境都是我们寻找潜意识创意的方式。（图10–2）

意识、前意识和潜意识的关系是：前意识是指能够进入意识中的经验，潜意识则是指不能进入或很难进入意识中的经验，它包括原始的本能冲动和欲望。前意识位于意识和潜意识之间，扮演着“稽查者”的角色，严防潜意识中的本能欲望闯入意识中；潜意识则始终在积极活动着，当“稽查者”放松警惕时，就通过伪装伺机进入意识中。而且弗洛伊德认为，潜意识的心理虽然不为人们所觉察，但却支配着人的一生。

弗洛伊德认为潜意识主要是本我的作用，本我的“语言”是生存所需的基本欲望、冲动和生命力。笔者认为弗洛伊德关于潜意识的概括并不完整。本我仅仅解释了生命个体内在驱动的潜意识。按照现象学的观点，人在与世界的交往中存在，那么，除了内在的驱动外，还有来自外界摄入的信息。这些信息并不全部进入意识，相当多的部分被过滤，进入了潜意识。原初的感知很丰富，进入意识的感受是选择后、压缩后的信息，还有相当多的信息被临时性储存，经由遗忘的“删除”，但一定数量的信息没有被彻底删除，转化为了潜意识。潜意识是“遗忘”的信息，这些信息，在特定的情境下可以被唤醒。显然，这些信息的量比弗洛伊德的本我“语言”要多得多。这些外界摄入并最终形成的潜意识信息和内在驱动本我信息，一起构成了潜意识。

这些不能意识的“意识”，潜移默化地影响着我们的生活，这就是潜在的教育。潜意识能够产生意义。儿童在家庭中成长，家庭和儿童发生“交往”产生信息，因为进入脑海的氛围信息没有指向性，大部分会进入潜意识，虽然意识不到，但它却在儿童的人格中留下了影响。儿童会潜在地认为生活应该就是“这个样子”。家长的正面积极的生活会形成正面积极的潜在教育，消极颓废的生活也会产生消极颓废的教育，急躁粗暴产生急躁粗暴的教育，优雅文明产生优雅文明的教育。风度、修养、语言、习惯、品性等很大程度是在这种潜在教育中形成的。潜在教育在无形之中发生，更能影响人的生活。这被很多家长和教师所忽视。

感受性是记录了我们身体“感受”的信息。感受性越强的信息，越容易成为意识，反之，感受性越弱，越没有关联性的信息，越容易成为潜意识。

感受不是语言，不能全用语言说明。事实上，我们所有的知觉器官的感受，几乎都是不能用语言说明的。例如，用语言去形容一种没吃过的食物，无论怎样描绘，也不可能准确地传达此食物带来的感觉；再比如你看过的一幅油画作品，无论怎样以语言形容该作品的形状与感受，都难以表达亲眼目睹的感受。眼睛、耳朵、皮肤、舌头等本来就是不同的器官，眼睛无论如何不能代替耳朵，同样的，语言也不能代替知觉器官的感受。我们以为语言能够传达我们的感受，是因为我们都有近似的感受经验，我们用符号复活了已有的经验，才获得了近似的感受。这个问题有三个意义。第一，它解释了“意象美术”的秘密。所谓的“意象美术”，其实就是揉进了我们的身体感受的影像。因为感觉是不能言的，所以意象也是不能言的。但感受是可以感觉的，所以意象也是可以感受的。第二，客观上说它证明了我们的意识世界是程度不同的意象世界，感受越深的记忆，越容易被唤醒，记忆也越清楚。我们的艺术教育应该多用感受性语言，而不是文字性语言。提高艺术教学的效益，要从感受性着手，情境的意义应该获得尊重。第三，它也说明了体验的意义。只有置身其中去体验这个大千世界，以各种知觉器官去感受这个世界，你才能懂得它的意义。这凸显了体验式艺术教学的意义。

**（二）人格**

人格（personality），又称为“个性”，是指一个人的思想、情感及行为的特有统合模式，这个模式包括了个体独具的、有别于他人的、稳定而统一的各种特质或特点的总和。

人格是一种财富。苏格拉底有句名言：“人有了人格的尊严，必不甘堕落为禽兽，而品德也必自然提高。”蔡元培先生在1902年《师范学会章程》中指出：“教育的宗旨在于‘使被教育者传布普通之知识，陶铸文明之人格’。”[①]1915年，他在提交巴拿马万国教育会议的论文《1900年以来教育之进步》中进一步阐明：“教育者，养成人格之事业也。”他认为教育是国家富强之根基，而国家教育之目的在于“养成健全人格，提倡共和精神”。[②]所谓“健全人格”，概括来说，就是指人的生理、心理、环境等各要素完美地协调与统一。在人格健全的情况下，人的知识与能力才能得以充分的发挥。更重要的是，人格健全有助于有意义的人生与人性化社会的建构。人格教育指的就是健全人格的教育，美术教育肩负着健全人格教育的重任。美术可以调和人类的情感，发展感知的活力，恢复思维的整体性，唤醒视觉世界的含义，在自我表现之中启发创造力，养成自由而兼具品格的个性，挖掘人性的潜能，体悟人生的意义。美国艺术教育家罗恩菲德在《创造与心智的成长》中指出：“艺术能和谐地统整成长过程中的一切，造就出身心健全的人。”他认为儿童内在的均衡和其他科学成就同等重要，艺术必须成为儿童的朋友，成为生活的一部分。他认为教育必须使我们领略到生活的意义，如果教育使人们认识到精神上的和谐是人生最重要的，我们就可以过着合群的生活，很安详地生活着。[③]

弗洛伊德在潜意识理论的基础上，进一步提出了人格结构学说。他认为人格由本我、自我、超我三个部分构成。人格好比一栋房子，本我就像房子

---

① 蔡元培．蔡元培全集（第二卷）[M]．杭州：浙江教育出版社，1997：64.

② 蔡元培．蔡元培全集（第二卷）[M]．杭州：浙江教育出版社，1997：371~376.

③ [美] 罗恩菲德．创造与心智的成长[M]．王德育，译．长沙：湖南美术出版社，1993：1~11.

黑暗的地下室。它是原我，指原始的自己，包含生存所需的基本欲望、冲动和生命力。本我是一切心理能量之源，按“快乐原则”行事，它不理会社会道德、外在的行为规范，它唯一的要求是获得快乐，避免痛苦。本我的目标乃是求得个体的舒适，生存及繁殖。它是无意识的，不被个体所觉察。本我的运作是自发的，是一种生命的本能反应。感谢本我，如果我们没有本我的这种自发的保护机制，我们会不知道疲劳，不知道饥渴，在那种情形下，生命就无法存在，我们就会很快死去。自我，像房子的中间部分。其德文原意是“自己”，是自己可意识到的感觉、执行思考、记忆或判断的部分。“自我”是一个调控器，它的机能是寻求“本我”的满足，而同时采纳“超我”的意见。它遵循的是“现实原则”，保护整个生命体不受伤害，为本我服务。自我是我们呈现在社会上的面目。超我，像房子的屋顶。它是人格结构

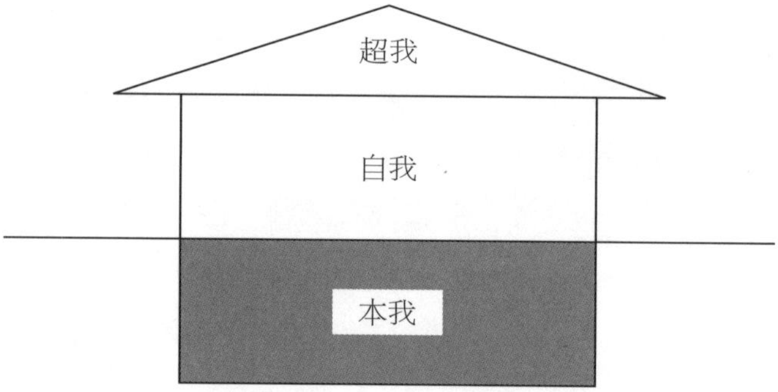


图10-3　弗洛伊德的人格结构

中代表理想的部分，是个体在成长中通过内化规范、道德、文化环境及社会的价值观念而形成的，其机能主要是批判、监督及管束自己的行为。超我遵循的是“道德原则”，其特点是追求完美，它和本我一样是非现实的。超我大部分也是无意识的，超我要求自我按社会可接受的方式去满足本我。（图10-3）

本我、自我和超我构成了完整的人。可是，它们之间不是静止的，而是不断交互作用的。自我既要尽可能满足来自本我的冲动，也要在超我的监督

下，按照现实可能的情况行事。一个心理健康的人，这三个结构的作用是均衡与协调的。但这种均衡经常会被打破，因为上下两个“我”的方向是不一致的：本我按生存本能行事，超我要求按社会道德标准行事，自我夹在中间，很多时候很“痛苦”。有时候对下不能满足本我的基本需求，对上也不能符合道德的规范，失去了心理的平衡，时间久了就可能成为“精神病”。而那些为了满足本我需求，不择手段突破道德“屋顶”的人，则可能发展为罪犯。从这个理论，我们可以看到社会大众的心理健康问题是普遍的，只是程度不同而已。社会需要普遍的人文关怀。总的说来，弗洛伊德人格理论符合现象学人与社会相互作用的主体间性观点。笔者认为可以在美术教育领域中广泛地应用这个理论。

笔者需要提醒的是“本我”与“超我”的划分实际上是一种比喻，并不是一种真的存在。事实上，自我就只有一个，所以，“本我”指的是本能。其实，在我有限的知识领域里，这个言论是否过于一家之言了。如果采用“本我”这个词汇，很多人可能会错误地认识“本我”才是真实的我，其实这种观点是不对的。存在的“我”才是真正真实的我。本我、自我和超我的三重建构事实上是一种精神分裂患者的表象，是不存在的。谁也不能拿出那几个“我”出来看，因其是虚拟建构与主观切割的产物。事实上，“我”只有一个，“我”是一个完整的我。意识本身就是意识与潜意识的完整体，二者是不可分割的。正如现象学的观念，“人是一种完整的存在”。人的存在是一种自然人存在与社会人存在的同构，自然人需要生命保护与生命延续，存在自我保护机制，这就是弗洛伊德所说的本我。同时，人的存在也是社会人的存在，如果不能以社会准则的方式生活，就会被社会惩罚或者抛弃。这种存在就是弗洛伊德所说的超我。实际上，人是群体性的动物，人的本能里就含有群体性需要。一个孩子天生就喜欢和人待在一起，天生就喜欢和孩子们一起做游戏。人的存在是一个群体性的存在。这种群体是人的自然属性，它是可经验的，一般也是可控制的。最要紧的是，自然存在与社会存在，按照现象学的理解，是一种完整的存在，是同构的，而不是对分的。

## 二、人格教育

### （一）人格与美术教育

在人性化的社会里，相互之间以欣赏的角度对待彼此的个性，无论是嚣张的，还是谦虚的；无论是热情的，还是谨慎的，可以各自地去生活，又可以组合在一起，形成一个彼此尊重的整体，但一旦进入所谓的“人际社会”中，情况就大不一样了。在利益关系的驱使下，人们虚情假意、虚与委蛇，个性则受到潜在的压抑，人际关系无意之间浮现出了某些“恐怖”的潜意识。这是一种自我保护的本能，因为每个人都害怕受到无法预防的伤害。以利益关系为主导的专制社会是压抑人性的根源，它让人失去了与自然的对话与交谈。本能的群体性的交流需要扭曲成为异化的步步谨慎、战战兢兢的物质关系，剥夺了人与人之间关系的血与肉。

人格失衡形成的压力是巨大的。这里有一个令人震惊的图片，可以称之为一件集体的“行为艺术”。如图10-4所示，2010年中考在考完最后一门课后，某中学的学生欢呼着、跳跃着、拥抱着，把课本撕得粉碎，丢向空中，丢出教室。没有丢出去的，就用脚拼命地踩，少数同学还纵火烧掉课本与笔记本。整个学校一片狼藉，同学们有的笑着，有的哭着。笔者无意评价此事的是非，仅以“艺术”的角度稍做点评。显然，一方面，同学们明白考试与学习都是必需的，这就好比超我的大屋顶对自我做出了要求。但另一方面，本我又代表生命在发出呐喊：我们不能再忍受这种强迫的教育了。自我夹在本我与超我之间挣扎，饱受痛苦的折磨。一旦考完试，强压顿然消失，本我长期受到的压迫，便骤然爆发，场面宏大，令人唏嘘。这就仿佛是冲破了长久笼罩着的黑暗后迎接光

图10-4　某中学中考后的情境

明到来的欢歌，每一个人都为自由的到来而共鸣。那种轻松感、喜悦感、解放感是如此强烈，个人汇聚成集体，以一种庆典的方式，发出对生命的礼赞，同时发出对强加的无情的教育的控诉。孩子们拥有共同的感受，采取共同的行为，因为共同的处境，而获得共同的精神升华。你能说这不是一件集体的艺术吗？如果这些纷飞的书页可以治疗孩子们的苦痛记忆，如果孩子们能够把仇恨全部“移情”到撕掉的书本上，如果能因此让孩子们再次走向追求真理的征程，我认为这件艺术“玩”得相当值得，也很有意义。

作为一名美术教育研究者，对上面的“行为艺术”唯一感到庆幸的是：孩子们撕掉的不是美术课本。事实上，美术课在学校的课程体系中长期被作为心灵的港湾。在与其他科目的重重重压的对比之下，美术课因为没有压力与必须完成的任务，而成为心灵的慰藉之地，灵魂的寺院。这在凸显了我们的教育的非人化的问题的同时，也说明了艺术疗伤的意义。其实，这也是健全人格意义之所在。

下面是罗恩菲德关于以美术的方式实施人格教育的一个案例，案例的讲述的是一对兄妹的故事：

女孩非常富有天赋，而男孩则十分平凡。这女孩非常的聪明而受人喜爱，可是这男孩被忽略了。这女孩画得很好，而男孩却因不能像他妹妹一样画得很好，就开始模仿他妹妹绘画里的表现方式，他希望以他妹妹的方法来吸引父母亲的注意。这男孩受这种表现方式的束缚愈来愈大，就像是用他不了解的语言去说话，当他妹妹快乐地创造新造型和新思想时，他一味抄袭所带来的焦虑，使他过着没有自我的生活。当他回家时会投身床铺而哭泣，他的母亲并没有发现原因，这小孩变得愈来愈沉默寡言。这时他的母亲带他来找我，经过我的帮忙，这男孩恢复了以前的表现方式，再度发现了他自己的表现方法，而这方法受到我的称赞；自从建立了创作的自信后，这男孩变得快乐了，不再有遭受干扰的现象，行为有了很大的改变。①

① [美] 罗恩菲德．创造与心智的成长[M]．王德育，译．长沙：湖南美术出版社，1993：14.

从这个案例中，我们可以看到，这个男孩在其补偿其自卑感的努力中，愈来愈僵滞在一种不属于他自己经验的表现方式里，而这种表现的偏执终致使这孩子整个心智的发展停顿，人格扭曲。这个案例具有很好的警示作用：在美术教学之中，我们绝不能轻易表示出对某一学生创作的作品的喜欢，也绝对不能表现出对另一个学生作品的不喜欢；绝对不要拿一位学生的作品作为其他学生的楷模；绝对不要让学生陷入抄袭之中。我们应该在教学中传递这样一个信念：每一位学生，经由自己经验的就是好的，以自己的方式表现的就是好的；每一位学生都可以经过自己的经验，在自己的艺术表现体验之中，获得自我确认与自信心，这种协调的发展会引发创造力与人格的成长。这个案例充分地证明了美术教育可以成为人格教育的有力途径。

**（二）自我经验与自我实现**

美术的学习需要长期的静态的体验，这非常有助于人对自我以及环境关系的体察。在画室，面对静物、石膏像，默默地绘写，实质是情感与视知觉的不断交互的过程。这是个自我体察的过程，学习者获得了大量的自己的经验。有过绘画学习经历的人都知道，这个自我探索的过程是谁也不能取代学习者去完成的，这个体验的过程弥足珍贵。心与物、美与形、情与感在自我之中获得统一。

学习美术的过程，就是个美感与品味潜移默化的过程，也是个性养成的过程。很多学过美术的人都有过这样的体会：在美术的学习中，学习者能找到一种自己的生存方式，获得一种自己方式的“道”，并以这种方式为依托，以平衡社会的外界关系，确立自己的格调与意义。其实，从弗洛伊德心理学的角度解释，这就是寻求完美的自我。在生命、生活、情感、专业、个人格调、社会角色能高度统一于一件事物的时候，人能产生一种接近自我实现的感觉，那是一种非常美妙的感觉。按照马斯洛需求层次理论的说法，自我实现是创造得到最佳发挥的标志。

我国传统的美术教育虽然也重视审美陶养带来的人格教育意义，但我们一边尊重审美体验，另一边又忽视自己的经验、自我体认、自我表现以及创造等，导致了个性无法获得很好的成长。自己的经验的取得对于自我体认而言相当重要，这是自我实现的第一步。中国的美术教师一般懂得自信心的重要性，却往往忽略了自我体认过程中自己的经验和自信心取得的关系，很多的细节被我们忽略了。

可以说当下我们的美术教育并不是尊重自我经验的教育。实际上，我们非常鼓励“抄袭”，还以“抄袭得好”作为表扬的依据。一名学生如果展现了较成熟的表现手法（这种手法往往不属于他们自己的）的时候，一般会受到美术教师的表扬。这里，我们犯了几个教育学的错误：首先，我们忽略了自己经验和自己表现的意义；其次，我们不应该以成人的审美与艺术标准干涉儿童；再次，我们不应该以表扬的方式，暗示我们与儿童不同的艺术立场，干扰儿童的认知。

在美术教育中，教师究竟是否应该“示范”以及出示“范画”，这在教育学中仍有争议。但我们至少应该懂得模仿与表现之间的关系。在美术教育之中，存在着一个可以说是自古以来的困惑：“师古人”与“师造化”的关系。所谓“师古人”，其实指的就是临摹。从现象学的角度分析，首先“师古人”和“泥古”完全是两种境界；其次，师古人应该将作品带入古人作画的情境之中做还原的体验考察，在体验中与古人以及情境对话，而绝不是拘泥于古人已成的笔法与形式。古希腊就有艺术的模仿说，但艺术的模仿是与自然的交互，而不是无感情的纯粹复制。我们知道模仿的确是学习的一种重要方式。以学习语言为例，最初是经由模仿而学到的，因此模仿的重要性是不可低估的。但有一个问题值得注意，语言的最初模仿是为了使用，而且事实上，也是在不断的自我运用中驾驭熟练起来的。如果我们仅停留在模仿阶段，那么就像鹦鹉学舌一样，成了重复的语言，不了解所说的意义，也没有任何表示任何东西的意向。所以，模仿的目的是为了自我表现，而且模仿和表现是作为整体去学习的。如果我们割裂模仿和表现的关系，那就使美术学习变为鹦鹉学舌。

其实，这个问题也透露出我们的师生普遍缺乏创造精神。长期的“范本教育”“摹本教育”显然是有害的，让我们的学生和教师产生了依赖心理，丧失了创造品性，以至于很多教师怀疑学生是否具有主动的创造能力，认为一旦脱离了教师的帮助、临摹范本等，学生就会无所适从。罗恩菲德关注成长，而我们的教师普遍只关注美术作品。这种只有作品而“目中无人”的教育，显然是舍本逐末的做法，扭曲了美术教育的意义。在任何时候，我们都应该记住，模仿都只能作为途径，表现与创造才是目的，而其中体验获得的自己经验在两种方式之中都是重要的。

在范本教育的困扰之外，家长们还有一个很固执的普遍观念：美术作品应该“像”。这个问题与前面模仿的问题有关。因为大量的具象美术范本，让我们形成了这个牢固的美术印象。很多人以为美术尤其是绘画就是要画得像，画得不像的显然就是画得不好，完全忽视了美术与经验以及人格之间的关系。在前文的艺术现象的体验中，笔者已经讨论了美术作品具象与抽象的关系。但因为“美术必须具象”的观念实在是过于牢固，所以笔者感到有必要具体深入地讨论。这里有一个叫《“像不像”与“好不好”》的生动案例：

那年，我到美国宾州约克学院教书，妻子独自带着儿子在国内。她送儿子去学国画。一天，我收到一封厚厚的家信。拆开一看，有一张约两尺见方的宣纸国画，画的是竹子：疏疏落落的竹叶，斜斜歪歪的竹竿，布局协调，淡淡有致，且远近成趣。我大吃一惊——这幅画竟然出自我那3岁儿子的手！这时，教育系主任布莱恩博士正好走过我办公室。他眯着眼睛，歪着脑袋审视了好一会儿。他眨了眨那双蓝蓝的眼睛，点点头沉吟道：“不错！不错!”但他完全不相信是3岁儿童的画，反而以为我是在开玩笑。妻子刚来美国后通过“走后门”把5岁的儿子送到了迈阿密大学美术学院办的绘画班学习。谁也想不到，儿子才去了不到5次就开始叫唤：“老师根本不教绘画！就让我们自己画，想怎么画就怎么画，老师一点也不管，画完了老师就知道说‘good！ good！’好什么好？旁边那些美国小孩的画，根本就是一塌糊涂！”一天，我去观摩了一下。天哪，孩子们有站着画的，有跪着画的，也有趴着画的，说“八仙过海”一点也不为过。“八仙”们的笔下所绘：不成比例、不讲布局、不管结构、无方圆没规矩，甚至连基本笔法都没有。我同意儿子不再上这种“误人子弟”的绘画班。老师哪里是在教绘画，简直就是在放羊！每次儿子画完画都要问：“像不像”？我发现，美国孩子在画完后，是从来不问“像不像”的，只问：“好不好”。①

这个案例以人类学文化比较的方式唤起了我们对美术教育的沉思。我们可以研究一下究竟什么叫“像不像”。当一个3岁儿童画竹子的时候，对现实生活中竹子的概念清不清楚呢？回答是否定的，因为儿童没有这个体验。因此，他们问的“像不像”，是受到了教育的结果。教师或者家长“教”了他们“画应该像”，更重要的是，所谓的“像”是指像老师黑板上挂着的那幅范画——一种刻板的程式。那么，这种“像不像”的美术教育就是在不断地强化某一些标准，训练某一些固定的模式，以让孩子们懂得什么叫“像”与“不像”。这些“像”与“不像”基本与儿童的生活世界的体验无关。这种训练培养的是一种比照式的线性思维，除了使儿童获得了所谓的“美术技法”以外，其他与人格相关的成长则非常有限。文化比较之中，美国孩子学绘画时，老师往往不设样板与模式，让孩子从现实生活到内心想象的过程中自由构图，使绘画成了来自生活经验的自我表现。他们关注的是自我表现与自我体认。因此才有了迈阿密大学绘画班那群孩子们五花八门的作品，也因此有了美国孩子们画完画后，只问“好不好”，其实他们问的是“创造”得如何。而我们的孩子画完后问的“像不像”，其实是在问“复印”得如何，这种现象学还原式的分析真的是让人大吃一惊。

教育就是为了挖掘人的潜力与培养人的个性。我们应该善于发现每一个孩子身上的独特之处，充分地挖掘孩子某一方面的潜力，使他们凭借自己的能力成就美好的未来。良好的教育在强调全面发展的同时，不能忽略孩子的差异性。“教师要善于观察和聆听，在教育情境中体会每一个孩子的独特之处，帮助他们加强和保持这种独特性，以便在未来的职业选择上有其独特的优势。一个没有任何个性的群体也就是‘常人’的群体，而‘常人’就是

① 周正华. 影响教师的101个经典教育案例[M]. 南京：北方妇女儿童出版社，2007：96~98.

'无人'。平庸就是没有特色。这是我们教育的大忌。”[①]

追求真理的美术教育就是教人尊重自己的经验，在自由表达中找寻自我、完善自我。经验是属于自己的，它是亲切的，是没有不适应性和紧张感的。在自己的经验的养成中，创造性与人格会获得同步的成长。“艺术追求的不是新奇，而是以其种种努力设法使艺术回到作为活力与知性复兴之源的最本源之根中去。”[②]这个本源正是我们自己的经验。以自己的经验为基础，我们就很容易获得自由而富有弹性的自我表达。而一个长期能够自由表达的人，便能够毫无困难地面对新情境，很容易地适应它。而受到限制与压抑的人正好相反，他会从大千世界的体验中退缩回自己狭小的世界，不能独立地思考，也不能独立地表达他所思考的事情。对于新情境，他不但不能迅速地适应，反而要依赖别人的帮助。人生的进步与成功的快乐都是基于适应新情境的能力。英国艺术教育家里德在《通过艺术的教育》中写道：“人类的不幸，穷极根源，实系由于个人的自发创造力受到限制。这种现象是现行教育制度的缺失所产生的后果。……教育唯有运用艺术，才能解脱人类心灵所受的压制，才能达到民主社会的教育目标——自我实现，完成团体的职分，才能真正地为人类的未来带来幸福的机运。”[③]所谓“自我实现”就是人发挥出了自己的潜力，表现出了自己的才能，实现了自我设下的人生目标，在这个目标的实现中获得了满足与价值。罗恩菲德指出：“艺术教育对我们教育系统和社会的主要贡献，在于强调个人和自我创造的潜能，尤其在于艺术能和谐地统整成长过程中的一切，造就出身心健全的人。”[④]自我实现的种子就埋藏在这种尊重自己的经验，关注健全人格与崇尚创造的人生之中。

总的来说，根据现象学原理，切断或者扭曲人与世界的交互体验，人的认知就成了碎片，从而异化人格。失去了这些自我的自由教育，这可能就是我们的教育创造缺失的原因，令人深省。

---

① 蒋开君．范梅南现象学教育学思想研究[D]．北京：首都师范大学，2010：122.

② [美] 福柯，哈贝马斯，布尔迪厄，等．激进的美学锋芒[M]．周宪，译．北京：中国人民大学出版社，2010：114.

③ [英] 赫伯·里德．通过艺术的教育[M]．吕廷和，译．长沙：湖南美术出版社，1993：4.

④ [美] 罗恩菲德．创造与心智的成长[M]．王德育，译．长沙：湖南美术出版社，1993：10.

### （三） 美术表现与自我确认

健康的人格就是自我与外界世界的和谐。它有两个基本的特征：一个是平衡；另一个是独立。人格，英文为personality，源自拉丁文的persona，即“面具”，暗示了“人格”的自我与外界的交互性。现象学认为人与世界是主体间性，即人类的世界，是人与世界互动共存的关系。在人类的世界里，无论是失去了世界还是失去了人，人的世界都不复存在。但在现实的情况中，人与外界正常的交互关系常常发生“阻塞”，人也因此失去了心理的平衡。

心理学家们认为影响人格形成和发展的因素主要有：生物遗传因素、社会文化因素、家庭环境因素、早期童年经验、自然物理因素和学校教育因素。自我体认是人格教育的关键所在，也就是说个人价值与社会价值需要获得共鸣。其中处理个性与群性的关系成了问题的焦点。基于此，胡适先生提出了“健全的个性主义”。胡适在《非个人主义的新生活》中叙述杜威在天津青年会演讲《真假个人主义》中认为个人主义有两种：“一种是假的个人主义——就是为我主义（Egoism），他的性质是自私自利；另一种是真的个人主义——就是个性主义（Individuality）。他的特性有两种：一是独立思想；二是个人对于自己的思想信仰的结果负完全责任，只认真理。”[①]这种思想强调了个体蓬勃的能动性，同时兼具社会的责任感。马克思指出：“每个人的自由发展是一切人的自由发展的条件。”[②]在此之下，我们的个性各具风采，会使我们的家园变得活泼而富有朝气。可见，个性与群性并不是二元对立的关系，个性与群性都是为了尽人类之义务。蔡元培先生在《教育独立议》中赞同道：“教育是要个性与群性的普遍发达，而不能以群性去压制个性。”[③] 蔡元培的这个见解在美术教育之中具有广泛的意义。

罗恩菲德认为美术教育的意义蕴藏于自我表现之中。他先后写出了《创造性活动的本质》（*The Nature of Creative Activity*）与《创造与心智的

---

① 胡适．胡适文集[M]．北京：北京大学出版社，1998：564.
② 马克思恩格斯选集（第一卷）[M]．北京：人民出版社，1979：294.
③ 蔡元培．蔡元培全集（第四卷）[M]．杭州：浙江教育出版社，1997：585.

成长》(*Creative and Mental Growth*)，这两本著作在美术教育领域产生了巨大的影响力。他强调了自我表现、自我观念、心理健康与创造力之间的关系。他认为每个儿童都具有自我表现的需要与能力，都具有创造性发展的潜能，教师的任务是创造条件使这些潜能得以实现。发挥创造性最好的途径是，让儿童暴露在生活之中，通过他自己的感官去感受；通过对触觉、视觉和听觉现象的直接经验，在自我表现之中，让儿童的想象力和感知力得到发展。罗恩菲德坚定地认为："艺术教育，如在儿童早期施行的话，便很可能造就出富有适应力和创造力的人。"[①] 罗恩菲德显然受到了卢梭自然主义教育观的影响，他认为每个儿童的表现与创造冲动是与生俱来的。他在《创造与心智的成长》中这样写道：

如果孩子在成长的过程中不受任何外界干扰，那么就没有必要激发他们进行创造性工作。任何一个孩子都会不受束缚地运用他根深蒂固的创造冲动，对自己的表现方法充满信心。我们发现那些生活在我国偏远地区的人和还没有被广告、通俗书籍和"教育"的影响缚住手脚的人身上，这种自信心表现得很明显。在这些人中间我们能发现最美、最自然和最明白的儿童艺术。我们应该为这种自由创造找回被文明埋葬的自然基础。每当我们听见孩子说："我不会画这个。"我们就应该意识到某种外来因素干扰了他的生活。[②]

但非常遗憾的是，在中国现实的美术教育情境中，儿童自我表现被抑制的现象可以说比比皆是。罗恩菲德所指出的被抑制的语言信号"我不会画"，我们经常可以听到。很多的教师对这个问题束手无策，要么继续强迫儿童画画，要么就采取"敬而远之"的态度。不少教师会自我开解地说："不是每一个儿童都喜爱艺术的"，很少有教师能找到行之有效的办法。让我们看看罗恩菲德是怎么处理这个问题的：

---

① [美] 罗恩菲德．创造与心智的成长[M]．王德育，译．长沙：湖南美术出版社，1993：2.
② [美] 罗恩菲德．创造与心智的成长[M]．王德育，译．长沙：湖南美术出版社，1993：12.

以“我不会画”的一个儿童为例，这儿童完全不能绘制任何图画，他不愿画一条线，在任何环境中，他都不能应用视觉印象。这儿童让人觉得他神经质和抑郁，他的母亲告诉我，他放学回家后不提任何学校里的经历，他的活力十分有限，也没有什么朋友。我接手之后，试图使他完全摒除视觉印象，然后，要求他经由身体的感觉来控制其意象。此时，我特别着重题目的选择，特别强调他所做的，以及在做这件事时所产生的感觉。这孩子于是开始画了，他画得愈多，则他所画的也愈不成比例，他强调他经验的价值感，较不注意物体的实际现象。同时他的母亲跟我说，这孩子已有相当程度的改变，他开始自由地交谈而不再抑郁了，他的神经质消除了，甚至他的身体动作也较为开朗自由些。我再深入地调查这个案例，发现这孩子受到反复地模仿自然情形和运用正确比例“漂亮地”描绘的影响。因为父亲要看的是“好的”“完美”的图画，而不是小孩自己的图画，结果抑制了儿童的想象力，而使之由整个人的经验变成视觉的经验。当小孩知道他没有能力依照父亲的要求而画时，他便失去自信心而停止自己的创造。①

由此可见，孩子在失去了自我表现能力的同时也失去了创造的能力。自信心的丧失会阻碍儿童整个心理的健康发展。人的身体是个整体的世界，感觉、理性、情感、行为、心理之间都有关系，而一切的发展都是从知觉的敞开开始的。罗恩菲德刺激这个儿童的身体感觉，鼓励他回到自己的表现方式，使孩子再度对自己的创造力和人格产生了自信心。这种方法非常值得中国的美术教师们去研究与借鉴。

这个案例同时对我们发出了警示：我们不能将自己的意象强加于儿童的身上，我们绝对不应该以不适合儿童的思想与认知的任何方式去影响和干扰儿童的想象力。儿童的思维与认知方式和成人不一样，所以表现亦不相同。儿童基本上相当的真诚，很少会像成人以为的那样去“偷懒”，儿童表现的程度一般就是儿童的能力所在。可是，我们的美术教育者常常会

---

① [美] 罗恩菲德. 创造与心智的成长[M]. 王德育，译. 长沙：湖南美术出版社，1993：13.

“急于求成”“拔苗助长”，压制儿童的心灵以迎合成人的观念。如由教师修改而使儿童画“更美”“更流畅”“更写实”。这样，在不知不觉之中妨碍了儿童自己的经验，有可能使儿童丧失自我，制约儿童的心智成长。每个人都不能用别人的肺去呼吸，逼迫一个涂鸦或者符号化阶段的儿童去画“写实”的作品，他不能了解也不可能接受他所画的对象。这就迫使孩子以自己陌生的方式来表达自己，这样就阻碍了他们自然的发展，甚至会限制他们未来一系列的正常的发展。当一个儿童对身体活动的控制力还未发展到足以与视觉经验相协调的时候，如果我们迫使他们去表现一些“正确”的动作，结果很可能是他们不仅不能完成指令，反而还会对他们自己的表现方式丧失了自信心，甚至会觉得自己根本不能够表现任何真实的东西。总而言之，儿童有自己的经验与表现的天地，很多时候表现也是一种创造，自我表现，自我确认是创造的基础。

这个教育意义也可以延伸到成人的美术教育之中，道理是相同的，只是儿童对其反应会更加敏感一些。在美术培训班里，一般都会看见教师不停地在给学生改画；大学里，比较“勤快”的老师也会如此。从理论上说，老师的技法能力与理解能力和学生存在巨大的差异与距离，学生囫囵吞枣地消化教师的修改，通过教师的灌输以希望学生获得完整的艺术认识的想法是不现实的，而且教师的“直接上阵”使学生不易形成自己的风格。“好心”的教师，对学生作品评价涉入过深的话，也会形成学生成长性的束缚。教师的语言需要带有启发性，直接给出答案，代替不了学生自我的探索。

1972年，联合国教科文组织（UNESCO）在《学会生存》里向全球推出了这样的教育观念：“未来的学校必须把教育的对象变成自己教育自己的主体，受教育的人必须成为教育他自己的人；别人的教育必须成为这个人自己的教育。”[①]在一个宽松的探索空间与氛围中的自我确认与自我表现，对学习美术而言是相当重要的。自我确认引发的是自信心的成长，这种信心以一

① 陈卫和．小学美术新课程教学论[M]．北京：高等教育出版社，2003：3-4.

种内在意念的方式融入了学生的人格，成了品格的一部分。

### （四）人格成长空间

每一个人，在世界上都是独一无二的存在，这一差异性正是最值得尊重的。孩子们个性迥异，他们不是观察研究的客观对象，他们是共享着人性尊严的主体的人。既然是主体，就有着自己的不可侵犯的尊严和自由。每一个孩子都有着自己的主观能动性，也有着无穷的潜力。教师要懂得尊重孩子的主体性，就要相信每个孩子都是独一无二的。他们在群体中具有个体性和独特性，具有人性的丰富性和复杂性。他们不是教的对象、管理的对象、规训的对象及接受知识的对象，他们具有独立人格，他们是成长中的人。

孩子需要自己的空间。无论是在学校还是在家里，我们都应该为孩子留出属于他们自己的空间。这个空间，既是指物理空间，也是指心理空间；既要有玩耍、游戏的空间，也要有学习思考的空间。

在孩子的幼年阶段，在家里留出一面墙，让孩子尽情地涂鸦是一个不错的开发早期美育的办法。孩子在涂抹的过程中，体会到了手部的运动与线条的生成，视觉思维也随之成长。成年人不宜事事干预，不给孩子留下余地。过度的热心，其实是扼杀了孩子的创造本能。当孩子受挫、尴尬时，我们也要尽力为他们预留一些挽回的空间，以及留有犯错后能够自我反思的空间。其实不用明言，一个眼神，孩子们就已经感到很内疚了。而如果一味地责难，反而很容易让孩子们产生逆反心理，失去了自我教育的机会。美术教育正是这样，教师其实不应该过度地干涉孩子们的作画过程，艺术体验的过程是谁也替代不了的。教师在很多时候，应该做的就是默默地注视着孩子们的成长，让孩子们拥有自由的空间。

在传授知识与技法的时候，也要考虑为孩子们留下一些问题，让他们自己去思考解决。一幅画，教师画得再好，也不是学生的。学生自己的发现是无法替代的。我们提倡探究式性学习、有意义的学习。为孩子们留下空间，会激发他们的想象力和创造力，而他们自己学会的东西才会记忆深刻。事实上正是这样，作为过来人都懂得：艺术不是“教”的，艺术是悟的。教育既要求师生的彼此靠近，也要求他们保持一定的距离。在关怀与独立的双重作用下，才延伸出了无限的可能性。

### （五）人格与关怀

人文主义认为人既是伟大的，也是软弱的、会犯错误的。所以，人需要关怀与爱。儿童的天性是高度纯洁与善良的，这是一种成年人几乎已经丧失的可贵的品质。正因为儿童这种美丽品质的存在，才使我们的世界的希望变得更加坚实。每一个人都需要被理解与关爱，教育就应该承担这一种责任，设法体现出教育的关怀。

孩子们有时候会因为陌生而表现出胆怯、羞涩和退缩，成年人千万不要因此而施加“罪恶的”惩罚，我们应该拥有一双敏锐觉察的眼睛，读懂孩子们的内心世界。无论他们画得怎么样，我们都不能以成人的标准去界定儿童的艺术表现。儿童出现表现障碍的时候，往往意味着心灵的阻塞。这时候，我们不应该冷眼与嘲笑，哪怕暗示都是不应该的，因为暗示的杀伤力往往不小于明示。正确的做法是对儿童的表现手法给予肯定，不断鼓舞与赞美，让孩子体会到表现的快乐。

在长期的自我表现的快乐中，创造力获得成长。人在幼年时期具有一项很了不起的本能，就是可以忘记仇恨。一个有趣的玩具，就能让儿童忘记刚刚受到的委屈。这是多么良善的品质啊！我们怎么能忍心让这样纯洁的心灵受到伤害？但任何一个人只要生活在这个世界上，都会或多或少受到各种各样心灵的伤害。如果孩子在成长的过程中，因为环境使内心产生了的阴影，那种潜在的影响可能会伴随其一生。

教育就是引领，将我们从内心世界的阴影中引导出来，唤醒我们阳光和健康的生活态度。成年人更是有义务保护儿童免于伤害。教学机智是要确保教育的健康（pedagogical fitness），让孩子们愉快地学习与快乐地成长。艺术是自我自由表现的天堂，也是一个幻想与梦想的世界。在艺术的表现中，我们可以有效地进行心理疗伤，也可以陶冶情操。在艺术与自然的交互中，儿童可以感受到大自然的美好。“教育”（pedagogy）的本意有“牵手”的意思，成年人牵着孩子的手，呵护着、陪伴着、一起走向可以自我负责的成熟人生。

在生活的教育中，我们要培养儿童的意志品质。在儿童的世界中，事物会不断地破碎或濒临破碎。在成年人看来一件“极小的事情”，但对于孩子来说却可能是一个“重大事件”。拒绝儿童总是难免的，但我们要注意的是要努力让事物不至于破碎，或者将破碎的事物修复，不至于让儿童感到来自亲人的背叛感以及产生挫折感。痛苦的遭遇是具有自然意义的，它是每一个人成长的营养素。但要产生教育意义，关键是在于“必须渡过难关”。如果不能渡过难关，其教育意义往往是反向的，就会形成挫折感与恐惧感，会留下或深或浅的心理阴影。这是最艰难的教育，也是最有意义的教育——生命意志教育。

在困难面前，只有两个选择，要么绕过去回避它，要么迎头面对战胜它。这其实并不容易判断。我们不可能迎战所有的人生困难，因为人不可能是全才，该绕过去的时候就应该绕过去。但我们必须培养儿童克服困难的坚强的意志品质。在应该克服困难的时候，能显示出意志决心与坚韧不拔的精神。这种意志的养成，有两项必备的条件。一是从儿童时期培养起来的自信心；二是必须经过亲身的挑战体验。二者在教育上，其实都体现为爱的力量。自信心的培养凭借的是爱和信任，挑战自我、突破困难的临界点也少不了爱的倾注。人类正是凭借爱与信任的力量不断战胜困难。人类的世界是由爱支撑的，没有了爱的力量，人便失去了生存的勇气。

我们应该懂得了通过美术培养自信心有多么的重要，因此我们绝不能轻易否定儿童，无论在困难面前孩子如何焦躁不安或气急败坏，我们都应该给予正面的指引与关怀。甚至有时我们应该发自内心地赞美、及时地鼓励，或者一言不发，但要目光中充满信任。这种信任的教育的目的是为了一步一步地强化孩子们的自信心，为青春期或者青年时期的挑战自我[①]做好充分的人格教育基础。纯知识和技能教育是荒谬的，是完全冷漠地失去了人性的教育。因为，在人的世界中，知识是服务于人的，人性的力量才是真正具有爆发性的事物。

---

① 接近于马斯洛人本主义心理学中的“高峰体验”理论。

教育发生的前提是爱与信任，我们必须相信学生是拥有无限可能的潜在创造者，相信学生可以创造奇迹。人格教育的前提是关怀，教育即关怀。

## 第二节 情境的潜在教育

### 一、情境是无声的教学

“情境”，情景、境地也。对应的英文是context，含有环境、背景、语境的意思。广义的教育情境，包括了教育的自然环境、社会文化环境、家庭环境、学校文化环境、课堂氛围、教室空间乃至教学道具的使用等。

“所谓人的成长，就是在与环境相互作用过程中更新自己……所谓教育，就是为了人的成长，选择最佳环境的行为。”[①]情境对人产生“潜移默化”的教育影响，它营造着一种氛围，形成着一种风格，蕴含着一种情调。如果希望获得“润物细无声”的教育效果，就得注意对教育情境的把握。“情境”随时随地在对学生发生着细微的教育影响。狭义的教学情境主要指的是课堂的氛围与环境的教育因素。

下面是加拿大现象学教育家范梅南先生关于一堂艺术课的笔录：

> 当他踏进艺术教室的时候，他看见老师的桌子上放着令人赞美的雕塑艺术家罗丹的作品：一个双手祈祷的雕塑艺术品。有些学生很惊讶地暗自发笑。敏感的手指，虔诚的祈祷，已经超越了物体本身的力量。这是一种多么神奇的崇拜地球的精神啊！[②]

一件石膏像对艺术初学者产生了这样的魔力，可以从罗丹雕塑中感受一二。可见，恰当的教学道具对教学的帮助是很大的。当今，是信息发达的时代，视觉图片资料可以在网络上快速地传播，这为教学中使用多媒体影像创设教学情境带来了方便。选择合适的教学地点也可以产生良好的情境效果，

① [日] 岸根卓朗．我的教育论：真、善、美德的三位一体化教育[M]．何鉴，译．南京：南京大学出版社，1999：142.

② Max van Manen. The Tone of Teaching. Canada: Althouse，2003：68~69.

如将欣赏课的上课地点设置在博物馆或大自然中。美术之源是生活世界，所以，美术教学应该尽可能地发挥地方特色，因地制宜地取材于生活。另外，言行举止也是一种情境。成年人要清醒地意识到言行举止潜移默化的教育作用。成年人的一言一行、一举一动都可能给孩子们带来微妙的教育影响，都可能以榜样的力量随时影响着孩子们。有许多积极的，当然也会有许多消极的影响。你希望孩子热爱美，你自己首先要是一位具有艺术感的人，如果口说和行为不一致，自然就不会有说服力。正所谓“言传身教”，一名优秀的艺术教师，不仅应在教学内容中“教”艺术，还应在言行举止中散发着艺术的个性魅力。所以，一名机智者应该洞见美术教育中微妙的情境影响，以促进孩子身心健康的成长。

教育情境中虽然有物的因素，但最重要的还是主体的人的因素。我们有的学校的环境、楼道乃至教室都做到了有意的布置与安排，但整体的氛围却常常让人感到很压抑，美术课堂也让人感到无精打采。博尔诺夫在他的专著《教育人类学》中专门讨论了“教学氛围”，他认为“教育的成功与否往往取决于生活环境中一定的内部氛围和教育者与受教育者一定的情感态度”，而“教育氛围包括了情感、情绪状态及对教育抱有好感或厌恶等关系的总和”。[①]以现象学还原的方法还原我们的教育生活，我们会发现在幼儿发展的最初阶段，有益的教育氛围就是他们在家庭中受保护的安全感。这样的安全感只有在与亲人的亲密关系中才能形成。裴斯泰洛奇则阐明了儿童如何从其对母亲的信任、服从、感激与爱的关系中取得与外界的信任关系。他认为对儿童来说，健康发展的首要条件是无忧无虑和幸福的、不为恐惧与担心困扰的基本心境。夸美纽斯希望学校成为快乐的场所，主张发展学习中的乐趣，反对对学生施加过多的外部压力。从上面的众教育大家的论述中，我们可以得出这样的结论：教育者的爱和信任是教育关系中良好的教育氛围的必要条件。[②]因为爱，一个灵魂才能真正地触动另一个灵魂。

---

① 转引自：蒋开君．范梅南现象学教育学思想研究[D]．北京：首都师范大学，2010：146.

② [德] O.F. 博尔诺夫．教育人类学[M]．李其龙，等译．上海：华东师范大学出版社，1999：41~49.

美术教师的言行是教学情境的一部分。这是一种从身体表现出来的教育机智，可以是手势，可以是图形符号，可以是语言，也可以是眼神，甚至可以是沉默。无论是外显或者内隐，都存在意义的表达、情境的塑造。这些微妙的教学行为举止，让教师与学生相遇。教师营建的教育氛围，是愉悦的、放松的，还是紧张的、焦虑的？是充满喜爱之情的，还是令人厌恶的？教师的表现举足轻重，是学科教学成功与否的情感保证。

教学情境不仅可以在教室里创设，也可以延伸到教室之外。合适的教学地点，本身就是最好的情境创设。笔者认为美术教育课程应该留出三分之一以上的时间到教室外进行。在山川河流、江河湖海的情境体验中，自然给予了学生无声的教育；在花卉动物的写生中，生命给予了学生无声的教育；在工厂工人的汗水中，在市场热闹的喧嚣中，生活给予了学生无声的教育。在生动的教育情境之下，艺术还原为原初生动的样子。教育即生活，教育即情境。

教学情境是微妙的，是无处不在的。氛围是如此的普遍，我们可以说每一个地方都有它的氛围，每一个学校都有它的气氛，每一个教室都有它的“味道”，每一位教师都散发着他独有的气场，给孩子们带来的可能是压抑感与陌生感，或者是安全感与归属感。作为教师，我们要尽己所能营造好的、愉快的、有利于学生学习的情境。敏感的教师知道怎样创设一种适合美术学习和生活的氛围，让美术教学保持“气韵生动”，由“味”而生“道”。

## 二、课堂的情境因素

构成课堂情境的因素很多，如光线、座位的安排、教室的具体环境等。这里我们针对一些比较容易被忽略的因素展开讨论。

### （一）言语

言语会产生巨大的表达与效果差异。一位老师说：“现在我要大家拿出课本来，翻到21页。我不想听到任何的讲话声！你们首先阅读这件手工的制作说明，然后在阅读的基础上按照制作程序开始动手……”而另一位老师说：“卡西似乎已经准备好了。我们是不是像卡西一样，现在来讨论‘丹顶鹤’好吗？这些纸做的丹顶鹤让我们觉得有趣极了，让我们翻到21页……”前者以自我为中心，后者则考虑了从学生的情境出发；前者的语调是管理式的，后者则与学生建立了联系；前者喜欢用“我”，后者则尽量避免用第一人称。不同的言语可以创造不同的语言气氛。不同的语调，不同的用词，不同的语速都会产生积极或消极的语言气氛。再举一例，一位老师说“难道你就不能正确地握笔吗？”，而另一位老师这样说“你能像我这样握笔吗？”语言能产生各种神奇的音质和音调变化，一位机智的老师明白语音、语调的细小变化以及相应产生的微妙效果。[①]美术课虽然一般讲述的内容不是很多，但美术教师仍需要注意说话的方式，因为氛围是课堂的一部分。

### （二）沉默

时机和机智有的时候会要求我们沉默。有一种给予的沉默，给孩子独立认识和成长留下空间。这时候，过多的干预反倒适得其反，不如以沉默的方式留给孩子们自己反思的空间与时间，给予孩子们一些自由与信任，让孩子们自己体会绘画。还有一种聆听的沉默。有时候我们成年人不必说什么，只需静静地陪伴着孩子，细心倾听孩子的诉说，这沉默地聆听本身就是给孩子温暖，使他感受到关心和爱的力量。还有一种沉默叫充实的沉默。在两个人的深度交流之后，可能会归于沉寂，享受一种精神的充实。这种充实感只能以静默来表达。美术是安静的艺术，里面还有很多其他形式的沉默，在教学情境的把握中我们要意识到沉默的力量。我们需要注意的是沉默也有消极的意义，如否定性的沉默，成人惩罚式的沉默或孩子报复性的沉默。这些沉默会造成对彼此的伤害，会破坏教育关系的和谐。[②]

### （三）眼神

眼神是暗示的潜在教育。真正的教育相遇的眼神是慈祥与理解的，在与孩子的对话和接触中搜寻教育理解的那种慈祥的眼神与那种居高临下的冷静观察和漠然分析性的眼神存在着巨大的差异。同情、理解的眼神让孩子们感

---

① [加] 马克思·范梅南．教学机智——教育智慧的意蕴[M]．李树英，译．北京：教育科学出版社，2001：229.

② [加] 马克思·范梅南．教学机智——教育智慧的意蕴[M]．李树英，译．北京：教育科学出版社，2001：233.

到温暖，而漠然的对象化的眼神则让人感觉阴冷。学生是主体，教师也是主体，师生之间的关系是交互主体性的关系。仅仅观察行为的眼神将学生物化，而机智的眼神将学生主体化。眼睛是灵魂的窗户，眼神表达着最为丰富的意义。它不需要语言的辅助，却能透露出彼此的真诚。目光与目光的接触就是老师与学生的真正相遇。通过眼睛我们能够传递言语不足以传达的信息。一个理解的目光、一个深情的注视、一个请求或开放的表情，都隐藏了丰富的教育内涵。它是一个人精神的外化，是教养与德行的显现。①一名老师，能够以温暖的目光鼓励孩子，他必然拥有温暖的感情。因为心灵的温暖，才能流露出慈善与安详的目光，这种目光在教育学书本上是学不到的。

**（四）动作**

教的艺术中隐藏着动作的奥秘。动作、姿势、体态、表演等丰富多彩的身体语言，可以制造出一种生动活泼的教育情境，形成愉悦的氛围，吸引孩子们的注意力，激发孩子们的学习兴趣，从而强化教学效果。身体语言可以将意义融入情境中去。一个会意的手势，一次幽默的眨眼，一次善意的点头，还有轻松的微笑，有点滑稽感的模仿，一次鼓励的握手，轻轻拍拍孩子的后背都可能触动孩子们，使教育的相遇变得耐人回味。②

**（五）榜样**

榜样的力量是无穷的。美术老师不仅仅可以通过示范，成为孩子们作画的榜样，他还可以以艺术的方式，作为孩子们生活的榜样。老师相对学生而言，拥有更丰富的人生阅历。他是否过着一种健康的生活，是否在生活中体现着涵养，是否在追求着一种自我完善的幸福，都关系到其是否能形成具有感召力的榜样力量。一名优秀的老师正是以榜样的角色，向孩子们展示着他在这个世界上的行动。他生活的方式，他对生命与艺术的信仰，从而感召孩子们为生活奋力拼搏，引领孩子们过有人生意义的生活。

---

① 蒋开君．范梅南现象学教育学思想研究[D]．北京：首都师范大学，2010：123~124.

② 蒋开君．范梅南现象学教育学思想研究[D]．北京：首都师范大学，2010：124.

## 三、情境教育

情境不仅给我们带来正面的教育，也常常给我们带来负面的教育。这些正面和负面的情境教育是如此的普遍，它是一种潜在的教育，它无声地成就着习惯、塑造着人格。因为它是潜在发生的，所以一般不为我们所察觉，很容易成为“文化的盲点”，却值得我们高度警惕。情境教育除了教学中的情境外，更作为教学外的潜在教育而存在，大致可以分为家庭的情境教育、学校的情境教育与社会的情境教育三个等级。其中，家庭的情境教育影响是最直接的，社会的情境教育影响是深远的、最大的。

### （一）家庭的情境教育

1. 家庭的环境

家庭的环境是塑造儿童品格教育的一部分。整洁的家庭，会让儿童受到健康积极、热爱卫生环境的潜在教育。艺术的家庭，会让儿童受到艺术的潜在熏陶。但糟糕的家庭环境，则会让儿童形成懒散的生活习惯，会让他们对生活失去一丝不苟的精神。脏乱的家庭，营造着颓废的家庭生活氛围，这种氛围无时无刻不潜在地影响着儿童的心灵，让儿童生活失去积极性与主动精神。

家庭的外界环境也极大地影响着儿童的发展。都市的氛围与乡村的氛围不同，会形成不同的潜在教育影响。一般而言，都市会形成时尚与现代的教育，乡村会形成自然与朴素的教育。同样，不好的外界环境，也潜在影响着儿童的尚不健全的人生观。试想如果家庭的周边全是网吧、棋牌室，那么这会形成怎样的潜在教育呢？

古代有“孟母三迁”的故事：

孟子小的时候，父亲早早地去世了，母亲没有改嫁。有一次，他们住在墓地旁边。孟子就和邻居的小孩一起学着大人跪拜、哭嚎的样子，玩起办理丧事的游戏。孟子的妈妈看到了，就皱起眉头想：不行！我不能让我的孩子住在这里了！孟子的妈妈就带着他搬到市集旁边去住。到了市集，孟子又和邻居的小孩学起商人做生意的游戏。一会儿鞠躬欢迎客人，一会儿招待客人，一会儿和客人讨价还价，表演得像极了！孟子的妈妈知道了，又皱皱眉头：这个地方也不适合我的孩子居住！于是，他们又搬家了。这一次，他们搬到了学校附近。孟子开始变得守秩序、懂礼貌、喜欢读书。这个时候，孟子的妈妈很满意地点着头说：这才是我儿子应该住的地方呀！

孟母三迁的故事固然暗藏着封建礼教的文化诉求，对商业文化也充满了歧视与不尊重，但该故事也反映出良好的环境对人的成长及品格的养成至关重要。现代的人们不仅要求高品质的物质生活，更需要高品位的精神生活，启发人更多的思维。在个人空间、在居住方面、在社交圈里、在生活中、环境可以造就人才，也可以淹没人才。

2. 家庭的生活

家庭是儿童生命的摇篮，是人出生后接受教育的第一个场所，是人生的第一个课堂，家长则是儿童的第一任教师。

家长的生活态度会对儿童产生极大的潜在教育影响力。家长的人生态度会影响到家庭的生活，家庭的生活又会影响到儿童的品格。腐朽会产生腐朽的教育，钻营会形成钻营的教育，残暴会形成残暴的教育，唯利是图会形成唯利是图的教育，每一种生活的态度都会影响到儿童的品格的形成。家长生活态度的健康、积极、正面，是家庭生活健康的根本因素，也是儿童良好的潜在教育的根本之保障。

家长的生活习惯也会对儿童产生极大的潜在教育影响力。一个热爱大自然的家长，会经常带孩子去山林漫步，这样就形成了热爱自然的教育。一个喜欢体育锻炼的家长，会给孩子锻炼身体树立潜在的好榜样，孩子会获得身体健康的教育。一个喜欢盆景的家长，会在家里栽培盆景，绿色的家庭氛围会发出无声的生命教育。一个热爱艺术的家长，无论是美术还是音乐或舞蹈，都会在家庭中撒下艺术的种子，潜在地影响着儿童的成长。相反的，一个嗜赌成性的家长，一个好吃懒做的家长、一个钻营处世的家长、一名有暴力倾向的家长、一个消极颓废的家长，都会形成不良的潜在教育。这些教育潜在地进入儿童的心灵，形塑着儿童的人格。

正所谓有怎样的生活就有怎样的教育，生活即教育。

一般来说，我们的家长纵使自己生活不如意，但对于自己的孩子，还是充满期待的。但是，很多的家长不明白或不自觉自己的生活正是孩子接受的最重要的一种教育。不少家长认为教育的责任归于老师，而忽视了自己的作用。

家庭潜在教育的存在提醒着我们，我们的生活是教育之母，教育之源。无论生活多么的艰难，多么的无奈，我们都必须迎接生活的挑战，以正面的、积极的、健康的态度去生活。

**（二）学校的情境教育**

学校的情境教育主要体现为校园文化的教育。

校园文化是学校所具有的特定的精神环境和文化气氛，它包括校园建筑设计、校园景观、绿化美化这种物化形态的内容，也包括学校的传统、校风、学风、人际关系、集体舆论、心理氛围，以及学校的各种规章制度和学校成员在共同活动交往中形成的非明文规范的行为准则。校园文化可以分为环境文化、精神文化、行为文化和制度文化等，其中最能体现校园文化本质内容的是校园精神或校园氛围。

健康的校园文化可以陶冶学生的情操，启迪学生心智，促进学生的全面发展。同样，平庸的校园文化、僵化腐朽的校园文化、不健康的校园文化也会对师生构成相应的潜在教育影响。

长期以来，我们传统教学大纲的强制性，教育制度的僵硬性，学校与社区的隔离性，应试教育体制特别是高考制度影响下的校园文化，是一种模式单一、缺乏个性的校园文化。华东师范大学著名课程论专家钟启泉认为学校的划一性与僵化性、学校缺乏独立自主的发展空间，导致了学校文化的贫困，导致了学校个性的丧失。学校不立足于社区，导致学校俨然成了“文化的孤岛”，使学校文化缺乏生活化、社会化的意义。[①]他认为：“学校文化的重建与再生是一个发展新的价值、信念和规范的过程，是一个变‘灌输中心教学’为‘对话中心教学’、变‘专制独裁关系’为‘平等合作关系’、变

① 钟启泉．课程的逻辑[M]．上海：华东师范大学出版社，2008：13~14.

‘资源垄断关系’为‘资源共享关系’的过程。”[①]他认为：“学校文化的变革是课程与教学最深层次的改革，创建富有个性的学校文化正是课程改革的核心课题。”[②]

杰克逊从课程论的角度对校园文化的影响进行了研究，认为在学校、班级中促进学生社会化的非学术性经验构成了“隐性课程”。隐性课程即潜在教育，校园文化对学生的影响是潜移默化的、长久而深远的。

师生参与的校园文化活动也成了校园文化的组成部分，包括了诗社、棋牌俱乐部、书社、文学社等社团活动，以及晚会、文艺汇演、体育比赛等文体活动。文化活动体现了人的参与性与生活性。校园文化活动是自发的，也是自觉的，是受社会生活影响也受自我心灵主宰的，是无处不在的，是充满现代意识的，也是反映学生复杂心态的；是心灵的自然流露，也是充满创造力的；是受着时代文化潮流影响的，也是苦乐兼备的。人生与社会、理想与追求、情与爱，都会在校园文化活动中表现出来。扰人心怀，催人思索，引人前行或诱人堕落。

生活是教育永恒的主题，师生在学校中的生活构成了除学校显性教育之外的潜在教育内容，影响着教师的教学、学生的学习，也影响着教师的生活，锻造着学生的品格。正面的、积极的及健康的学校文化可以陶冶学生的情操、启迪学生的心智，促进学生的全面发展。

**（三）社会的情境教育**

社会文化是最大的情境教育，所有教育都受到它的影响。社会的情境教育，即广义的社会教育。广义的社会教育指一切社会生活影响个人身心发展的教育，即社会文化的教育。它是一种活的教育，它的深刻性、丰富性、独立性、形象性远非学校教育可比。社会教育的好坏依赖于国家法律法规的建设程度和整个社会文化大气候的形成，这是全社会较长时间努力的结果，也是文化演变的结果。社会教育中起根本作用的是社会文化制约教育的发展，但社会文化的进步必须仰仗于国民教育的进步。

---

① 欧阳生，杨惠文．新世纪的课程改革[M]．台湾：五南图书出版公司，1998：1~20.
② 钟启泉．课程的逻辑[M]．上海：华东师范大学出版社，2008：13.

英国著名文化人类学家爱德华·泰勒（E.B.Taylor）在《原始文化》一书中给出了文化的经典定义：文化是包括知识、信仰、艺术、道德、法律、习俗和任何人作为一名社会成员而获得的能力和习惯在内的复杂整体。[①]文化是以价值观、世界观与审美观为核心，以思维方式为内显特征，以行为方式为外显特征的人类的生存方式。[②]文化的核心是价值观。价值观的变化，会带来行为方式的变化。不同社会的价值观的差异，体现了社会的差异。

人不仅生活在自然空间里，也生活在文化空间里，所有的人都受到文化的影响，这种影响就是文化的潜在教育。文化的影响是多元的，有积极的，也有消极的。良好的文化意味着个体与集体的和谐统一，集体尊重个体，个体的能动性被激发，由自由个体汇聚成共同价值观的集体；良好的文化意味着尊重人性，尊重人应该具备的正面的、积极的品性；良好的文化弘扬正义、追求真理。消极的文化得过且过、扭曲人性，压抑个体的能动性与积极性；消极的文化故步自封、腐败偏执。所有的文化都在影响着人，形成了社会的情境教育，它的作用无处不在。

“形式主义”，这里的形式不是指艺术形式，也不是指现代教育语义中的教育形式，而是一种假、大、空的特殊文化。形式文化具有传染性，它会形成强大的负面潜在教育。它的影响无处不在。它把一切对真理的追求演变为形式的虚假，空虚是形式主义的实质。它将学术演变为形式主义学术，将教学演变为无实用价值的空洞教学，将讲话演变为不切实际的废话堆砌。在形式主义之下，效率、真知、执着、勇气、良知，人类的一切善行都退居次席，充斥着对威权的崇拜或者畏惧，人人带着假面具。它会潜在地“教育”人们，扭曲人们，形成社会的不良风气。这种形式主义的文化显然贻害无穷。唯有法治、民主、正气的社会教育才能将这种腐朽文化荡除，如同阳光将邪恶驱除。

良性文化的核心价值是人文精神——尊重人、弘扬人、关怀人、宽容人

---

① 大不列颠百科全书编辑委员会．大不列颠百科全书（国际中文版）（第五卷）[M]．国际中文版编辑部，译．北京：大百科全书出版社，2011：55.

② 尹少淳．美术教育学新编[M]．北京：高等教育出版社，2009：391.

的人性化的态度。只有弘扬人文精神，才能激发社会正气，提高社会的整体效率，形成良性的社会潜在教育。社会由人组成，每一个个体都尽到公民的责任，那么这个社会的文化就会趋于进步。这种行为本身就是良好的潜在教育，激发着所有公民的热情，以积极的态度去生活！

## 四、纪律的潜在教育

维持课堂秩序、必要的纪律是展开教学的前提，但纪律教育绝对不能成为扼杀个性、扼杀创造性的工具。我们绝不能将纪律教育演变为奴役的教育、威吓与利诱的教育，甚至暴力的教育。这些方式都严重地违背了教育的宗旨，违背了人文精神。好的与不好的纪律教育都发挥着潜在教育的影响。笔者赞同“纪律必须通过自由而获得”[①]。

### （一）体罚的潜在教育

美术教学面临着一个普遍的难题——如何维持课堂的纪律。这让很多的教师头痛，尤其对于新教师而言更是不知所措。最常见的手段就是恐吓加利诱，体罚等违法手段也非常普遍。

1989年通过的《联合国儿童权利公约》规定：“任何儿童不受酷刑或其他形式的残忍、不人道或有辱人格的待遇或处罚。”以法律的形式禁止体罚（包括学校的体罚与家庭的体罚）在20世纪末与21世纪初逐渐成为一种世界性的潮流。随着禁止体罚运动日渐普及，废除死刑运动也在展开，现代绝大多数的法治国家废除了死刑，对死刑犯的人权都给予保护，不能施行体罚，对未成年犯也不准违法体罚，那对未犯罪儿童的体罚就更是违法，失去了正当性。禁止体罚运动是二战后人权运动的一部分，反暴力与尊重人权已经成了21世纪的人类价值共识。

完全禁止体罚（包括学校的体罚与家庭的体罚）儿童的国家有：德国、荷兰、丹麦、波兰、新西兰、西班牙、瑞典、奥地利、阿根廷、乌克兰、贝宁、玻利维亚、巴西、保加利亚、葡萄牙、佛得角、刚果共和国、哥斯达黎加、克

---

① [意] 蒙台梭利. 蒙台梭利幼儿教育科学方法 [M]. 任代文，译. 北京：人民教育出版社，2001：112.

罗地亚、库拉索、塞浦路斯、爱沙尼亚、法罗群岛、芬兰、希腊、洪都拉斯、匈牙利、冰岛、以色列、肯尼亚、拉脱维亚、列支敦士登、卢森堡、马耳他、尼加拉瓜、挪威、皮特凯恩群岛、摩尔多瓦、罗马尼亚、圣马力诺、南苏丹、马其顿、多哥、阿尔巴尼亚、安道尔、突尼斯、土库曼斯坦、乌拉圭、委内瑞拉等。还有许多国家制定了禁止或部分禁止校园体罚的法律。

我国也在法律中明文规定禁止体罚，认为体罚构成犯罪。

《中华人民共和国未成年人保护法》第二十一条：学校、幼儿园、托儿所的教职员工应当尊重未成年人的人格尊严，不得对未成年人实施体罚、变相体罚或者其他侮辱人格尊严的行为。

《义务教育法》第二十九条：教师应当尊重学生的人格，不得歧视学生，不得对学生实施体罚、变相体罚或者其他侮辱人格尊严的行为，不得侵犯学生合法权益。

虽然我国法律明文禁止体罚，但很多教师和家长的观念一下子还转变不过来，认识不到体罚是犯罪，加上法制不健全，体罚仍非常普遍。其中，罚站、罚抄写最为普遍，极端的体罚事件也时有发生。从地区上看，越是发达文明的地区，体罚的情况越少；越是落后封闭的地区，体罚的情况越多。

体罚在我国有深远的文化背景，我国有“棍棒底下出孝子”“牛要打，马要鞭，小孩不打自翻天”的文化传统，儒家教育与家庭教育中就长期奉行体罚。长期以来，体罚都被认为是一种可以理解的、迫不得已的“教育”。笔者通过300份调研问卷统计显示：100%的学生受到过体罚，接近50%认可（包含了自己认为以后认为会的）体罚。

笔者认为体罚的根源是暴力意识。所有体罚学生的老师，多少都带有暴力潜意识倾向，这是人类劣根性与人文精神不普及的标志。如果学校领导也持有体罚观念，纵容体罚，那么，笔者认为他是不适合教育工作的，因为体罚观念与现代文明的趋势不符合。

赞成体罚者的理由主要是维护课堂纪律。他们认为儿童缺乏自制力，口头劝导及责骂不一定有效，在其他教育无效的情况下，合理体罚是管教小孩必要的方法。其实，这些观点都是站不住脚的。

班级的集体性纪律失控，这在整个儿童阶段的教育中都存在，尤其以小学三年级以下的课堂居多，这与儿童不自觉行为的特点有关。儿童在集体的胡闹中会产生无意识的兴奋，但这并不意味着儿童是没有理性的，是不能教育的。如果儿童完全没有理性，那么，学校教育就不应该存在。对小学三年级以下的学生施以体罚，是完全不可以理解的。对如此幼小的儿童，施加暴力，这无异于对他们从小就撒播了暴力、野蛮、仇恨与邪恶的种子，对人类的理性与良善给予了否定。对于这种集体性纪律失控，有经验的教师只要施以一些教育手段，就可以使儿童意识到自己的错误。在自然的发展中，儿童的行为会逐渐变为自觉。

问题学生教育的唯一途径是爱、是关怀、是智慧。在小学高年级与初中低年级中，长期的体罚教育会产生问题学生，即叛逆儿童或少年。他们有很强的叛逆心理与自我自觉意识。他们可能会存心对抗教师，破坏课堂。简单的压制，尤其是暴力压制往往会产生灾难。体罚的潜意识是：教育不能解决问题，暴力可以解决问题。毫无疑问，这是对人类智慧与良知的否定。以体罚压制学生的思维是荒谬的、无知的、邪恶的。教育这些问题学生，更显示了教育的拯救意义，绝不能以简单的暴力去压制。问题学生应该是重点教育、重点关怀的对象，这是基本的人文意识。

在高中以后的教育中，体罚很少发生。不是因为高中以上教育中的教师人文素养高，而是因为高中以上体罚的不现实。高中以上青年，体格已经基本等同于成人，这时候体罚很可能会带来教师与学生的“斗殴”，教师自感危险，所以放弃了体罚。这也充分地显示了体罚教育恃强凌弱的暴力本质。

体罚的危害有时是直接的，但它更是潜在的无形教育。它造成儿童身体和心理上的伤害，可能导致未来的行为问题，如对任何人的疏远及不信任。靠体罚只能产生短期的效果，甚至会有反效果，如厌学。一旦施罚者随机恣意而为，将造成重大的情绪性误解。暴力教育制造仇恨意识，不能达到真正的教育目的，体罚处理只会给双方造成痛苦。依照医疗影像学的研究，体罚会降低智商。重大的儿童违法问题应该交由警方及人民法院处理，这样的吓阻力比用体罚高，也才能真正的保护其他人，符合法治精神。

爱的教育与反暴力教育是最基本的人文教育，而体罚教育是负面的人文教育。

### （二）纪律的现象学解读

纪律（discipline）的原意是跟随、学习和指导。原初意义中和处罚、专制条例几乎没有大的关系。现象学视野下的纪律是完整的纪律观，内在主动性与外在表现性的统一。其内在为具有独立人格、独立判断的个体，外在表现为秩序的形成，连接内在外在的是“社会契约”方式的理性。失去自由基础的纪律教育没有积极正面的教育意义，只有负面的教育意义。完整的纪律观念和旧时代的纪律认识有所不同。旧时代的纪律认识是绝对的、不容讨论的、高压下的“不许动”，片面强调“安静”与“服从”的结果。按照现象学观念，纪律也必须考察其内在主动机制。纪律如果没有内在的主动性，那就失去了现代文明的教育意义，成了一种专制、一种强迫。守纪律变相成了“做奴隶”。可见，旧时代纪律的核心是服从，其实质是奴役。

“纪律必须通过自由而获得。”这是蒙台梭利的教育名言。这句话的意思是说纪律必须是积极主动的，建立在自由的基础上。她认为守纪律的表现并不意味着“一个人像哑巴一样默不作声，或像瘫痪病人那样不能活动”。如果那样，“只不过是一个失去了个性的人，而不是一个守纪律的人”。[①]蒙台梭利指出：“当一个人是自己的主人，在需要遵从某些生活准则的时候，他能够节制自己的行为，我们就可以称他是守纪律的人。”[②]

纪律教育需要民主。毫无疑问，儿童中是未来社会的主人，学生是受教育者，不是奴隶。那么，独立判断、独立自我的观念在教育的初期就应该进行培育。教育过程则表现为平等的、民主的生活方式，教学成为对话。在这种民主的生活之中的秩序，才可称之为“纪律”。

学生遵循独立判断，发表不同意见，并将自己的意见和同学以及老师进

---

① [意] 蒙台梭利. 蒙台梭利幼儿教育科学方法 [M]. 任代文，译. 北京：人民教育出版社，2001：112.

② [意] 蒙台梭利. 蒙台梭利幼儿教育科学方法 [M]. 任代文，译. 北京：人民教育出版社，2001：112.

行交流，再经由反思、沉淀，形成新的认识，这就是成长。在教学过程中，教室里保持着活跃的、积极的、主动的探索与对话。教学绝对不是那种鸦雀无声的单向度指示，学生也是教学活动的推动者、参与者。

纪律需要理性的参与，纪律是自然的成长。纪律意味着法治社会，意味着行使自己的自由，但不能冒犯他人。课堂中必须保持秩序，保持交流。这种交流的秩序，不能被破坏。儿童的行为是从不自觉到自觉的发展，也就是说，在儿童的教育之中，纪律尚在培育，而违反纪律的事情是在所难免的。所有的人都会犯错，犯错的过程往往也是成长的过程。

纪律可以在自然教育中养成。喜爱游戏是儿童的天性，但要玩好一个游戏，就需要遵守游戏的规则——游戏的纪律，这样大家才可以玩下去。如果违背了游戏的规则，耍赖，那游戏就进行不下去，大家就会“不和你玩了”。这就是不遵守纪律的自然后果。这些必须经由儿童经验的自我教育才能被了解。玩游戏的特质是自愿玩，没有哪个儿童被强迫去玩游戏。他们喜欢游戏，他们心甘情愿，主动地玩着。为了使游戏正常进行，他们也主动地遵守着游戏的规则，这是一种正常的纪律养成教育。

类似游戏的事情还有很多，任何人与人协作完成的事情，都需要秩序。当儿童进入人群的那一刻起，他就面临着和人交往。与人交往本身就存在着“交往的秩序”。在无数的与人协作的活动中，纪律在养成着。如果我们多一些耐心，就会发现，理性会自然地发育。在高中以后的教学中，很少会出现因为缺乏行为自觉而产生的纪律问题。可见，儿童行为的不自觉会自然发展为自觉。这时候，因为行为不自觉而产生的纪律问题就会迎刃而解。

我们的教育可能过度地强调纪律的结果，将纪律转变为了规训。在片面强调结果的过程中，扼杀了儿童的人格。纪律教育需要宽容之心。儿童在成长中，缺乏行为的自觉是正常的。对待违反纪律的儿童，我们应该引导和教育，应该有一颗宽容的心与引导的心。

我们的“纪律观念”培养得不充分。很多时候，学生们习惯于呆呆地坐在座位上，等待指示，缺少积极的主动参与。这是因为我们的教育长期以来缺乏民主的生活方式，包括教师在内的教育主体，都相对缺乏独立判断的独立性人格。这样的教育，缺乏创造性。而教育不是墨守成规，是创造。

总之，现代文明语义下的纪律是自由人的联合体在协作中形成的秩序。现代的纪律教育是必不可少的，是现代文明社会的基石。

**（三）美术教学纪律问题的解决方法**

笔者认为美术教学具体解决课堂纪律问题可以通过三个方法：第一，行为练习；第二，采用儿童语言和儿童思维；第三，有效活动。

1. 行为练习

行为练习可以暗示秩序、协调身心，这种办法在幼儿园的教学中是被经常采用的。蒙台梭利教育方法中有这样的练习：不动声响地把所有的桌椅放到合适的位置，把椅子摆成一排坐在上面，用让学生脚尖从教室的一端走到另外一端①等。这些练习在小学低年级阶段也可以使用或变化使用。

小学高年级段可以采用一些其他的行为练习。如在走廊或面对窗子排成一排，做深呼吸练习，以及简单的形体练习、整理并擦拭课桌、走出位置再安静地回归座位等。

这些行为的练习，可以形成集体秩序的心理默契。这种行为练习在新班级被教师接手的开始就进行，经实验证明有很好的效果，也要求指导教师要自信、沉着。

2. 采用儿童语言和儿童思维

儿童之所以秩序混乱，是因为他们会在一定程度上潜意识地感到教学没有吸引力。儿童教育中的教师不仅应该自信、沉着、耐心、慈祥，还应该懂得运用儿童语言和儿童思维，即在教学中创设“童话”。教师具有磁石般的吸引力，张口就意味着创造、神奇和故事。

儿童语言与儿童思维意味着要超越逻辑、奇幻、秘密和创造。这在课程引入和课程推进的过程中非常有用。比如：

同学们，我昨天夜里见到了灰太狼。他是深夜来的。他的到来吓了我一

① [意] 蒙台梭利. 蒙台梭利幼儿教育科学方法 [M]. 任代文，译. 北京：人民教育出版社，2001：591.

大跳。后来，我发现灰太狼是有事相求。灰太狼告诉我，他本来不是一只狼，而是一只羊，被森林女巫施了魔法才变成了狼。他现在痛苦万分。他恳求我破除女巫的魔法。他需要儿童充满爱心的绘画，才能解除魔法。解除魔法需要儿童的图画——※※※主题。

拿出事先做好的灰太狼流泪的卡片，套在手上。用一种变音语言（可以将声音变粗、变细、像老人等）讲话，声音的变化，尤其是粗细声音的变音对话，可以呈现生动的戏剧效果。当然，与灰太狼等的对话都是经由一个教室的学生演艺的，以期在“童话”之中推进课程。

这种方式的教学很容易调动儿童的兴趣，儿童都等着你说话，都盼望着你拿出什么有趣的教具。你一张嘴，就是神奇；你一举手，就是梦幻；你一投足，就是妙味无穷。在这样的戏剧氛围之中，纪律问题迎刃而解，或者说根本就不存在纪律问题了。儿童会主动、积极地参与教学，教学成了有效的活动。

3. 有效活动

有效活动，指教学中提供给学生刚好能完成的、适当的活动。

在蒙台梭利教学法中，活动是纪律教育的关键性办法。有效活动可以制造注意力高度集中的学习情境。在美术教学中，美术表现的活动是有效活动的一种。当美术表现注意力集中的时候，他对其周围的人和事置之不理。“他的精神就犹如沙漠中隐士的精神：一种新的意识——他自己的个性在其内部产生了。当他集中注意时，似乎感到这个世界是一个充满新的发现的广阔无际的新世界。他也意识到了他的同班同学，对他们很感兴趣。”①在注意力集中的表现中，在自我实现的状态中，世界被改变了：“对人和物的爱在他内部觉醒了，他对每一个人都友好和善，对一切美好的东西都非常赞赏。”

学生有效活动的成绩，在刚开始需要鼓励。当儿童利用自己的智力和情

① [意] 蒙台梭利. 蒙台梭利幼儿教育科学方法 [M]. 任代文，译. 北京：人民教育出版社，2001：595.

感，完成了一项活动时，他会把他的画拿过来给老师或给家长看。这种行为表明，他需要肯定，需要肯定来确认自我。教师或家长必须给出赞同的反应，以微笑鼓励他，就像母亲对待学步的婴儿一样，这鼓励犹如母亲伸出的双手。

但最终信心必须经由儿童内部形成。当儿童走出第一步后，一旦获得自信，他感兴趣的不再是他人的羡慕，而是能继续安静地完成他的工作。他将继续完成不为他人所知的工作，在注意力集中的活动中默默成长。有自信的人，不由他人的肯定与否定建立自我，而是从自己的事业建立起自我；此时事情做得好不好不再经由外界来确认，而是经由自己。在这种奋斗中，热爱产生了。

有效活动体现出的纪律，是最佳的教学秩序。因为它营造了最佳的教学情境，一种人生奋斗、一种追求真理的集体氛围，犹如春天的鲜花盛开……

拾 [第十章]

# 331 美术学习评价

根据现象学的理论分析，评价是发挥师生主体间性的教育意义的重要组成部分。评价是教师对学生的评价，更是学生在自我确认之中的自我判断与自我评价。一切评价行为都是为美术教育意义的实现而展开。

## 第一节　学习评价的含义、分类和目的

### 一、学习评价的含义

学习评价的定义与内涵在长期以来存在争议，不同的教育观念有着不同的学习评价观念。一般认为学习评价是教学评价的组成部分，主要是针对学生学习部分的评价。但教学与学习是一个整体，很多时候学习指的就是教学，教的评价以学的评价为依据。无论是教的评价还是学的评价，都在教学活动中发生。所以，很大程度上学习评价指的就是教学评价。通俗地说，评价教师的教学效果，首先就是评价该教师上课班级的学生的学习效果；而学生的学习评价，稍加转换就成了对该教师的教学评价。

一般认为学习评价（教学评价）的定义是：以教学目标为依据，按照一定的标准，运用一定的手段，对教学过程及结果进行测量，并给予价值判断的过程。[①]这是指向“教”的评价，是一种最广泛的评价认识。该认识强调教学目标——教学测量——教学判断的路径，是一种狭义的评价。这种教学测量一般以作业成绩、考试成绩来体现。这是知识中心的评价观，即围绕知识，确立知识的学习目标，通过作业批改、测验、考试，来测量学生对这些知识的掌握程度，最后回到知识的教学目标，判断知识的学习结果。

笔者无法赞同这样的评价观。笔者认为评价无时无刻不在发生，评价即判断。教师在教育生活之中，无时无刻不在做出对教育的判断，有针对学生作品的、有针对学生发展的、有针对教学本身的、有针对教育观念的，这都是评价。对学生而言，在学习过程中，也无时无刻不在做出判断，有针对学习内容的、有针对自我的、有针对教师的、有针对教学的，这都是评价。评价的方式也不仅仅是作业批注、测验与考试，这只占到评价总体的极小的部

① 程书肖．教育评价方法技术[M]．北京：北京师范大学出版社，2004：28.

分。一次谈话、一次思考、一个点头、一句称赞或反对，甚至一个表情、一个眼神都可能形成评价。评价在教学中无处不在。从这个衍生出的意义上说，评价即教学，评价即成长。

那么，这个评价观就超出了教学目的的测量，事实上也是这样，教学目的实现的评价只是评价的一部分。教学目的的书写只是为了标注教学核心的目标，有时候仅仅体现了知识性的目标。在真正的教育生活中，教学与评价要超出教学目的的文本许多，要丰富许多。任何对教学目标僵硬化的处理，都是违背教育规律的。

## 二、学习评价的分类

根据教学中不同的角度，美术学习可以做出不同的分类。各种分类只是一种基于某种角度的概念性的表达，由教学研究服务的术语划分。划分方法并不具有绝对的性质与意义，而是相对性的描述。而且划分方法其实并不止下面四种，根据不同的角度可以产生不同的划分方案（表11-1）。

**表11-1 学习评价的部分分类**

| 学习评价 | | | | | | | | |
|---|---|---|---|---|---|---|---|---|
| 功能 | | | 基准 | | 方法 | | 内容 | |
| 诊断性评价 | 形成性评价 | 总结性评价 | 相对性评价 | 绝对性评价 | 量化评价 | 质性评价 | 过程评价 | 成果评价 |

### （一）以功能为依据

根据评价在教学活动中功能的不同，可把学习评价分为诊断性评价、形成性评价和总结性评价三种类型。

1. 诊断性评价

诊断性评价是指在教学活动开始前，对学生学习准备的程度与心智情况做出鉴定，以便采取相应方法使教学计划顺利、有效实施而进行的测量性评价。诊断性评价，一般会在课程、学期、学年开始或教学过程中需要的时候实施。

2. 形成性评价

形成性评价是在教学过程中，为了进一步了解学生的情况，调整和完善教学活动，保证教学目标得以实现而进行的确定学生学习效果与成长状况的评价。一般步骤如下：

（1）确定形成性学习单元的目标和内容，分析学生成长和各要点的层次关系。

（2）实施形成性测量。测量包括所测单元的学生所应达到的所有成长要素，测试进行后教师要及时分析结果，改进、巩固、调整教学。

（3）实施平行性测试。其目的是对学生的成长加以巩固，确保掌握并为后期学习奠定基础。

3. 总结性评价

总结性评价以预先设定的教学目标为基准，对评价对象达成目标的程度即教学效果做出评价。总结性评价注重考查学生阶段性学习完成后的发展状况，概括水平较高，测验内容范围较全面，常在学期中或学期末进行，次数较少。

**（二）以基准为依据**

学习评价根据评价所运用的方法和标准不同，可分为相对性评价和绝对性评价。

1. 相对性评价

相对性评价法是从评价对象集合中选取一个或若干个对象作为基准，将余者与基准做比较，实施学生发展状况对比的评价法。相对性评价法便于学生在相互比较中判断自己的位置，激发其竞争意识，同时帮助教师发现教学问题，调整教学。

2. 绝对性评价

绝对性评价法是在被评价对象的集合以外确定一个客观的成长标准，将评价对象与这一客观标准相比较，以判断其达到的程度的评价方法。绝对性评价，可以考察教学目标是否达成，促使学生有的放矢，主动学习，并根据评价结果及时发现差距，调整自我，具有明显的教育意义。

### （三）以方法为依据

1. 量化评价

量化评价是运用分数对评价对象进行测评，并用分数显示评价结果的评价方法。分数可以是百分制或者五分制等，这是目前学校教学采用最多的一种评价方法。

2. 质性评价

质性评价是通过访谈、描述、评语、成长记录、档案整理等方式，力求全面充分地揭示评价对象的各种特质，并寻找其中的意义。质性评价有对量化评价改革的意图，认为不能把复杂的教育现象机械地化为分数，认为简单的分数会扭曲和丢失学生成长的重要信息。

### （四）以内容为依据

1. 过程评价

过程评价也称为发展性评价，强调学生的学习过程，旨在学习过程中发现教育意义，是一种及时的评价，是对学生学习过程以及学生发展状况的评价。

2. 成果评价

成果评价，指对学生学习成果做出的评价。成果评价与过程评价相反，是针对学生学习的成果实施评价。在美术学习中，成果一般为美术作品。在大学教育中，成果除美术作品外还体现为研究成果，如论文等。

## 三、评价的目的

不同的教育观念会导致不同的评价方法，评价的方法需要正确的教育观念的指导。但不管什么理念的美术教学，它都要实施评价。在评价开始之前，我们先要考虑一下，我们为什么要评价学生学习、评价学生美术作品？是为了认识学生的成长、经验、感情和兴趣吗？或者为了显示学生的优点、缺点、创造能力、技巧的程度，将他们分成等级吗？毫无疑问，我们教学的所有目的都指向学生的成长。问题的关键在于何为成长。

### （一）成长的激励

毫无疑问，美术学习评价最主要的一个目的是对学生成长给予激励。但相同的“成长”一词未必指向相同的内容。每个阶段中的“成长”的内容是不一样的，如小学、中学和大学的有关成长的内容绝不可能是一样的。

成长可以视为美术能力的成长，这可以理解为美术专业能力的发展。成长也可以理解为知识的进步，即学习与掌握了更多的知识。我们一般强调的“成长”，其实更多地指向知识与技能的进步，即以知识与技能为中心展开教学。这显然受到了知识技能教育观念的影响。但成长更应该指向学生身心的发展。显然，身心的发展与知识的发展不是一回事。那么成长的激励，也显示了不同的意涵。知识中心主义的“成长激励”指向学习、指向知识；而儿童中心主义的成长则指向激励全面的发展，指向儿童、指向成长。其意涵有重叠交叉，但并不一致。

这种差异在儿童小学阶段显示得特别明显，而且两种“成长激励”会产生矛盾。在儿童画的教学中，一件看似“丑陋”的作品，以技能评价标准去衡量会显示出许多的问题，所以如果采取知识技能导向的“成长激励”的话，你最多只能给予“昧心”的夸奖以示鼓励，基本就到此为止了，因为你实在看不出这样“丑陋”的作品的意义。从心理学的观点看，这样的毫无经验基础的鼓励，实际上收效甚微。有的时候，反而可能会让学生意识到自己作品的“驽劣”，进而产生沮丧之心情。上面情况在儿童中心论教师的眼里，可能会完全成为另一种光景。当儿童在一件作品之中“自我发现”的时候，即便这件作品也许毫无美感可言，但从那一刻起，限制他成长的情感困扰就开始消除了。学生在自己创作的作品之中认识自己，可能是他生平的第一次，他开始勇敢地面对以前不能面对的自我。这是一次生命的改变，这是一个伟大的时刻。如果教师认识到这种“伟大的进步”，那么，他的鼓励和前文的鼓励是完全不一样的。他会让学生感觉自己走对了路，他会给学生以信心。通过这种自我发现的方法，学生在情感表现之中创造着自由。

这两种成长的激励实际上有本质的不同。知识技能导向的评价倾向于一种客观的评价。所谓客观，指的是成人专业美术标准。虽然任何老师都知道专业标准在儿童美术之中不可实施，但专业标准中的“元素”被保留下来了，如构图、线条、色彩、对比、画面平衡均衡感，等等。所以，笔者说在儿童美术之中，绝大多数老师采用的仍是专业美术标准，只不过是一种弱化的专业美术标准而已。这在本书之中已经多次提到，专业美术标准不适合儿童教育，需要以一种新的标准取代这种不符合儿童心理学的旧标准。儿童中心的成长激励采用儿童成长标准，它指向儿童身心成长的各种维度。学生通过美术学习来获得自我体认，在整合经验、情感、智慧、创造、审美等的美术学习中，学生的人格在内在地成长。在这个过程中，学生的自信心培养起来了。如果评价只以美术能力的发展作为目标，那么，这些有意义的成长可能都会失去。

可见，成长的激励并不是那么简单。它绝不是简单的鼓励，它需要心理学与教育学的基础，也需要将美术运用于教育的方法。评价是教学的有机构成，它随时随地都可能发生。教育以人为本，这就要求我们要关注全体学生的发展，关注学生的成长。每个学生的个性不尽相同，评价时就不能千篇一律。评价一定要考虑学生具体的发展阶段。每个阶段的学生，具有不同阶段的发展情况。通过评价，为学生确定个体化的可实现的发展目标，并根据学生的具体情况，采取针对性的教育，以促进学生的发展。

成长的激励不是口号，而是新教育观念的外显，是新教育的方法。

**（二）帮助教师了解学生**

学习评价也是为了让教师更加了解学生。这个“了解”，可以是了解学生的身心发展状况、了解学生的发展性困难，也可以是了解学生知识的掌握情况。不同阶段的学习有不同的特点，但只有“了解”了，才能采取有针对性的教学策略。

在不同阶段，了解的重心不同。比如，在儿童美术教育阶段，了解应该侧重于儿童的成长；在高等美术教育阶段，了解应该侧重于对专业美术的理解与掌握。罗恩菲德在《创造与心智的成长》一书中对此做了一个生动的比喻：“除非我们了解儿童的家庭环境，否则我们就不可能认识他描绘家庭的意图。”[①]如果错误地运用了解，就有可能“对儿童作品施以评价只是使老师更透彻地了解儿童的成长，而不是以学生的缺点和优点来困扰他们，前者能帮助老师了解学生的创造意图和其他生活情形，后者徒然使儿童对‘寻找自我’和创造表现丧失信心。”[②]在儿童美术教育阶段，“任何评量，只有能帮助教师更好地了解儿童，并有效提示儿童从事创作，才有意义”[③]。

了解儿童美术作品比了解成人美术作品要困难，因为儿童美术作品的解读需要运用符号学的知识。儿童美术的符号具有象征性，而且重要符号的出现往往与心灵的情感有关联。通过对儿童美术作品的符号学解读，可以了解他们的创作意图，了解他们身心的发展状况。通过美术作品，我们可以深入到儿童的心灵世界的深处。美术教师通过作品与行为了解儿童，发现他们成长中的障碍，发现儿童受限制的原因。对老师而言，就等同于找到教学的钥匙。老师就可以采取相应的教学策略帮助儿童克服困难，获得自信心，以新的姿态投入新的生活。

高等教育中美术学习的评价，更多地侧重于对学术性的测量。评价是为了甄别他们学习的进度与程度。笔者认为高等教育必须保证学术的高度，为人类知识的发展开路，这和中小学义务教育的性质是不一样的。

**（三）帮助教师调整教学**

评价发出的信息可以使师生知道自己的教和学的情况，教师和学生可以根据反馈信息修订计划，采取新策略，调整教学的行为，从而以有效的工作达到更优化的教与学，这也被称为“评价的调节作用”。

评价是随时随地发生的，在教师与学生的交互生活中，评价伴随始终。在不断的评价过程之中，教师不断接收到新的信息，学生的各种信息，如表现的投入的信息、缺乏表现欲望的信息、儿童符号解读的信息、儿童成长障

---

① [美] 罗恩菲德．创造与心智的成长[M]．王德育，译．长沙：湖南美术出版社，1993：34.

② [美] 罗恩菲德．创造与心智的成长[M]．王德育，译．长沙：湖南美术出版社，1993：44.

③ [美] 罗恩菲德．创造与心智的成长[M]．王德育，译．长沙：湖南美术出版社，1993：45.

碍的信息等，不计其数的信息可以在评价中产生。这些信息可以推动教学前进，不断提示我们采取不同的教学策略来应对新发现的情况。从而，评价伴随着整个教学过程，在教学的所有环节中发挥着作用。

## 第二节 美术学习评价的现状分析

### 一、中小学的美术学习评价

高考是对中小学教育影响最大的因素，教育的性质仍是应试教育，这有复杂的历史原因。20世纪70年代末恢复的高考制度，计划经济的历史惯性、市场经济的发育不成熟、社会分配制度的不成熟等，这些因素都使社会形成了教育中高考至上、就业中“铁饭碗”热、求职中公务员热。这一系列相互制约、相互影响的不正常现象，都必须经过改革来加以改善。

在高考的最终目标性的面前，中小学所有的教育行为受到了“扭曲”，在评价领域也不例外。所有的高考考试科目，评价都以考试标准为导向。考试评价一直贯彻到了小学低年级阶段，非常可怕。学生成了考试的机器，不知道为什么而学习，这显然是一种极端扭曲的评价。

这样的考试评价有可能不能起到甄别和选拔人才的作用，只能起到“淘汰”的作用。陈丹青在《退步集》里写道：考试制度选拔出来的是庸才，博士生不如硕士生，硕士生不如本科生。陈丹青先生的说法也许有一些极端，但笔者也认可最优秀的艺术人才肯定难以通过升学所要求的英语考试。考试评价基本是一种“伪选拔”。三个小时的考试不能反映出一个人的全面能力，考试科目的设定也未见得合理。“一战定乾坤”“一年一次机会”更是摧残了千千万万学子的身心。笔者就是一个活生生的例子，笔者在高考最严厉的年代里通过了层层的考试，但高考对我来说，始终是一个梦魇。笔者一直难以忘记，在高考完乃至整个本科四年的时光中，我总是重复地做着有关高考的噩梦，也许这种伤害一辈子都无法消除。

如果说考试科目受到高考制度的直接扭曲的话，那么美术教学与评价则受到了高考制度的间接扭曲。高考考试科目高度重视以考试为导向的评价。

美术科目不是高考科目，所以，美术教学与评价和考试科目的情况就截然不同了。抓考试科目，必然会导致对非考试科目的放松（有的时候表现为放弃）。除了个别美术特色学校外，美术教学常常不被学校重视，教学效果不被关心，美术课经常被主课替换，有时还会被改为自习课。这其实是对美术学科的不尊重。在这种涣散的氛围之中，美术教学失去了教育的目的性。唯一的目的就成了“教教画画”，美术课的目的与任务就演变成了“完成美术教学”，至于教得怎么样、对学生的身心有怎样的帮助等的学习评价则是“无所谓”或“不重要”的。学生的美术成绩，对于他们的毕业、升学和就业的影响甚微。到了小学高年级后，学生乃至家长都开始不在意美术学习，对于美术成绩的要求一般是及格即可。美术成绩通常以直觉直接给出，一般给得相对较高，有鼓励的意味。

中小学美术学习评价的性质带有盲目的鼓励性质。给高分数不等于促进儿童的成长，只不过体现了鼓励的盲目性。有怎样的教学就有怎样的评价。多数的教师不知道如何通过美术教育来促进儿童身心的成长，如何能做出成长性的评价。中小学美术学习评价显然不是成长性的评价。评价分数差异的依据是成人美术的标准——一种高度放松之后的专业美术标准。因为学生、家长、学校都不重视，鼓励的效果自然也就收效甚微了。

但这种非常放松的美术教学与评价还是存在一些正面的潜在教育影响的。在高考制度的压力之下，美术科目的松弛起到了心理治疗的作用，在一定程度上可以为学生的心理压力减负，艺术的情感性更加强了这个作用，这个作用是由艺术本身的性质决定的。

## 二、美术高考中的评价

“千军万马走独木桥”的高考制度，催生了美术高考热。因为高考竞争过于激烈，许多学生走上了美术、音乐、体育等专业的高考之路。美术高考是我国高考的一种考试方式，一般由各省自主进行。考生需完成当年的美术专业考试报名手续，具体考试时间由各地自行决定，一般在统一高考时间前的半年内进行。美术高考包括专业考试和文化课考试。只有专业考试和文化课考试均通过一定的分数线，才能被有关高校录取。专业考试的公共科目一般为素描、色彩等，如报考设计类专业，有的地方会增设“设计”。通过专业考试的考生会收到“文化准考证”。考生返回学校继续进行文化课学习，并参加统一高考，取得文化成绩，最后按划定的分数线进行录取。

美术高考评价的标准因美术高校的差异而各有侧重，不容易找到一个统一的标准。一般来说，美术学院的考试评价更侧重于专业成绩，其他美术院校的录取相对美术学院而言更侧重于文化成绩。多数美术高考的考试以写实性短期作业为内容，一般一门考试科目的时间为3小时，评价侧重于对造型与色彩等基本功的甄别与选拔。

长期以来，美术高考就一直存在争议。美术高考也许可以考出考生的美术基本功，但美术才能则是很难考出来的。笔者认为美术高考一定程度上考的是技术，而不是考艺术。在开始学美术的时候，美术学习是一种纯真的状态，创作者沉醉于艺术的体验。而一旦以美术高考为目标，美术很容易扭曲成分数。考生为分数奋斗，费尽心思，而将真正的艺术抛之脑后。不少美术高考培训班，更是显示出了“急功近利”的教学，“几笔画一个苹果的方法”“画人像的套路”，美术学习成了“数学公式”的学习，艺术性在分数面前退到了次席。

笔者主张美术高考评价多元化。是不是应该和国外美术院校录取那样考察一下考生的平时作业，再结合面试？这是个值得探讨的话题。各地美术院校的招生应该以本校的培养目标与培养方向为准绳，录取不同艺术取向的美术考生。

美术高考是高考的一种形式。最近有关高考存废的讨论逐渐热烈起来。高考是“普通高等学校招生全国统一考试”的简称，是我国独有的现象。美国有SAT（Scholastic Assessment Test，学术能力评估测试，俗称美国高考），英国有A-Levels（中学高级水平考试），这些都是学生进入高等教育所必需的，但这些考试不是高考，它只是众多高校申请材料中的一个，与高校录取之间不存在必然性的联系。从名称上就可以看出差异，英美的是中学考试，我国的是高校招生考试，性质完全不一样。我国的高考开始于1952

年，1965年被废除，1977年又被恢复。在高考出现之前的民国时期，高校是自主招生，所以没有高考制度与高考问题。1952年在“全盘苏联化”的过程中，高校和其他社会形态一样被导入了计划经济，成了“计划教育”的一部分，即全国教育公办并统一。附带的变化还有全国统一的教育大纲、全国统一的教材，高考产生了。可以说，高考是计划经济的产物。1965年的废除高考，其实并不仅仅是废除了高考制度，它在废除高考的同时，其实也废除了高等教育、废除了科技、废除了知识。高校不再以探求真理、发展学问为己任，再转变成了为工、农、商、学、兵服务，工农兵大学事实上是变相阶级斗争的产物。在人才断层、科技教育陷入停滞发展的困局下，1977年恢复了高考。随着改革开放，我国的国力与从前相比已经不可同日而语。而当下，提出高考问题，有一个全新的时代语境，高考改革势在必行。

笔者认为目前模式的高考制度必须被废除。但废除高考并不等于废除高校招生，也不等于不能搞类似英美的“中学高级考试”。作为大学录取的一个参考，高校招生必须多元化，往高校自主招生方向发展，单一的考试成绩不能作为录取的唯一标准，招生制度必须符合教育规律与人性化。实际上，真正的问题是教育必须人性化。

那么，美术高考当然也应该变革。与其说美术高考应该变革，不如说美术高校录取办法应该变革。如果我们将问题还原为“事物本身”，这也许并不是一件非常复杂的事情。其实问题很简单，就是高校有权选择自己认为合适的学生入学。在自主招生的过程中，同步进行法制建设，使招生法制化。这对美术高校教育特色的形成、发展有利，对教育本身的进步也有利。

总之，笔者认为美术高考评价应该只是高校录取中的一个参考，而不应该“一考定乾坤”。我们应该探索更加能反映学生艺术才能的评价办法。

### 三、高等美术院校的美术学习评价

经过千军万马走独木桥的高考战役，美术考生终于成为美术专业的大学生。“严进宽出”是我国包括高等美术院校在内的高等教育的学习评价的写照。“严进”指的是严酷的美术高考；“宽出”指的是高等美术院校评价的尺度宽松。虽然不能说所有的高等美术院校都是这种状况，但对于多数高校而言，仍是如此。

高校美术教育课程一般可以分为理论课程、专业课程和实践课程等。

理论课程的评价一般可以分为一次性终结性评价、终结性评价与形成性评价混合两种模式。一次性终结性评价指的是成绩以一次性的考试为准。大学外语等课程往往采用这种评价方法。终结性评价与形成性评价混合模式，一般以终结性评价为主，即以考试为主，结合形成性评价，即平时成绩，以及可能还有一定比例的学生考勤评价，如美术史等。平时成绩可以体现为课程中间的学生作业的成绩。

专业课程一般采用终结性与形成性混合评价的模式，即评价同时参考平时作业与最终作业的成绩，比重根据教师的理解以及学校的规定而定。

实践课程的评价可以分为等级评价与分数评价两种方式。一般教育实习、艺术采风与考察等课程采用等级评价，即根据学生在实践中的表现给予优、良、中、及格、不及格的评价。有的实践课程也可能采用分数评价，如风景写生的课程，一般会以学生平时作业与最终作业为评价依据，评价以分数呈现。

艺术课程与数学等课程的评价有一个最大的不同。艺术课程比较难获得一个精确的评价，评价带有一定的主观性，主要凭借直觉判断，依据是经验观念。有的时候，评价者之间的观点会近似，而有的时候会不同，甚至也会出现彻底相反的极端情况。比如，一件油画作品，有的老师认为画得很好，但有的老师也许会认为画得一般，这种情况比较常见。而艺术评价很难解决这个问题。有的学校采取集体评价，即几个老师同时对一个学生的作品进行打分，通过过滤最高分、最低分或不过滤的方式得出学生的成绩。其实，这种方式也很难说公允。因为这个评价的产生，取决于这些教师的素质。而且群体打分，如果没有隔离，很容易产生群体性的暗示。实际上，集体打分和个别打分的公允程度没有很大的差别，这只能限定于对一般作业的评价。当然，如果关于学生的重大评价，集体打分还是比较合适的，至少反映了学校的民主性，更反映了学校集体的观点，如毕业创作、论文答辩等就比较适合于学术委员会等组织的集体评价。但无论如何，艺术评价难以精确，并且带有一定的主观性。这是由艺术的直观性的特点决定的。

为了使艺术评价更为“精确”，对艺术实施细化权重的量化评估，则更为糟糕。如将一件素描作品，分割为构图、比例、结构、明暗、虚实、整体感、表现力等若干部分，划分成权重不等的分数，实施评价。这种貌似科学的评价，其实也不适合艺术评价。因为艺术的整体感受性并不能被这样机械地划分，无论怎样划分，也不能囊括艺术的全部性质。还是拿素描评价为例，如果一件抽象素描作品，或者表现素描作品，它没有明暗、比例、结构，但有很强的震撼力，那么按照上面给出的量化权重，这件作品就丢掉了很多的“得分项目”，评价就不可能高。这是这种艺术评估的一个缺陷。另外，它还会产生一个更大的问题，即造成了评价的极不客观。那就是权重内的分数如何把握，如构图占10分，那什么样的程度该得9分，什么样的程度该得8分呢？仍然要依据直观判断。因为切割得越细致，整体的差距就越遥远，结果导致得出的分数会比整体判断更加不客观。总之，艺术评价不适合用这种方式来评估，只有在演艺等节目中的艺术评价才适合采用细化权重的量化评估，其目的在于追求节目的娱乐性与刺激性。

艺术评价是经验与直观的结果，它带有文化的潜在影响。也就是说艺术的标准并不是一个绝对客观的标准，而是一个文化的标准。比如，举世公认的杰作《蒙娜丽莎》，杰作是我们文化给《蒙娜丽莎》的评价。把《蒙娜丽莎》拿给一群文身文面的土著人欣赏，他们很可能会“完全没有感觉”，“没感觉”是土著文化对《蒙娜丽莎》的评价。可见，艺术评价是一种带有文化烙印的观念显现。

高校的美术学习评价显然也是这样一种并非绝对精确的、依据评价者经验观念与直觉判断的评价。只有相对的合理性，难以做到绝对的科学性，因为艺术本身就不是科学。

高校美术学习评价最大的问题是没有严格地把握标准。通俗地说，分数有一定的放水嫌疑。一般而言，适当的提高分数加以鼓励是可以理解的。但高等美术院校毕竟不是中小学的美术教育，它必须显示出一定的学术严肃性，如果连最低的学术标准也不能捍卫，那么，它的评价就是有问题的。

事实上，高等美术院校的学习评价没有很好地把握学问的标准基于各种理由，除了极个别学生外，大多数的学生最终都能混到毕业。学校的学术质量把关不严，任课教师不能严格把关课程的评价。如果过于严格，比如不及格的学生过多，学校可能反而会追查老师的责任，这就迫使教师评价“放水”。再加上因为没有学分制，学生一旦“挂科”，几门累积可能就拿不到学位。如果一定比例的学生拿不到学位，就会影响到学校的招生。而招生是学校的生命线。所以，学校不会乐意老师的严格引起这样的后果。这种矛盾的情况必须经由改革来加以改变。

我们都知道国外的大学教育是“宽进严出”。其实“严出”并没有多严，只不过显示了正常的评价标准而已。那么，是不是这也意味着我们的高等教育连正常的评价标准都没有遵守呢？

遵循评价的正常尺度是关系到我国的学术与教育尊严的大事情，它是教育质量的指标之一。笔者主张进行学分制的高校课程改革，由学生自由选择课程，为自己的学习负责。那么，完全不能达到学业标准的情况就不能给予合格，在学生自觉学习的情况下这种情况也很难发生。美术学习评价就可以遵循正常的尺度进行了，希望我们能发挥智慧解决这个困扰高等教育多年的难题。

## 第三节 评价的标准

在美术学习评价之中，评价标准是个关键词。采用不同的评价标准就会产生完全不同的评价结果。而不同阶段的美术学习评价标准不应该是统一的，每个阶段的评价标准都必须符合该阶段学生的身心发展特点。

### 一、儿童美术学习评价标准

儿童美术评价不能以成人的标准去鉴定，这已经是一个公认的观念。但如果我们不以专业美术标准去评价，就会陷入方法论的真空。所以，我们必须寻找一个新的标准，一个符合儿童美术本身以及儿童发展规律的标准。这是绝大多数美术师范院校学生及教师们都需要掌握的一个标准。

**（一）发展的标准**

儿童美术标准必须根据儿童美术发展阶段的特点而决定。如果儿童美术教学与评价失去了儿童美术发展阶段的理论支持，我们的教学就会建立在空虚的地基之上，失去了科学的依据。

不同阶段儿童的美术能力是完全不同的。7岁的儿童和10岁的儿童在能力上存在巨大的差异，7岁处于前图式期与图式期的交界年龄，是自我、空间、色彩和物体等观念开始形成的年龄，所以美术教学的主要目的在于帮助儿童发展这些观念，评价也需要反映出对这些观念发展的评量。10岁的儿童则处于党群年龄的顶峰，此阶段老师最重要的一项任务就是以有意义的感性来启发儿童的空间意识，加强儿童的合作意识，评价也需要对这个焦点性的问题有所反映。所以，我们必须对这些自然的差异有一个充分的了解。我们只有在对儿童美术的发展规律有一个较为充分的了解的前提下，才能对儿童的活动采取适当的教学策略，以及做出恰当的评价。

儿童美术学习的评价应该更关注对过程的评价，而不是对作品的专业成就的评价。罗恩菲德在《创造与心智的成长》的美术发展阶段的研究里有一项关于儿童关注美术表现的过程与完成品的变化研究，这项研究对于我们认识儿童美术的帮助非常大。罗恩菲德发现，10岁前的儿童重视美术表现的过程远远超过对完成效果的重视。13岁为分水岭，完成品效果的意义会越来越受到儿童的关注。到15岁的时候，对待完成品效果的追求达到巅峰。15岁以后趋于往成人化方向发展，成年人的关注点在完成品和制作过程之间。这项研究告诉我们，至少在12岁以前的儿童美术教育中，我们不能强加对完成品的关注意识给儿童。这个阶段基本等于我国的小学教育阶段。只有按照儿童发展阶段的特点开展的美术教育，才是顺应天性发展的教育。（表11–2）

**表11-2 学生对制作过程与完成品的注意度[①]**

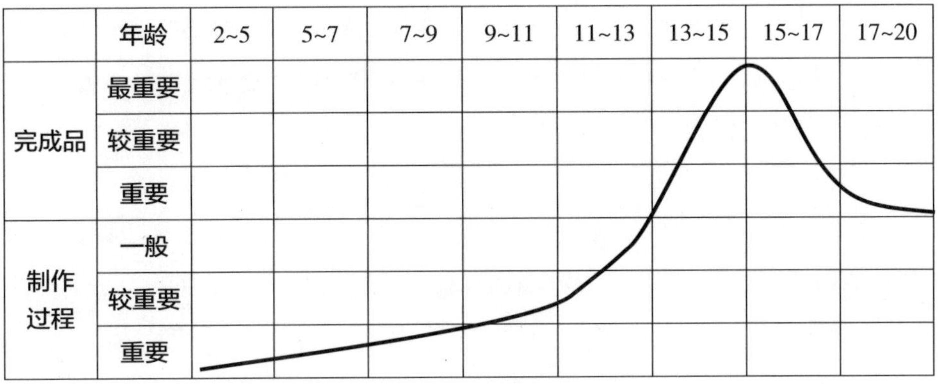


这就意味着在小学阶段的美术教育评价中，过程要比完成品更重要。我们应该明确这个价值观：创作的过程比完成品更为重要。一件成人看起来很原始、很丑陋的作品，对于儿童而言，有时可能比一件制作精美的作品会更有意义。儿童关注制作美术作品的过程，是因为儿童理性发育未达到完全，不自觉思维占据主导地位的原因，他们还没有学会以理性分析切割完成品的思考方式。儿童认为美术表现比完成作品更重要。这是一种自然的状况，教育必须尊重这个自然状况。

假如我们以成人思维的方式，帮助儿童解剖作品，设法“帮助”儿童达到完成品的效果（艺术效果），这就违背了儿童的认知规律，并且这种行为会给儿童带来干扰，只能带给儿童注意到自己作品的“低劣”的教育，只会徒然挫伤儿童对美术表现的热情，让他们有一天说出“我不会画”。更要紧的是我们使儿童意识到了完成品的“好坏”，这种好坏的观念如果对他们没有意义，他就不能理解“好坏”，仅仅使他们被动地成了“好坏”的奴隶。如果我们从技法表现上夸奖他们，便意味着我们传达了只注意技巧的信息。实际上，这就成了一种暗示，暗示着我们关注的是结果，我们会将孩子引向对结果的关注，而自然就忽略了过程的意义。

至于对完成品的解析与要求的教学，应该放在初中以后的美术教学中逐

① [美] 罗恩菲德．创造与心智的成长[M]．王德育，译．长沙：湖南美术出版社，1993：213.

步展开。随着青春期的到来，学生会出现身体与情感的巨大变化。青春期是儿童期向成人期的过渡期。初中以后的美术教育也应该顺应这种自然的发展，从过程转向对完成品的理性解析，以满足青少年对美术认知的需要。

### （二）成长的标准

在儿童美术学习评价之中，我们应该通过美术全面评量儿童的身心发展。美术成为促进儿童成长的工具，成了儿童与发展之间的桥梁。评价不能仅针对儿童的作品，还必须在儿童美术作品之中寻找儿童发展的信息，对儿童的全面发展做出评价。当然，美术学习的评价是通过美术的方式做出的。

1. 感情成长

美术作品中能透露出个人的情感状况，图式、符号等中蕴含着创作者的信息。教师可以从这些信息中获得对儿童感情成长状况的判断。感情稳定的个人一般都具有这样的特征：能轻易地以极大的弹性体验世界。在他的作品中，他总是将自己置身其中，能呈现出自我和环境的情感关系，并能够充分享受这种关系的体验。在作品之中，他能够呈现包容精神，让各种不同的关系包容在自我之下。这种自我情感的确认，可以帮助儿童适应新的环境。无论是美术的环境，还是生活中的环境，他都可以获得一种高度的适应能力，这就是情感稳定的意义。

相反，如果一个人情感不稳定，他就需要心灵的安慰，他很可能暂时需要一个避风港，以恢复自己的元气。在这种自我封闭的情况下，他可能会往两个方向发展，一个是调整好姿态和步调再次投入生活，另一个则可能是走向病态和与群体生活的隔离，沉浸在自我的世界之中。每一个人难免会在生活中遇到各种各样的困境，调整总是在所难免的。但如果丧失了生命的底蕴，专注于生命的灰暗，那么，对生活毫无助益。所以，在美术教育中，我们觉察学生的感情成长，帮助学生唤起生命的正面本能，帮助孩子走出困境，这都具有了崇高的教育意义。

在美术作品之中，教师可以发现学生的情感成长的问题。例如，学生过度地重复相同的图式，对自己作品中的内容冷漠，显示不出与自己任何的情感关联，等等。过度地重复图式，往往意味着学生在逃避环境，他需要在不断重复的经验之中，获得自我的安全感。他不愿意去接受一个新的情境，因为他感到对新情境没有把握。冷漠机械地描绘也是一样，这说明他不能放松身心地投入其中去体验，他需要和作品保持安全的距离，他害怕看到真实的关系与真实的自我。在这种冷漠之中，在这种模式化之下，他寻找着自我的保护。情感越失调，就会带来越大的行动障碍。自我、环境的关系处于不正确的状态，不能让自己在环境中自由发挥。从心理学角度分析，关键原因还是在于其不能体认自己。

现象学美术教育学高度关注自我的体认，并主张从自我经验的确认之中来获得自我体认，以疏通自我和环境的关系，让自我在环境之中能够尽情地发挥。所以，美术教育应该设法恢复这些情感困难的孩子们的经验感受，让孩子们在亲切的经验感之中，发现自我，树立起自我的信心，从而增强对新情境的适应能力。只有他愿意适应新的环境，对新情境的调整产生反应时，他的画才会表现出较多的自我体验；只有自我体验开始的时候，才能让他感受到绘画对他的意义；也只有他觉得绘画有意义的时候，他的弹性缺乏才会逐渐地消失。在美术创作之中，帮助孩子们以图像及图像述说的各种关系来确认自己，帮助他们摆脱自我逃避的依赖性。因为美术对我们而言毫无压力，所以美术表现就成为一个良性的反复循环确认的过程。

2. 智慧成长

感情的抑制会阻碍儿童智力、能力的发展，过度的理智也会限制他的感情自由。只有保持感情和智慧的平衡，才能成为一个身心健全的人。但这种平衡的发展，我们往往很难做到。现在教育体系高度重视智慧的发展，而对情感的发展往往重视不足。在这种状况之下，美术教育就需要承担起一个责任——调整学生的智慧与情感发展的平衡。让学生不仅获得智慧的知识，还能获得丰富的感情。

在美术作品之中，我们可以窥见孩子的智力发展状况。自我与环境关系的自觉暴露了孩子的智力发展情况，越是自觉于这种关系，在作品之中就越能呈现出更多的细节。在孩子逐步的成长过程中，这种自觉感的成长是非常明显的。另外，孩子学到了知识，会将这些知识或多或少地运用于他的作品之中，这些都说明了他对生活的认识以及智慧的程度。

现行的教育以为学习就是对知识的获取，知识成了教育的中心，这种认识造成了情感麻木的社会。其实，儿童的情感表现与知识的获得同样重要，只有我们懂得使用知识，才能使死知识成为活知识。而生活则绝对不是只有死知识而已，生活的表达与体验，远比死知识更为重要。生活本身就意味着最丰富的知识。

3. 生理成长

美术的创造同样带来了生理的成长。在美术活动之中，需要视觉和行动之间的配合，眼睛、手指、大脑乃至身体都处于一种协调运作之中。在儿童的学龄阶段，绘画能够有效地发展手部的控制能力。这个意义现在已经引起了很多家长们的注意。在美术表现之中，控制线条，给想要上色的地方着色等活动，都需要最精密的肌肉协调来控制最细微的变化。很多时候，还需要身体感觉的投射。例如，当我们画一个人处在某种运动姿势的时候，首先我们的身体就必须不自觉地感应一下这个动作。身体感良好的儿童，往往也能将身体经验投射到美术之中，他们能较好地控制线条。逆向思考可以得出：控制线条较好的孩子，其身体知觉一般也发展得比较良好。

4. 知觉成长

儿童的知觉是一个成长的过程。就拿空间知觉来说，对较小的儿童而言，空间只不过是四周的区域而已；随着年龄的增长，围绕他的空间逐渐增大，同时他对空间的知觉方式也发生着变化。

美术作品中无处不反映着我们的知觉。作画需要运动知觉和视觉知觉的协调，图像之中充满了形体、色彩与空间，整幅作品也需要我们以感觉去欣赏和判断。在做黏土造型的时候，我们的手和泥土触摸，我们以触觉与视觉配合感受形体的变化。美术最突出的一项贡献就是带来了视知觉的发展。在美术中获得的色彩感受力，让我们分辨出不同的光线与它在大气下的各种变化。美术使我们的目光变得敏锐，观察变得细致。但绘画其实不仅仅与视知觉有关，其他的知觉对绘画也能产生特殊的作用。

西班牙超现实主义画家胡安·米罗（Joan Miró，1893—1983）在学校学习时，老师让其以杯子、苹果为题完成一幅静物写生的作业，可米罗却画成了“绮丽的黄昏”。于是，米罗被罚蒙上眼睛去上一周的课，上课的内容是用手触摸实物，再凭自己的记忆去作画……有意思的是，老师的这一惩罚极大地激发了米罗对形体的感受能力和表达能力。在后来的日子里，米罗逐渐悟出了自己的绘画道路，逐渐走向成功。①

米罗以触觉经验融入视觉表现，获得了独特的艺术表达方式。罗恩菲德认为美术的创作类型有两种：视觉型和触觉型。在罗恩菲德看来米罗显然属于触觉型。触觉型强调自己身体的感应及它感情所涉及的主观经验；视觉型经验的媒介主要是眼睛。②罗恩菲德这种区分未必足够科学，但这至少说明了视知觉和身体其他知觉以及感情经验之间是互相联系的，这也符合现象学的观点。

知觉的存在是在运动与空间之中的存在。形状、色彩、环境的感受都是处于空间中，很多情况下也是处于运动中。这发展了我们的运动感和空间感。有的儿童的线条和笔触都表现出了胆怯，无法欣赏运动感，很少表现视觉意象。这说明这些儿童缺乏运动和空间中的自我经验确认，导致了没有能力去表现甚至观察这种感受。这需要通过艺术刺激来改善，直到获得自信心为止。

知觉的教育，在我们的教育体系中被严重忽视了。没有美术教育的话，人们也许不会注意到感觉的意义和特质。但在我们的生活中，运用知觉是如此的重要，知觉的参与伴随着我们的一生。美术教育可以使我们学会让知觉敞开，唤醒知觉的敏感性。知觉敞开了，才可以感受这生动的世界，去进一步发现生活诸多的美好细节。

5. 社会成长

人类生存中最重要的一个因素，就是每个人在社会中互相帮助的生活方式，我们将其称为“社会性”。社会成长的第一步就是面对自己的经验，

---

① 杨建滨．初中美术新课程教学论[M]．北京：高等教育出版社，2003：193.

② [美] 罗恩菲德．创造与心智的成长[M]．王德育，译．长沙：湖南美术出版社，1993：258~271.

在自己的经验中关联他人，从而发现自己的需要，同时也能体会到他人的需要。美术创作非常适合使儿童明确其成长的责任。当儿童以自我及家庭环境作为经验的起点，并将这些经验投射入美术表现的时候，就会发现他并不是孤单的、被隔绝的。他需要考察“别人”，密切地体验别人的需要，从而发现群性的重要性，进一步去学习理性、包容、文明的相处方式。他会发现他是群体中的一员，同时他也感受到了自己的独立性，由此启发他的社会意识和责任感，这有助于让儿童了解这个世界。

“美术是人类文化最早和最重要的载体之一，运用美术形式传递情感和思想是整个人类历史中一种重要的文化行为。”①在高年级的阶段里，通过美术这个载体，学生可以获得对人类多元文化的理解，认识到“艺术并不仅仅存在于人们的头脑中。艺术是文化的产物，存在于公共的艺术世界里”②。美术拉近了人与人之间的距离。“美术是一种个人和文化的表达方式，它影响了我们看待自己的方式。”③我们以美术表达确认自己，沟通了自我和他人之间的关系。美术的确是个人在这个世界中认识自己和表现自己的最好的方法之一。

为了促进这种社会成长，我们可以在恰当的时机采用集体创作的课程方式。在集体的艺术创作活动中，儿童会感受到这个建设性的意义，作品中会自然表现出自己和其他人的经验，美术表达的过程成了合作的过程。但社会参与感遭到压抑的儿童，则会感到困难。他无法使自己的经验和他人的经验发生联系，在作品中显示出孤独感。同样，我们可以用经验确认和艺术刺激的方法来逐渐改善。

6. 美感成长

美感就是和谐，美感教育就是和谐的教育。美感本身就是成功的统整，

---

① 中华人民共和国教育部制订．全日制义务教育美术课程标准（实验稿）[S]．北京：北京师范大学出版社，2001：2.

② [美] H. G. 布洛克．现代艺术哲学[M]．滕守尧，译．成都：四川人民出版社，1998：247.

③ Gaudelius Y，Speirs P. Contemporary Issues in Art Education[M]. Upper Saddle River，New Jersey：Prentice Hall，2002：24.

或者说是一种有机的组织。“结构完善的文字，我们称之为诗；空间谐和的组织，我们称之为建筑；至于音调就是音乐；线条、形状和色彩就是绘画；身体动作就是舞蹈。”[①] 美感的作用是无处不在的，在任何的地点，在生活的任何角落，在戏剧中、在艺术中、在语言中、在行为中、在社会组织中，在人类的一切行为之中，都需要和谐的力量。缺乏了和谐的组织，就会出现心理不平衡；在教育中就会出现逻辑和智慧模式强加在有机的生命体上，而不顾人之天性；在社会管理中就会出现刻板与教条。个人需要美感，整个社会都需要美感。

对个人的成长而言，只有感觉与外界达到和谐的关系时，才能建立起统整的人格。“任何组织良好的思考、感觉、感受力及任何沟通的形式，都以美感成长为基本条件。”[②]我们必须凭借美感，才可以做出和谐的表现。从这个意义上讲，美感是和谐的生活方式。对客观环境感觉的有效统整，是美感教育最重要的职责。美感成长是有机的，但它没有任何既定的标准，它因个人与文化的不同而有所不同。对待美感教育绝对不能采取武断的管制。正是由于艺术基于个人的美感原则，我们才创造了如此丰富多彩的世界，而所有规则刻板地要求创作的做法，都对儿童美感成长造成了损害。儿童借助空间、线条、色彩、机理、材质等美术表现，整合了感情与思想。美感成长表现为思考、感觉、感受力、情感等经验作为一个整体的统整。可见，美感教育是良好社会的主要力量之一。

在评价的标准中，我们最容易犯的错误是常以单纯的审美标准来做评价。例如，作品的构图、线条的流畅、色彩的关系、形式美的程度，等等。总之，我们常常以作品的外在审美程度来做评价，这不但对作品不公平，对儿童更不公平。因为成长“并不包括”这些外在的标准，也不只是由美感成长所构成，美感成长只是作为整体发展的一部分，这和成人专业化美术学习的情况是完全不同的。在成人的艺术学习中，美学的标准往往

① [美] 罗恩菲德. 创造与心智的成长[M]. 王德育，译. 长沙：湖南美术出版社，1993：58.
② [美] 罗恩菲德. 创造与心智的成长[M]. 王德育，译. 长沙：湖南美术出版社，1993：58.

是主导的。但在普及教育的领域，成长的因素是绝对主导的。

7. 创造成长

罗恩菲德这样说道："保存创造能力，并使之与成熟的心智合一，是艺术教育的最高的特权之一。"[①]罗恩菲德如此强调创造在美术教育中的地位与意义，并把他最主要的著作起名为《创造与心智的成长》，是经过了深刻的思考的。在罗恩菲德的美术教育体系中，创造与心智始终是两个关键词。在罗恩菲德看来，创造力是因为情感、智慧、知觉、社会、生理、美感六项的成长达到心智的统整之后而获得的最终体现。这体现了罗恩菲德的责任感，因为他认识到创造是人之所以为人，区别于动物的主要标志之一。他认为创造是驱动人类进步最基本的动力之一，是人体现人价值的化身，只有在创造中人才体现出了人类的伟大。

创造性是人类是所具有的本能，是一种天生的直觉。一名儿童在尚未学习如何使用它之前，就已经懂得使用。因为拥有创造力，人类才克服了无数的生存苦难，建立起我们的文明世界。

当儿童开始表现他自己的时候，他就开始了创造。例如，涂鸦的儿童会给他的涂鸦作品起名为《人》或者《山》，他以线条和发明实现了他的创造。这种创造伴随着他的成长，从简单的方式到最复杂的形式。创造是自由奔放的，所以创造也以自由为前提的。失去了自由，也就失去了旺盛的创造力。社会规范往往束缚了人的创造力，使人往往固执于规则。大多数成年人的创造力在很大程度上已经丧失，成了程式的奴隶。现象学美术教育的意义也正在于保存这种创造能力，在重返前科学世界的生命体验中，唤醒我们的创造本能；在存在的过程中，展现无限的可能性。这就是现象学生存的觉悟。

**（三）自我的标准**

儿童是以自我为中心来构建世界的。在儿童的美术发展与美术学习评价之中，自我始终是一个关键性的钥匙。在自我标准之中，我们评价的关注点

---

① [美] 罗恩菲德．创造与心智的成长[M]．王德育，译．长沙：湖南美术出版社，1993：60.

主要有自我经验、自我表现和表现投入度。

当我们评价儿童美术作品的时候，如果我们在儿童作品之中看到儿童自己的经验、自己的表现，那么我们就应该肯定它，无论这件作品如何“拙劣”。反之，如果没有表现出自己的经验，也没有自己的表现的作品，那么，我们判断这不是一个良好的倾向，因为表现的投入度是一个明显的自我投入的标志。

通过比较儿童的美术作品，我们很容易发现儿童对其作品感情的浓度的差异。但最正确的测量方法，是在表现的过程中观察儿童。他提问得愈多，他东张西望的次数也就愈多；他注意别人作品的次数愈多，他就愈不注意自己的作品。完全融入表现的儿童不会有兴趣提问，也没有时间东张西望，他对自己的经验深具信心，无须从他人的作品中寻找灵感，他会毫不中断地达到既定的目标。表现的冲动产生了追求完美的欲望，这种表现的冲动会使技巧愈发走向成熟。①

教师需要观察儿童是否表现出了对美术表现的积极欲望，能否体验到他的创作表现；或者只画少量东西，没有多少参与的欲望；或者待在那里不动手，遭受挫折而说：“我不会画”。

我们知道儿童美术学习评价不是为鉴定学生，而是为了帮助学生。那么，上面的观察评价的目的显然也不是为了将这些评价转化为分数，而是为了采取相应的教学策略。

如果作品呈现了自我表现的积极欲望，老师的教学策略是进一步寻找儿童的创作意图。心理学告诉我们这时候比较恰当的方式是“没有暗示的询问法”。具体的询问如：“告诉我你画的是什么？”“在你的画里，这个是什么？”通过这个方式，可以读懂儿童美术的符号。询问要彻底，凡是不懂的符号都要经由询问，这是儿童美术教师必须要做的工作。儿童一般不会拒绝这样的问答。从心理学上判断，儿童在解答的过程中，享受了作品中也许未表达出来的满足感与趣味性，儿童会为他们创造的符号感到沾沾自喜。所

① [美] 罗恩菲德．创造与心智的成长[M]．王德育，译．长沙：湖南美术出版社，1993：47~48.

以，多数的问答都会在饶有趣味之中完成。值得注意的是，询问绝不能带有暗示性，如这个所代表的意思是这样的或那样的吗？这种情况下，儿童很容易藏匿自己真实的表现意图，会顺着老师的意图，去做出他们感到“有趣味”的新解释。在解读了儿童的符号语言之后，就是图像学鉴定，鉴定儿童各方面的发展状况。可以在儿童美术与身心发展的理论中，掌握这些鉴定的方法。教师鉴定的同时做出关系思考，思考符号物象与儿童生活以及情感的关系。

如果发现儿童对美术表现缺乏欲望，如画的东西很少，那我们便得先鉴定他是否是真的没有欲望还是欲望被藏匿了，这很容易辨认。我们也可以采用询问法，询问他的画里表现了些什么，如果他只说有一棵树和一栋房子，而不再加入其他的说明，而教师提示询问后依然如此，那就说明他不想画一些特别的东西。这显示了画面的内容没有和他建立起特殊的关系，这时候的教学策略，是寻求更紧密的情感与经验关系的主题定位，以及采用艺术刺激的方法，让儿童能够在表现与自我之间建立起情感关系。但如果他说了一些未曾表现或看不见的东西，那么教师就必须搜索画面中的个人符号，因为这些符号可能正是他说的东西。很多时候，儿童以很特别的符号来表示他自己的想法。有一些成人看起来并不重要的符号，可能藏有与儿童之间的密切关系。通过深入的研究，我们才可能解读出其对儿童有重要意义的关系。和前面拥有表现欲望的作品相比较，一般儿童障碍性的问题往往更多地藏匿于这种画得很少的作品表现之中。心理的困扰，让儿童表现的速度减慢，呈现出了这种有表现内容，但画得很少的情况。在一些符号的解读之中，我们可能会发现儿童重大的成长问题与障碍。一旦帮助儿童解除了困扰，就为儿童成长拓展出了新的空间。

完全不动、说“我不会画”的情况是受到了“表现的干扰”，即美术表现的自我体验会受到干扰。“我不会画”的意思是说“我不会画出老师或家长要求的那种画”。儿童意识到了这些方式不是自己的表现方式，是自己做不到的，于是就说出了“不会画”。根据罗恩菲德教育实验发现，儿童如果没有受到过干扰，是不会说“我不会画”的。这些干扰在本书中已经多次提到，是外界的成人干扰摧毁了儿童的进取精神与创造力，也造成了儿童自我体验的时间、空间被剥夺的结果。自我是儿童经验最直接的媒介，儿童在美术表现之中自我体验，使他们对自己的经验产生信心。所以，老师只要了解了儿童的经验，就可以从儿童自我体验直接入手，利用自我和环境的关系，寻找最佳的机会控制和推进儿童的经验，一直到儿童在新建立的关系上获得自信心为止。培养自信心正是我们的美术教育的关键目的之一，这比完成美术作品要重要得多。

这里有一个“儿子画海宝”的案例，案例中“爸爸”利用与儿子存在感情关系的海宝，和儿子对话，肯定儿子自己的感受经验与表现方法，最终使说“我不会画”的儿子找回了绘画的信心。案例如下：

儿子最近从学校放学回来，连续三次交给我的美术作品，居然是一张白纸。我问儿子：“怎么不画呢?”儿子头低得低低的，声音很小、很弱地说：“我不会画。”儿子以前是个很乐观的孩子，可是现在偶尔会出现抑制的现象。记得儿子在上小学前，很喜欢画画，每次画完都骄傲兴奋地跑到我身边，来领取我对他的夸奖。有时，我想拿笔画画，他总是要来抢我的笔，要抢着画。怎么才上这么短时间的学，就丧失了对绘画的兴趣呢？儿子喜欢世博会的吉祥物“海宝”，喜欢和海宝“交谈”。我舞着海宝的手，问儿子：“你会画画吗?”儿子很诚恳地说：“我不会画，你会画画吗?”我代替海宝说：“我会画的。但我没有手指，我画不了。你帮我画一张吧。”我拿出笔记本，给儿子画画玩。儿子迅速画了一张画，面带可以预期会遭到批评的表情，把本子拿给我，大概是在等我的批评。我抱起儿子，并笑着亲了儿子一下，我肯定了这幅画是儿子自己方式的表现。儿子受到了鼓舞，继续画了一张。然后，我又模拟海宝说：“你画得不错，画我怎么样?”儿子说：“我不会画。”海宝“说”：“你看我的肚子是不是圆圆的？眼睛是不是大大的?”儿子试着画了海宝的图画，虽然还不能很好地控制线条，但我看出来儿子完全可以画出有趣的绘画。我把儿子画的海宝像，交给孩子妈妈看：“看，儿子画得不错吧。”孩子妈妈很吃惊于儿子的表现。我相信，儿子只要继续如此表现自我，一定可以找到绘画的乐趣。儿童绘画是儿童自我表现的途径，自我调控的工具。儿子在画海宝的时候，神态很专注。很明显，因为受到了我的肯定，儿子开始恢复自信，大致是扫除了心理的一个小阴影，开始变得开朗和快乐。

在儿童说出“我不会画”的情况下，很多不懂儿童美术发展理论的教师们往往会很焦急。教师不能因为儿童不能投入，就感到着急，这思路上就不对了。如果老师们能将美术教育的观念从美术本身转移到儿童成长上来，我们就会对这种情况产生兴趣，而不是沮丧。教育的意义正是帮助儿童成长，那么这种情况正好为我们提供了明显的帮助。正确的方法是见招拆招，寻求儿童个人化的表现困难的原因，以恰当的教学策略加以改善。老师会在儿童改善的工作中感到教育的幸福。

教师要创设儿童快乐表现的教学情境。我们应该让儿童感到他们的美术表现完全是出于自愿的，是没有必需的任务的。我们必须让儿童感受到美术表现是有趣的、纯属快乐的。我们关注他们的美术表现及他们的个性化的符号，是为了寻找符号与他们经验的关系。如果我们这样去看待儿童画，我们会发现很多儿童画的乐趣。所以，我们才关注儿童是否积极地表现，因为只有儿童表现出了绘画的内容，才方便我们去判断。

## 二、成人美术学习的评价标准

包括高等美术教育在内的成人美术学习的标准是专业美术标准。绘画风格主要可以分为写实、表现、抽象三大类型。这三大类型的标准显然是不一样的，而绘画只是美术的一部分。在现代艺术与后现代艺术崛起的当代，美术的概念已经远远超出了绘画。美术的标准也越来越难以描述，也许本身就不能描述。

我国的美术教育受苏联美术影响极大，这种影响现在仍没有消退。主要体现在教学为写实美术教学，美术标准倾向于写实美术标准。

例如，素描标准为：造型准确，有较强的表现和塑造能力。主要体现在比例、动态、透视、特征、神态、空间关系、结构关系、体面关系、调子关系、整体关系等。色彩标准为：有明确的色调意识和良好的色感，画面色块及构图安排适当，色彩对比及调和关系明确，而且有美感；色彩与形体结合好，表现生动，形体刻画深入，画面整体效果好。

这种写实性美术的标准在美术高考、高等美术教育等成人美术评价之中都极为普遍。这其实是一个很严重的误区。笔者认为这不过是写实基本功标准而已。这种统一的写实性美术标准现象是不正常的，标志着我们仍没有从过去那个“计划教育”的年代里走出来。

当今世界高速发展，日新月异，美术早已不是19世纪中叶的那番景象。在摄像、摄影、电脑、网络、数字化技术等的推动下，写实艺术的作用在日益减弱，与人们生活的距离日趋远去。在当代人的生活之中，电影、声像借助网络等途径高速传播。商业化加速了视觉文化的崛起，使人们生活在视觉文化的时代里。当代生活需要新艺术，而写实艺术显然不能代表整个艺术的精神。

美术标准必须回归艺术的本然，它应该体现为表现性、生动性、创造性、独特性等视觉感受。

即便这样，可能仍不能概括所有的美术标准，如观念艺术，追求的观念性。可见，美术标准已经进入了多元化的时代。多元化才正常，因为我国上百所招收美术专业学生的高校不可能都像列宾学院那样搞写实艺术。艺术教育需要百花齐放、百家争鸣，美术学习的评价标准也并不是一个死的范畴，它应该是丰富多彩的。

## 第四节 儿童美术学习的评价方法

### 一、走向多元的评价方式

#### （一）分数评价的弊端

分数评价是我们现在中小学包括美术课在内的教学中使用最为广泛的一种学习评价方式，但这种学习评价体系已经远离了学生心理教育的正确目标。

首先，分数评价基本是一种重结果、轻过程的功利主义的评价方式。重视最终分数，不重视学生获得这种分数的方式与过程。例如，同样是90分，对某一个学生来说可能轻轻松松就能获得，对另一个学生而言则可能是经过艰苦努力的结果。但只重视结果的评价方式完全无视分数背后的不同心理内涵，这并不是一种促进学生发展的态度。

其次，学习评价的极端单一性。我们的评价基本上是百分制，很少有等级评定、评语描述等评价方式。本来应该是丰富多彩的评价系统变成了刻板、粗糙、单一的评价方式，在这种孤零零的分数面前，除了最终考分，学生的其他一切都显得无足轻重。这是“目中无人”“缺乏人性”的评价。

再次，分数评价很少具有激励性。因为分数上的成功者始终是少数，只能是所谓的“前几名”，大多数情况下“差生”自然成了失败者。分数评价的指导思想及其方式不能给学生学习带来帮助，而是在学校中“培养”了一大批学习上的“失败者”。这是一种扭曲学生个性与心理的评价方式。

在西方大学教育中，分数作为个人隐私是保密的，老师都是将分数反扣着交到学生手上的。但即便是这样的方式，也不适合普及教育中的美术教学。

分数评价的目标指向为作品，而不是儿童。我们以作品来划分档次，无论如何做出评定，都会伤害到儿童。我们这样做只会“教育”儿童将注意力转向完成品，而忽视了美术创作本身的意义，这对儿童和作品而言，都是不公平的对待。无论是怎样的分数，都会让儿童只注意到分数。高分数和低分数都不能让儿童将注意力集中于创作本身，更不要说低分数会带来打击和沮丧。即便高分数也会造成儿童人格的扭曲。高分数就好像奖励，很容易使获得者成为全体儿童的羡慕对象,高分数可能会在儿童幼小的心中撒下虚荣心的种子。在追求高分的过程中，必然会导致儿童对完成品的重视，甚至可能会激发儿童的相互模仿与抄袭。所有的这些行为都与儿童的经验毫无关系，偏离了美术创作体验本身，美术创作失去了统整心智与激发创造的能力。 所以，分数评估对儿童的发展是非常有害的，在低年龄段中更是如此。

一位曾在表现上遭受过挫折的儿童，第一次开始勇敢地表露了他自己的经验。他的作品很可能还没有显示出这个举动的痕迹，这是一个在创作中发现自己的开始。对于一名成长中的儿童而言，这很可能是一个新生活的开始，尽管这个开始往往是很脆弱的。他开始不再以他人的图式及固定化的图式来逃避自己的经验，开始面对自我，开始自由地表现生活。这个开始往往是很困难的，与他以前的表现方式可能只有很小的差别。然而，对于儿童自我而言，这一小步对其今后的发展却起着决定性的作用，甚至能改变他一生的生活方式。可是，如果按照传统的标准，我们就几乎无法辨认出这个差别，也根本不会去注意这个成长的转变，甚至很可能在与同年级儿童作品的比较中，完全将这个儿童忽略掉了。这简直是一场人为的灾难。所以，我们不能忘记我们评价的不仅是作为物品的作品，我们评价的更可能是人本身。

**（二）保留部分的分数评价**

对美术课程的不同看法，会带来不同的评价。目前有一种将美术课程视为公民人文基础知识的一部分的观点。如果美术人文知识的确是公民生活的需要，那美术客观知识学习就应该成为美术学习的一部分。美术客观知识，主要包括美术史、美术批评、美术学知识三个主要的组成部分。知识学习有知识教学的规律，这和艺术体验教学有一些不同。如果美术学习必须涵盖知识学习的话，那么这个部分的学习就应该是系统化的，和地理、历史等学科的教学一样，美术学习的评价就必须与之相适应。知识学习最有效的评价还是考试，我们姑且可以称之为“美术知识考试”。如果我们采用考试评价，学生对美术人文知识的学习的重视会大幅度提高，美术人文知识才有可能成为包括地理、历史等学科在内的人文基础知识的一部分。

美术知识涉及复杂的历史情境，具有人文知识的综合性，我们可以把这门新的课程称为“艺术与人文”，也可以将美术与音乐等艺术知识做出统整式的化合。课程必须在学习完中国历史、世界历史、中外思想史之后才能进行。考察世界历史是高一的课程，所以“艺术与人文”课程在高一下学期或高中二年级开设最为合适，一学期或一学年的学习足以。我们观察到历史、地理的教学都没有分阶段拆开进行，从而形成了学科知识的系统性。那么艺术知识同样不宜分阶段进行，否则无法形成学科知识的系统性。

艺术知识考试，还是以分数评价最为客观。历史学科经由考试评价，使其成为公民知识的要素，那么艺术知识也可以经由考试评价，成为公民知识的要素。

关于考试内容，笔者主张应该以客观知识为主，即有唯一答案的知识，如《蒙娜丽莎》是谁画的?《千里江山图》是哪个朝代的作品等。主观美术知识因为没有客观答案，所以不宜考试评价。笔者认为对美术客观知识的学习足以构建公民的艺术人文知识基础，至于主观性的艺术修养，应该交由艺术教育完成。换句话说，笔者认为美术知识学习应该和美术体验学习有所区分。知识学习就是知识学习，不能和艺术体验学习混淆，否则两者的特色都无法发挥。一旦需要混合，一定要谨慎，如果把握不好，就很容易形成以偏概全、死记硬背的教育。那样的考试与教学，毫无意义可言。

**（三）叙述性评价**

分数评价显然存在许多的弊端。分数评价只能偶尔使用，起到一种调剂、娱乐与刺激的作用。评价应该是全过程的，而不应该是只重结果的。评价方式必须多样化以适应教育的需要。这里特别推荐叙述性评价（Narrative Assessment）供大家参考。

叙述性的评价不会对儿童造成伤害，而且可以帮助教师了解儿童的作品与其经验的关系，教师也可以根据这种评价做出适应性的教学策略改革，来帮助儿童自己获得成长。在某些幼儿园里这种评价的方式已经开始尝试了，但在学校教育中还不够普及。表11–3是罗恩菲德在《创造与心智的成长》中做出的叙述性一般评价表，供读者参考。

**表11-3 一般评价表（样式）**[①]

| 客观评价标准 | 很少 | 一些 | 很多 |
| --- | --- | --- | --- |
| 作品是否在其发展阶段中有足够的表现： | | | |
| 1. 人物 | | | |
| 2. 色彩 | | | |
| 3. 空间 | | | |
| 技巧是否足以表现？ | | | |
| 技巧是否为儿童作品的一部分？ | | | |
| 完成品表现的努力程度怎样？ | | | |
| 作品细节单独部分的意义？ | | | |
| 作品单独部分在环境中的意义？ | | | |
| 儿童遵循一种表现方式的程度如何？ | | | |
| 在完成作品的过程中抗干扰能力如何？ | | | |

| 自我体验的程度 | 是 | 否 |
| --- | --- | --- |
| 1. 经常的定型重复 | | |
| 2. 偶然的定型重复 | | |
| 3. 只是客观的报告 | | |
| 4. 在客观反映中增加特殊的特征，而包含一些自我 | | |
| 5. 间接或直接地包含了自我 | | |

| | 成长的记录 | 很少 | 一些 | 很多 |
| --- | --- | --- | --- | --- |
| 感情成长 | 免于定型<br>缺乏物体的普遍性<br>经常偏离普遍性<br>自我的经验 | | | |
| 智慧成长 | 包含许多细节<br>色彩的变化<br>主动知识的其他说明 | | | |

① [美] 罗恩菲德. 创造与心智的成长[M]. 王德育，译. 长沙：湖南美术出版社，1993：70~72.

续表

| | 成长的记录 | 很少 | 一些 | 很多 |
|---|---|---|---|---|
| 生理成长 | 视觉和动作的协调（控制线条的程度）<br>有意识地投射身体动作<br>技巧的熟练程度 | | | |
| 知觉成长 | 视觉：光、影、透视空间、色彩变化<br>非视觉经验：触觉、纹理组织、听觉 | | | |
| 社会成长 | 体验他人的需要<br>社会环境的体现<br>参与群体制作与合作的程度<br>对于其他文化的欣赏 | | | |
| 美感成长 | 思想、感觉和感受力的统整情况<br>对于调和色彩的敏感性<br>对于纹理组织的敏感性<br>对于调和线条的敏感性<br>对于调和形体的敏感性<br>对于装饰的敏感性 | | | |
| 创造成长 | 独创性（没有抄袭、模仿）<br>内容的独创性<br>表现方式与他人显著不同<br>表现方式与他人完全不同 | | | |

这种叙述评价非常适用于普及美术教育，因为它有效地结合了成长性与美术性，既有美术性的细致记录，又很紧密地将这些美术性与儿童的经验联系在了一起。在每个发展阶段中都可以制订出客观性的美术发展与身心发展评价表，如罗恩菲德在《创造与心智的成长》中为图式期的儿童拟订的叙述性评价表（表11–4）：

**表11-4 样式化阶段7-9岁儿童评价记录表①**

| 成长要素 | 成长的记录 | 没有 | 一些 | 很多 |
|---|---|---|---|---|
| 智慧成长 | 对熟悉的事物是否发展了概念？<br>是否清楚地表示他的概念？<br>他的样式是否有细节的倾向（手有手指、眼睛有睫毛等）？<br>色彩是否与物体有关？ | | | |
| 感情成长 | 使用的样式是否富有创造力？<br>是否根据物体的重要性而改变其体积？<br>绘画是否借夸张、省略来显示不同，或甚至改变有意义的部分？<br>是否以肯定的风格来使用他的线条或笔触？<br>是否不断使用“折式画”？<br>是否不断地过分夸张？ | | | |
| 社会成长 | 美术作品中是否体验了他自己的经验？<br>是否建立起空间的相互关系？<br>是否使用基底线？<br>是否将他的环境加以特征化？<br>在体验他人时是否显出社会环境意识？ | | | |
| 知觉成长 | 是否使用未中断的连续线条来表示运动的感觉？<br>是否意识到纹理组织的不同？<br>所使用的是否不仅是几何式的线条？<br>是否把距离物体画小些来显示视觉的效果？<br>是否改变色彩与物体的关系？（对于不同的植物和树使用不同的线？）<br>是否以分析方法去塑造？ | | | |
| 生理成长 | 是否在绘画中表现身体的动作？<br>是否显示出同样身体部分缺少连续的夸张？<br>是否对他身体的使用有感应？（关节、特殊的细节）<br>所用的笔触是否留在事先决定的区域中？ | | | |

① [美] 罗恩菲德．创造与心智的成长[M]．王德育，译．长沙：湖南美术出版社，1993.162~163.

续表

| 成长要素 | 成长的记录 | 没有 | 一些 | 很多 |
|---|---|---|---|---|
| 美感成长 | 是否把重复的冲动利用为设计的目的？<br>是否画满整张纸？<br>在绘画时是否想到整张纸，而非仅是单独的细节？<br>是否使用装饰的图案？ | | | |
| 创造性成长 | 是否创造出他自己的表现记号（概念）？<br>是否改变他的样式？<br>是否改变眼睛、鼻子、嘴巴等的记号？<br>是否发明了他自己的题材？ | | | |

这种叙述性评价，可以以多种方式进行。成长记录的评价方式可以转化为“档案袋评价”。档案袋评价，就是将学生的成长记录，以档案袋的方式加以整理，形成学生完整性的成长记录。但档案袋评价和其他评价一样存在着评价内容的判断问题。无论是什么样的评价，评价目标、评价内容都构成了评价的要素。即便采用档案袋评价，如果我们的教师对学生的美术能力与身心发展规律缺乏了解的话，那么评价也无法有效地进行。

叙述性评价符合美术课程改革提倡的质性评价（Qualitative Assess-ment）精神。质性评价要求关注学生的学习态度、学习过程，以及学生的发展，要求开发互动性，体现人性色彩。[①]质性评价要求兼顾形成性评价与终结性评价。叙述性评价的提出本身就是为了纠正关注作品而不关注儿童的教育问题，它的目的在于帮助教师深入地了解学生经验在作品中的呈现方式，为配合教师找到学生的困难服务。它不仅关注学生的学习态度和过程，而且还将态度与过程融入经验分析，考察学生的人格统整，具有心理学和教育学的双重依据。从性质上说，叙述评价在目标尺度上有效地锁定了学生的成长，体现了教育人性化的要求。

在学习评价上，我们唯一的正确思路是：哪一种评价方式有利于学生学习和个性发展，我们就用哪一种评价方式。在对学生学习的评价上，我们要

---

① 尹少淳．美术教育学新编[M]．北京：高等教育出版社，2009：315.

多一点教育的艺术性，少一点行政官僚式的态度。评价学生应重在学习过程，重在学生主观能动性和内在潜力发挥的程度。从有利于教育、有利于学生心理发展的角度来思考问题，才是我们应该做的。

## 二、自然竞争中潜在的自我评价

自我判断能力的养成是教育最终诉求的目标之一。美术学习评价的一个潜在目的在于让学生能够形成自我评价的能力。教学不是以教师的判断来左右学生的判断，正确的教育应该是鼓励学生做出自己的判断。

现象学美术教育学提倡有效的人与环境的互动。在健康的教学氛围中，儿童会觉得他是教室精神的一分子，他愿意贡献自己来增进这种集体的精神。儿童之间的表现会互相感染，当一名儿童在美术创作中表现自己的体验，他就贡献了他自己，也为这个集体做出了他的贡献，而且他还可以欣赏这个自己做出的个人贡献。

每一个孩子首先都需要与自己竞争，与自己的标准与成就竞争，来发现是否能做得比以前更好。他也会自发地与别人竞争，但在教师有效的引导之下，他将竞争导向了美术表现。他通过自己的快乐的表现来确认自己，并树立起很强的自信心。这是最自然和最健康的竞争。

这种竞争叫自然竞争。在自我竞争之中产生的自我认识是最有效的成长性评价。这是一种潜在的评价，教师的一切评价乃至教学的最终目的都是为了让学生获得这种评价。自我确认的评价是嵌入人格的，是每一步成长的组成部分。这是儿童在进入教室环境之后，在不知不觉之中引发的进步。

对于年龄小的儿童，自然竞争也可能引发他们的一些困难，但这是他们必须要学习克服的。对于年龄较大的儿童而言，良好的教室氛围都具有一项特质——竞争。这个年龄段以后，儿童开始愈来愈重视完成品的重要性。他们在创作方法、表现方式和作品风格上受到刺激，获得彼此的激励，并以自己的经验来相互评价，这是自发的互相评价。这种完全不具有既定目标的自然竞争，产生了最有益的教学氛围，其作用无与伦比。

遗憾的是，我们常常采用的是强迫竞争。“所谓强迫竞争，是指一种引导进来而非自然情况中成长的竞争形态。”[①]在强迫竞争中，我们通常会设定一定的标准，一般还会有奖品的刺激。这种竞争在儿童未来的生活中会非常多，通常是为了激发参与者发挥出最高的能力。但这种竞争其实不应该被应用于普及教育中，尤其是不应该被应用在低年级的教学中。因为这会扭曲儿童的认识，在孩子幼小的心灵中播撒功利主义的种子。

艺术教育的重要目的之一就是把儿童的个人差异性诱发出来。由于学生个性上的差异、认知方式上的差异，以及环境、家庭与教育的差异，使其在艺术表现上千差万别。儿童美术是极端多样性的，也是极端个人化的，几乎没有两位儿童的绘画是完全相像的。创作表现本身就是无所谓“错”与“对”的，艺术的审美也是基于个人感受的。儿童在美术作品中透露出来的经验，甚至连颇具经验的老师往往也看不出来，但这些经验可能对儿童是有深远意义的。[②]为了让所有的儿童都能参与这种创造性的表现，艺术教育要关注的重点是学生的表现过程而不能是完成品。在艺术表现之中，儿童获得了自我独特性的确认，这为他们在未来的社会化生存中展现既具有群体适应性又能渗透出自己独特魅力的个性打下了良好的基础。

在强迫竞争之下，这些关系就全部会受到扭曲。强迫竞争是完成品的竞争，它迫使儿童不再关注工作的过程，而转向关注完成效果。强调完成效果，会使儿童过度地重视“技巧”，割裂技巧与个人经验的关系，夺走了他们技巧的自发性。激烈的竞争，甚至刺激了儿童去模仿，从而使其丧失了自由表现的习惯与动力。强迫竞争通常强加一些成人标准给儿童，抑制了他们的个性与自然的发展。这些标准通常是合乎成人专业化的审美标准，要求画面“漂亮”，作品富有“创意”，这些标准完全是外在标准。如果一个儿童老老实实地表现自己的感受与经验，既缺乏创意也不合乎审美规范，就绝对不会在强迫竞争中获奖。这无疑是鼓励儿童去“做别人”，欺骗自己的感受与经验。很多的学校，经常为这种强迫竞争而强行产出作品，但这些作品基本

① [美] 罗恩菲德. 创造与心智的成长[M]. 王德育，译. 长沙：湖南美术出版社，1993：73.
② [美] 罗恩菲德. 创造与心智的成长[M]. 王德育，译. 长沙：湖南美术出版社，1993：73~74.

上都是虚伪、注意技巧性和过分注重完成效果的作品。所以，这种所谓的强迫竞争仅适用于少数具有特殊天赋的中学生，其会对普及教育中的大多数儿童造成伤害，因为它破坏了发展健全人格的公平机会。

在创作中获得一生都需要的健全人格，才是对学生最好的奖励。创作的过程对儿童才是最需要的，健全人格才是普及教育的目的。在良好的教室氛围中所产生的自然竞争，才是最健康的竞争。

## 三、正常性展览中的潜在评价

所谓“正常性的展览”，指的是没有竞争目的的正常教学行为中的展览。这种展览可以达到三个目的：第一，展示儿童的作品，营建学校学习氛围；第二，帮助教师进一步了解学生的情况，实现教育目标；第三，在观看展览的时候，学生获得潜在的自我评价，获得成长的需要。

展览作品的选择标准应该完全符合儿童。尽可能展出每一位儿童的作品，因为儿童比较喜欢看自己的作品，对他人的作品通常并不感兴趣。未曾表现出儿童自己经验的作品不应该展出，所有的样式化或抄袭的作品应予摒除，所有表现出自己经验的和意图恳切的作品都应给予展出。①

展览完全是为了达到教育的目的。这种小型的展览应该时常更换作品，因为儿童很快就会失去作品与他的密切关系。对于教师和父母而言，有机会去比较儿童不同阶段的发展水平，去观看他们的进步，以及查探其是否有某些感情的障碍。

这种经常性、不间断的展览，能很好地促进儿童的成长。一次组织良好的展览，通常会产生很大的教育影响。儿童在自己参与的群体性活动中，潜在地实施了对自我的评价，做出了自己的判断。

## 四、评价去行政化

当前对教师的评价一般被称之为“教学评估”。20世纪80年代开始提倡的可控性的量化的教学评估，时至今日在我国的影响都很大。教学评价成为

---

① [美] 罗恩菲德. 创造与心智的成长[M]. 王德育，译. 长沙：湖南美术出版社，1993：75~76.

一种行政化的“教师管控”，不少学校奉行严密的教师考评系统。但随着量化管理的深化，尤其是机械的量化教学管理普遍推行，其弊端也充分显示了出来。正如绝大多数老师反映的那样，无穷无尽的表格填写、评估、规章让教师无所适从，对教育则毫无意义，失去了教学的主动权与创造性。

在教师管控模式的教学评价中，很大程度沿用的是“过去式”的“知识教学评价模式”，即教学以教为中心、以教师为中心、以知识为中心的教育模式。表11–5是某学校课堂教学评价量表。

**表11–5　某学校课堂教学评价量表**

学校：　　科目：　　教师：　　时间：

| 一级 | 二级 | 权数 | 评价要素 | 听课记载 | 评分 |
|---|---|---|---|---|---|
| 教材分析 | 把握教材 | 10 | 对教材理解准确、透彻 | | |
| | 课时目标 | 10 | 教学目标明确，因材施教 | | |
| | 教学内容 | 10 | 内容安排精当，知识完整 | | |
| 语言表达 | 表达准确 | 5 | 用语用词准确，无知识错误 | | |
| | 语言清晰 | 10 | 表达清楚，使用普通话 | | |
| 板书设计 | 主体板书 | 6 | 反映知识结构，有逻辑性 | | |
| | 辅助板书 | 2 | 选择得当，有启发性 | | |
| | 书写技巧 | 2 | 板书工整，用字规范 | | |
| 教学方法与手段 | 主体性强 | 10 | 激发兴趣，调动学生积极性良好 | | |
| | 难点重点 | 10 | 突出重点，突破难点，激励思维 | | |
| | 教学创新 | 15 | 教法新颖，效果显著 | | |
| | 教学调控 | 5 | 反馈及时，针对性强 | | |
| | 手段先进 | 5 | 善于运用现代化教学手段 | | |

评价人：　　总分：[①]

这种评价方法，试图尝试性地对教育学要素进行量化的细分，并在主要的教师可以注意到的环节提供了参考性意见。而学生主体性的学习却被忽略

① 陈卫和．小学美术新课程教学论[M]．北京：高等教育出版社，2003：126.

了，也使生动的教育学变得僵化，束缚了课程往前发展，所以更不能将这种评价方法生硬地套用到艺术教学中。

知识中心教师评价的主要内容有：教师的教态、语言表达、教师的板书、范画、教具使用、多媒体的使用情况，以及教师授课的感染力，教学思路是否清晰，教学设计是否合理、详略得当、难点重点突出等。主要关注的是教师的课堂表现，即使关注到学生在美术课堂的行为表现，也视作教师是否采取了互动式教学评估的组成部分。总之，它很明显地把教师放在教学的中心位置。评价者设计的评价指标也指向教师的教学行为，对学生参与、学生表现、学习效果及学生成长都没有涉及。

问题最严重的部分是“量化”。量化评估多少都存在着教育学教条，不能反映教学效果的真实情况。而目前的量化评估已经发展到了极端，把教师“管理”得死死的。不懂教育的“办”教育，学校行政化，搞学校政绩工程，对上不对下，奉行教条主义、官僚主义，大搞形式主义，完全违背了教学评估的本意，成了遏制教育功效发挥的工具，需要着手实施改革。

在艺术教育上，实事求是被放置在“被忽视的角落”。陈丹青说：“我不相信现行的考试制度，不相信教学大纲，不相信目前的排课方式，不相信艺术学生的品质能以‘课时’与‘学分’算计——但我不得不服从规定——释放个性、回到直觉、摒弃教条，遵循艺术规律，曾经是民国、‘文革’前、改革开放初期等阶段艺术教育取得显著成果的历史经验。然而有目共睹：这些传统与经验在今日艺术教学中已经全面丧失。”[①]教育是人文陶养出来的，是先进文化积淀的必然。

人本的教育，以学生的发展为本，以教师的教育积极发挥为本。采用繁密的极端量化的评估“科学”，只能适得其反，束缚教师的教育自由，阻碍教育的进步。课堂千变万化，教育学方法，法无定法。如果用一种评价模式企图去规范定量、定性分析教师的教学效果，都是不现实的。尹少淳认为：“教育观念决定评价方法。”是的，评价方法转变的关键，在于将我们冰冷的管理控制意识转变为温暖的人文建设态度。如此，才能构建起真

---

① 陈丹青．退步集[M]．桂林：广西师范大学出版社，2005：414.

正有效的教学评价。不少著名艺术教育学者对教条化的教育方法与量化的艺术评价提出了尖锐的反对意见，如陈丹青指出："现代的艺术教育，充斥课表、硬指标、分数线、选修课，可是上不见人文精神，下不见常识，学生无所适从，没有方向，没有主见，只能弄些小花样，做做表面文章，对当今复杂多样的创作资源、创作现象，既不知怎样借鉴、利用，又不知怎样保持批判性与选择性。" 对量化管理与人文教育的关系，陈丹青强烈批评道："所谓人文艺术只是摆设、应景。不能改变的，不然多少饭碗要砸了。课已经排好了，你几号几点在哪个房间教课，量化管理，行政规则，不能违背，就像过去必须粮油管制一样。"吴冠中更是干脆地直接反对："教学评估检查是劳民伤财的活动，评估过程中有人际关系等好多因素影响，不能彻底执行。对艺术院校的考核，没有人才，不出作品，再搞什么制度都没用。" 总之，人文艺术学科既有的学术行政化，越管越严，教学品质就越来越可疑。此模式只便于行政管理，但与"人"和"文化"处处发生尖锐而深刻的冲突。

教师和学生一样，都是人。我们过于严苛地对待教师的思想深层的原因，是因为我们缺乏民主意识与人文思想。教师的评价应该和学生一样，应该以帮助教师成长为目的、谦和地交换教育学意见为方式，不主张以上对下的训导、以促发教师的内省为途径，评价不宜过细、过于具体，以免束缚教育学的发展、创造型教学的追求，由此应鼓励教师教育学的推陈出新，肯定创造型教师的价值。

从人文的角度出发，我们相信每一个学生都有一颗上进之心，每一个教师也都有一颗上进之心，谁都不愿意承认自己是生活的失败者。我们相信，教育的过程本来就是幸福的体验过程。通过教育，每一个人都能被引领着进入真、善、美的境界。很多的教育学者认为，只有通过评价才能控制教学，这过高地估计了评价的作用，也一定程度上扭曲了评价的本来目的。因为，促进教育发展的，主要不是靠依托评价的管理与成绩汇报，而是应该立足于人文环境的滋养。大家一定要牢记，评价本应体现为一种阳光教育——期许学生与教师的成长。

拾 壹 [第十一章]

# 373 美术教育智慧

“教育在最高意义上就是哲学。”柏拉图这样说道。将哲学一词分解，意思就是“爱—智慧”（philia–sophia）。爱，是一种热爱与追求，是一种强烈的爱的意向性。爱和智慧之间本身就关系密切。美术教育的最高境界是教育智慧，它需要理解力、敏锐度、专注感与爱的投入，少不了爱与关怀、沉思与觉醒。美术教育智慧需要情感的投入与身体的参与，并且要求二者身心合一。

## 第一节 教育爱

彰显爱，是人类文明的象征；爱的教育，是文明的教育。“人类只有信赖爱，才能脱离野蛮的原始动物状态、杀伐争夺的社会状态而向道德自由的完美境界勇往直前。”[①]

### 一、替代父母的关系

教师，是以传播爱为使命的职业，教师与学生的关系是“一种替代父母的关系”。

师生关系是典型的交互主体性的关系。教育是教师与学生之间交往的生活过程，教育发生的开始是教师和学生的牵手与相遇。还原教育的本源，“教”和“育”的本质有关，即教育的本质和做父母有着深层的关系。“育”的原初形态是父母对孩子的抚养。父母和孩子有血缘的亲密关系，而父爱和母爱使这种关系的牵连更加强烈，父母对自己的孩子具有本能的爱护与期许、察觉与体知。这种家庭的亲和力就是学校教育关系的原初形态。成年的一代与下一代人的关系首先是“养育”，然后才是“教”。教师正是一种“替代父母关系”（in loco parentis relation），这被作为教育洞察的源泉。

教育（pedagogy）正是从“育”（parenting）到“教”（teaching）。我们以“回到事物本身”的态度，寻找教育的源泉的时候，会发现教育的真谛在于“像父母一样的关心与期待”。这一教育理念在日益标准化、管理化与技术化的现代教育环境中正在丧失。而丧失了这种关爱亲和的教育态度，

① 林玉体．西方教育思想史[M]．北京：九州出版社，2006：399.

教育健康（pedagogical fitness）将得不到保证。加拿大现象学教育家范梅南认为：教育是教师和学生之间交往与生活的过程。那么，教育关系首先就是一种陪伴的关系、一种呵护的关系、一种手与手相牵的关系，人与人真正相遇的关系。教育关系从本质上来说，是一种关心品质（mindfulness）。

师生“替代父母关系”，其实就是一种爱的关系。因为拥有关心品质，才能倾听到美术教育的使命感与召唤。谁能听得见美术教育神圣的呼唤，谁就能与孩子们处于真正的美术教育关系之中。pedagogue（教育）一词，源自希腊语（paidagōgos），其本意就是牵引（agogos）孩子（paides）步入人生之路。所以，美术教育也是牵手与引路。就好比一个长辈，牵着孩子的手，陪伴着他，一起走路、一起生活。教育即生活，它的本源是一种热爱，一种激情与一种迷恋。“人身上包含着创造爱的力量，人是自由的，当人创造出了爱，使爱成为可见的，人也就随之而不朽。”①“教育工作者体认爱心与耐性的教育功能，才是航向教育大海的正确途径；爱正是人性的舵，也是人性的光辉。”②因为教师诚挚地投入，教育才呈现出了慈悲与安详之美。

在成年人美术教育中，师生关系则化为朋友的关系。他们一起生活、一起交谈、一起做艺术、一起修行。陈丹青先生在《退步集》里生动地描绘了这种师生关系：“我与每位学生不是师生关系，不是上下级的关系，不是有知与无知的关系，而是尽可能真实面对艺术的双方。这‘双方’以无休止的追问精神，探讨画布上、观念上、感觉上，以至心理上的种种问题。那是一种共同实践，彼此辩难的互动过程，它体现为不断的交谈，寻求启示，提出问题，不求定论，有如禅家的公案、修行的细节。”③教育关系是师生之间的意向关系，老师的关心品质意向使学生茁壮成长，走向成熟。这要求教育者能看到当下的情境和学生的体验，并珍视它们的内在性价值。美术教育的过程是难忘的人生经历，对教师、学生都是如此。

---

① 刘小枫. 诗化哲学[M]. 上海：华东师范大学出版社，2007：80.
② 林玉体. 西方教育思想史[M]. 北京：九州出版社，2006：396.
③ 陈丹青. 退步集[M]. 桂林：广西师范大学出版社，2005：415.

## 二、宽容的智慧

宽容是爱的光芒。宽容不仅是一种情感，一种心态，一种境界，更是一种崇高的信念，一种爱的信仰。相信人的灵魂可以从罪恶之中获得拯救，相信人类不应怨怨相报、杀戮不休。在信仰的基础上，宽容成了一种文化。宽容是温暖明亮的阳光，可以融化人内心的冰山，让这个世界充满浓浓暖意；宽容是甘甜柔软的春雨，可以滋润人内心的饥渴，给这个世界带来勃勃生机；宽容显示了人性的高贵，可以慰藉人内心的不平，给这个世界带来幸福和希望。

人都是会犯错的。当面对人的错误的时候，应该持谅解之心。如果人类不能宽容，那么，就等于说人类不能相互谅解、理解和信任。那么，爱就不会降临。就只能通过恶意的方式去解决问题，而堕入邪恶。社会是个宽容的社会，让每个公民感到放松与亲切，有助于个体去自我实现。相反，一个不宽容的社会或组织，会让人感到无所适从而身心力竭。宽容本身就是教育，应该是拯救人，唤起人的良知与尊严，引导人走向自省的道路。而不是去毁灭一个人，断绝其未来的出路，把他推进黑暗的地狱。宽容、仁慈应该常在我们的心中。

对于教师而言，宽容是一种必备的素养。当遇到“令人生厌”的学生和学生行为的时候，必须要先学会忍耐，要学会控制自己的情绪，以理解者的角度换位思考。记住，当你认为学生令人生厌的时候，实际上你已经失去了理性和爱心，需要及时调整心态。我们经常会听到老师们说某些学生“没法教”“不可理喻”“对他们没道理可讲”，此刻就应该警醒了，这意味着我们失去了宽容与理解。没有本质不好的学生，每一个学生都能被引向人性美好崇高的殿堂。当然，宽容不仅仅是针对学生，它还针对教师。基于同样的道理，希望教育管理者们宽容地对待教师，因为教师首先是一个人。

## 三、信任的智慧

信任是指相信而敢于托付。信任有五大维度：正直、能力、责任、沟通、约束。信任基于人性本身具有追求美好的特性，也是基于理解的基础。

在社会学中，信任被认为是一种依赖关系。值得信任的个人或团体意味着他们寻求实践政策、道德守则、法律和其先前的承诺。

信任是教育的智慧。在教育中，我们应该充分相信学生拥有一颗上进之心。没有天生不努力的人，没有人天生就希望成为一个生存的失败者。正相反，他们努力过，是挫折挫伤了他们的自尊，动摇了他们的自信，而使之选择了放弃。从弗洛伊德心理学角度分析，这是处于一种本能的自我保护的需要，是属于潜意识的范畴。这种自我保护也许是为了保障自己的心智不被完全摧毁。我们只要找到好的办法，调动起学生的学习自觉与热情，后进的学生就可以变成先进。当然，教育的意义并不在于“先进”的这个结果，而在于从后进到先进的征途中生活意义被唤醒，学生在这个过程中完成了一次自我的超越。

信任是人性的信仰。当两人能在战斗中把后背交给对方，那就是最高的信任。信任是一种生命的感觉，也是一种高尚的情感，更是一种连接人与人之间的纽带。花朵因为有春天的信任，才绽放得争奇斗艳；高山因为有大地的信任，才屹立得巍峨壮观；小溪因为有大海的信任，才获得更广阔的生命。信任，是沟通人心的纽带，是架设在人心之间的桥梁，是震荡感情之波的琴弦。信任的力量是何等的巨大，它可以在任何人心中掀起轩然大波，促使他悬崖勒马。我们不应带着有色眼光看人，人与人之间多一份信任，就少一分隔阂，这样，难道不好吗？

对教师来说，信任同样的重要。应该相信教师也拥有一颗上进之心，没有自甘教学失败的老师。教师需要一个宽松的氛围，以便能在教学上进行自我反省。面对“不卖力”的教师们，首先想到的不应该是纪律、批评等的“加压”，而是寻求理解、信任的“减压”。营建良好的人文环境并使之形成文化的传统，才是一个优秀学校的必需。千万不要轻易地否定一个人，也许他就是未来中国的爱因斯坦或居里夫人。

人的进步，需要人文环境的滋养与陶冶、自我的觉醒。任何人都不能代替另一个人成长。引导、开启、鼓舞等正面的因素远比批评、惩罚、训斥等负面的因素来得有效。更何况，批评等负面行为会导致人的自我失去平衡。任何坚强的人总有脆弱的一面，人的自尊会因为挫折而受到伤害。

人其实存在自我的内在调节需要。比如，玩电游。玩电游可以转移平时紧张生活带来的压力，但如果游戏过度的话，虚拟的存在就破坏了真实的自然，不但会影响身心健康，而且会耽误学业、工作等。这时候游戏者的内心往往会发出警告："这游戏没什么意思了，该结束了。"于是，游戏者会回到真实的世界中来。我以为，游戏者之所以选择玩游戏"虚度"年华，有他们内在的心理需要。如果我们不解除他们外在的压力，让他们感觉到真实生活的意义，他们也许会选择沉迷于游戏，用游戏来寻求自我的平衡。

基于内在的自我平衡调节，有的时候人会"沉醉"在虚拟的游戏中，有的时候会"奋战"在现实的世界中。游戏仅仅是寻求自我的平衡方式中的一种，还有许多其他的选择，有可能是"高雅"的绘画、音乐，也可能是一些无法理解的癖好。总之，现实和理想在不断地寻求着平衡。二者不能平衡的时候就产生了压力，需要及时地缓解或释放，否则就会产生精神疾病。所以，我们不能因为学生"不能令人满意"的行为就丧失对人性的信任，丧失理解。

丧失了信任就丧失了教育的智慧。当你粗暴地训斥着孩子的时候，当你每日无数次"告诫"孩子的时候，当你为孩子的表现垂头丧气的时候，当你为了孩子的抵触歇斯底里的时候，你就已经丧失了信任。实际上你不相信的不仅是孩子，还不相信智慧与理性。背弃了理性，远离了智慧，从而也失去了教育。当你丧失了伟大的信任的时候，虽然你没有用语言说明，但孩子已经受到潜意识的影响。你不信任孩子的时候，孩子也不信任你，教育的桥梁就会中断，你和孩子的情感关系就会破裂，就会陷入无知的人类劣根性的深渊。

有许多教师不能信任学生，以不断地批评甚至惩罚去对付调皮或表现不好的学生。他们认为"这是为了孩子好"。孩子也是有情感的，每个孩子经历的每一次失败，都是痛苦的。这些痛苦甚至会成为伴随他们一生的阴影，影响其未来的生活。学生在各种压力下被迫从事着学习，我们唯恐孩子的压力不够，还特别"发明"了考试的压力，甚至为了应对考试，搞题海战术。从一上学开始，学生要经历多少次考试，随着成绩的起落，对与错、成与败，左右了多少儿童心灵的快乐与悲伤，那难以适应的环境又给多少儿童带来了心理阴影。孩子们感到无所适从，是因缺乏理解而孤独。另外，我们特别“喜欢”纪律，从幼儿园教育开始，我们就大量地施加约束性的教育。我们的教育从一开始就可悲地遗忘了儿童人格、儿童心理、儿童自尊，我们自觉或不自觉地在从事着扭曲孩子天性与人格发展的教育，更关键的是我们有很多教育者意识不到这个问题。

只有信任学生、理解学生，帮助学生获得自我，我们才能开启教育的大门；只有信任，教师才能展现慈祥的目光、深情的注视；只有信任，教育才能产生“可能”，才能创造奇迹。这是智慧，这也是一种信仰。

## 第二节 教学的智慧

### 一、“教”乃“让—学习”

#### （一）海德格尔的“让—学习”

德国哲学家海德格尔在《什么召唤思》里谈及了“教”与“学”的问题，深入探讨了教育的真谛。他认为“教”的核心内涵是“让—学习”（let-learn）。“让”在海德格尔看来，就是允诺与祝福，是一种让予敞开的姿态，一种开放自由的姿态。加拿大现象学教育家范梅南非常赞同海德格尔的观点，他认为“‘教’比‘学’更难，‘教’乃‘让—学习’”。[①]海德格尔认为“此在”的意义在于“去存在”并且“能在”，他指出教育让学生“成事”与“成人”的同时，最重要的成就在于“成己”（ereignis）。在现象学看来，“成己”就是自我与环境获得健康关系的过程中的自我体认，就是让孩子们的本质显现出来、澄明起来、敞亮起来。“让—学习”的根本是“让—生长”（let-live），就是开辟出一条思想的道路和空间，让孩子上路，踏上学习“去存在”之路，并让孩子在其中逗留与安居，逐渐走向成熟。所以，教育首先是唤醒，唤醒沉睡中的自我。一个自我觉悟的人才会自己去思想（thinking）、去体验、去觉悟存在的意义。

真正的教育绝对不是“强迫—学习”（make-learn）。觉悟知识比灌输

---

① 转引自：蒋开君．范梅南现象学教育学思想研究[D]．北京：首都师范大学，2011：103.

知识有意义得多，知识与技能的事情不是“思的事情”，物质世界的贪欲并不能实现人的本质。一个拥有健康人格的人与一个拥有知识而人格不健康的人比较起来，无论是对于自身还是对于社会而言，前者往往比后者更有意义。知识必须内化入人格，失去了人格的力量，知识只会剩下干瘪的躯壳。

### （二）美术教育中的“让—学习”

“让—学习”意味着教师首先是一位观察者，在儿童的美术教育之中尤其如此。意大利儿童教育家蒙台梭利认为：“教师更多的应该是一个被动的观察者，而不是主动施加教育影响的观察者。而且，她的被动性包含着她的急切的科学好奇心，包含着对她希望观察到的现象的绝对尊重。”[①]在蒙台梭利看来施加教育要慎重，她指出：“一切有益于儿童身心的各种表现——不管是什么行为，以什么形式表现出来，教师不仅要允许，而且还必须进行观察。”[②]未经观察就匆忙进行的鲁莽的教育干涉，很可能会窒息学生的自发活动，造成教育学的伤害。

“学习”绝不是单纯的通过感官将知识与技能导入大脑的记忆的过程。在第一章里我们已经讨论了胡塞尔现象学的意向性理论。现象学认为认知是在知觉、情感、判断、想象、直观、感受、意义等意识的共同作用下，在自我与生成的环境交互下生成的动态信息。现象学关注的个人知识，由可言说的客观知识与大量“只可意会，不可言传”的“默会知识”组成。一般意义上，我们花大量时间“记忆”的知识仅仅是客观知识而已。每一个信息，包括知识信息都带有感受性，感受性的强弱决定了这个信息是否容易被唤醒的程度。信息和自我之间关系的重要性程度又决定了感受性强弱的程度。

这就揭示了美术学习中兴趣的成因与记忆的秘密。“兴趣是个体力求认识某种事物和从事某项活动的心理倾向。它表现为个体对某种事物或从事某项活动的选择性态度和积极的情绪反应。”[③]相反的情况会出现相反的表现。

---

① [意] 蒙台梭利. 蒙台梭利幼儿教育科学方法 [M]. 任代文，译. 北京：人民教育出版社，2001：113.

② [意] 蒙台梭利. 蒙台梭利幼儿教育科学方法 [M]. 任代文，译. 北京：人民教育出版社，2001：113.

③ 陈家麟. 当代心理学 [M]. 南京：江苏人民出版社，2003：269.

“人被迫去做一件工作的时候，都会产生紧张和不满。当他觉得不能胜任时，他便开始意识到自己的无能，自信心会丧失，甚至产生自卑感。”[①]“兴趣”对个人而言虽千差万别，但兴趣的发生必定是因为事物与自我建立起了密切的意义关系。海德格尔认为“兴趣”（interesse）一词可以写作inter-esse，其前缀inter-有“进入”“在……之中”等的含义。[②]这种“进入”指的不是利益关系，而是与“本我”或“超我”发生的关系。例如，一名学生在风景写生的过程中对美术产生了兴趣，这可能是由两个因素促成的：第一，在写生的过程中，学生和自然美发生了交互关系，获得了较深层的审美体验；第二，在写生的美术表现中，学生找到了自我确认的方式。再比如，一名中学生记忆美术史知识的速度特别快且记忆很深。这是因为他与美术史之间建立起了意义关系，他“喜欢”美术史，他早先已经获得了大量的“美术史的理解”，这才使他“过目不忘”。

美术的学习也是这样的一种动态过程。“学习”，在我们一般的语义下往往指的是学业学习。要想获得有效的学业学习绝对少不了“我”与“学习”之间的“关系确认”及学习过程中发生的“自我体认”。这种关系的确认，可能是兴趣促发的主动式关系，也可能是重大利益或其他特殊原因驱使下建立起来的被动式关系。总之，一定存在密切的关系。无论是主动的关系还是被动的关系，效率产生的关键在于在学习的过程中获得的“自我体认”。也就是说，学生在美术学习的过程中发现了“学习的快乐”，并通过学习的这种方式找到了某种生存的意义感。被动式的学习显然是不容易快乐的，所以在被动式的关系中学习不容易产生效率。

其实我们每天都在学习，这种学习也就是我们日常的生活体验。对每一个新环境的适应、每一种行为的开始、对每一个新事物的了解，其实都是学习。学习在生活之中无处不在，只是我们不把它们称之为“学习”而已。但在现象学还原之下，我们就会发现原初状态的学习是生活不可分割的组成部

---

① [美]罗恩菲德．创造与心智的成长[M]．王德育，译．长沙：湖南美术出版社，1993：20.

② [德]马丁·海德格尔．演讲与论文集[M]．孙周兴，译．北京：生活·读书·新知三联书店，2005：137~138.

分。这种自然状态下的学习对于人而言，就和呼吸、吃饭一样的重要。美术的学习也是这样，生活是美术学习的源发之地，也是美术学习的归宿之域。无论什么样的美术学习，包括学业学习在内，都应该为我们的生活服务。

美术课程改革提出美术新课程“要将学生视为主体，尊重学生的感受与体验。要唤醒学生的自我意识，帮助学生在美术学习中获得自我感觉，敢于自主表现，培养学生的自主能力和增强学生的主体人格”[①]。新课程要求完善和发展学习的方式，提倡一种主动的、探究式的和合作式的学习。新课程认为：“学生学习的过程不是学生被动地吸收课本上的现成结论，而是一个学生亲自参与的、丰富的、生动的思维活动，是一个实践和创新的过程。”[②]可见，新美术课程高度重视教育的“让—学习”。

关于教育主体，现象学和新课改观点略有不同。现象学认为学生是教育的主体，而教师也是主体，师生之间的关系是主体间性。师生在教育之中是共存共在的关系，不存在否定哪一个的问题。教育关系恰恰在于师生双主体之间的联系。现象学美术教育关注的重点在于关系。教师的任务在于架设恰当的情境，采取适当的艺术刺激来实现关系的有意义联系。“让”就不是“强迫”，而是一种邀请，一种召唤，引领孩子们走上美术体验之路。

在现象学看来，存在先于意义，意义重于方法。只有在存在之中才能获得意义的把握，而把握住意义，可以生出无穷的方法；而繁多的方法，未必能生成意义。陈丹青在《退步集》里说道：“艺术教学是非功利的，非程序的，是具体而微、随时随地在每位学生、每个阶段，甚至每件作品中寻求当下的沟通、指涉、领悟。这一随机的过程——而不是预定的程序——重视体验与经验、问题与可能性，激发好奇心与热情，并以此检验学生的智能与品性：它开放给未知，落实为个人。”[③]陈丹青深深领悟了艺术与教育之道，他提出的这种美术教育观恢复了美术原初的活力。美术本来就应该是生动、美丽而魅力四射的。我们要求教师点燃学生兴趣的火花，无非是还原美术教学

① 陈卫和．小学美术新课程教学论[M]．北京：高等教育出版社，2003：110.
② 陈卫和．小学美术新课程教学论[M]．北京：高等教育出版社，2003：108.
③ 陈丹青．退步集[M]．桂林：广西师范大学出版社，2005：414.

为应该的本来面目。教育没有“八股文”，艺术没有固定的轨道。学生独立体验探索的过程，是谁也不能替代的。

在美术教育中，一方面，我们对待孩子不同的艺术表现，应该要做到因势利导，让艺术表现融入孩子自己的个性，而不是以教师的个性去替代儿童的艺术个性；另一方面，我们的美术教育，主要目的是启发不拘一格的创造与独立的自由品质。在艺术的课程中间，我们要善于发扬学生的个性，巩固学生思想的独特品性，为孩子们的未来奠定牢固的个性基础。海德格尔在讨论“教”的时候说，“教”比“学”更难，“教”就是“让一学习”。那么，美术教育不是强迫学习，而是让一学习，让孩子们懂得自觉地学习，自觉地探索。因为兴趣而学习，因为喜欢而学习，而不是为了其他利益。这也需要教师的教学机智，为孩子们“让”出一片空间，保持他们的冒险精神与好奇心，让他们深度学习。“教学机智就是相遇的时刻牵手，‘引出来’和‘带进去’，共同追求自我实现、自我完善的幸福。”①

美术的学习就是一种自我的发现。它需要个体体验和普遍知识的整合过程，最终化为个体的有效知识。教育者需要耐心与对受教育者的信心，具体是选择暗示还是选择明指，需要教育者当下的情境机智，目的是激发和唤醒受教育者的内心。在唤醒独立人格和不拘一格的发散性思维习惯的基础上，才能谈美术知识与技能的传承与创造，最终为人类文明添加我们具有个性的足迹。生活本来应该是美好的，美术的体验本来应该是纯粹的。学习需要一颗生命的纯真之心，我们不能因为人类后天社会性的污染，而失去对美术教育的期待。从本质上说，现象学美术教育就是还原美术为快乐、幸福的体验。美好的生活带来教师美好的心态，美好的教师带来美好的美术教育。《中庸》里有“天命之谓性，率性之谓道，修道之谓教。”现象学美术教育正是这样一种在情境的体验中不断地体“道”与悟“道”，它时刻注视着前概念的意义世界，使我们的人性不断获得教化。

---

① 蒋开君．范梅南现象学教育学思想研究[D]．北京：首都师范大学，2010：122.

## 二、身体语言的智慧

“格式塔”（Gestalt）心理学将“身体图式”称之为：在我们感觉时对于我们的身体姿态的整体觉悟。法国现象学家梅洛-庞蒂的解释更到位：“身体图式”是一种我们进入世界的基点，我们的眼睛、身体与事物由意向之线牵连着，我们通过身体对事物开放。梅洛-庞蒂的这种身心一体的思考是对胡塞尔现象学的一种延续。“看”，可以进入一个自身显现的宇宙，“看”与“存在”也可能是互相遮掩的，但身体在空间中却是不能被遮蔽的。“我的身体”（le corps propre）意味着什么呢？这意味着我就“在世界之中”（l'etre-au-mondu），因为我的身体占据了一定的空间，这决定了我已经与这个世界发生了关系。“我的身体”也是知觉主体，它是“身体—主体”，是“有所体验的身体”（le corps vecu）、一种有意向性的身体。身体的空间感与我们视觉的空间感不同，它是一种处境空间感。我们闭着眼睛，我们也清楚地知道我们的头、手、脚等的位置。身体是我们作为一个整体面对世界的初始坐标。

1992 年，美国美学家理查德·舒斯特曼（Richard Shusteman，1948—）发表了《实用主义美学》，提出了“身体美学”（somaesthetic）的思想。他认为：“身体美学可以暂时定义为对一个人身体——作为感觉审美欣赏及创造性的自我塑造的场所——经验作用的批判的、改善的研究。”[①]事实上，我们对身体的美化与展示可以追溯到上古时代。文身、化妆、美容、美发等都是在形塑我们身体的同时展示着我们的身体，而瑜伽、禅定高度重视“心理—身体”的交互关系，健美以及体育锻炼的“身体—心理”的交互意义，也可以追溯到古希腊。

梅洛-庞蒂的“身体图式”及舒斯特曼的“身体美学”都具有现实的美术教育意义。身体具有身体感受性，而身体的感受性会融入我们的意识，对我们的行为和判断造成潜在的影响。每一个环境、每一个课堂、每一个人乃至每一个人的一言一行都会有情境的氛围。我们身体知觉在捕捉

---

① [美] 理查德·舒斯特曼．实用主义美学[M]．彭锋，译．北京：商务印书馆，2002：354.

信息的同时，也包含着捕捉这些氛围的信息，这会在很大程度上影响我们的心理。身体不仅具有处境感，还会发出感受呼唤。如果你仔细倾听，每时每刻我们都可以感受到我们的身体发出的信息。有时状态良好，有时疲劳倦怠，有时告诉我们需要满足某种欲望。一个拥有生命智慧的人懂得体察身体的感受、尊重身体的要求、随时调整生命的状态。艺术直观也需要身体知觉的敞开，让身体处于放松的状态，以原初的直观力洞悉世界的源发意义。这种艺术直觉的把握力是艺术素质的重要标志，身体在其中默默地起着作用。这些就是我们在生活世界中获得的身体知识。身体知识告诉我们：我们的美术体验是身体之验，是身心合一，身体与精神的整体合一。美术教育应该回到“事物本身”，回到生命存在的整体认识论。《全日制义务教育美术课程标准（实验稿）》也强调了美术课程促进综合思维水平的观点：“感知觉是思维的必然前提。形象思维是一种重要的思维方式。在学校体系中，大多数课程都是建立在抽象符号的基础上的，而美术课程则更多地让学生接触实际事物和具体环境，有利于发展学生的感知能力，从而为思维提供丰富的营养。美术课程能逐步培养学生的形象思维能力，提高学生的综合思维水平。”①

传统的认识论认为可以获得确定性的、永恒的真理。人们想通过确定的概念、严密的范畴和无懈可击的逻辑来努力实现这种认识的梦想。笔者不怀疑分类、判断、推理等理性思维是人类的天赋，但生活世界中有更多的信息是不能分类、不需推理的，这些我们凭感受获得的信息都在我们的经验之中，我们的意识之中。过度强化理性，会遮蔽我们的感性，最终会扰乱我们的理性及感性与理性之间的和谐关系。而忽视了直观之中的意义把握，会让我们更加迷失教育与生命的方向，陷入繁杂巨细的机械劳动之中，事物也失去了本身所具有的生动与活力。生活世界本身是确定性和不确定性的统一，有许多偶然性的发生，有无数的可能性。人们在各种体验中面对着无数的“未知”，不断探求着认识，这就是体验的逻辑。它要求我们回到事物本身，

① 中华人民共和国教育部．全日制义务教育美术课程标准（实验稿）[S]．北京：北京师范大学出版社，2001：2.

不断重新认识各种现象，不断体知它们的意义，不断感受它们微妙的变化，不断形成理解和洞见，让认知的感受保持在常新的状态中。这是一种智慧，一种体验的智慧。

## 三、氛围教育的智慧

身处其境会感受到氛围。现象学认为我们听讲话内容的时候，接受的不仅是语言以声音抽象符号传达的信息，同时我们也在接受讲话者态度产生的氛围信息。人的感觉其实是很敏感的，很多时候一旦在潜意识里产生了氛围不对的感觉，接下来，无论你说什么，都不会再产生语言的言说效果。氛围的感染力往往比语言更具有效力，对儿童而言更是如此。

有一个四岁的儿童，他一直都很听家长的话。有一次搬新家，到了一个很新鲜的地方，他表现得很兴奋。家长忙着收拾家里的东西，忽然，孩子左手拿着一支黑色的马克笔，跑过来，脸上带着喜悦，急切地需要得到赞赏地说："爸爸，你看，我画了一幅画。""我看看……"爸爸一看几乎要"晕倒"。原来，孩子在家里客厅雪白的墙上胡乱涂抹，进行了"快乐"的涂鸦。爸爸一把将他手上的笔给"缴获"了下来，急忙喊道："不能在这里画！要画到本子上去画！"孩子喜悦的表情瞬间消失了，流下了眼泪。

佛朗斯·卡尔格恩（Frans Carlgren）有过这样的论断："儿童是完全的'感官体'……幼儿的感官是极敏感的，连最细微的情绪波动，他都能感觉得到。"[①]所以在上面案例中的家长并没有严厉地责备孩子，孩子却难过地哭了。"教师对孩子的教训、警告、解释和其他理性的字句等，在与孩子的周遭环境事物和具体实在的行为举止对比之下，影响力很小，甚至可以说没有意义。因为儿童能够接受与消化的是表情与姿势。例如，大人责备孩子时的语气姿态，会比他所训诫的字句带给孩子的印象更深刻……您告诉孩子

① [德] 佛朗斯·卡尔格恩．迈向自由的教育：全球华德福教育报告书 [M]．邓丽君，廖玉仪，译．台湾：光佑文化事业股份有限公司，1998：32.

的、教导孩子的字句语言都不会留下印象。但是您这个人本身如何，温柔或凶恶，您所表现在举手投足之间的仁慈良善或易怒暴躁等，总之，所有您自己的一举一动才会深深进入孩子的内心，成为最重要的部分。”[①]上面案例中的情况正是这样，这家长不是不爱孩子，只是一时情急比较“鲁莽”地夺下了孩子的画笔，语言虽然不严厉，但语气很严厉。孩子立即就被这种氛围感染了，大人可能反而没有觉察到。一个小小的喝止，却让孩子产生挫折感。如果家长能控制住自己的情绪，注意一下语气，可能孩子的反应会大不一样。

在课堂美术教育中同样存在氛围。教育并不是那么简单的一件事情，你如果不真诚，学生会很容易感受到你的“伪装”。同样，你怀有真诚的关怀，学生也能体察得到。氛围是骗不了人的，它的语言是最真实的。氛围是无声的语言，它往往比语言更有教学效力。和蔼可亲的态度往往比教育的内容更重要。亲和可以给学生带来安全感、亲切感和信任感，这是施加美术教育影响的重要前提。传统的美术教育过于重视教育理性方法，而忽视了直观中呈现的感性氛围。大多数情况下，教师在方法上很下工夫，课程承载的知识也比较完好，但就是让人感到氛围不对。似严肃又不是严肃，只觉得不够开放，学生仿佛受到了某种无形的束缚，被动地跟进，好像丧失了作为正常人的自然状态。艺术固有的自由创造精神也藏匿不见了。艺术课本来应该是具有强烈感性的课程，可是我们在很多的课堂里感受不到这种情感的感染力，这是长期形成的从教师到学生的单向度教育造成的，致使教育缺乏培养个性与尊重个性的意识。

### 四、反思与理解的智慧

反思与理解是获得美术教育智慧的核心概念。现象及文本需要不断地反思、阐释和理解，以获得丰富的意义。反思可以分为经验后的回顾性反思、行动中的反思，以及行动前的期待性反思。理解则首先需要敏感的聆听和观

---

① [德] 佛朗斯・卡尔格恩．迈向自由的教育：全球华德福教育报告书[M]．邓丽君，廖玉仪，译．台湾：光佑文化事业股份有限公司，1998：39.

察，要求我们处于一种智慧的觉醒状态，因为深刻的美术教育理解才能让我们深刻地存在于美术教育之中。

## （一）美术教育的现象学反思

1. 行动前的反思

即对美术教育中各种可能的选择仔细地思考，决定行动路线，计划我们需要搭设的教育情境以及导课方式、期望可能的结果以及活动带来的体验，它是一种期望性反思。计划是系统的期望性实践。

2. 行动中的交互性反思

这一反思使我们能面对美术教育中的各种情境和问题，体察发生过程中的各种事件与微妙的课堂变化，并让我们随时做出协调。“机智的行动是一种对情境的即刻投入，在情境中我必须全身心地对出乎预料的和无法预料的情境做出反应。”[①]当教师把一切包括计划、学科知识、逻辑顺序、教学方法和趣味游戏设置等都准备好以后，他上课时仍可能会失败，因为他缺少随机应变的机智与临场的天赋。这个能力只能通过不断思考与不断磨炼加以增强，从而在经验之中建立起牢固的自信心。这和学生的教育一样，需要一个自我确认的过程。这也需要直观的训练，使教师能够脱离对幻灯片与教案的依赖，获得即兴演讲的能力，其实这也是一种教师自身表达的唤醒教育。这并不困难，这是人的一种本能的表达能力，需要的是经验的累积和个性的唤醒。每一位教师在被唤醒之后，都可以在课堂中自然流溢出智慧之泉。这种临场性（stop-and-think type）的反思需要我们做出各种随机的判断，灵活地采取应变性的艺术刺激、艺术提示，或者选择继续观察等不同的教育手法，策应美术教学的进行，让灵感的火花在教育关系中碰撞。

3. 全身心的关注

在老师与学生的交互之中，需要智慧性的觉察与反思性行动（reflective action）的结合。这种意识本身就是一种智慧，它不是一种仔细计算或缜密的推理，而是直观与理性的快速交互，这需要高度的投入状态。智慧

---

① [加] 范梅南．教学机智——教育智慧的意蕴[M]．李树英，译．北京：教育科学出版社，2001：162.

（thoughtfulness）是一个不断反思与直观把握力的结合，它是一种意识状态，直接体现为机智行动，以避免出现教育麻木的状态。

4. 行动后的反思

行动后的反思往往是最有力的反思、最深刻的反思。因为在具体的情境中，虽然我们获得了最生动、最丰富的直接体验，在当场能让我们觉察氛围等，但是这些往往在事后发酵与清晰。教学之后，才是真正体现我们的美术教育品质的时候。这时候，教学体验还保持着生动的感受性。一位集敏锐直观力与逻辑推理力于一身的教师，绝不会放过这个最佳的反思时刻。失去了这个时机，我们的教学反思效果将大打折扣。这时候，教师可以安静地坐下来，思索与回味刚刚完成的美术教学。最好写下反思的记录，因为这种体验生成的感受，是非常丰富的，往往超出了理论范畴。研究型的美术教师应该抓住这个机会，形成属于自己的美术教育理解。

5. 追溯性反思

过了一段时间之后，我们的美术教育生活会不断发生转移，又形成了许多新的美术教育认识与感受。这个时候，如果我们回头再次反思过去发生过的教学情景，我们可能会得出与当时不同的结果。就是这种不断地体验、不断地反思、不断地理解加深了我们的美术教育认识，丰富着我们的美术教育生活与实践，并更深刻地体悟到美术教育的意义。[①]

教育健康是心灵加身体的机智（mind-body skill of tact）。[②]健康是身心一体的健康与协调。反思的目的正在于追求这种教育健康的状态，一种教育幸福的状态。

### （二）美术教育的现象学理解

1. 非判断性理解

非判断性理解需要友善的基础。这种理解与一种接受性的、民主性的、

---

① [加] 范梅南. 教学机智——教育智慧的意蕴 [M]. 李树英，译. 北京：教育科学出版社，2001：135~153.

② [加] 范梅南. 教学机智——教育智慧的意蕴 [M]. 李树英，译. 北京：教育科学出版社，2001：161.

真诚性的和帮助性的聆听有关。人与人之间的交流需要耐心地聆听，这不仅是尊重的需要，也是交谈的需要。孩子也需要被聆听，而且这时候成人不能做批判性或否定性判断。懂得孩子的自我意识、自我理解和自我方向感，才能懂得这种教育中的非判断性理解的智慧。非判断性的聆听指向于感知和理解孩子的心灵世界，是教育信任与爱的具体体现。

2. 发展性理解

儿童心理学家和学校咨询专家往往善于运用发展性理解，这也是美术老师必备的一种理解方式。每一位教师都必须懂得美术会给儿童带来怎样的发展，儿童又会在成长中遇到怎样的问题。每一位教师也必须应该能结合前面的两个问题，懂得怎样帮助孩子在具体的情境中克服障碍，使之更加成熟。以发展与成长的眼光审视每一个教育细节及教育理念，会大大加深我们对美术教育的理解，也会带来直接的、有意义的美术教育成果。

3. 分析性理解

分析在美术教育中是必不可少的。每一个具体教育问题、每一种学生暴露出来的经验障碍、每一幅学生的美术作品都需要我们耐心、仔细深入地分析。只有把学生、学生自我经验、美术、成长和意义结合起来，分析才能促成教育理解。每一个人的内心都有灰暗与脆弱的一面，教育的作用正是引领大家走向光明、希望、有意义的生命。分析性理解的目的在于将有害的而又隐藏起来的情感转化为个人成长中的积极力量，唤醒自我觉悟，激发孩子的潜能，追求有意义的人生。

4. 教育性理解

分析性理解指向的唤醒、激发与意义正是教育性理解的关键之所在。不同的教育观会带来不同的教育理解，现象学坚定地将美术教育的理解指向存在与存在意义的显现。基础美术教育最主要的几个目标在于：第一，心智的健全发展；第二，潜能的激发；第三，人生意义的唤醒。人格的健全是自我与社会一切生存的需要，潜能的激发确立了艺术教育的使命与意义，人生意义的唤醒则是一切教育和一切生活的需要与归宿。现象学关注人存在的过程，是一种人道主义的哲学。现象学美术教育的最终意义当然也指向人的存在，它希望在美术的表现之中，联系自我与世界，让儿童获得有意义的成长。

5. 形成性理解

任何一个儿童的成长都是形成性的（formative），教师的教育经验成长也是形成性的。如果我们教育的管理者与教育的实施者只关心教育的结果，而忽视了教育的过程，就会导致教育意义的丧失与生存的异化。人生的意义建立在过程之中，如果我们直接追逐目标，忽视过程，只会使我们产生懒惰，造成意义感的丧失与生存的苦难。这是一种本末倒置的价值观。拥有智慧的家长都懂得这个道理，他们在默默的关怀中深情地注视着孩子，关注孩子成长的过程和未来的希望，绝不会拔苗助长和灌输利益目标意识。存在就是过程，一切人生的美好都在路途。"对于教育来说，形成性理解是一个不断逼近本体的过程，却永不可能穿透其不可见性。"①

信任的同情心（trustful sympathy）促成了教育理解，这是一种深厚的人文素养的表现。同情（sympathy）是"感情相连"（with-feelings），与同情相反的情感是反感（antipathy）。这考验着教师的人文觉悟，即他们是否感受到人类血脉相连的情感，是否感受到了"被呼唤感"（feeling called upon），是否具有一种博爱的精神或一种胸怀与境界。失去了爱，世界将变得冰冷。将人类紧紧地凝聚到了一起，带来了战斗的勇气与生活的希望。教师和学生都存在于生活世界之中，都需要人性化的态度与爱的关怀。每一个个人都需要被人性化对待，这是一种基本的信仰和人之为人的基础结构。深刻的美术理解使老师和家长生活在意义世界中，而不仅仅是教育事实与知识世界中，它让我们在教育关系中与学生真正地相遇，彼此的灵魂获得深深的触动。美术教育学的可能性扎根于对教育生活的反思和理解之中，它形成的教育智慧与教育生活紧密相连。相遇美术教育学也就是智慧美术教育学和理解美术教育学。

① 蒋开君．范梅南现象学教育学思想研究[D]．北京：首都师范大学，2011：111~112.

## 五、教育的看与智慧

艺术之“看”有很多种：“外行看热闹，内行看门道”是一种看；看了以后熟视无睹毫无感应，也是一种看。肉眼可以看，心灵之眼同样也可以看。这“看的现象”实在不简单。“同样是看，却看到了不同的风景，却看到了不同的意义的地平线。看，可以近在眼前，熟视无睹；看，也可以远在天边，冥思它的存在。”[①]美术教育中存在着教育之“看”与“被看到”。

一名美术老师需要懂得教育学的“看”，这种目光能看出别人看不到的内容。这种看首先是一种爱的注视，他深信每一个孩子都是一个奇迹，充满慈爱的目光流露的是同情的理解。这种让人感到心安的目光使孩子懂得了纪律的自觉，将孩子融合成为集体的一分子。这种温柔的目光是每个孩子都喜欢的。这是一种善意的“看”、修养的“看”，这种积极的、健康的“看”透露着美术教师的美德（Virtues）。其次，这种看是细心的关怀。他会发现孩子的孤独与自卑或兴趣与特长。在美术作品之中，一些个人化的符号，可能表示了某些挫折的经验；在行为之中的紧张，可能暴露着孩子某些心理的障碍。在这种看之中，教师可以发现学生的经验关系，从而调整教学来改善或强化这些经验的关系。这种看的目的是使学生成为一个身心健康的人。再次，教师也需要懂得儿童的看。这需要儿童心理学的知识，也需要深刻的教育观察体验。例如，儿童看待环境，最初，儿童不知道环境与自己的关系，只知道那是什么，这是什么；后来，儿童逐渐意识到了环境与自己的关系，他会懂得以自己为中心确立一些环境的关系；再往后，他发现了自己是环境的一部分，等等。最后，教师也需要懂得儿童美术的看，这种看与前面那种看的关系紧密。还是以儿童的空间表现来说，如美术作品之中的空间意识。在4岁以前的儿童，他们仅仅是想象着空间或意识不到空间；在4~7岁，他们的空间中会出现感情意义的关系；在7岁以后，才会发现自己是环境的一部分，会画出“基底线”；在9岁至11岁的党群时期，他们在平面作品中表现立体空间关系仍然困难，他们的作品中可能会出现重叠的平面；到11岁开

① 蒋开君．范梅南现象学教育学思想研究[D]．北京：首都师范大学，2011：140.

始产生了三维空间表现的冲动，在绘画中开始出现近大远小的表示，并且会出现“水平线”，等等。当然，教师也需要懂得用专业美术的视角看，但他要注意不要以这种“看”干扰和影响了儿童的自我发展。美术教育学中的“看”还有许多，但不管怎么看，都需要透露出保存、尊重和保护的意识，都应该懂得儿童是一个独一无二的精神性的存在，有属于自己的世界。教育之“看”就是要看到美术教育情境中的儿童的独特性，并要更好地理解这种独特性。

美术教育中还存在着“被看到”。每一个都是在环境的交互过程中获得自我确认的，所以，每个人都希望得到别人的认可。获得他人的肯定是一种很好的感受，会增加一个人的自信心和生活的勇气。作为美术教师，任务之一就是使儿童获得这种自信心，让儿童获得强烈的自我认同感。这个时候，孩子需要一种“被看到”的感觉。一位真正的老师懂得如何去“看”孩子：他会注意到一个害羞的表情，注意到一种情绪的流露，注意到一次期待，一次渴望。恰当的赞美，更关键的是愉悦的氛围感受，能让孩子获得这种“被看到”的认同感，“引发学生身心发生种种良性的变化”[①]。每一个学生都需要这种感觉。但在现实的美术教育情况中，我们可能会不自觉地只看一部分学生，尤其是那些自己喜欢的学生。看似非常简单的“被看到”，在学生心里这不仅是一件重大的事件，更重要的是这还是一种潜在的人格教育。一件成年人毫不注意的小事，在孩子那里却可能会影响到他对学校的态度，对学习的兴趣。一句“入侵”到孩子心里的表扬，可能会让这孩子持续激动好多天，甚至可以改变一个人对生活的态度，唤起一个人的尊严感与幸福感。孩子有没有“被看到”的体验影响着他们的成长。作为一名美术教师应该通过各种情境来让每一位学生体会到“被看到”。孩子在“被看到”中长大，他们会更加自信、坚强，展现出人性中光明的一面。这种“被看到”的意识体验会渗透进孩子的精神让他们健康成长。

“看”与“被看到”，彼此在目光中相遇。“他们以一种互相交融的联合

① 尹少淳．美术教育学新编[M]．北京：高等教育出版社，2009：52.

方式相聚，这种方式构成了一种关系，一种教育的关系。”[①]营造了温暖的美术教学情境，看与被看奏响了美术教学的情调。“在彼此的眼神中，我们看到别人的同时也被别人看到。眼神中表达了人的内心世界。我们可以通过眼神触摸到对方的内心世界，挚爱或憎恨、信任或怀疑、温暖或冷淡、欣赏或轻视、严厉或宽厚、自信或不安、关注或漠然、希望或失望、坦率或欺骗。师生都有一种想去理解而充满热情的眼神。通过一个眼神的窗户说明了为什么教学的方法或技巧不能完全充分地用常规方式来描述。”[②]眼神传达着氛围信息。“眼神可以表达出教育关系中心灵的力量。‘眼神’无法像语言一样为了达到目的而进行掩饰和控制。每时每刻老师和学生们都在对方的脸上互相阅读着焦虑、感动、厌倦、感兴趣等各种表情。如果嘴里说的和眼里表现的不一致的话，他们会相信眼睛胜过嘴巴。”[③]

学生的内心永远埋藏着被老师看到的、获得尊重的渴望，同样老师也希望获得学生们愉悦与合作的目光。当我们以笑脸和整个身心回应对方的时候，我们就共同地创造和分享着这段时空。“微笑都可作为一个公开邀请，而我们的目光相遇的瞬间我们彼此为对方而存在。”[④]这是一种尊重与被尊重的需要。一个良好的社会正是在这样一种互相尊重的氛围与教育中建立起来的。

## 第三节 研究者与教育者

我们将教师称为“教育者”，将做课题、写论文的称为“研究者”。事实上，美术教师作为一名美术教育者的同时，本身就是一名美术教育的研究者。他在美术教育的现场做着最直接的、原初的美术教育研究。他可能不懂得怎样申请课题，不懂得怎样写出一篇符合学术规范的论文，不知道当前美术教育的学术热点，但他在美术教育生活之中真真切切地存在着、体验着，

---

① [加] 范梅南．教学机智——教育智慧的意蕴 [M]．李树英，译．北京：教育科学出版社，2001：98.

② Max van Manen. The Tone of Teaching [M]. Canada: The Althouse press, 2003，32~33.

③ 蒋开君．范梅南现象学教育学思想研究 [D]．北京：首都师范大学，2011：142~144.

④ 蒋开君．范梅南现象学教育学思想研究 [D]．北京：首都师范大学，2011：144.

每一个体会都存在于他的心中。他自觉他将这些体会和经验乃至自己的理论运用在美术教育实践之中。美术教师是原初意义的美术教育研究者，在他们的实践与体验之中蕴藏着巨大的财富，有待挖掘。

美术教师成为研究者，是对其研究者身份的确认。他们保有最生动的美术教育体验，他们拥有原初的研究方式及以此为基础写出的学术资料，能对美术教育学术做出重大的补充。宁虹先生认为："教师成为研究者意味着一场教育的根本变革。这个变革的根本所在，是从认识走向实践，是教育本质向生活的回归。"[①]教育实践先于教育意义的取得，近代以来的认识论传统遮蔽了它原本丰富的意义，只有教师才在教育现场面对着具体存在的学生这一主体的人。美术教师成为研究者，意味着教育研究的意义可以在每一个具体的学生身上得到体现。尹少淳指出："在新的课程背景下，培养研究型教师已经成为教师教育工作的追求，作为一名未来的教师我们也应该朝着这个方向努力。"[②]这是美术教育的理解在内容与方法上的一种改变。宁虹对于这种改变，做出了总结："这是一个名词向动词的转换、从概念向过程的转换、从认识向实践的转换、从书本向人的转换。"[③]正是这些转换，使美术教育显现了自身的丰富性与生动性，有助于美术教育向事物本身的回归，向美术教育的生活世界的回归。

美术教育就是美术教育者和受教育者之间发生的一系列的谈话、故事与事件。美术教育显现给我们的就是美术教育本身，美术教师置身其中，亲身体验着，也实现着美术教育。所以，美术教师承载着美术教育最根本的意义。

美术教育理论文本以及影像只是一个符号体系。胡塞尔在《逻辑研究》里有细致的研究："符号意向自身是'空泛的'，并且是'需要充盈的'。在从一个符号意向到相应直观的过渡中，我们不仅只体验到一种单纯的上升，就像从一个苍白的图像或一个单纯的草图向一个完全活生生的绘画的过渡中

---

① 宁虹．教师成为研究者的现象学意识[J]．教育研究，2003（11）：64.

② 尹少淳．美术教育学新编[M]．北京：高等教育出版社，2009：400.

③ 宁虹．教师成为研究者的现象学意识[J]．教育研究，2003（11）：64.

所体验到的那样。毋宁说，符号意向自为地缺乏任何充盈，只是直观表象才将符号意向带向充盈并且通过认同而带向充盈。符号意向只是指向对象，它带来对象本身之充盈方面的东西。”①而要获得美术教育本身的理解，获得这种“充盈”，必须到美术教育发生的现场去“直观”，这样的角色是美术教师扮演的。在美术教育发生的现场，“只有当我们真正感受到教育作为一种召唤而激起活力和深受鼓舞时，我们与孩子的生活才会有教育学的意义”②。如果没有美术教师这个身份，“即便是诚心地期盼研究和理解教育的人，如果不是长期置身于教师的生活之中，他能够看到一个真实的、正在发生中的教育吗？他能够在这样的意义下感受到教育本身吗？他的感受和天然地置身于教育之中的教师的感受会是一样的吗？他能够确信，他在教育现场的出现没有使他原本想看到的教育本身发生改变吗？”③所以，美术教师成为研究者，或者美术研究者成为教育者，才能获得这种亲历中的直观，才能使符号指向充盈的美术教育，将美术教育研究带到美术教育的事物本身那里。

美术教育是我们生活的一部分。“教育和这个我们生活于其中的世界有着如此紧密的、广泛的联系，它也是教育的生活世界。现象学教育学家们反复强调教育是人与人之间的一种生活方式，一种生活的联系，在广阔的、独特的及隐秘的生活体验中寻找教育的意义。”④生活世界，它处于“前科学的”“前理论的”“前概念的”原初状态，这是意义最丰富的发生地。它的意义处于一种不断的发生之中，这种意义的原初性是把握教育意义所必需的。美术教育要摆脱那种被抽象概念所规定、束缚的沉闷，要保持那种鲜活性和富有生命气息的特征，就必须回到这个生动的、丰富的、充盈的美术教育现场。美术教师成为研究者，带来的正是这种美术教育生活世界的活泼气息，让我们的美术教育研究能够保持对美术教育生活的对话。

---

① [德] 胡塞尔．逻辑研究（第二卷）[M]．倪梁康，译．上海：上海译文出版社，1999：74.

② [加] 范梅南．教学机智——教育智慧的意蕴 [M]．李树英．译．北京：教育科学出版社，2001：34.

③ 宁虹．教师成为研究者的现象学意识 [J]．教育研究，2003（11）：65.

④ 宁虹．教师成为研究者的现象学意识 [J]．教育研究，2003（11）：66.

美术教师成为研究者有助于美术教育实现其意义。美术教师的教育生活是每日的教育经历本身。“一位教师当他对教育的意义、对自己所授学科的教育意义、对自己正在教授的内容在这个知识体系中的位置与联系及其教育意义、对怎样使这样的教育在自己的学生身上得到实现都有着清醒的意识的时候，他的教育、教学实践就注入了研究的态度。教师成为研究者，就是要研究怎样使自己的每一项教学活动都有教育的意义，怎样在自己的学生身上实现教育的意义。这样做，研究完全融入教师日常的教育教学活动，和他们的日常工作是一体的。同时，他们的教育教学活动也因为有了明确的、自觉的实现教育意义的意识而不再仅仅是知识的传递，它本身就是教育根本的价值和意义的体现。”①这样，美术教师成为研究者的出发地与目的地都回归了美术教育生活，这也意味着美术教师在实践中以美术教师生活的方式实际地丰富了美术教育学的实践构成。

## 结　语

人有不言自明的天职与使命，人作为“人”而去成为一个真正的“人”。每一个人都在生存之中体悟着自身存在的意义。在人生的旅途中，我体验过幸福与沉醉、失落与悲伤。多年来，在与学生互动的课堂之中，我也体验过精彩的讲解带来的满足与享受，以及沉闷的教学带来的沮丧与痛苦。人生正是一条“赫拉克利特之流”，无数的画面、无数的激情、无数的教学体验随着岁月逝去，都沉淀入意识深处，化为能被唤醒或者不能被唤醒的记忆，以精神财富的形式融入当下的“我”之存在。在存在的过程中，在爱的关系之中，我们确立着自身存在的意义。我们感受到了意义，因为我们经历

① 宁虹．教师成为研究者的现象学意识[J]．教育研究，2003（11）：67.

过了人生的丰富，而且还在经历。

现象学、艺术和教育三者在脑海中的际遇，现象学的体验、艺术的自由、教育的召唤，三者在神髓之处相通，互相彰显彼此的意义。现象学关注存在的过程，要求投身于实践去体验，在体验中化合理论。理论不脱离情境之体验，经验与理论一起化入自我，最终获得“前科学之真”的圆满意义感——未被概念、经验世界干扰的生命，原本清纯、意义充盈的自然状态。在艺术体验之中，人庸常化的生活被艺术的意象所唤醒，感悟到生命本初与世界一体的澄明感受。在艺术品的意象、艺术家的经验、自己的经验、自己的情感世界的交融状态下，返回生命本源之思与感悟，在生命之思之中又返回来确认自我生活的意义。教育同样也是一种引领与唤醒，教育以智慧和灵感，引领孩子走向生活的光明的一面，驱逐黑暗的一面；走向友爱的一面，驱逐邪恶的一面；走向人生的超越与升华，以摆脱堕落与沉沦。每一个人的存在都是为了使生活变得更加美好、更有意义，这是一切人类问题的焦点，而现象学美术教育学正把握住了这个焦点。

现象学美术教育学要求从“生活世界”出发，重返生活的本来意义，重返活着的、体验着的、发生着的美术教育世界。教育生活首先是一种人与人之间的交往关系，情谊和爱使我们合在一起。现象学为美术教育打开了一扇窗，让我们看到了更奇异、更自然的美术教育风景，让我们的知觉恢复生命赋予我们的本然的敏感性，使每个心灵都能在美术教育生活之中自然地相遇，拥有全新的体验，丰富了我们的精神世界。每一个意义的源头都与体验相关联：只有在体验中，我们才能让干瘪的理论变得丰满；只有重归生活的爱，才能让我们拾起失落的意义感；只有在情境的体验中，才能获得我们的美术教育智慧。感性的世界、情感的世界与理性的认知在“生活世界”之中获得原初的完整，美术教育不再是一个死的概念，而成为活的教育现象。人在其中作为主体应该以生命本身去认识自己的生活，而心智的健全是一切生存意义的基础。可是，在后工业现代文明日益繁荣的今天，生活的意义感却离人们远去，生存与意义不再是一个完整体。越来越多的压力与困惑，使现代人的生活与精神日益功利化、目标化、手段化、破碎化、亚健康化，艺术审美也日益表象化与庸俗化。但在每一个人的内心深处，生命在发出本能的呼唤，渴望着回到一个充满本真意义和诗意的世界，让烦扰已久、疲惫不堪的生命获得静谧、清明、逍遥。生活不能离开艺术，生存不能离开意义。尊重每一个人的感受性，让生存获得意义感成了我们这个时代压倒一切的主题。现象学美术教育的旨归之所在，也正是艺术体验的价值之所趋。作为一个生命个体，在社会人性化的生存中，在生活的每一天的当下的情境之中，都能感受到本真生命自由的脉动与呼吸，体悟到生活与艺术的真谛，感受到生存与意义的同在以及生存本身的无限可能性。

# 参考文献

## 一、中文文献


1. 中华人民共和国教育部．全日制义务教育美术课程标准（实验稿）[S]．北京：北京师范大学出版社，2001.

2. 中华人民共和国教育部．义务教育美术课程标准（2011版）[S]．北京：北京师范大学出版社，2011.

3. 常锐伦,唐斌．美术学科教育学[M]．北京：人民美术出版社，2007.

4. 尹少淳．美术及其教育[M]．长沙：湖南美术出版社，1995.

5. 尹少淳．艺术教育与文化理解:2004年In Sea亚洲地区会议（北京）论文集[C]．北京：首都师范大学，2004.

6. 尹少淳．美术教育：理想与现实中的徜徉[M]．北京：高等教育出版社，2005.

7. 尹少淳．美术教育学新编[M]．北京：高等教育出版社，2009.

8. 钱初熹．美术教学理论与方法[M]．北京：高等教育出版社，2005.

9. 梁玖．审艺学[M]．南昌：江西美术出版社，2008.

10. 陈卫和．小学美术新课程教学论[M]．北京：高等教育出版社，2003.

11. 徐建融．美术教育展望[M]．上海：华东师范大学出版社，2002.

12. 钟启泉．现代课程论[M]．上海：上海教育出版社，2006.

13. 熊丙奇．教育的挑战[M]．上海：华东师范大学出版社，2012.

14. 倪梁康．现象学及其效应——胡塞尔与当代德国哲学[M]．北京:三联书店，1994.

15. 张能为．理解的实践：伽达默尔实践哲学研究[M]．北京:人民出版社，2002.

16. 李文阁．回归现实生活世界——哲学视野的根本置换[M]．北京:中国社会科学出版社，2002.

17. 曹意强，麦克尔・波德罗等．艺术史的视野：图像研究的理论、方法与意义[M]．杭州：中国美术学院出版社，2007.

18. 范景中．图像与观念：范景中学术论文选[M]．广州: 岭南美术出版社，1993.

19. 王林．美术形态学[M]．重庆：重庆出版社，1991.

20. 洪汉鼎．重新回到现象学的原点：现象学十四讲[M]．北京：人民出版社，2008.

21. 黄壬来．艺术与人文教育[C]．台湾：桂冠图书股份有限公司，2002.

22. 林曼丽．台湾视觉艺术教育研究[M]．台湾：雄狮图书股份有限公司，1978.

23. 陈琼花．视觉艺术教育[M]．台湾：三民书局，2004.

24. 谢攸青．后现代艺术教育：理论建构与实例设计[M]．台湾：涛石文化事业有限公司，2007.

25. 刘仲严．艺术教育学新论：后现代艺术教育[M]．香港：香港艺术发展局，2004.

26. 刘丰荣．艾斯纳艺术教育思想研究[M]．台湾:水牛图书出版事业有限公司，2005.

27. 尤西林．人文学科及其现代意义[M]．西安:陕西人民教育出版社，1996.

28. 尤西林．阐释并守护世界意义的人[M]．郑州:河南人民出版社，1996.

29: 邹进．现代德国文化教育学[M]．太原:山西教育出版社，1992.

30. 欧阳光伟．现代哲学人类学[C]．沈阳：辽宁人民出版社，1986.

31. 韩潮. 海德格尔与伦理学问题[M]. 上海:同济大学出版社,2007.
32. 吴式颖. 外国教育史教程[M]. 北京:人民教育出版社，1999.
33. 魏敦友. 回返理性之源：胡塞尔现象学对实体主义的超越及其意义研究[M]. 武汉：武汉大学出版社，2005.
34. 高秉江. 胡塞尔与西方主体主义哲学[M]. 武汉：武汉大学出版社，2005.
35. 张祥龙. 海德格尔思想与中国天道：终极视域的开启与交融[M]. 北京：三联书店，1996.
36. 张祥龙. 海德格尔传[M]. 北京：商务印书馆，2007.

## 二、译文文献

1. [美]Edmund Burke Feldman. 艺术教育的本质[M]. 洪丽珠,谈玉仪,李文珊,刘美玲,曾于珍,桂雅文，译. 台湾：五观艺术管理有限公司，2000.
2. [英]E. H. 贡布里希. 艺术发展史[M]. 范景中，译. 天津：天津人民美术出版社，1998.
3. [英]E. H. 贡布里希. 理想与偶像：价值在历史和艺术中的地位[M]. 范景中，曹意强，周书田，译. 上海：上海人民美术出版社，1998.
4. [美]罗恩菲德. 创造与心智的成长[M]. 王德育，译. 长沙：湖南美术出版社，1993.
5. [英]赫伯·里德. 透过艺术的教育[M]. 吕廷和，译. 长沙：湖南美术出版社，1993.
6. [美]艾略特·W. 艾斯纳. 儿童的视觉与知觉的发展[M]. 张丹,刘海英,孙宏，葛凌凌，译. 长沙：湖南美术出版社，2002.
7. [美]鲁道夫·阿恩海姆. 艺术与视知觉[M]. 滕守尧,朱疆源，译. 成都：四川人民出版社，2000.
8. [美]阿瑟·艾夫兰. 西方艺术教育史[M]. 邢莉，常宁生，译. 成都：四川人民出版社，2000.
9. [美]拉尔夫·史密斯. 艺术感觉与美育[M]. 滕守尧，译. 成都：四川人民出版社，2000.
10. [美]苏珊·朗格. 情感与形式[M]. 刘大基，傅志强，周发祥，译. 北京：中国社会科学出版社，1986.
11. [美]布郎·科赞尼克. 艺术创造与艺术教育[M]. 马壮寰，译. 成都：四川人民出版社，2000.
12. [法]马克·西门尼斯. 当代美学[M]. 王洪一，译. 北京：文化艺术出版社，2005.
13. [美]汤姆·安德森. 为生活而艺术[M]. 马菁汝,刘楠，译. 长沙：湖南美术出版社，2009.
14. [美]阿瑟·C. 丹托. 艺术的终结之后：当代艺术与历史的界限[M]. 王春晨，译. 南京：江苏人民出版社，2007.
15. [美]H. G. 布洛克. 现代艺术哲学[M]. 滕守尧，译. 成都：四川人民出版社，1998.
16. [加]大卫·杰弗里·史密斯. 全球化与后现代教育学[M]. 郭洋生，译. 北京：教育科学出版社，2000.
17. [古希腊]柏拉图. 理想国[M]. 段至诚，译. 北京:中国对外翻译出版公司，2006.
18. [古希腊]亚里士多德. 尼各马可伦理学[M]. 廖申白，译. 北京:商务印书馆，2009.
19. [法]卢梭. 爱弥儿 [M]. 李平沤，译. 北京:人民教育出版社，2001.
20. [美]约翰·杜威. 艺术即经验[M]. 高建平，译. 北京：商务印书馆，2005.
21. [美]约翰·杜威. 民主主义与教育[M]. 王承绪，译. 北京：人民教育出版社，1990.
22. [美]约翰·杜威. 我们怎样思维·经验与教育[M]. 姜文闵，译. 北京：人民教育出版社，2005.
23. [德]O. F. 博尔诺夫. 教育人类学[M]. 李其龙，译. 上海：华东师范大学出版社，1999.
24. [美]小威廉姆·E. 多尔. 后现代课程观[M]. 王红宇，译. 北京：教育科学出版社,2006.

25. [英] 怀特海．教育的目的 [M]．徐汝舟，译．北京：三联书店，2002.
26. [德] 汉斯-格奥尔格·伽达默尔．真理与方法 [M]．洪汉鼎，译．上海：上海译文出版社，1999.
27. [德] 胡塞尔．现象学的方法 [M]．倪梁康，译．上海：上海译文出版社，2005.
28. [德] 胡塞尔．现象学的观念 [M]．倪梁康，译．上海：上海译文出版社，1986.
29. [德] 胡塞尔．逻辑研究 [M]．倪梁康，译．上海：上海译文出版社，2006.
30. [德] 胡塞尔．纯粹现象学通论：纯粹现象学和现象学哲学的观念 [M]．李幼蒸，译．北京：商务印书馆，2004.
31. [德] 胡塞尔．生活世界现象学 [M]．倪梁康，张廷国，译．上海：上海译文出版社，2002.
32. [德] 胡塞尔．欧洲科学的危机与超越论的现象学 [M]．王炳文，译．北京:商务印书馆，2001.
33. [德] 胡塞尔．生活世界现象学 [M]．倪梁康，张廷国，译．上海：上海译文出版社，2005.
34. [德] 海德格尔．存在与时间 [M]．陈嘉映，王庆节，译．北京：三联书店，1999.
35. [德] 海德格尔．人，诗意地安居 [M]．郜元宝，译．桂林：广西师范大学出版社 2000.
36. [德] 海德格尔．现象学之基本问题 [M]．丁耘，译．上海：上海译文出版社，2008.
37. [德] 海德格尔．林中路 [M]．孙周兴，译．上海：上海译文出版社，2004.
38. [德] 海德格尔．面向思的事情 [M]．陈小文，孙周兴，译．北京：商务印书馆 1996.
39. [德] 海德格尔．在通向语言的途中 [M]．孙周兴，译．北京:商务印书馆，2004.
40. [德] 海德格尔．形式显示的现象学:海德格尔早期弗莱堡文选 [C]．孙周兴，译．上海：同济大学出版社，2004.
41. [德] 海德格尔．存在论:实际性的解释学 [M]．何卫平，译．北京：人民出版社，2009.
42. [法] 莫里斯·梅洛-庞蒂．知觉现象学 [M]．姜志辉，译．北京：商务印书馆，2001.
43. [法] 莫里斯·梅洛-庞蒂．行为的结构 [M]．杨大春，张尧均，译．北京：商务印书馆，2005.
44. [法] 米·杜夫海纳．美学与哲学 [M]．孙非，译．北京：中国社会科学出版社，1985.
45. [法] 米·杜夫海纳．审美经验现象学（上下册）[M]．韩树站，译．北京：文化艺术出版社，1996.
46. [法] 萨特．存在主义是一种人道主义 [M]．周煦良，汤永宽，译．上海：上海译文出版社，2005.
47. [英] 波兰尼．个人知识:迈向后批判哲学 [M]．许泽民，译．贵阳：贵州人民出版社，2000.
48. [德] 恩斯特·卡西尔．人论 [M]．甘阳，译．上海：上海译文出版社，1985.
49. [美] 赫伯特·施皮格伯格．现象学运动 [M]．王炳文，张金言，译．北京:商务印书馆，1995.
50. [美] 玛格欧纳．文艺现象学 [M]．王岳川，兰菲，译．北京：文化艺术出版社，1992.
51. [加] 马克斯·范梅南．教学机智：教育智慧的意蕴 [M]．李树英，译．北京:教育科学出版社，2001.
52. [加] 马克斯·范梅南．生活体验研究：人文科学视野中的教育学 [M]．宋广文，等译．北京:教育科学出版社，2003.
53. [加] 马克斯·范梅南，[荷] 巴斯·莱维林．儿童的秘密：秘密、隐私和自我的重新认识 [M]．陈慧黠，曹赛先，译．北京:教育科学出版社，2004.
54. [法] 马里翁．还原与给予：胡塞尔、海德格尔与现象学研究 [M]．方向红，译．上海：上海译文出版社，2009.

## 三、期刊与学术论文

1. 谷涛，谷峰．基于艺术生活化与“人”的信仰：论大美术教育 [J]．首都师范大学学报（社会科学版）,2010(4).
2. 宁虹.教师成为研究者的现象学意识[J].教育研究，2003(11).
3. 宁虹,胡萨.教育理论与实践的本然统一[J].教育研究，2006(5).
4. 宁虹.教育的实践哲学：现象学教育学理论建构的一个探索[J].教育研究，2007(7).
5. 谷涛.体验的逻辑：现象学视野下的美术教育研究[D].北京：首都师范大学，2012.
6. 尹航.论杜夫海纳美学思想的主体间性内涵[D].青岛：山东大学，2010.
7. 蒋开君.范梅南现象学教育学思想研究[D].北京：首都师范大学，2011.
8. 王昌树.海德格尔生存论美学思想研究[D].苏州：苏州大学，2007.
9. 段鹏.开放的艺术及其教育[D].北京：首都师范大学，2011.
10. 贾玮.梅洛-庞蒂现象学美学研究[D].上海：复旦大学，2009.
11. 董慧芳.杜夫海纳美学中的主客体统一思想研究[D].苏州：苏州大学，2010.

## 四、外文文献

1. D · Efland, Kerry Freedman & Patricia Stuhr. Postmodern Art Education: An Approach to Curriculum. The National Art Education Association [M]. Reston , Virginia: Association Drive, 1996.

2. Kerry Freedman. Teaching Visual Cultural: Curriculum, Aesthetics, and the Social Life of Art [M]. New York: Teachers College press, 2003.

3. Kerry Freedman. Curriculum, Culture, and Art Education [M]. Albany: State University New York Press, 1998.

4. Margaret Dikovitskaya. The Study of the Visual after the Culture Turn [M]. Massachusetts London, England: The MIT Press Cambridge, 2005.

5. Yvonne Gaudelius & Peg Speirs. Contemporary Issues in Art Education [M]. Upper Saddle River, NJ: Prentice Hall, 2002.

6. Max Van Manen. The Tone of Teaching [M]. Richmond Hill: Scholastic Press, 1986.

7. Max Van Manen. Researching Lived Experience: Human Science for an Action Sensitive Pedagogy [M]. New York: Teachers College Press, 1990.

8. Max Van Manen. Childhood' s Secrets: Intimacy, Privacy, and the Self Reconsidered [M]. New York: Teachers College Press, 1996.

9. Ton A. J. Beekman & Karel Mulderijen Hans Bleeker. A Handbook for Phenomenological Research in Education [M]. Michigan: The University of Michigan, 1983.

10. Moustakas, C. Phenomenological Research Methods [M]. California: Sage Pbulications, Inc, 1994.

11. Moran, D. Introduction to Phenomenology [M]. London & New York: Routledge, 2000.

12. Ihde, D. Experimental phenomenology: An introduction [M]. Albany: SUNY Press, 1986.

13. Gill, Jerry H. Merleau-Ponty and Mwtaphor [M]. Amherst N Y: Humanities Press, 1991.

14. Burke, Patrick. Jan Vander vekrn(ed). Merleau-Ponty in Contemporary Perspective [C]. Boston: Kluwer Academie Publishers, 1993.

# 后记

博士毕业一晃就快三年了。时光如梭。自感博士以来学习的一些美术教育思想趋于成熟了，但遗憾的是身体的状态却退步了。

首先要感谢我的老师尹少淳先生。我认为尹先生至少有两个宝贵的美德。第一，他包容各种学术思想，海纳百川，可称其雄大也。第二，他鼓励他的学生在学术上追求真理。他常常鞭策我、询问我学术上的进展。因为缺乏有力的作品，我一直很惭愧，不好正面回答。这次总算有了一个可以交代的作品了。

本书是在我的博士论文的基础上，撰写而成的，长期以来，我有一种责任感，要把现象学美术教育学理论系统化、文字化、呈现化。终于，现在算是基本完成了这个任务。

但我也深知，这本书仍是不够丰厚的，与原先的写作预想还存在差距。原设计是要将本书写成一本巨著，以一种类似西方科学精神的方式，尽可能地将各种问题一一细化。显然，这样的要求，还是做得不够充分，只能留到未来继续解决。也许，我能用一辈子的时间写好这一理论就已经很幸运了。我就是抱着这样的想法，不断努力写作的。

博士论文的写作，显然是很不成熟的，理论缺乏条理性，问题交代得凌乱，观点还有些重复，思考也不够周全，但却是一个最艰难的开始。正是博士论文使我发现了许多宝贵的思想。我感受到了它，感受到了它巨大的价值，感受到了它的创新性，感受到了它的智慧，感受到了它的意义。虽然，那个时候，我还无法很好地叙述它。

博士毕业后，我的生活发生了很大的改变。经过时间的沉淀、不断地反思与酝酿，我感觉我的理论逐渐成熟了，日益完整了。

然而，现在也出现了一个问题——身体不如从前了。记得写博士论文时，我可以一个月通宵达旦地写作。而现在，却经常感到力不从心。

不变的是，我还保持着一种追求真理的拼劲。虽然，在工作中，在各种各样形式主义、官僚主义，甚至腐败性的生活中，这种执着被反复地打磨。

貌似身边的人真正追求学术真理的并不多，大家也都知道这是由整体学术环境所决定的。在所有现实的考量中，都是以有没有国家级的课题、有没有核心权威论文作为定论。仿佛这些等级的东西，就等同于真理本身。多少学者为之钻营，因为有了这些东西，就等同于什么都有了。至于你研究的问题，研究的问题的价值，则无人关心。如何能让人踏实地做学问？显然，这违背了些什么。这是一种不良的风气，也许这就是文化吧！这需要我们通过改革去改变，也需要时间去改变。同时，笔者更深信，这需要我们的教育去改变。

还好，信念还没有消失殆尽，信仰尚存。

谷涛

于衡阳湘江之畔

图书在版编目（CIP）数据

现象学美术教育学原理 / 谷涛著. — 重庆：西南师范大学出版社，2016.9（2018.7重印）
（新生代美术教育家书系）
ISBN 978-7-5621-8163-7

Ⅰ. ①现… Ⅱ. ①谷… Ⅲ. ①现象学－美学－研究②美术教育－研究 Ⅳ. ①B83-069②J114-4

中国版本图书馆CIP数据核字(2016)第196033号

新生代美术教育家书系 主编 / 尹少淳
**现象学美术教育学原理　　谷涛 著**
XIANXIANGXUE MEISHUJIAOYUXUE YUANLI

责任编辑 / 鲁妍妍
整体设计 / 宋　宇　王正端
出版发行 / 西南师范大学出版社
地　　址 / 重庆市北碚区天生路2号
邮　　编 / 400715
本社网址 / http://www.xscbs.com
网上书店 / http://xnsfdxcbs.tmall.com
电　　话 / (023)68860895
传　　真 / (023)68208984
经　　销 / 新华书店
排　　版 / 重庆大雅数码印刷有限公司 · 贝岚
印　　刷 / 重庆康豪彩印有限公司
幅面尺寸 / 170mm×240mm
印　　张 / 26.5
字　　数 / 448千字
版　　次 / 2018年3月　第1版
印　　次 / 2018年7月　第2次印刷
ISBN 978-7-5621-8163-7
定　　价 / 98.00元

本书如有印装质量问题，请与我社读者服务部联系更换。
读者服务部电话 / (023)68252507
市场营销部电话 / (023)68868624　68253705

西南师范大学出版社美术分社欢迎赐稿。
美术分社电话 / (023)68254657（办）　13709418041
邮箱 / xszdms@163.com